高等学校计算机基础教育系列教材

新编16/32位微型计算机原理及应用（第6版）

李继灿 主编

清華大學出版社
北 京

内容简介

本书以国内外广泛使用的16/32/64位微处理器及其系统为背景，以Intel 8086/8088 16位机为基础，追踪Intel主流系列高性能微机的技术发展方向，全面、系统、深入地介绍微机系统与运算基础知识，8086/8088微处理器及其指令系统，汇编语言程序设计，微机的存储器，输入/输出与中断，可编程芯片，Intel 80x86到Pentium 4微处理器的技术发展，以及微机新技术及应用。

本书不仅适合从事微型计算机硬件教学与科研工作的需要，而且对深化计算机硬件教学与教材的同步改革也进行了深入研究与积极探索。

本书内容先进，结构新颖，资料翔实，深入浅出，文笔流畅，便于教学与自学，适合作为高等院校各专业微型计算机硬件的通用教材，也可供广大科技工作者参考使用。

图书在版编目（CIP）数据

新编16/32位微型计算机原理及应用/李继灿主编.
6版. -- 北京 ：清华大学出版社，2024. 6. --（高等
学校计算机基础教育系列教材）. -- ISBN 978-7-302
-66527-4

Ⅰ. TP36

中国国家版本馆CIP数据核字第2024PM3357号

责任编辑：张瑞庆
封面设计：傅瑞学
责任校对：申晓焕
责任印制：沈　露

出版发行：清华大学出版社
网　　址：https://www.tup.com.cn，https://www.wqxuetang.com
地　　址：北京清华大学学研大厦A座　　邮　　编：100084
社 总 机：010-83470000　　邮　　购：010-62786544
投稿与读者服务：010-62776969，c-service@tup.tsinghua.edu.cn
质量反馈：010-62772015，zhiliang@tup.tsinghua.edu.cn
课件下载：https://www.tup.com.cn，010-83470236
印 装 者：三河市龙大印装有限公司
经　　销：全国新华书店
开　　本：185mm×260mm　　印　　张：19.25　　字　　数：472千字
版　　次：1997年7月第1版　　2024年7月第6版　　印　　次：2024年7月第1次印刷
定　　价：56.00元

产品编号：103166-01

前言

自2013年8月出版《新编16/32位微型计算机原理及应用》(第5版)至今,已过去10年时间。随着微型计算机硬件技术及其应用的迅速发展,本系列教材也在不断同步更新。

为了适应非计算机专业微型计算机原理课程同步改革的需要,进一步突出教材的原理性和应用性相结合的特色,现推出《新编16/32位微型计算机原理及应用》(第6版)。本书在修订时,首先是考虑优化结构。为更好地继承《新编16/32位微型计算机原理及应用》系列教材在结构上的特色与优势,着重优化组合了被许多高校选用并受到普遍好评的原教材第5版的结构,并且细化了对"80386的存储器管理"一节的描述,这样既能满足在前7章集中学习8086/8088 16位微机原理的基本需求,又能满足在第8章中深入学习从16位Intel 80x86到32位Pentium 4微处理器及其系统的需求。

在优化结构的基础上,本书对内容进行了全面修订,除保留原教材有关8086/8088 16位微处理器及其系统的基本内容外,第8章中进一步完善了"Intel 80x86到Pentium 4微处理器的技术发展"这一重要篇章的内容,对其中有关"80386的存储器管理"这一重要内容做了精细修改。同时,根据教学一线师生的反映与要求,本书进行了适当删减,保持了少而精的特色,以利于教与学。

本书在同步跟踪计算机硬件新技术发展的同时,继续保持了先进性、实用性与易学性有机结合的特色。特别是,介绍Pentium系列微处理器及其应用的一些新技术,使本书能够在今后更长一些时间里满足计算机硬件教学的基本要求。

全书共8章。第1章为微机系统导论。第2章介绍了微型计算机的公共基础知识与运算基础。第3章为8086/8088微处理器及其系统,着重介绍了Intel 8086/8088微处理器及其指令系统。第4章介绍了汇编语言程序设计的基本方法,加强了软件调试技术。第5章为微机的存储器。第6章为输入/输出与中断。第7章为可编程接口芯片,介绍了Intel系列的典型接口芯片及其应用技术。第8章介绍了Intel 80x86到Pentium 4微处理器的技术发展,以及微机新技术及应用。

本书由李继灿教授策划并任主编,负责全书的大纲拟定、编著与统稿。郭麦成教授、沈疆海副教授对本书修订提供了有益的建议。李爱珺对本书进行了认真、细致的校核。在此,作者谨对他们表示诚挚的谢意。

作者对曾参加过本系列教材前几版的编写并做出重要贡献的教授们表示深深的谢意。他们是大连海事大学朱绍庐教授与傅光永教授、华中科技大学谢瑞和教授、武汉理工大学徐东平教授、北京工业大学薛宗祥教授、长江大学李华贵教授等。

此外,在本系列教材编著与修订工作中,还得到了北京大学信息科学技术学院李晓明教授与王克义教授、北京航空航天大学自动化科学与电气工程学院于守谦教授的大力支持。在此,作者也一并表示感谢。

本书难免会存在一些疏漏与不足之处,期望使用本书的高校师生和广大读者提出宝贵意见和建议。

李继灿

2024 年 4 月

目录

第1章 微机系统导论

本章从整个系统的观点出发，提供有关微型计算机（简称微型机或微机）系统的总框架，以便建立起有关“系统”的体系概念。

从20世纪70年代初微处理器出现至今，以微处理器为核心的微型机系统获得了巨大的发展。尽管50多年来，微型计算机系统在组成部件与整体性能方面都经历了很大的变化，但在基本存储单元的工作原理、CPU与存储器的接口原理和方法等方面，仍然有许多的相似性和继承性。

本章首先简要介绍微机的发展简史和应用领域，并对微机系统的组成予以阐述。然后，讨论典型的单总线微机硬件系统结构，微处理器组织及各部分的作用，存储器组织及其读/写操作过程。在此基础上，将微处理器和存储器结合起来组成一个最简单的微机模型，通过具体例子说明冯·诺依曼型计算机的运行机理与工作过程。

1.1 微型计算机概述

自从1946年2月世界上第一台以ENIAC（Electronic Numerical Integrator And Calculator，电子数字积分计算机）命名的电子计算机问世以来，至今，计算机已经历了电子管数字计算机（第一代，1946—1957年）、晶体管数字计算机（第二代，1958—1964年）、集成电路数字计算机（第三代，1965—1970年）以及大规模集成电路计算机（第四代，1971年至今）四代发展时期。目前，正在向第五代计算机（即智能计算机）过渡，其研究重点主要是放在人工智能计算机的突破上，主攻目标是实现在更高程度上模拟人脑的思维功能。

现在，人们广泛使用的微型计算机是第四代电子计算机向微型化方向发展的一个非常重要的分支。

1. 微型计算机的发展阶段

微型计算机的发展主要表现在其核心部件——微处理器的发展上，每当一款新型的微处理器出现时，就会带动微机系统其他部件的相应发展，如微机体系结构的进一步优化，存储器存取容量的增大和存取速度的提高，外围设备的不断改进以及新设备的不断出现等。

根据微处理器的字长和功能，可将微型计算机的发展划分为以下几个阶段。

第一阶段(1971—1973 年)是 4 位和 8 位低档微处理器时代,通常称为第一代。其典型产品是 Intel 4004、Intel 8008 微处理器与分别由它们组成的 MCS-4 和 MCS-8 微机。基本特点是采用 PMOS 工艺,集成度低(4000 个晶体管/片),系统结构和指令系统都比较简单,主要采用机器语言或简单的汇编语言,指令数目较少(20 多条指令),基本指令周期为 20~50μs,用于简单的控制场合。

第二阶段(1974—1977 年)是 8 位中高档微处理器时代,通常称为第二代。其典型产品是 Intel 8080/8085、Motorola 公司、Zilog 公司的 Z80 等。它们的特点是采用 NMOS 工艺,集成度提高约 4 倍,运算速度提高 10~15 倍(基本指令执行时间 1~2μs),指令系统比较完善,具有典型的计算机体系结构和中断、DMA 等控制功能。软件方面除了汇编语言外,还有 BASIC、FORTRAN 等高级语言和相应的解释程序和编译程序,在后期还出现了操作系统。

第三阶段(1978—1984 年)是 16 位微处理器时代,通常称为第三代。其典型产品是 Intel 公司的 8086/8088,Motorola 公司的 M68000,Zilog 公司的 Z8000 等微处理器。其特点是采用 HMOS 工艺,集成度(20 000~70 000 晶体管/片)和运算速度(基本指令执行时间是 0.5μs)都比第二代提高了一个数量级。指令系统更加丰富、完善,采用多级中断、多种寻址方式、段式存储机构、硬件乘除部件,并配置了软件系统。这一时期著名微机产品有 IBM 公司的个人计算机(PC)。1981 年 IBM 公司推出的个人计算机采用 8088 CPU。紧接着 1982 年又推出了扩展型的个人计算机 IBM PC/XT,它对内存进行了扩充,并增加了一个硬磁盘驱动器。1984 年,IBM 公司推出了以 80286 处理器为核心组成的 16 位增强型个人计算机 IBM PC/AT。

第四阶段(1985—1992 年)是 32 位微处理器时代,又称为第四代。其典型产品是 Intel 公司的 80386/80486,Motorola 公司的 M69030/68040 等。其特点是采用 HMOS 或 CMOS 工艺,集成度高达 100 万个晶体管/片,具有 32 位地址线和 32 位数据总线。每秒钟可完成 600 万条指令。微型计算机的功能已完全可以胜任多任务、多用户的作业。同期,其他一些微处理器生产厂商(如 AMD、TEXAS 等)也推出了 80386/80486 系列的芯片。

第五阶段(1993—2005 年)是奔腾(Pentium)系列微处理器时代,通常称为第五代。典型产品是 Intel 公司的奔腾系列芯片及与之兼容的 AMD 的 K6 系列微处理器芯片。内部采用了超标量指令流水线结构,并具有相互独立的指令和数据高速缓存。随着 MMX(Multi Media eXtended)微处理器的出现,微机的发展在网络化、多媒体化和智能化等方面跨上了更高的台阶。例如,2000 年 3 月,AMD 与 Intel 分别推出时钟频率达 1GHz 的 Athlon 和 Pentium Ⅲ。2000 年 11 月,Intel 又推出了 Pentium 4 微处理器,集成度高达每片 4200 万个晶体管,主频为 1.5GHz 等。

第六阶段(2006—2008 年)是酷睿(Core)系列微处理器时代,通常称为第六代。"酷睿"是一款领先节能的新型微架构,设计的出发点是提供卓然出众的性能和能效(也就是能效比)。例如,2006 年 7 月 27 日发布的酷睿 2(Core 2 Duo),是 Intel 在 2006 年推出的新一代基于 Core 微架构的产品体系统称。为了提高两个核心的内部数据交换效率,采取共享式二级缓存设计,两个核心共享高达 4MB 的二级缓存。

2008 年至今是 Intel 智能处理器时代。

在 2008 年,Intel 发布了 Nehalem 平台上的首款桌面级产品,即酷睿 i7 产品。这款产品相比酷睿 2 处理器所带来的技术升级是革命性的：延续了多年的前端总线 FSB(front side bus)系统被更加科学和高效的总线 QPI(quick path interconnect，QPI“快速通道互连”)所代替、内存升级到了三通道、三级缓存、支持超线程、TLB 和分支预测的等级化等技术，加入的智能睿频技术也让处理器的工作变得更加智能。

2010 年发布的 Clarkdale 和 2011 年发布的 Sandy Bridge 则同样延续了 Nehalem 的特点。可以说，从 2008 年开始，Intel 所引领的 CPU 行业已经全面晋级到了智能 CPU 的时代。

2. 微处理器的发展

从 20 世纪 70 年代初至今，CPU 产品不断更新换代，Intel CPU 发展简史参见表 1.1。

表 1.1　Intel CPU 发展简史

生产年份	Intel 产品	主要性能说明
1971	4004	第 1 片 4 位 CPU，采用 100μm 制程，集成 2300 个晶体管
1972	8008	第 1 片 8 位 CPU，集成 3500 个晶体管，首次装在称为“Mark-8”(马克八号)的机器上，这也是目前已知的最早的家用计算机
1974	8080	第 2 代 8 位 CPU，约 6000 个晶体管，被用于当时一种品牌为 Altair 的计算机上，这也是有史以来第 1 台知名的个人计算机
1978	8086/8088	第 1 片 16 位 CPU，2.9 万个晶体管，IBM 公司于 1981 年推出基于 8088(准 16 位 CPU)的 PC。8086 标志着 x86 系列的开端，从 8086 开始，才有了目前应用最广泛的 PC 行业基础
1980	80186	是 Intel 针对工业控制/通信等嵌入式市场推出的 8086 CPU 的扩展产品，除 8086 内核，还包括中断控制器、定时器、DMA、I/O、UART、片选电路等外设
1982	80286	超级 16 位 CPU，14.3 万只晶体管，首次运行保护模式并兼容前期所有软件，IBM 公司将 80286 用在技术更为先进的 AT 机中
1985	80386	第 1 片 32 位并支持多任务的 CPU，集成 27.5 万个晶体管
1989	80486	增强的 32 位 CPU，相当于 80386＋片内 80387＋8KB cache，集成 125 万个晶体管
1993	Pentium(奔腾)	第 1 片双流水 CPU，集成 310 万个晶体管，内核采用了 RISC 技术
1995	Pentium MMX	在 Pentium 内核基础上改进而成，集成 450 万个晶体管，最大特点是增加了 57 条 MMX 指令，目的是提高 CPU 处理多媒体数据的效率
1995 年秋	Pentium Pro	首个专门为 32 位服务器、工作站设计的 CPU，集成 550 万个晶体管，0.6μm 制程技术，256KB 的二级高速缓存
1997	Pentium Ⅱ	Pentium Pro 的改进型 CPU，结合了 Intel MMX 技术，集成 750 万个晶体管，频率达 750MHz
1999	Pentium Ⅲ	Pentium Ⅱ 的改进型 CPU，集成 950 万个晶体管，0.25μm 制程技术
2000	Pentium 4	内建了 4200 万个晶体管，采用 0.18μm 制程技术，频率达 2GHz
2002	Pentium 4 Xeon	内含创新的超线程技术，使性能增加 25%，0.18μm 制程技术，频率达 3.2GHz，是首次运行每秒 30 亿个运算周期的 CPU
2005	Pentium D	首颗内含两个处理核心，揭开了 x86 处理器多核心时代
2006	Core 2 Duo	Core 微架构桌面处理器，内含 2.91 亿个晶体管，性能比 Pentium D 提升 40%，省电效率也增加 40%

续表

生产年份	Intel 产品	主要性能说明
2007	四核处理器 Core2 Extreme QX6800	Core 2 Extreme QX6700 处理器的频率为 2.66GHz；Core2 Extreme QX6800 的核心频率为 2.93GHz
2008	E8600 双核处理器产品，系列型号为 Core 2 Duo	Intel 酷睿 2 双核 E8600，插槽类型 LGA 775，主频为 3.33GHz，45μm 制程工艺，L2 缓存为 6MB，L1 缓存为 2×32/2×32KB，双核心类型 Wofldale，总线频率为 1.333GHz，倍频为 10
2010	Core i7/ i5 /i3 系列台式机型号为 Core i7-980X	Intel 推出的涵盖高、中、低档的产品。新技术有 QPI、DMI 总线、睿频加速技术、32nm 制程、原生 4 核/6 核、L3 智能缓存、AE5 新指令、SSE4.2 指令集、集成双通道/三通道 DDR3 MCRC（内存控制器中枢）、集成 GPU、集成 PCI-E 控制器
2012	Intel 第三代酷睿 Core i7 3770K	采用 22ns 的 3-D 晶体管工艺，CPU 部分为原生四核八线程，核心代号是 Ivy Bridge，主频为 3.5～3.9GHz；核心显卡部分集成的是 HD4000，默认频率为 650～1150MHz，与 CPU 共享 8MB 三级缓存；插槽类型为 LGA 1155，内存控制器为 DDR3 1333MHz，DDR3 1600MHz，支持超线程技术

从 2013 年 Intel 公司不断研发酷睿系列产品，到 2022 年，先后推出第四代智能酷睿处理器、第 5 代智能酷睿处理器、第 6 代酷睿桌面处理器，直至第 7 代酷睿桌面微处理器，智能化水平不断提高。

1.2 计算机应用领域

计算机的应用已渗透到社会的各个领域，正在日益改变着传统的工作、学习和生活方式，推动着社会的发展。下面是计算机主要应用领域。

1. 信息管理

信息管理是以数据库管理系统为基础，辅助管理者提高决策水平，改善运营策略的计算机技术。信息处理具体包括数据的采集、存储、加工、分类、排序、检索和发布等一系列工作。信息处理已成为当代计算机的主要任务，是现代化管理的基础。据统计，80％以上的计算机主要应用于信息管理，成为计算机应用的主导方向。信息管理已广泛应用于办公自动化、企事业计算机辅助管理与决策、情报检索、图书馆、电影电视动画设计、会计电算化等各行各业。

2. 科学计算

科学计算是计算机最早的应用领域，是指利用计算机来完成科学研究和工程技术中提出的数值计算问题。在现代科学技术工作中，科学计算的任务是大量的和复杂的。利用计算机的运算速度高、存储容量大和连续运算的能力，可以解决人工无法完成的各种科学计算问题。例如，工程设计、地震预测、气象预报、火箭发射等都需要由计算机承担庞大而复杂的计算量。

3. 过程控制

过程控制是利用计算机实时采集数据、分析数据，按最优值迅速地对控制对象进行自动调节或自动控制。采用计算机进行过程控制，不仅可以大大提高控制的自动化水平，而且可以提高控制的时效性和准确性，从而改善劳动条件、提高产量及合格率。因此，计算机过程控制已在机械、冶金、石油、化工、电力等部门得到广泛的应用。

4. 辅助设计技术

计算机辅助技术包括计算机辅助设计、计算机辅助制造和计算机辅助教学。

1）计算机辅助设计

计算机辅助设计(Computer Aided Design，CAD)是利用计算机系统辅助设计人员进行工程或产品设计，以实现最佳设计效果的一种技术。CAD 技术已应用于飞机设计、船舶设计、建筑设计、机械设计、大规模集成电路设计等。采用计算机辅助设计，可缩短设计时间，提高工作效率，节省人力、物力和财力，更重要的是提高了设计质量。

2）计算机辅助制造

计算机辅助制造(Computer Aided Manufacturing，CAM)是利用计算机系统进行产品的加工控制过程，输入的信息是零件的工艺路线和工程内容，输出的信息是刀具的运动轨迹。将 CAD 和 CAM 技术集成，可以实现设计产品生产的自动化，被称为计算机集成制造系统。有些国家已把 CAD 和计算机辅助制造(Computer Aided Manufacturing)、计算机辅助测试(Computer Aided Test)及计算机辅助工程(Computer Aided Engineering)组成一个集成系统，使设计、制造、测试和管理有机地组成为一体，形成高度的自动化系统，因此产生了自动化生产线和"无人工厂"。

3）计算机辅助教学

计算机辅助教学(Computer Aided Instruction，CAI)是利用计算机系统进行课堂教学。教学课件可以用 PowerPoint 或 Flash 等制作。CAI 不仅能减轻教师的负担，还能使教学内容生动、形象逼真，能够动态演示实验原理或操作过程，激发学生的学习兴趣，提高教学质量，为培养现代化高质量人才提供了有效方法。

5. 人工智能

人工智能(Artificial Intelligence，AI)是指计算机模拟人类某些智力行为的理论、技术和应用，例如感知、判断、理解、学习、问题的求解和图像识别等。人工智能是计算机应用的一个新的领域，这方面的研究和应用正处于发展阶段，在医疗诊断、定理证明、模式识别、智能检索、语言翻译、机器人等方面，已经有了显著的成效。

6. 多媒体应用

随着电子技术特别是通信和计算机技术的发展，人们已经有能力把文本、音频、视频、动画、图形和图像等各种媒体综合起来，构成一种全新的概念——"多媒体"。在医疗、教育、商业、银行、保险、行政管理、军事、工业、广播、交流和出版等领域中，多媒体的应用发展很快。

1.3 微型计算机系统的组成

微机系统是指以微型计算机为中心，配以相应的外围设备以及“指挥”微型计算机工作的软件系统所构成的系统。微机系统的组成如图 1.1 所示。

图 1.1 微机系统的组成

1. 硬件系统

根据冯·诺依曼型计算机原理构成的微机硬件，由运算器、控制器、存储器、输入设备和输出设备 5 个基本部分组成。尽管计算机技术不断发展，出现了种类繁多、功能各异的计算机，但其基本结构和操作原理仍采用数学家冯·诺依曼所归结的“存储程序式计算机”结构。

1）主机

在主机箱内，最重要也是最复杂的一个部件就是主板，如图 1.2 所示。其上面密布着各种元件(包括南、北桥芯片组，BIOS 芯片等)；插槽(CPU 插槽、内存条插槽及各种扩展插槽等)和接口(串口、并口、USB 口、IEEE 1394 口等)。微处理器 CPU、内存、外部存储器(如硬盘和光驱)声卡、显卡、网卡等均通过相应的接口和插槽安装在主板上，显示器、鼠标、键盘等外部设备也通过相应接口连接在主板上，因此，主板就集中了全部系统功能，控制着整个系统中各部件之间的指令流和数据流，从而实现对微机系统的监控与管理。

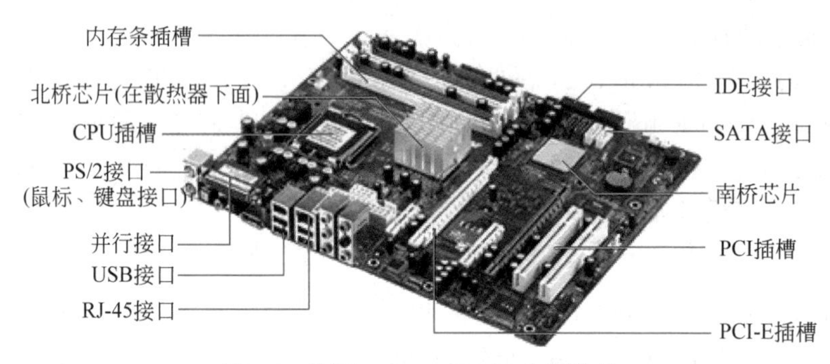

图 1.2 钻石 Infinity 975/G 主板样式

2）输入设备

常见的输入设备有键盘、鼠标、图像/声音输入设备(如扫描仪、数码相机/摄像机、网络摄像头)等。

3）输出设备

常见的输出设备有显示器、打印机、音箱等。

2. 软件系统

软件系统通常可分为两大类：系统软件和应用软件。

系统软件由一组控制计算机系统并管理其资源的程序组成，其主要功能包括：启动计算机，存储、加载和执行应用程序，对文件进行排序、检索，将程序语言翻译成机器语言等。

系统软件主要包括操作系统、程序设计语言、解释和编译系统、数据库管理系统以及网络与通信系统等。

应用软件是指利用计算机及其提供的系统软件为解决各种实际问题而编制的专用程序或软件。下面是比较常见的应用软件类别。

① 系统软件类：如系统备份工具 GHOST，数据恢复工具 Fast Recovery，中文输入法的“拼音输入法”和“五笔输入法”，办公软件 Microsoft Office 2007，压缩工具 Win RAR 等。

② 媒体工具类：如视频播放 Windows Media Player、“暴风影音”，视频处理“视频编辑专家”，音频播放“千千静听”，音频处理 Gold Wave，网络音视“PPTV 网络电视”等。

③ 硬件驱动类：如显卡驱动、主板驱动等。

④ 网络工具类：如浏览器“360 极速浏览器”，下载工具“迅雷”和“快车 Flash Get”等。

⑤ 图形图像类：如 Adobe 公司的 Photoshop、Illustrator、PageMaker、Premiere、Fireworks，CAD 软件，CorelDRAW，图像浏览 ACDSee 等。

⑥ 管理软件类：如财务管理、股票证券“大智慧新一代”、审计评估等。

⑦ 安全类：如反黑防马“360 安全卫士”，病毒防治“360 杀毒”和“瑞星杀毒”等。

1.4 微机硬件系统结构基础

无论是简单的单片机、单板机，还是较复杂的个人计算机系统，从硬件体系结构来看，采用的基本上是计算机的经典结构——冯·诺依曼结构。该结构的特点是：

① 由运算器、控制器、存储器、输入设备和输出设备 5 个基本部分组成。

② 数据和程序以二进制代码形式存放在存储器中，存放位置由地址指定，地址码也是二进制。

③ 控制器是根据存放在存储器中的指令序列即程序来工作的，并由一个程序计数器(即指令地址计数器)控制指令的执行。控制器具有判断能力，能根据计算结果选择不同的动作流程。

图 1.3 为具有这种结构特点的微型计算机硬件组成框图，从大的功能模块来看，各种计算机系统都是由 3 个主要的子系统组成：

① 微处理器 CPU，其中包含了上述的运算器和控制器。

② 存储器(如 RAM 和 ROM)。

③ 输入/输出设备(I/O 外设及其接口)。各功能模块之间通过总线传递信息。

下面以图 1.3 所示的概念结构为基础，简要介绍总线的结构、微处理器组织及各部分的作用、存储器组织及其读/写操作过程、I/O 外设及其接口，并在此基础上，通过具体例子说明冯·诺依曼型计算机的运行机理与工作过程。

1.4.1 总线结构简介

微型计算机从其诞生以来就采用了总线结构。CPU 通过总线实现读取指令，并实现与内存、外设之间的数据交换，在 CPU、内存和外设确定的情况下，总线速度是制约计算机整

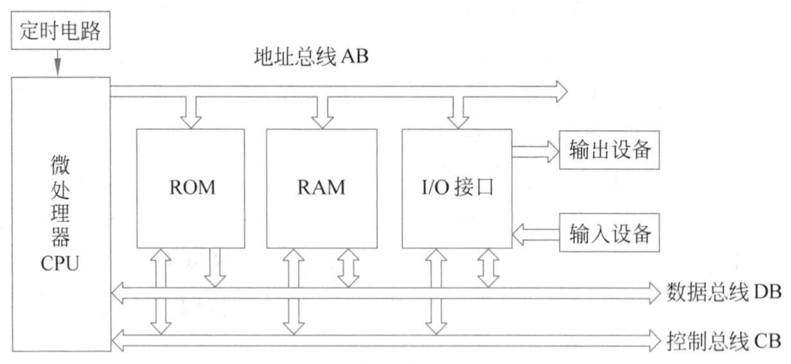

图 1.3 典型的微机硬件系统结构

体性能的关键,先进的总线技术对于解决系统瓶颈、提高整个微机系统的性能有着十分重要的影响。

从物理上来看,总线是一组传输公共信息的信号线的集合,即在计算机系统各部件之间传输地址、数据和控制信息的公共通道。例如,在处理器内部的各功能部件之间、在处理器与高速缓冲器和主存之间、在处理器系统与外围设备之间等,都是通过总线连接在一起的。

根据总线结构组织方式的不同,采用的总线结构可分为单总线、双总线和双重总线3类,如图1.4所示。

图1.4(a)所示的是单总线结构。在单总线结构中,系统存储器M和I/O接口均使用同一组信息通路,因此,CPU对M的读/写以及对I/O接口的输入/输出操作只能分时进行。在低档微机中采用这种结构,因为它的结构简单,成本低廉。

图1.4(b)所示的是双总线结构。这种结构的存储器M和I/O接口各具有一组连通CPU的总线,故CPU可以分别在两组总线上同时与M和I/O交换信息,因而拓宽了总线带宽,提高了总线的数据传输效率。高档微机即采用这种结构。由于双总线结构中的CPU要同时管理M和I/O的通信,故加重了CPU的负担。为此,通常采用专门的处理芯片(即所谓的智能I/O接口)来负责I/O的管理任务,以减轻CPU的负担。

图1.4(c)所示的是双重总线结构。它有局部总线与全局总线这双重总线。当CPU通过局部总线访问局部M和局部I/O时,其工作方式与单总线的情况相同。当系统中某微处理器需要对全局M和全局I/O访问时,则必须由总线控制逻辑统一安排才能进行,这时该微处理器就是系统的主控设备。例如,当DMA(直接存储器存取)控制器作为系统的主控设备时,则全局M和全局I/O之间便可通过系统总线进行DMA操作;与此同时,CPU还可以通过局部总线对局部M和局部I/O进行访问。这样,整个系统便可在双重总线上实现并行操作,从而提高了系统数据处理和数据传输的效率。高档微机和工作站采用这种双重总线结构。

总线有多种分类方式。

(1) 按总线传送信息的类别,可分为地址总线、数据总线和控制总线。

地址总线用于传送存储器地址码或输入/输出设备地址码;数据总线用于传送指令或数据;控制总线用来传送各种控制信号。

(2) 按照总线传送信息的方向,可分为单向总线和双向总线。例如,地址总线属于单向总线,方向是从CPU或其他总线主控设备发往其他设备;数据总线属于双向总线;控制总

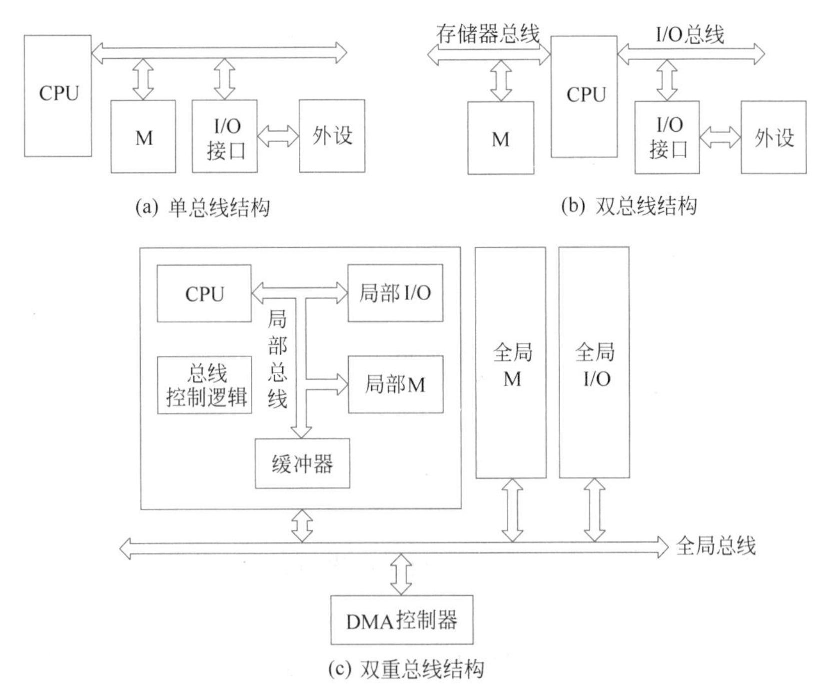

图 1.4　微机的 3 种总线结构

线属于混合型总线,控制总线中的每一根控制线方向是单向的,而各种控制线的方向有进有出。

(3) 按总线的层次结构,可分为 CPU 总线、存储总线、系统总线和外部总线。

① CPU 总线:作为 CPU 与外界的公共通道,实现了 CPU 与主存储器、CPU 与 I/O 接口和多个 CPU 之间的连接,并提供了与系统总线的接口。

② 存储总线:用来连接存储控制器和 DRAM。

③ 系统总线:也称为 I/O 通道总线,是主机系统与外围设备之间的通信通道。在计算机主板上,系统总线表现为与扩充插槽线连接的一组逻辑电路和导线,与 I/O 扩充插槽相连,如 PCI 总线。系统总线都有统一的标准,通常要讨论的总线就是系统总线。

④ 外部总线:用来提供输入/输出设备同系统中其他部件间的公共通信通道,标准化程度最高,例如 USB 总线、IEEE 1394 总线等,这些外部总线实际上是主机与外设的接口。

1.4.2　微处理器模型的组成

图 1.5 给出了一个简化的微处理器结构,由图中可知,一个简单的微处理器主要由运算器、控制器和内部寄存器阵列 3 个基本部分组成。现将各部件的功能简述如下。

1. 运算器

运算器又称为算术逻辑单元(arithmetic logic unit,ALU),用来进行算术或逻辑运算以及位移循环等操作。参加运算的两个操作数,通常一个来自累加器 A(accumulator),另一个来自内部数据总线,可以是数据寄存器(data register,DR)中的内容,也可以是寄存器阵

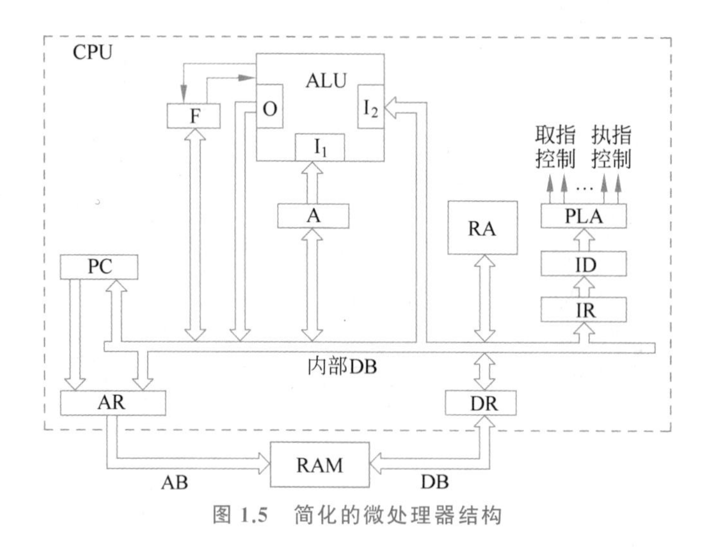

图 1.5　简化的微处理器结构

列 RA 中某个寄存器的内容。运算结果往往也送回累加器 A 暂存。

2. 控制器

控制器即可编程逻辑阵列,它是根据指令功能转化为控制信号的部件。其组成包括:

① 指令寄存器(instruction register,IR)。用来存放从存储器取出的将要执行的指令(实为其操作码)。

② 指令译码器(instruction decoder,ID)。用来对指令寄存器 IR 中的指令进行译码,以确定该指令应执行什么操作。

③ 可编程逻辑阵列(programmable logic array,PLA)。也称为定时与控制电路,用来产生取指令和执行指令所需的各种微操作控制信号。由于每条指令所执行的具体操作不同,所以,每条指令将对应控制信号的某一种组合,以确定相应的操作序列。

3. 内部寄存器

通常,内部寄存器包括若干功能不同的寄存器或寄存器组。这里介绍的模型 CPU 中具有的一些最基本的寄存器如下。

1) 累加器(accumulator,A)

累加器是用得最频繁的一个寄存器。在进行算术逻辑运算时,它具有双重功能:运算前,用来保存一个操作数;运算后,用来保存结果。

2) 数据寄存器

数据寄存器用来暂存数据或指令。从存储器读出时,若读出的是指令,经 DR 暂存的指令通过内部数据总线送到指令寄存器 IR;若读出的是数据,则通过内部数据总线送到有关的寄存器或运算器。

向存储器写入数据时,数据是经 DR,再经 DB 写入存储器的。

3) 程序计数器(program counter,PC)

程序计数器用来存放正待取出的指令的地址。根据 PC 中的指令地址,准备从存储器中取出将要执行的指令。通常,程序按顺序逐条执行。任何时刻,PC 都指示微处理器要取的下一个字节或下一条指令(对单字节指令而言)所在的地址。因此,PC 具有自动加 1 的功能。

4）地址寄存器(address register，AR)

地址寄存器用来存放正要取出的指令的地址或操作数的地址。

在取指令时，将PC中存放的指令地址送到AR，根据此地址从存储器中取出指令。

在取操作数时，将操作数地址通过内部数据总线送到AR，再根据此地址从存储器中取出操作数；在向存储器存入数据时，也要先将待写入数据的地址送到AR，再根据此地址向存储器写入数据。

5）标志寄存器(flag register，F)

标志寄存器用来寄存执行指令时所产生的结果或状态的标志信号。关于标志位的具体设置与功能，将视微处理器的型号而异。根据检测有关的标志位是0或1，可以按不同条件决定程序的流向。

此外，图1.5中还画出了寄存器阵列(register array，RA)，也称为寄存器组(register stuff，RS)。它通常包括若干通用寄存器和专用寄存器，其具体设置因不同的微处理器而异。

注意：在实际微处理器中，寄存器组的设置及其功能要复杂得多，但它们都是在模型微处理器基础上逐渐演进而来的。

1.4.3 存储器概述

这里所讨论的存储器通常是指内存，内存可划分为很多个存储单元(又称内存单元)。每一个存储单元中一般存放一个字节(8位)的二进制信息。存储单元的总数目称为存储容量，它的具体数目取决于地址线的根数。微机可寻址的内存量变化范围较大，在8位机中，有16条地址线，它能寻址的范围是2^{16}B=64KB。在16位机中，有20条地址线，其寻址范围是2^{20}B=1024KB。在32位机中，有32条地址线，其寻址范围是2^{32}B=4GB。

存储单元中的内容为数据或指令。为了能识别不同的单元，分别赋予每个单元一个编号。这个编号称为地址单元号，简称地址。显然，各存储单元的地址与该地址中存放的内容是完全不同的意思，不可混淆。

1. 存储器组成

图1.6给出了一个随机存取存储器的结构简图。它由256个单元组成，每个单元存储8位二进制信息，即字长为8位。这种规格的存储器，通常称为256×8位的读/写存储器。

从图中可见，随机存取存储器(指可以随时存入或取出信息的存储器)由存储体、地址译码器和控制电路组成。

一个由8根地址线连接的存储体共有256个存储单元，其编号从00H(十六进制表示)到FFH，即从00000000到11111111。

地址译码器接收从地址总线AB送来的地址码，经译码器译码选中相应的某个存储单元，以便从该存储单元中读出(即取出)信息或写入(即存入)信息。

控制电路用来控制存储器的读/写操作过程。

2. 读/写操作过程

1）存储器读操作过程

从存储器读出信息的操作过程如图1.7(a)所示。假定CPU要读出存储器04H单元的

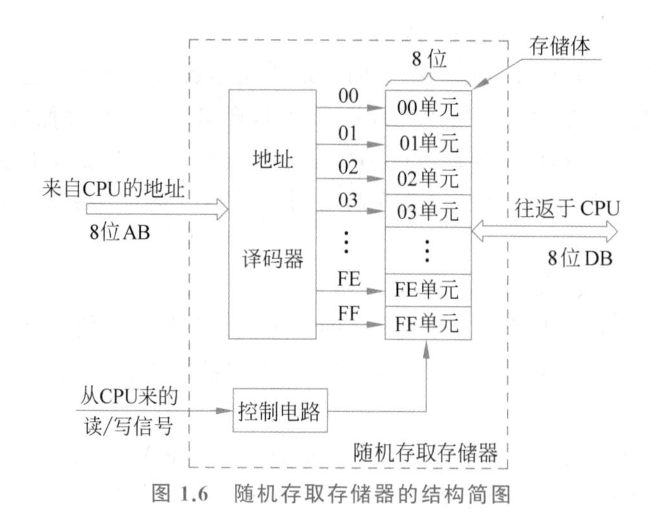

图 1.6　随机存取存储器的结构简图

内容 10010111，即 97H，则：

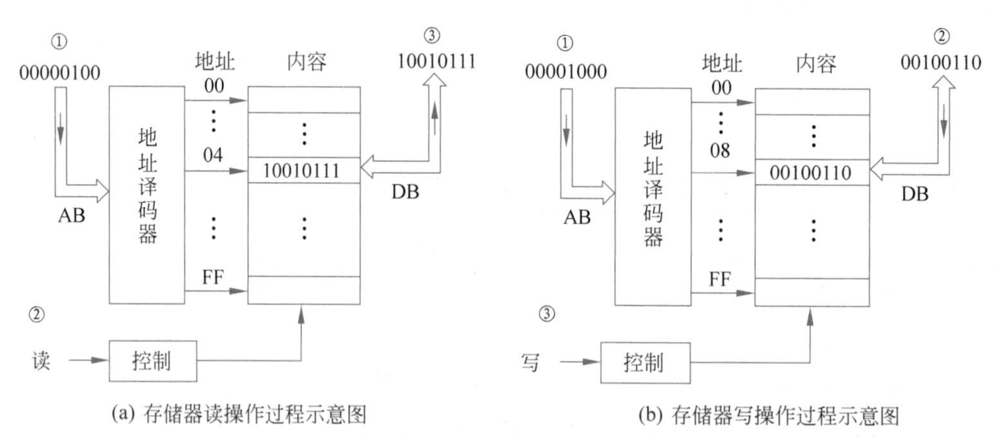

(a) 存储器读操作过程示意图　　(b) 存储器写操作过程示意图

图 1.7　存储器读/写操作过程示意图

① CPU 的地址寄存器 AR 先给出地址 04H，并将它放到地址总线上，经地址译码器译码选中 04H 单元。

② CPU 发出“读”控制信号给存储器，指示它准备把被寻址的 04H 单元中的内容 97H 放到数据总线上。

③ 在读控制信号的作用下，存储器将 04H 单元中的内容 97H 放到数据总线上，经它送至数据寄存器 DR，然后由 CPU 取走该内容作为所需要的信息使用。

应当指出，读操作完成后，04H 单元中的内容 97H 仍保持不变，这种特点称为非破坏性读出(non destructive read out，NDRO)。这一特点很重要，因为它允许多次读出同一单元的内容。

2）存储器写操作过程

向存储器写入信息的操作过程如图 1.7(b)所示。假定 CPU 要把数据寄存器 DR 中的内容 00100110 即 26H 写入存储器 08H 单元，则：

① CPU 的地址寄存器 AR 先把地址 08H 放到地址总线上，经地址译码器选中 08H 单元。

② CPU 把数据寄存器中的内容 26H 放到数据总线上。

③ CPU 向存储器发送“写”控制信号，在该信号的控制下，将内容 26H 写入被寻址的 08H 单元。

注意：写入操作将破坏该单元中原来存放的内容，原内容将被清除。

上述类型的存储器称为随机存取存储器(random access memory，RAM)。所谓“随机存取”，是指所有存储单元均可随时被访问。所谓访问，就是既可以从存储器中读出信息，也可以写入信息。

1.4.4 输入/输出接口概述

计算机各部件间的连接都是由接口电路来完成的。CPU 与内存储器和外围设备之间的连接，分别由存储器接口和输入/输出(I/O)接口来实现，然后再挂到系统总线上，其作用是使 CPU 和外设能协调工作。

接口的基本结构包括两部分：寄存器或缓冲器、控制逻辑。其中，数据输入/输出寄存器、命令寄存器和状态寄存器是接口的最基本组成。各部分的作用如下。

1）数据输入/输出寄存器

数据输入/输出寄存器用于协调 CPU 和外设操作速度上的差异。数据输入寄存器暂存外设来的数据，等待微处理器取走；数据输出寄存器是暂存 CPU 送往外设的数据。

2）命令寄存器

命令寄存器用于存放处理器发送的命令和其他信息，以确定接口电路的工作方式。可编程的接口芯片是通过编程发送命令字，用来选择接口功能或改变接口的工作模式。

3）状态寄存器

状态寄存器用于保存外设当前状态信息。处理器以读方式从接口状态寄存器中读取外设当前状态，根据其状态，判断处理器是否可以执行输入/输出操作。

4）地址译码器

地址译码器用于选择接口中各接口寄存器的地址。每个接口寄存器唯一地对应一个接口地址，利用该地址，可访问对应的寄存器。

5）控制逻辑

控制逻辑主要用于产生接口的内部控制信号和外设控制信号。内部控制逻辑把系统控制信号变换成内部控制信号；对外控制逻辑用于产生处理器和外设之间的应答信号，实现处理器和外设的同步操作。

常用的控制接口与 CPU 的通信方式有以下 4 种。

① 无条件方式。

② 程序查询方式。

③ 中断方式。

④ DMA 方式。

1.5　微机的工作原理与程序执行过程

计算机的工作原理是："存储程序"+"程序控制"，即先把处理问题的步骤和所需的数据转换成计算机能识别的指令和数据送入存储器中保存起来，工作时由计算机的处理器将这些指令从存储器中逐条取出并执行。

微机的工作过程就是执行程序的过程，而程序由指令序列组成，因此，执行程序的过程就是执行指令序列的过程，即逐条地执行指令；由于执行每一条指令，都包括取指令与执行指令两个基本阶段，因此，微机的工作过程也就是不断地取指令和执行指令的过程。微机执行程序的过程如图1.8所示。

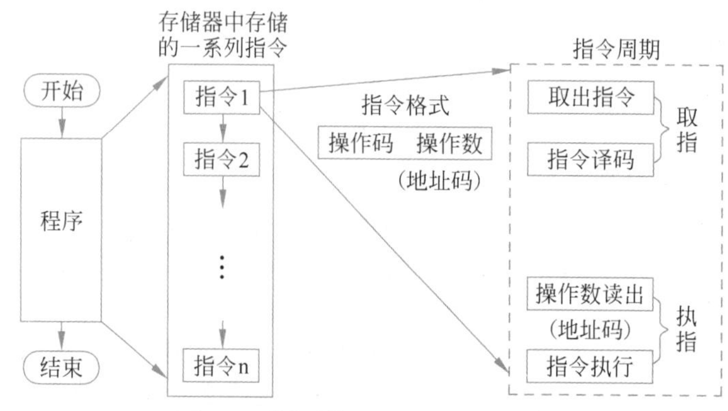

图1.8　微机执行程序的过程示意图

假定程序已由输入设备存放到内存中。当计算机从停机状态进入运行状态时，首先应把第1条指令所在的地址赋给程序计数器(PC)，然后微机就进入取指阶段。在取指阶段，CPU从内存中读出的内容必为指令，于是，数据寄存器(DR)便把它送至指令寄存器(IR)；然后由指令译码器译码，此时控制器就发出相应的控制信号，CPU便"知道"该条指令要执行什么操作。在取指阶段结束后，微机就进入执指阶段，这时，CPU执行指令所规定的具体操作。当一条指令执行完毕，就转入下一条指令的取指阶段。这样周而复始地循环，一直进行到程序中遇到暂停指令时方才结束。

取指阶段都是由一系列相同的操作组成的，所以，取指阶段的时间总是相同的，这称为公操作。而执指阶段将由不同的事件顺序组成，它取决于被执行指令的类型，因此，执指阶段的时间从一条指令到下一条指令变化相当大。

应当指出的是，指令通常包括操作码(operation code)和操作数(operand)两大部分。操作码表示计算机执行什么具体操作，而操作数表示参加操作的数的本身或操作数所在的地址，它也称为地址码。

为了进一步说明微机的工作过程，下面具体讨论一个模型机如何计算"3+2=?"。虽然这是一个相当简单的加法运算，但是，计算机却无法理解。人们必须要先编写一段程序，以计算机能够理解的语言告诉它如何一步一步地去做，直到每一个细节都详尽无误，计算机才能正确地理解与执行。

在编写程序之前，必须首先查阅所使用的微处理器的指令表(或指令系统)，它是某种微处理器所能执行的全部操作命令汇总。假定查到模型机的指令表中可以用 3 条指令求解这个问题。表 1.2 给出了这 3 条指令及其说明。

表 1.2 模型机指令表

名 称	助 记 符	机 器 码		说 明
立即数取入累加器	MOV A,n	10110000 n	B0 n	这是一条双字节指令，把指令第 2 字节的立即数 n 取入累加器(A)中
加立即数	ADD A,n	00000100 n	04 n	这是一条双字节指令，把指令第 2 字节的立即数 n 与 A 中的内容相加，结果暂存 A
暂停	HLT	11110100	F4	停止所有操作

表中第 1 列为指令的名称。第 2 列为助记符，即人们给每条指令规定的一个缩写词。第 3 列为机器码，它是用二进制和十六进制两种形式表示的指令代码。最后一列说明执行一条指令时所完成的具体操作。

下面讨论如何编写"3+2=?"的程序。根据指令表，查出用助记符和十进制数表示的加法运算的程序可表达如下：

```
MOV  A,3
ADD  A,2
HLT
```

但是，模型机却并不认识助记符和十进制数，而只认识用二进制数表示的操作码和操作数。因此，必须按二进制数的形式来写程序，即用对应的操作码代替每个助记符，用相应的二进制数代替每个十进制数。

```
MOV  A,3    变成    1011 0000  ;操作码(MOV A,n)
                    0000 0011  ;操作数 (3)
ADD  A,2    变成    0000 0100  ;操作码(ADD A, n)
                    0000 0010  ;操作数(2)
HLT         变成    1111 0100  ;操作码(HLT)
```

注意：整个程序是 3 条指令 5 个字节。由于微处理器和存储器均用 1 个字节存放与处理信息，因此，当把这段程序存入存储器时，共需要占 5 个存储单元。假设把它存放在存储器的最底端 5 个单元里，则该程序将占有 00H 至 04H 这 5 个单元，如图 1.9 所示。

还要指出：每个单元都具有两组和它有关的 8 位二进制数，其中，方框左边的一组是地址，框内的一组是内容，不可将两组数的含义相混淆。地址是固定的，在一台微机制造好以后，地址号也就确定了；而其中的内容则可以随时改变。

当程序存入内存以后，再进一步讨论微机内部执行程序的具体操作过程。

开始执行程序时，必须先给程序计数器(PC)赋以第 1 条指令的首地址 00H，然后进入第 1 条指令的取指阶段，其具体操作过程如图 1.10 所示。

地址 十六进制	二进制	指令的内容	助记符内容
00	0000　0000	1011　0000	MOV　A,n
01	0000　0001	0000　0011	03
02	0000　0010	0000　0100	ADD　A,n
03	0000　0011	0000　0010	02
04	0000　0100	1111　0100	HLT
⋮	⋮	⋮	
FF	1111　1111		

图 1.9　存储器中的指令

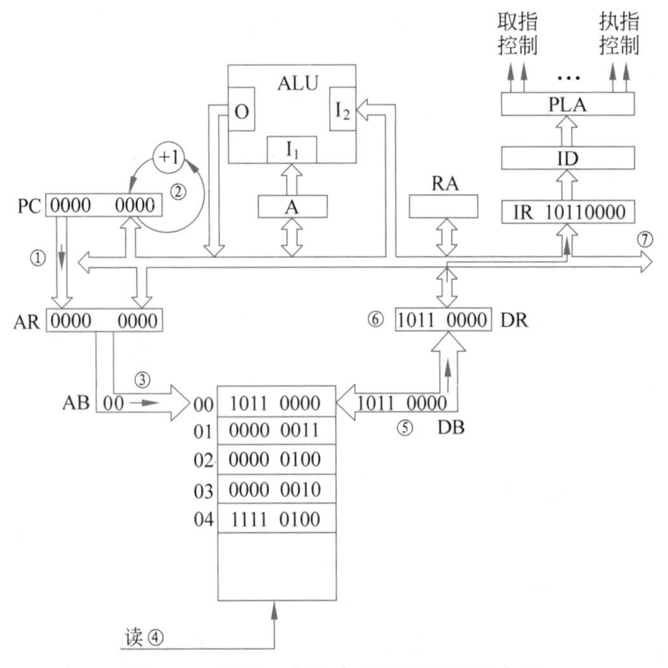

图 1.10　取第 1 条指令的操作过程示意图

① 把 PC 的内容 00H 送到地址寄存器(AR)。

② 一旦 PC 的内容可靠地送入 AR 后,PC 自动加 1,即由 00H 变为 01H。注意,此时 AR 的内容并没有变化。

③ 把 AR 的内容 00H 放在地址总线上,并送至内存,经地址译码器译码,选中相应的 00H 单元。

④ CPU 发出读命令。

⑤ 在读命令控制下,把所选中的 00H 单元中的内容,即第 1 条指令的操作码 B0H 读到数据总线(DB)上。

⑥ 把读出的内容 B0H 经数据总线送到数据寄存器 DR。

⑦ 取指阶段的最后一步是指令译码。因为取出的是指令的操作码，故数据寄存器(DR)把它送到指令寄存器(IR)，然后再送到指令译码器(ID)，经过译码，CPU“识别”出这个操作码 B0H 就是 MOV　A，n 指令，于是，它“通知”控制器发出执行这条指令的各种控制命令。这就完成了第 1 条指令的取指阶段。

然后转入执行第 1 条指令的阶段。经过对操作码 B0H 译码后，CPU 就“知道”这是一条把下一单元中的操作数取入累加器(A)的双字节指令 MOV　A，n，所以，执行第 1 条指令就必须把指令第 2 字节中的操作数 03H 取出来。

取指令第 2 字节的操作过程如图 1.11 所示。

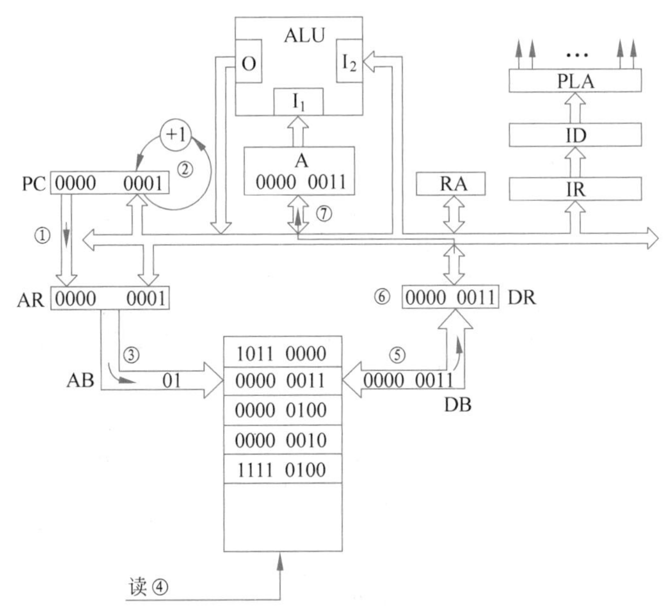

图 1.11　取指令第 2 字节的操作过程示意图

① 把 PC 的内容 01H 送到地址寄存器(AR)。

② 当 PC 的内容可靠地送到 AR 后，PC 自动加 1，变为 02H。但这时 AR 中的内容 01H 并未变化。

③ AR 通过地址总线把地址 01H 送到地址译码器，经过译码选中相应的 01H 单元。

④ CPU 发出读命令。

⑤ 在读命令控制下，将选中的 01H 单元的内容 03H 读到数据总线(DB)上。

⑥ 通过 DB 把读出的内容送到数据寄存器(DR)。

⑦ 因 CPU 根据该条指令具有的字节数已知此时读出的是操作数，且指令要求把它送到累加器(A)，故由数据寄存器(DR)取出的内容就通过内部数据总线送到累加器(A)。于是，第 1 次执指阶段完毕，操作数 03H 被取入累加器(A)中；并进入第 2 条指令的取指阶段。

取第 2 条指令的操作过程如图 1.12 所示。它与取第 1 条指令的过程相同，只是在取指阶段的最后一步，读出的指令操作码 04H 由 DR 把它送到指令寄存器(IR)。再经过指令译码器(ID)对指令译码后，CPU 就“知道”操作码 04H 表示一条加法指令；执行第 2 条加法指令，必须取出指令的第 2 字节。

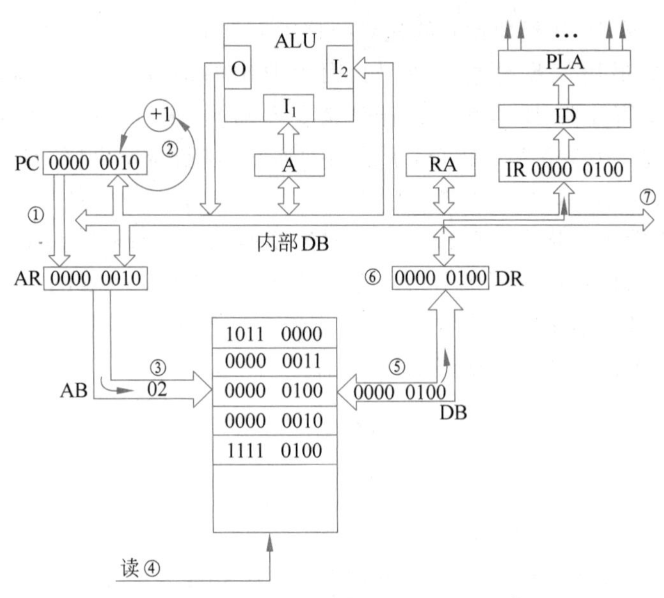

图 1.12　取第 2 条指令的操作过程示意图

取第 2 字节及执行指令的操作过程如图 1.13 所示。

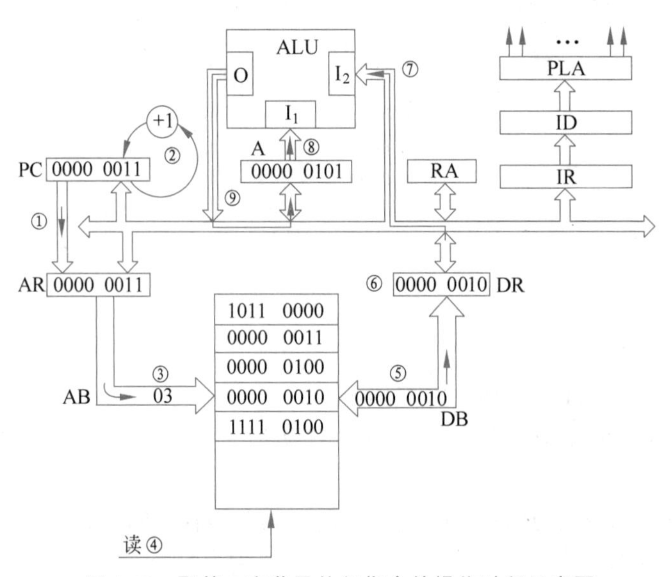

图 1.13　取第 2 字节及执行指令的操作过程示意图

前 6 步的操作过程同上。

在第⑦步，因 CPU 在对指令译码时已知读出的数据 02H 为操作数，并要将其与已暂存于 A 中的内容 03H 相加，故数据由 DR 通过内部数据总线送至 ALU 的另一输入端 I_2。

在第⑧步，A 中的内容送 ALU 的输入端 I_1，且执行加法操作。

最后，在第⑨步，CPU 把相加的结果 05H 由 ALU 的输出端 O 又送到累加器(A)中。

至此，第 2 条指令的执行阶段结束，A 中存入和数为 05H，它将原有内容 03H 替换。接着，CPU 就转入第 3 条指令的取指阶段。

程序中的最后一条指令是 HLT，可用类似上面的取指过程把它取出。当把 HLT 指令的操作码 F4H 取入数据寄存器(DR)后，因是取指阶段，故 CPU 将操作码 F4H 送指令寄存器(IR)，再送指令译码器(ID)；经译码，CPU“已知”是暂停指令，于是，控制器停止产生各种控制命令，使计算机停止全部操作。这时，程序已完成加法运算，并且将数 5 已暂时存放在累加器(A)中。

综上所述，微机的工作过程就是不断取指令和执行指令的过程。指令有不同字节类型，例如 HLT 指令为单字节指令，它只有 1 个字节的操作码而没有操作数；MOV　A，n 与 ADD　A，n 指令为双字节指令，其第 1 字节为操作码，而第 2 字节为操作数，并且，操作数的地址就紧跟着指令操作码的地址，若在某个地址中取出操作码，则在下一个地址中就立即能取出操作数。这种可以立即确定操作数地址的寻址方式，称为立即寻址。

通常，操作数是存放在存储器的某一单元中，需要按不同方式来寻找操作数的地址，此即寻址方式。由于执行程序的大量操作是取操作数，而取操作数又必须要寻址，因此，寻址方式对编写与执行程序的质量十分重要，这些内容将在第 3 章中详细讨论。

习　题　1

1.1　世界上第一台电子计算机于何时诞生？电子计算机按其逻辑元件的不同可分为哪几代？微型计算机是哪一代计算机的分支？

1.2　微处理器、微型计算机以及微型计算机系统之间有何联系与区别？

1.3　一个基本的微机硬件系统的组成包括哪几部分？实际微机硬件系统一般都由哪些部件组成？

1.4　什么是微机硬件的系统结构？微机中有哪几种基本的总线结构？各种高档微机主要采用哪种总线结构？

1.5　世界上第一片微处理器是何时由哪个公司开发的？至今，该公司共开发了哪几代微处理器？推动微处理器迅速更新换代的根本原因是什么？试举例说明。

1.6　一个最基本的微处理器由哪几部分组成？它们各自的主要功能是什么？

1.7　试说明程序计数器在程序执行过程中的具体作用与功能特点。

1.8　标志寄存器的基本功能是什么？它在程序执行过程中有何作用？

1.9　存储器的基本功能是什么？程序和数据是以何种代码形式来存储信息的？

1.10　试说明位、字节以及字长的基本概念及三者的关系。

1.11　若 3 种微处理器的地址引脚数分别为 16 条、20 条及 32 条，那么这 3 种微处理器分别能寻址多少字节的存储单元？

1.12　存储器有哪几种基本操作？它们的具体操作步骤和作用有何区别？

1.13　微机工作过程的实质是什么？执行一条指令包含哪两个阶段？微机在这两个阶段的操作有何基本区别？

1.14　指令的操作码和操作数这两部分有何区别？试写出一条模型机将立即数 9 取入累加器(A)的 MOV 传送指令，并以二进制数形式分别表示操作码和操作数这两个字节。

1.15　试用汇编语言和机器语言两种形式写出用模型机实现“17＋8”的 5 字节(用 HLT 指令结束)加法程序。并回答：当程序运行结束时，在指令寄存器(IR)、累加器(A)中分别存放了什么内容的二进制代码信息。

第2章 微机运算基础

计算机最基本的功能是进行大量"数"的计算与加工处理，但计算机只能"识别"二进制数。所以，二进制数及其编码是所有计算机的基本语言。在微机中还采用了八进制和十六进制表示法，它们用二进制数表示和处理非常方便。

本章将从十进制数入手，再将数的基本概念引申到二进制、八进制、十六进制数等进位计数制。充分理解这些数制及其相互之间的转换方法，有助于掌握许多数字编码。同时，在熟悉二进制的基础上，讨论二进制的各种算术运算原理。最后，介绍数的浮点和定点表示法以及带符号数的表示法。

2.1 进位记数制

所谓进位记数制，是指按进位的方法来进行记数，简称进位制。

在进位记数制中，常常要用"基数"（或称底数）来区别不同的数制，而某进位制的基数就是表示该进位制所用字符或数码的个数。例如，十进制数用0～9共10个数码表示数的大小，故其基数为10。为区分不同的数制，可在数的下标注明基数。例如，65535_{10}表示以10为基数的数制，它是每记满十便向高位进一，即"逢十进一"；当基数为M时，便是"逢M进一"。

2.1.1 十进制数

一个十进制数中的每一位都具有其特定的权，称为位权，简称权。就是说，对于同一个数码，在不同的位它所代表的数值就不同。例如，999.99这个数可以写为：

$$999.99=9\times10^2+9\times10^1+9\times10^0+9\times10^{-1}+9\times10^{-2}$$

其中，每个位权由基数的n次幂来确定。在十进制中，整数的位权是10^0（个位）、10^1（十位）、10^2（百位）等；小数的位权是10^{-1}（十分位）、10^{-2}（百分位）等。上式称为按位权展开式。

由此可见，一个十进制数有以下两个主要特点。

(1) 十进制的基数为10，数码的个数等于基数，即10，共有10个不同的数码(0,1,2,…,9)。

(2) 进位时"逢十进一"。即在记数时，每一次记到10就往左进一位，或者说，上一位（左）的权是下一位（右）的权的10倍。

2.1.2 二进制数

进位记数制中最简单的是二进制，它只包括“0”和“1”两个不同的数码，即基数为 2，进位原则是“逢二进一”。

例如，二进制数 1101.11 相当于十进制数的 13.7510，即

$$1\times 2^3+1\times 2^2+0\times 2^1+1\times 2^0+1\times 2^{-1}+1\times 2^{-2}=8+4+1+0.5+0.25=13.75_{10}$$

由该式可知，二进制数各位的权分别为 8、4、2、1、0.5、0.25。将二进制数化为十进制数，是把二进制的每一位数字乘以该位的权然后相加得到。实际上只需要将为 1 的各位的权相加即可。

二进制数具有如下两个主要特点。

(1) 二进制数的数值部分只需用两个数码“0”和“1”来表示。

(2) 二进制的基数是 2，当记数时，它是“逢二进一”，即上一位(左)的权是下一位(右)的权的 2 倍。

2.1.3 八进制数

八进制数具有如下两个主要特点。

(1) 八进制的基数为 8，用 0～7 这 8 个不同的数码来表示数值。

(2) 当记数时，它是“逢八进一”，即上一位(左)的权是下一位(右)的权的 8 倍。

2.1.4 十六进制数

十六进制数是微机中最常用的一种进制数，它的基数是 16，即由 16 个不同的数码符号组成。除了 0～9 这 10 个数字外，还用字母 A、B、C、D、E、F 分别表示数字 10、11、12、13、14、15。十六进制也有如下两个特点。

(1) 十六进制的基数为 16，用 16 个不同的数码符号 0～9 以及 A～F 来表示数值。

(2) “逢十六进一”，即上一位(左)的权是下一位(右)的权的 16 倍。

十六进制、十进制、八进制、二进制数之间的关系如表 2.1 所示。

上面介绍了在微机中常用的几种进位记数制，对任意其他一种进位记数制，其基数可用正整数 b 表示。这时，数 N 的按位权展开式的一般通式如下：

表 2.1 各种数制对照表

十六进制	十进制	八进制	二进制	十六进制	十进制	八进制	二进制
0	0	0	0000	8	8	10	1000
1	1	1	0001	9	9	11	1001
2	2	2	0010	A	10	12	1010
3	3	3	0011	B	11	13	1011
4	4	4	0100	C	12	14	1100
5	5	5	0101	D	13	15	1101
6	6	6	0110	E	14	16	1110
7	7	7	0111	F	15	17	1111

$$N = \pm \sum_{i=n-1}^{-m} (k_i \times b^i)$$

式中,k_i 为第 i 位的数码;b 为基数;b^i 为第 i 位的权;n 为整数的总位数;m 为小数的总位数。

为了区别数制,通常在书写时采用 3 种方法:①在数的右下角注明数制,例如 21_{16}、43_{10}、65_8、1010_2 分别表示为十六进制的 21、十进制的 43、八进制的 65、二进制的 1010;②在数的后面加上一些字母符号,通常十六进制用 H 表示(如 21H),十进制用 D 表示或不加字母符号(如 43D 或 43),八进制用 Q 表示(如 65Q),二进制用 B 表示(如 1010B);③在数的前面加上一些符号,例如十六进制用 $ 表示(如 $21),二进制用%表示(如%1010)。本书在后面大量采用第 2 种表示法。

2.2 各种进位数制之间的转换

在使用微机时,经常需要进行各种不同进位数制之间的转换,其综合转换表示如图 2.1 所示。

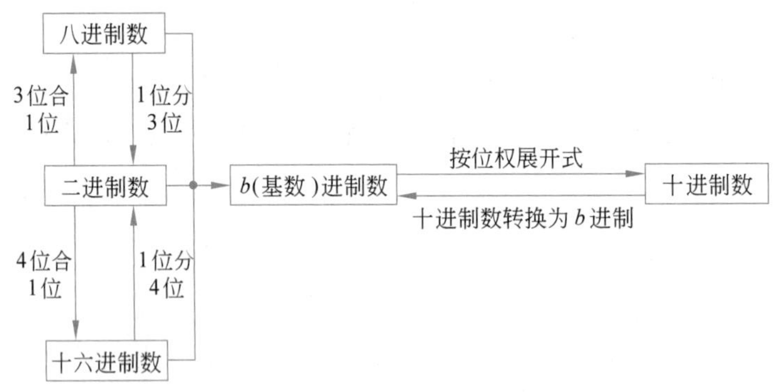

图 2.1 各种进位数制之间转换的综合表

2.2.1 非十进制数转换为十进制数

对任一非十进制数转换为十进制数,其基本方法是:先将该数按位权展开式逐项计算,再按十进制运算规则求和。

【例 2.1】 将二进制数 1011.101B 转换成十进制数。

$$\begin{aligned} 1011.101\text{B} &= 1\times2^3+0\times2^2+1\times2^1+1\times2^0+1\times2^{-1}+0\times2^{-2}+1\times2^{-3} \\ &= 8+0+2+1+0.5+0+0.125=11.625\text{D} \end{aligned}$$

【例 2.2】 将十六进制数 FFFE.4H 转换为十进制数。

$$\text{FFFE.4H}=\text{F}\times16^3+\text{F}\times16^2+\text{F}\times16^1+\text{E}\times16^0+4\times16^{-1}=65534.25\text{D}$$

2.2.2 十进制数转换为非十进制数

对任一个十进制数转换为非十进制数分成整数和小数两部分,即分别转换后再以小数点为界合并起来。整数部分采用“除以基数取余”方法(直至商为0,余数按先后顺序从低位到高位排列)。小数部分采用“乘基数取整”的方法。

【例2.3】 将十进制整数175转换成二进制整数。

```
                                                    商    ÷2
0     1  ←  2  ←  5  ←  10  ←  21  ←  43  ←  87  ←——    175
      ↓     ↓     ↓     ↓      ↓      ↓      ↓            ↓
      1     0     1     0      1      1      1            1  余数
      K7    K6    K5    K4     K3     K2     K1           K0
   (最高位)                                            (最低位)
```

其转换结果如下:

$$175D = K_7K_6K_5K_4K_3K_2K_1K_0 = 10101111B$$

为便于记忆,计算步骤可简化为如下形式。

```
      ÷2
  商 ←    ↓
         余数
```

由此可得到以下3个将十进制整数转换成二进制整数的规则。

(1) 将十进制数除以2,并记下余数。

(2) 将所得的商再除以2,并记下余数,如此重复,直至商为0。

(3) 收集所得到的余数,以第1位余数作为整数的最低有效位 K_0,最后得到的余数为最高有效位 K_{n-1},中间的余数顺次收集。

十进制小数转换成二进制小数采用“乘2取整”的方法。

【例2.4】 将十进制小数0.625转换为二进制小数。

```
               ×2
           0.625 → 0.25 → 0.5 → 0
             ↓       ↓      ↓
  整数部分   1       0      1
            K-1     K-2    K-3
```

所以,转换结果为0.625D=0.101B。为便于记忆,计算步骤可简化为如下形式。

```
  ×2
  →   小数部分

  ↓
整数部分
```

由此可得到将十进制小数转换为二进制小数的方法是不断用2去乘该十进制小数,每次所得的溢出数(即整数1或0)依次记为 $K_{-1}, K_{-2}, \cdots$。若乘积的小数部分最后一次乘积为0,则最后一次乘积的整数部分记为 K_{-m},则有:

$$0.K_{-1}K_{-2}\cdots K_{-m}$$

但有时结果永远不为0,即该十进制小数不能用有限位的二进制小数精确表示,这时,可根据精度要求取 m 位,得到十进制小数的二进制的近似表达式。

对于既有整数又有小数的十进制数,可用“除以2取余”和“乘2取整”法则分别对其整数与小数部分进行转换,然后合并。

【例2.5】 将十进制数1192.9032转换为十六进制数。

整数部分“除以16取余”变为如下形式。

```
÷16           ÷16    商    ÷16
0 ←—    4    ←—    74   ←—   1192
        ↓          ↓          ↓
        4          A          8  余数
        K2         K1         K0
      (最高位)              (最低位)
```

故

$$1192D=4A8H$$

小数部分“乘 16 取整”变为如下形式。

```
         ×16           ×16          ×16            ×16
0.9032   —→   0.4512   —→   0.2192   —→   0.5072   —→   0.1152
  ↓             ↓             ↓             ↓
  E             7             3             8
 K-1           K-2           K-3           K-4
(最高位)                                  (最低位)
```

故

$$0.9032D=0.E738H$$

最后结果是：

$$1192.9032D=4A8.E738H$$

2.2.3 八进制数与二进制数之间的转换

二进制整数转换为八进制整数时十分方便，因为 3 位二进制数的组合恰好等于 0～7 这 8 个数值，所以，能够用 3 位二进制数表示一位八进制数。这样，便可以直接进行转换，即从最低位(小数点左边第 1 位)开始，每 3 位分为一组，若最高位的这一组不足 3 位，则在最高位的左边加 0 补足到 3 位，然后每 3 位二进制数用相应的八进制数表示。

【例 2.6】 将二进制数 10101001B 转换为八进制数。

```
        010  101  001
补零 —— ↑↓    ↓    ↓

         2    5    1
```

所以 10101001B=251Q。

用同样的方法也可以将二进制小数直接转换为八进制小数，只是从小数点右边第一位开始按每 3 位分为一组，最低位不足 3 位时，在其右边加 0 补足到 3 位，然后用相应的八进制数表示。

【例 2.7】 将二进制小数 .01101011B 转换为八进制数。

```
.011  010  110
  ↓    ↓   ↓↑ —— 补零

  3    2    6
```

所以 .01101011B=.326Q。

八进制数转换为二进制数时恰好与上述过程相反，可以直接将八进制数的每一位用相应的 3 位二进制数代替即可。

【例 2.8】 将八进制数 352.14 转换为二进制数。

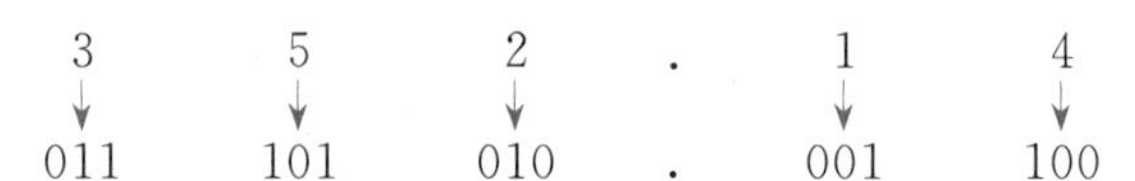

即 352.14Q=(011101010.001100)B=11101010.0011B。

在此例中，要将转换后的二进制数最高位前面和最低位后面无意义的 0 从结果中舍去。

2.2.4 十六进制数与二进制数之间的转换

在微机中，经常使用十六进制数表示二进制数，以使书写形式简化。因此，要十分熟悉十六进制数与二进制数之间的转换。

二进制数转换为十六进制数也很方便，因为 4 位二进制数的组合恰好等于 0～15 这 16 个数值，所以，可用 1 位十六进制数表示 4 位二进制数。

当一个二进制数的整数部分要转换为十六进制数时，可以从小数点开始向左按 4 位一组分成若干组，最高位一组不足 4 位时，在左边加 0 补足到 4 位。

二进制数的小数部分可以从小数点开始向右按 4 位一组分成若干组，最后一组(最低位一组)不足 4 位则在右边加 0 补足到 4 位。然后将每一组的 4 位二进制数用相应的十六进制数表示即转换为十六进制数。

【例 2.9】 将二进制数 110100110.110101 转换为十六进制数。

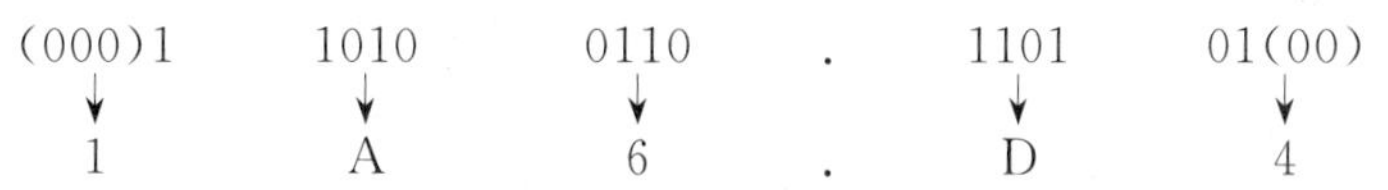

即 110100110.110101B=1A6.D4H。

注意：小数部分的最后一组若不足 4 位时，则要加 0 补足，否则会出错。

十六进制数转换为二进制数时，过程与上述相似，将每位十六进制数直接转换为与它相应的 4 位二进制数即可。

【例 2.10】 将十六进制数 C8F.49H 转换为二进制数。

C8F.49H=110010001111.01001001B

同样要注意，在最后的结果中应将可能出现的最高位前面或最低位后面的无效 0 舍去。

2.3 二进制编码

由于计算机只能识别二进制数，因此，输入的信息，如数字、字母、符号以及声音、图像等都要化成由若干位 0、1 组合的特定二进制码来表示，这就是二进制编码。

前面讨论的二进制数称为纯二进制代码，它与其他类型的二进制代码是有区别的。

2.3.1 二进制编码的十进制

在计算机中采用的是二进制信息。但是，人们并不熟悉二进制，因此，在计算机输入和输出时,通常还是用十进制数来表示。不过,这样的十进制数是用二进制编码表示的。1位十进制数用4位二进制编码来表示的方法很多,比较常用的是8421 BCD编码。

8421 BCD编码有10个不同的数字符号,由于它是逢"十"进位的,因此它是十进制;同时,它的每一位是用4位二进制编码来表示的,所以称之为二进制编码的十进制,即二-十进制码或BCD(Binary Code Decimal)码。BCD码具有二进制和十进制两种数制的某些特征。表2.2列出了标准的8421 BCD编码和对应的十进制数。正像纯二进制编码一样,要将BCD数转换成相应的十进制数,只要把二进制数出现1的位权相加即可。

表2.2 BCD编码表

十进制数	8421 BCD编码	十进制数	8421 BCD编码	十进制数	8421 BCD编码
0	0000	6	0110	12	0001 0010
1	0001	7	0111	13	0001 0011
2	0010	8	1000	14	0001 0100
3	0011	9	1001	15	0001 0101
4	0100	10	0001 0000	16	0001 0110
5	0101	11	0001 0001	17	0001 0111

注意:4位码仅有10个数有效,表示十进制数10~15的4位二进制数在BCD数制中是无效的。

要用BCD码表示十进制数,只要把每个十进制数用适当的二进制4位BCD码代替即可。

【例2.11】 将十进制整数256用BCD码表示。

256D=(0010 0101 0110)BCD

每位十进制数用4位BCD码表示时,为了避免BCD格式与纯二进制码混淆,必须在每4位之间留一空格,这种表示法也适用于十进制小数。

【例2.12】 将十进制小数0.764用BCD码表示。

0.764=(0.0111 0110 0100)BCD

【例2.13】 将(0110 0010 1000.1001 0101 0100)BCD码转换成相应的十进制数。

(0110 0010 1000.1001 0101 0100)BCD=628.954D

十进制与BCD码之间的转换是直接的。而二进制与BCD码之间的转换却不能直接实现,而必须先转换为十进制。

【例2.14】 将二进制数1011.01转换成相应的BCD码。

1011.01B=11.25D=(0001 0001.0010 0101)BCD

如果要将BCD码转换成二进制数,则完成上述运算的逆运算即可。

BCD码在计算机中有两种存储形式,即压缩BCD码和非压缩BCD码。

对压缩BCD码,在一个字节的存储单元中存放2个BCD码;而对非压缩BCD码,在一个字节的存储单元中存放1个BCD码。

【例2.15】 将13.25D用压缩BCD码和非压缩BCD码两种不同的形式表示出来。

13.25D的压缩BCD码为0001 0011.0010 0101。

13.25D的非压缩BCD码为0000 0001 0000 0011.0000 0010 0000 0101。

2.3.2 字母与字符的编码

如上所述,字母和各种字符在计算机内是按特定的规则用二进制编码表示的,这些编码有各种不同的方式。目前在微机、通信设备和仪器仪表中广泛使用的是 ASCII(American Standard Code for Information Interchange)码——美国标准信息交换码。7 位 ASCII 代码能表示 $2^7=128$ 种不同的字符,其中包括数码(0～9),英文大、小写字母,标点和控制的附加字符。表 2.3 表示 7 位 ASCII 代码,又称全 ASCII 码。7 位 ASCII 码是由高 3 位一组和低 4 位一组组成的。图 2.2 所示为这两组的位置和号码的顺序,位 6 是最高位,而位 0 是最低位。

3位组			4位组			
位6	位5	位4	位3	位2	位1	位0

图 2.2 ASCII 代码格式

注意:这些组在表 2.3 的列和行中的排列情况。4 位一组表示行,3 位一组表示列。

表 2.3 美国标准信息交换代码 ASCII(7 位)

低位 LSD		高位 MSD							
		0 000	1 001	2 010	3 011	4 100	5 101	6 110	7 111
0	0000	NUL	DLE	SP	0	@	P	、	p
1	0001	SOH	DC1	!	1	A	Q	a	q
2	0010	STX	DC2	”	2	B	R	b	r
3	0011	ETX	DC3	#	3	C	S	c	s
4	0100	EOT	DC4	$	4	D	T	d	t
5	0101	ENQ	NAK	%	5	E	U	e	u
6	0110	ACK	SYN	&	6	F	V	f	v
7	0111	BEL	ETB	,	7	G	W	g	w
8	1000	BS	CAN	(	8	H	X	h	x
9	1001	HT	EM	)	9	I	Y	i	y
A	1010	LF	SUB	*	:	J	Z	j	z
B	1011	VT	ESC	+	;	K	[	k	{
C	1100	FF	FS	,	<	L	\	l	|
D	1101	CR	GS	—	=	M	]	m	}
E	1110	SO	RS	.	>	N	↑	n	—
F	1111	SI	US	/	?	O	←	o	DEL

要确定某数字、字母或控制操作的 ASCII 码,先要在表 2.3 中查到对应的那一项,然后根据该项的位置从相应的行和列中找出 3 位和 4 位的码,这就是所需的 ASCII 代码。例如,字母 A 的 ASCII 代码是 1000001(即 41H),它在表的第 4 列、第 1 行,其高 3 位组是 100,低 4 位组是 0001。

此外,还有一种 6 位的 ASCII 码,它删除了 26 个英文小写字母,如表 2.4 所示。

表 2.4　6 位 ASCII 码表

NUL	空白	VT	垂直列表
SOH	标题开始	FF	走纸控制(按格式换行)
STX	文本开始	CR	回车
ETX	文本结束	SO	移位输出
EOT	传输结束	SI	移位输入
ENQ	询问	SP	空间(空格)
ACK	应答	DLE	数据链换码
BEL	报警符(可听见的信号)	DC1	设备控制 1
BS	退一格(并删除该字符)	DC2	设备控制 2
HT	横向列表	DC3	设备控制 3
LF	换行	DC4	设备控制 4
SYN	空转同步	NAK	否定应答
ETB	信息组传输结束	FS	文件分隔符
CAN	删去符	GS	组分隔符
EM	信息结束	RS	记录分隔符
SUB	减	US	单元分隔符
ESC	换码	DEL	作废字符

2.4　二进制数的运算

本节主要讨论无符号数的两种基本运算：算术运算和逻辑运算。

2.4.1　二进制数的算术运算

一种数制可进行两种基本的算术运算：加法和减法。利用加法和减法就可以进行乘法、除法以及其他数值运算。

1. 二进制加法

二进制加法的运算规则是 0+0=0;0+1=1;1+1=0 进位 1;1+1+1=1 进位 1。

【例 2.16】　计算 1101 和 1011 两数的和。

```
进位     1111
被加数    1101
加数    + 1011
       ───────
和      11000
```

可见，两个二进制数相加时，每 1 列有 3 个数，即相加的两个数以及低位的进位，用二进制的加法规则相加后得到本位的和以及向高位的进位。于是，1101B 加 1011B 的和等于 11000B;这可以将二进制数变换为十进制数来进行校验。

【例 2.17】　计算两个 8 位二进制数 10001111B 与 10110101B 的和。

```
进位        10111111
被加数       10111111
加数        +10110101
        ───────────
和         101000100
```

两个 8 位二进制数相加后，第 9 位出现的一个 1 代表“进位”位。如果进位位不用高 8 位存储单元来保存，则将自然丢失。这点将在后面加以说明。

2. 二进制减法

二进制减法的运算规则是：0−0=0;1−1=0;1−0=1;0−1=1 借位 1。

【例 2.18】 计算 11011B 与 1101B 的差。

```
借位后的被减数    0 10 10 1 1
    被减数      1 1   0 1 1
     减数      −  1   1 0 1
           ──────────────
      差         1 1  1 0
```

“借位后的被减数”现在是指产生借位以后每位被减数的值。

注意：二进制的 10 等于十进制的 2。

用“借位后的被减数”逐列地减去减数即得差。

【例 2.19】 计算 11000100B 与 00100101B 的差。

```
借位后的被减数    1 0 1 1 1 10 1 10
    被减数      1 1 0 0 0 1 0 0
     减数      −0 0 1 0 0 1 0 1
          ──────────────────
      差        1 0 0 1 1 1 1 1
```

和二进制加法一样，微机一般以 8 位数进行减法。若被减数、减数或差值中的有效位不足于 8，则应补 0 位以保持 8 位数。

【例 2.20】 计算 11101110B 与 10111010B 的差。

```
借位后的被减数    1 0 10 10 1 1 1 0
    被减数      1 1 1 0 1 1 1 0
     减数      −1 0 1 1 1 0 1 0
          ──────────────────
      差        0 0 1 1 0 1 0 0
```

此例中，答案包括 6 位有效位，应补加两个 0 位以保持 8 位数。

3. 二进制乘法

二进制乘法的运算规则是 0×0=0;0×1=0;1×0=0;1×1=1。

【例 2.21】 计算 1111 与 1101 的乘积。

```
被乘数          1 1 1 1
 乘数          ×1 1 0 1
         ─────────────
                1 1 1 1
              0 0 0 0
            1 1 1 1
          1 1 1 1
         ─────────────
        1 1 0 0 0 0 1 1
```

这里是用乘数的每一位分别去乘被乘数，乘得的各中间结果的最低有效位与相应的乘数位对齐，最后把这些中间结果同时相加即得积。因为在这种乘法算式中一次相加所有中间结果太复杂，所以在微机中常采用移位和加法操作来实现。以本题的 1111×1101 为例，其过程如下所示。

```
乘  数        被乘数            部分积
1101           1111               0000 ——部分积初值
                                 +1111 ——被乘数
                                 -----
              11110               1111 ——部分积
             111100
                                  1111 ——部分积
                               +111100 ——左移的被乘数
                               -------
            1111000            1001011 ——部分积
                              +1111000 ——左移的被乘数
                              --------
                              11000011 —— 最终乘积
```

(1) 乘数最低有效位 LSB 为 1，把被乘数加至部分积(其初值为 0)上，然后把被乘数左移。

(2) 乘数次低位为 0，不加被乘数，然后把被乘数左移。

(3) 乘数为 1，把已左移的被乘数加至部分积，然后把被乘数左移。

(4) 乘数为 1，把已左移的被乘数加至部分积得最终乘积。

此例是以被乘数左移加部分积的方法实现乘法运算的。当两个 n 位数相乘时，乘积为 $2n$ 位；在运算过程中，这 $2n$ 位都有可能进行相加的操作，所以，需要 $2n$ 个加法器。显然，也可以用部分积右移加被乘数的方法实现上例的两数相乘，其过程如下所示。

```
乘数   被乘数       部分积
1101   1111          0000 |          ——初值
                    +1111 |          ——被乘数
                ----------|
                     1111 |          ——部分积
                     0111 | 1        ——右移的部分积
                     0011 | 11       ——右移的部分积
                    +1111 |          ——被乘数
                ---------------
                    10010 | 11       ——部分积
                     1001 | 011      ——右移的部分积
                    +1111 |          ——被乘数
                ---------------
                    11000 | 011      ——部分积
                     1100 | 0011     ——最终乘积
```

(1) 乘数最低位为 1，把被乘数加至部分积，然后部分积右移。

(2) 乘数为 0，不加被乘数，部分积右移。

(3) 乘数为 1，加被乘数，部分积右移。

(4) 乘数为 1，加被乘数，部分积右移，得最终乘积。

比较一下，所得最后结果相同。但是，用部分积右移的运算方法却只有 n 位进行相加的操作，所以只需要 n 个加法器。

4. 二进制除法

除法是乘法的逆运算。因此,它是确定一个数(除数)可以从另一个数(被除数)中连减多少次的过程。

【例 2.22】 计算 100011 与 101 的商。

```
                       000111
除数            101  )100011    被除数
                       101
                     -------
                        111     余数
                        101
                     -------
                         101    余数
                         101
                     -------
                           0    余数
```

以上除法运算在计算机中实现时,可转化为减法和移位运算。其计算步骤是:从被除数的最高位(MSB)开始检查,并经过比较确定需要超过除数值的位数。当找到这个位时,商记 1,并把选定的被除数值减除数。然后把被除数的下一位移到余数上。如果新余数不够减除数,则商记 0,把被除数的再下一位移到余数上;若余数够减,则商记 1,然后将余数减去除数,并把被除数的下一个低位(本例中的 LSB)再移到余数上。若此余数够减除数,则商记 1,并把余数减去除数。重复这一过程,直到全部被除数的所有位都依次下移完为止。然后把余数/除数作为商的分数,表示在商中。

2.4.2 二进制数的逻辑运算

在微机中,以 0 或 1 两种取值表示的变量称为逻辑变量。它们不是代表数学中的“0”和“1”的数值大小,而是代表所要研究的问题的两种状态或可能性,例如电压的高或低,脉冲的有或无等。这种逻辑变量之间的运算,称为逻辑运算。

逻辑运算包括 3 种基本运算:逻辑加法(或运算)、逻辑乘法(与运算)和逻辑否定(非运算)。由这 3 种基本运算可以导出其他的逻辑运算,例如异或运算、同或运算以及与或非运算等。这里,只介绍 4 种逻辑运算:与运算、或运算、非运算、异或运算。

1. 与运算

与运算通常用符号“×”或“·”或“∧”表示。与运算的运算规则如下所示。

0×1=0 或 0·1=0 或 0∧1=0　读成 0 与 1 等于 0

1×0=0 或 1·0=0 或 1∧0=0　读成 1 与 0 等于 0

1×1=1 或 1·1=1 或 1∧1=1　读成 1 与 1 等于 1

可见,与运算表示只有参加运算的逻辑变量都同时取值为 1 时,其与运算的结果才等于 1。

【例 2.23】 计算 11000011∧10101001 的结果。

11000011∧10101001=10000001

2. 或运算

或运算通常用符号“+”或“∨”表示。或运算的运算规则如下所示。

$$0+0=0 \text{ 或 } 0 \vee 0=0$$ 读成 0 或 0 等于 0

$$0+1=1 \text{ 或 } 0 \vee 1=1$$ 读成 0 或 1 等于 1

$$1+0=1 \text{ 或 } 1 \vee 0=1$$ 读成 1 或 0 等于 1

$$1+1=1 \text{ 或 } 1 \vee 1=1$$ 读成 1 或 1 等于 1

在给定的逻辑变量中，只要有一个为 1，或运算的结果就为 1；只有都为 0 时，或运算的结果才为 0。

【例 2.24】 计算 $10000011 \vee 11000011$ 的结果。

$$10000011 \vee 11000011=11000011$$

3. 非运算

非运算又称逻辑否定。非运算是在逻辑变量上方加一横线表示非，其运算规则如下所示。

$$\overline{0}=1$$ 读成非 0 等于 1

$$\overline{1}=0$$ 读成非 1 等于 0

【例 2.25】 将 10100101 求非。

$$\overline{10100101}=01011010$$

4. 异或运算

异或运算通常用符号“⊕”表示。异或运算的运算规则如下所示。

$$0 \oplus 0=0$$ 读成 0 同 0 异或，结果为 0

$$0 \oplus 1=1$$ 读成 0 同 1 异或，结果为 1

$$1 \oplus 0=1$$ 读成 1 同 0 异或，结果为 1

$$1 \oplus 1=0$$ 读成 1 同 1 异或，结果为 0

【例 2.26】 计算 $10100011 \oplus 10101100$ 的结果。

$$10100011 \oplus 10101100=00001111$$

在给定的两个逻辑变量中，若两个逻辑变量相同，则异或运算的结果为 0；当两个逻辑变量不同时，异或运算的结果才为 1。

注意：当两个多位逻辑变量之间进行逻辑运算时，只在对应位之间按上述规则进行独立运算，不同位之间不发生任何关系，没有算术运算中的进位或借位关系。

2.5 数的定点与浮点表示

在计算机中，用二进制表示一个带小数点的数有两种方法，即定点表示和浮点表示。所谓定点表示，就是小数点在数中的位置是固定的；所谓浮点表示，就是小数点在数中的位置是浮动的。相应地，计算机按数的表示方法不同也可以分为定点计算机和浮点计算机两大类。

2.5.1 定点表示

通常，对于任意一个二进制数总可以表示为纯小数或纯整数与一个 2 的整数次幂的乘积。例如,二进制数 N 可写成如下形式。

$$N=2^{P}\times S$$

其中,S 称为数 N 的尾数;P 称为数 N 的阶码;2 称为阶码的底。尾数 S 表示了数 N 的全部有效数字,阶码 P 确定了小数点位置。

注意:此处 P、S 都是用二进制表示的数。

当阶码为固定值时,称这种方法为数的定点表示法。这种阶码为固定值的数称为定点数。

如假定 $P=0$,且尾数 S 为纯小数时,这时定点数只能表示小数。

符号	尾数.S

如假定 $P=0$,且尾数 S 为纯整数时,这时定点数只能表示整数。

符号	尾数 S.

定点数的两种表示法在计算机中均有采用。究竟采用哪种方法,均是事先约定的。如用纯小数进行计算时,其运算结果要用适当的比例因子来折算成真实值。

在计算机中,数的正负也是用 0 或 1 来表示的,"0"表示正,"1"表示负。定点数表示方法是:假设一个单元可以存放一个 8 位二进制数,其中最左边第 1 位留作表示符号,称为符号位,其余 7 位,可用来表示尾数。

例如,两个 8 位二进制数 -0.1010111 和 $+0.1010111$ 在计算机中的定点表示形式如下:

具有 n 位尾数的定点机所能表示的最大正数如下:

$$0.\underbrace{1\,1\,1\,1\cdots 1}_{n}$$

即为 $1-2^{-n}$。若其绝对值比 $1-2^{-n}$ 大的数已超出计算机所能表示的最大范围,则产生"溢出"错误,迫使计算机停止原有的工作,转入"溢出"错误处理。

具有 n 位尾数的定点机所能表示的最小正数如下:

$$0.\underbrace{0\,0\,0\,0\cdots 0}_{(n-1)\text{个}0}1$$

即为 2^{-n},计算机中小于此数的即为 0(机器零)。

因此,n 位尾数的定点机所能表示的数 N 的范围如下:

$$2^{-n}\leqslant|N|\leqslant 1-2^{-n}$$

由此可知,数表示的范围不大,参加运算的数都要小于 1,而且运算结果也不应出现大于 1 或等于 1 的情况,否则就要产生"溢出"错误。因此,这就需要在用微机解题之前进行必要的处理,即选择适当的比例因子,使全部参加运算的数的中间结果都按相应的比例缩小若干倍而变为小于 1 的数,而计算结果又必须用相应的比例增大若干倍而变为真实值。

2.5.2 浮点表示

如果数 N 的阶码可以取不同的数值,则称这种表示方法为数的浮点表示法。这种阶码可以浮动的数,称为浮点数。这时有:

$$N=2^{P}\times S$$

其中,阶码 P 用二进制整数表示,可为正数和负数。用一位二进制数 P_f 表示阶码的符号位,当 $P_f=0$ 时,表示阶码为正;当 $P_f=1$ 时,表示阶码为负。尾数 S,用 S_f 表示尾数的符号,$S_f=0$ 表示尾数为正;$S_f=1$ 表示尾数为负。浮点数在计算机中的表示形式如下:

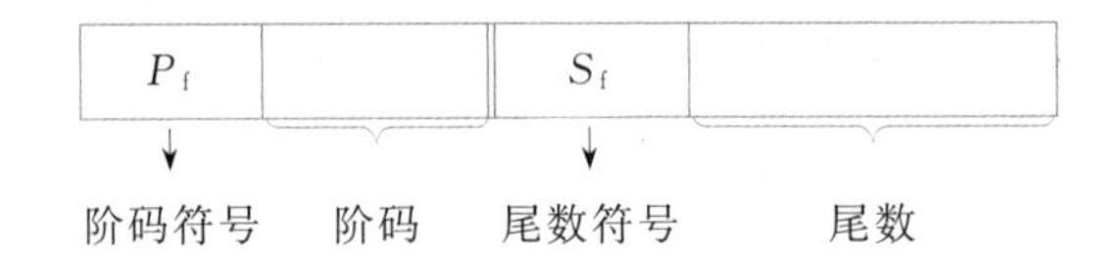

也就是说,在计算机中表示一个浮点数,要用阶码和尾数两个部分来表示。

例如,二进制数 $2^{+100}\times0.1011101$(相当于十进制数 11.625),其浮点数表示如下:

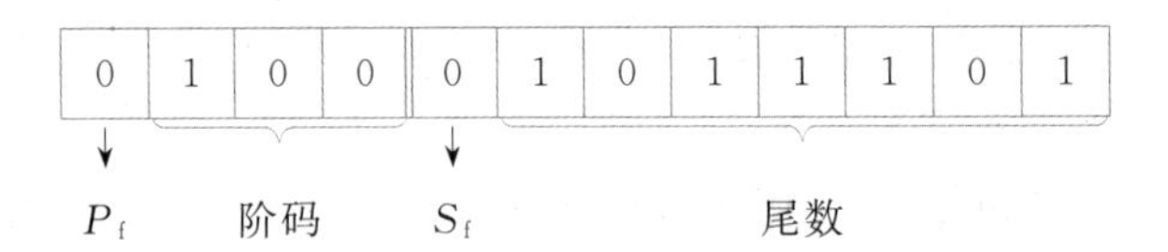

可见,浮点表示与定点表示比较,只多了一个阶码部分。若具有 m 位阶码,n 位尾数,则其数 N 的表示范围如下:

$$2^{-(2m-1)}\cdot2^{-n}\leqslant|N|\leqslant2^{+(2m-1)}\cdot(1-2^{-n})$$

式中 $2^{\pm(2m-1)}$ 为阶码,$2^{+(2m-1)}$ 为阶码的最大值,而 $2^{-(2m-1)}$ 为阶码的最小值。

为了使计算机运算过程中不丢失有效数字,提高运算的精度,一般都采用二进制浮点规格化数。所谓浮点规格化,是指尾数 S 绝对值小于 1 而大于或等于 1/2,即小数点后面的一位必须是“1”。上述例子中,$N=2^{+100}\times0.1011101$ 就是一个浮点规格化数。

2.6 带符号数的表示法

2.6.1 机器数与真值

对于带符号的二进制数,其正负符号如何表示呢?在计算机中,为了区别正数或负数,是将数学上的“+”和“-”符号数字化,规定一个字节中的最高位 D_7 位为符号位,$D_0\sim D_6$ 位为数字位。在符号位中,用“0”表示正,“1”表示负,而数字位表示该数的数值部分。例如:

$$N_1=01011011=+91D$$

$$N_2=11011011=-91D$$

也就是一个数的数值和符号全都“数码”化了。通常把一个数(包括符号位)在机器中的一组二进制数表示形式,称为“机器数”,而把它所表示的值(包括符号)称为机器数的“真值”。

2.6.2 机器数的种类和表示方法

在机器中表示带符号的数有 3 种表示方法，即原码、反码和补码。为了运算带符号数的方便，目前实际上使用的是补码，而研究原码与反码是为了研究补码。

1. 原码

所谓数的原码表示，即符号位用“0”表示正数，而用“1”表示负数，其余数字位表示数值本身。

例如，正数 $X=+105$ 的原码表示如下：

$$[X]_{原} = 0\ 1\ 1\ 0\ 1\ 0\ 0\ 1$$

符号位 ← 0；数值本身 1101001

对于负数 $X=-105$ 的原码表示如下：

$$[X]_{原} = 1\ 1\ 1\ 0\ 1\ 0\ 0\ 1$$

符号位 ← 1；数值本身 1101001

对于 0，可以认为它是(+0)，也可以认为它是(−0)。因此，0 在原码中有下列两种表示形式，即

$$[+0]_{原}=0\ 0\ 0\ 0\ 0\ 0\ 0\ 0$$

$$[-0]_{原}=1\ 0\ 0\ 0\ 0\ 0\ 0\ 0$$

对于 8 位二进制数来说，原码可表示的范围为+127D～−127D。

原码表示简单易懂，而且与真值的转换很方便，但采用原码表示在计算机中进行加减运算时很麻烦。例如，进行两数相加，必须先判断两个数的符号是否相同。如果相同，则进行加法，否则就要做减法。做减法时，还必须比较两个数的绝对值的大小，再用大数减小数，差值的符号要和绝对值大的数的符号一致。要设计这种机器是可以的，但复杂而缓慢的算术电路却使计算机的逻辑电路结构复杂化了。因此，在计算机中采用简便的补码运算，这就产生了反码与补码。

2. 反码

正数的反码表示与其原码相同，即符号位用“0”表示正，数字位为数值本身。例如：

$$[+0]_{反}=\underline{0}\quad\underline{0\ 0\ 0\ 0\ 0\ 0\ 0}$$

$$[+4]_{反}=\underline{0}\quad\underline{0\ 0\ 0\ 0\ 1\ 0\ 0}$$

$$[+31]_{反}=\underline{0}\quad\underline{0\ 0\ 1\ 1\ 1\ 1\ 1}$$

$$[+127]_{反}=\underline{0}\quad\underline{1\ 1\ 1\ 1\ 1\ 1\ 1}$$

符号位　数值本身

负数的反码是将它的正数按位(包括符号位在内)取反而形成的。例如，与上述正数对应的负数的反码表示如下：

$$[-0]_{反} = \underline{1}\ \underline{1\,1\,1\,1\,1\,1\,1}$$
$$[-4]_{反} = \underline{1}\ \underline{1\,1\,1\,1\,0\,1\,1}$$
$$[-31]_{反} = \underline{1}\ \underline{1\,1\,0\,0\,0\,0\,0}$$
$$[-127]_{反} = \underline{1}\ \underline{0\,0\,0\,0\,0\,0\,0}$$

↓ 符号位　↓ 数字位

8 位二进制数的反码表示如表 2.5 所示。

表 2.5　8 位机器数的对照表

二进制数码表示	无符号十进制数	原　码	反　码	补　码
0000　0000	0	+0	+0	+0
0000　0001	1	+1	+1	+1
0000　0010	2	+2	+2	+2
⋮	⋮	⋮	⋮	⋮
0111　1100	124	+124	+124	+124
0111　1101	125	+125	+125	+125
0111　1110	126	+126	+126	+126
0111　1111	127	+127	+127	+127
1000　0000	128	−0	−127	−128
1000　0001	129	−1	−126	−127
1000　0010	130	−2	−125	−126
⋮	⋮	⋮	⋮	⋮
1111　1100	252	−124	−3	−4
1111　1101	253	−125	−2	−3
1111　1110	254	−126	−1	−2
1111　1111	255	−127	−0	−1

反码具有以下 3 个特点。

(1)“0”的反码有两种表示法,即 00000000 表示+0,11111111 表示−0。

(2) 8 位二进制反码所能表示的数值范围为+127D～−127D。

(3) 当一个带符号数用反码表示时,其最高位为符号位。若符号位为 0(即正数)时,则后面的 7 位为数值部分;若符号位为 1(即负数)时,一定要注意后面 7 位表示的并不是此负数的数值,而必须把它们按位取反以后,才能得到表示这 7 位的二进制数值。例如,一个 8 位二进制反码表示的数 10010100B,显然它是一个负数,但它并不等于−20D,而应先将其数字位按位取反,然后才能得出此二进制数反码所表示的真值,即

$$\begin{aligned}-1101011 &= -(1\times2^6+1\times2^5+1\times2^3+1\times2^1+1)\\ &= -(64+32+8+3)\\ &= -107\text{D}\end{aligned}$$

3. 补码

微机中都是采用补码表示法进行逻辑运算的,因为采用补码法以后,同一加法电路既可以用于有符号数相加,也可以用于无符号数相加,而且减法可用加法来代替,从而使运算逻辑大为简化,运算速度提高,成本降低。

一般来说,对于 n 位二进制数,某数 X 的补码总可以定义为:$[X]_{补}=2^n+X$。其中,2^n

为 n 位二进制数 X 的"模",即最大的循环数,如 8 位二进制数的模为 $2^8=256$。下面讨论避免做减法运算的补码表示法。

1) 正数的补码

正数的补码与其原码相同,即符号位用"0"表正,其余数字位表示数值本身。例如:

$$[+4]_{补}=\underline{0}\quad \underline{0000100}$$
$$[+31]_{补}=\underline{0}\quad \underline{0011111}$$
$$[+127]_{补}=\underline{0}\quad \underline{1111111}$$

符号位 数值本身

2) 负数的补码

负数的补码表示为它的反码加 1(即在其低位加 1)。例如:

$$[-4]_{补}=\underline{1}\quad \underline{1111100}$$
$$[-31]_{补}=\underline{1}\quad \underline{1100001}$$
$$[-127]_{补}=\underline{1}\quad \underline{0000001}$$

符号位 数字位

8 位二进制数补码表示如表 2.5 所示。它有以下 3 个特点。

(1) $[+0]_{补}=[-0]_{补}=00000000$。

(2) 8 位二进制补码所能表示的数值范围为 $+127\sim-128$。

(3) 当 1 个带符号数用 8 位二进制补码表示时,其最高位为符号位。若符号位为"0"(即正数)时,则其余 7 位即为此数的数值本身;但当符号位为"1"(即负数)时,一定要注意其余 7 位不是此数的数值,而必须将它们按位取反,且在最低位加 1,才能得到它的数值。例如,一个补码表示的数如下:

$$[X]_{补}=10011011\text{B}$$

它是一个负数,但它并不等于 -27D,它的数值为将数字位 0011011 按位取反得到的 1100100,然后再加 1,即为 1100101。故有:

$$\begin{aligned}X&=-1100101=-(1\times2^6+1\times2^5+1\times2^2+1\times2^0)\\&=-(64+32+4+1)=-101\text{D}\end{aligned}$$

2.6.3 补码的加减法运算

在微机中,凡是带符号数一律用补码表示,而且运算的结果自然也是补码。

补码的加减法运算是带符号数加减法运算的一种。其运算特点是:符号位与数字位一起参加运算,并且自动获得结果(包括符号位与数字位)。

在进行加法运算时,按两数补码的和等于两数和的补码进行运算。

因为

$$[X]_{补}+[Y]_{补}=2^n+X+2^n+Y=2^n+(X+Y)$$

而

$$2^n+(X+Y)=[X+Y]_{补}(\text{mod }2^n)$$

所以

$$[X]_{补}+[Y]_{补}=[X+Y]_{补}$$

【例 2.27】 已知 $X=+1000000$，$Y=+0001000$，求两数的补码之和。

由补码表示法有 $[X]_{补}=01000000$，$[Y]_{补}=00001000$。

$$\begin{array}{rr} [X]_{补}=01000000 & +64 \\ +)\quad [Y]_{补}=00001000 & +)\ +8 \\ \hline [X]_{补}+[Y]_{补}=01001000 & +72 \end{array}$$

所以

$$[X+Y]_{补}=01001000(\text{mod } 2^8)$$

此和数为正，而正数的补码等于该数原码，即

$$[X+Y]_{补}=[X+Y]_{原}=01001000$$

其真值为 $+72$；又因 $+64+(+8)=+72$，故结果是正确的。

【例 2.28】 已知 $X=+0000111$，$Y=-0010011$，求两数的补码之和。

因为

$$[X]_{补}=00000111,\quad [Y]_{补}=11101101$$

$$\begin{array}{rr} [X]_{补}=00000111 & +7 \\ +)\quad [Y]_{补}=11101101 & +)\ -19 \\ \hline [X]_{补}+[Y]_{补}=11110100 & -12 \end{array}$$

所以

$$[X+Y]_{补}=11110100(\text{mod } 2^8)$$

此和数为负，将负数的补码还原为原码，即

$$[X+Y]_{原}=[(X+Y)_{补}]_{补}=10001100$$

其真值为 -12；又因 $+7+(-19)=-12$，故结果是正确的。

【例 2.29】 已知 $X=-0011001$，$Y=-0000110$，求两数的补码之和。

因为

$$[X]_{补}=11100111,\quad [Y]_{补}=11111010$$

$$\begin{array}{rr} [X]_{补}=\quad 11100111 & -25 \\ +)\quad [Y]_{补}=\quad 11111010 & +)\ -6 \\ \hline [X]_{补}+[Y]_{补}=\boxed{1}\ 11100001 & -31 \end{array}$$

自然丢失（指向 1）　符号位（指向 11100001 的最高位）

所以

$$[X+Y]_{补}=11100001(\text{mod } 2^8)$$

此和数为负数，如同例 2.28 求原码的方法一样，$[X+Y]_{原}=10011111$，其真值为 -31；又因 $-25+(-6)=-31$，故结果也是正确的。

在进行减法运算时，按两数补码的差等于两数差的补码进行运算。

因为

$$[X]_{补}-[Y]_{补}=[X]_{补}+[-Y]_{补}=2^n+X+2^n+(-Y)=2^n+(X-Y)$$

而

$$2^n+(X-Y)=[X-Y]_{补}(\text{mod } 2^n)$$

所以

$$[X]_{补}-[Y]_{补}=[X]_{补}+[Y]_{补}=[X-Y]_{补}$$

补码的减法运算，可以归纳为：先求$[X]_{补}$，再求$[-Y]_{补}$，然后进行补码的加法运算。其具体运算过程与前述的补码加法运算过程一样。

2.6.4 溢出及其判断方法

1. 什么叫溢出

所谓溢出，是指带符号数的补码运算溢出。例如，字长为 n 位的带符号数，用最高位表示符号，其余 $n-1$ 位用来表示数值。它能表示的补码运算的范围为$-2^n\sim+2^n-1$。如果运算结果超出此范围，就称为补码溢出，简称溢出。在溢出时，将造成运算错误。

例如，当字长为 8 位的二进制数用补码表示时，其范围为$-2^8\sim+2^8-1$ 即$-128\sim+127$。如果运算结果超出此范围，就会产生溢出。

【例 2.30】 已知 $X=01000000$，$Y=01000001$，进行补码的加法运算。

$$\begin{array}{rcll} & [X]_{补} = & 01000000 & (+64\text{ 的补码}) \\ + & [Y]_{补} = & 01000001 & (+65\text{ 的补码}) \\ \hline [X]_{补}+[Y]_{补} & = & 10000001 & (-127\text{ 的补码}) \end{array}$$

↑
符号

即为

$$[X+Y]_{补}=10000001$$

则

$$X+Y=-1111111(-127)$$

两正数相加，其结果应为正数，且为+129，但运算结果为负数(−127)，这显然是错误的。其原因是和数$+129>+127$，即超出了 8 位正数所能表示的最大值，使数值部分占据了符号位的位置，产生了溢出错误。

【例 2.31】 已知 $X=-1111111$，$Y=-0000010$，进行补码的加法运算。

$$\begin{array}{rcll} & [X]_{补} = & 10000001 & (-127\text{ 的补码}) \\ + & [Y]_{补} = & 11111110 & (-2\text{ 的补码}) \\ \hline [X]_{补}+[Y]_{补} & = & \boxed{1}\,01111111 & (+127\text{ 的补码}) \end{array}$$

自动丢失 ↗ ↑ 符号

即为

$$[X+Y]_{补}=01111111(+127)$$

两负数相加，其结果应为负数，且为−129，但运算结果为正数(+127)，这显然是错误的，其原因是和数$-129<-128$，即超出了 8 位负数所能表示的最小值，也产生了溢出错误。

2. 判断溢出的方法

判断溢出的方法较多，例如以上两例根据参加运算的两个数的符号及运算结果的符号可以判断溢出；此外，利用双进位的状态也是一种常用的判断方法，这种方法是利用符号位相加和数值部分的最高位相加的进位状态来判断，即

$$V=D_{7c}\oplus D_{6c}$$

判别式来判断。当 D_{7c} 与 D_{6c}“异或”结果为 1，即 $V=1$，表示有溢出，当“异或”结果为 0，即 $V=0$，表示无溢出。

如上述例 2.29 与例 2.30，V 分别为：$V=0\oplus1=1$ 与 $V=1\oplus0=1$，故两种运算均产生溢出。

3. 溢出与进位

进位是指运算结果的最高位向更高位的进位。若有进位，则 Cy＝1；若无进位，则 Cy＝0。当 Cy＝1，即 $D_{7c}=1$ 时，若 $D_{6c}=1$，则 $V=D_{7c}\oplus D_{6c}=1\oplus1=0$，表示无溢出；若 $D_{6c}=0$，则 $V=1\oplus0=1$，表示有溢出。当 Cy＝0，即 $D_{7c}=0$ 时，若 $D_{6c}=1$，则 $V=0\oplus1=1$，表示有溢出；若 $D_{6c}=0$，则 $V=0\oplus0=0$，表示无溢出。可见，进位与溢出是两个不同性质的概念，不能混淆。

例如，上述例 2.30 中，既有进位，也有溢出；而例 2.29 中，虽无进位，却有溢出。可见，两者没有必然的联系。在微机中，都有检测溢出的办法。为避免产生溢出错误，可用多字节表示更大的数。

对于字长为 16 位的二进制数用补码表示时，其范围为 $-2^{16}\sim+2^{16}-1$ 即 $-32768\sim+32767$。判断溢出的双进位式为：

$$V=D_{15c}\oplus D_{14c}$$

习　题　2

2.1　为什么说计算机只能“识别”二进制数，并且计算机内部数的存储及运算也都采用二进制？

2.2　在进位记数制中，“基数”和“位权(或权)”的含义是什么？一个以 b 为基数的任意进制数 N，它按位权展开式求值的一般通式是如何描述的？

2.3　将下列十进制数分别转换为二进制数。

(1) 147　　(2) 4095　　(3) 0.625　　(4) 0.15625

2.4　将下列二进制数分别转换为 BCD 码。

(1) 1011　　(2) 0.01　　(3) 10101.101　　(4) 11011.001

2.5　将下列二进制数分别转换为八进制数和十六进制数。

(1) 10101011B　　(2) 1011110011B

(3) 0.01101011B　　(4) 11101010.0011B

2.6　选取字长 n 为 8 位和 16 位两种情况，求下列十进制数的原码。

(1) $X=+63$　　(2) $Y=-63$　　(3) $Z=+118$　　(4) $W=-118$

2.7　选取字长 n 为 8 位和 16 位两种情况，求下列十进制数的补码。

(1) $X=+65$　　(2) $Y=-65$　　(3) $Z=+127$　　(4) $W=-128$

2.8　已知数的补码表示形式如下，分别求出数的真值与原码。

(1) $[X]_{补}=78H$　　(2) $[Y]_{补}=87H$

(3) $[Z]_{补}=FFFH$　　(4) $[W]_{补}=800H$

2.9　设字长为 16 位，求下列各二进制数的反码。

(1) X=00100001B　　(2) Y=−00100001B

(3) Z=010111011011B　　(4) W=−010111011011B

2.10　下列各数均为十进制数，试用8位二进制补码计算下列各题，并用十六进制数表示机器运算结果，同时判断是否有溢出。

(1) (−89)+67　　(2) 89−(−67)

(3) (−89)−67　　(4) (−89)−(−67)

2.11　分别写出下列字符串的ASCII码。

(1) 17abc　　(2) EF98　　(3) AB$D　　(4) This is a number 258

2.12　设 X=87H，Y=78H，在下述两种情况下比较两数的大小。

(1) 均为无符号数　　(2) 均为带符号数(设均为补码)

2.13　选取字长 n 为8位，已知数的原码表示，求出其补码。

(1) $[X]_{原}=01010101$　　(2) $[Y]_{原}=10101010$

(3) $[Z]_{原}=11111111$　　(4) $[W]_{原}=10000001$

2.14　设给定两个正的浮点数如下：

$$N_1=2^{P_1}\times S_1$$

$$N_2=2^{P_2}\times S_2$$

(1) 若 $P_1>P_2$，是否有 $N_1>N_2$？

(2) 若 S_1 和 S_2 均为规格化的数，且 $P_1>P_2$，是否有 $N_1>N_2$？

2.15　试阐述微型计算机在进行算术运算时，产生的"进位"与"溢出"之间的区别。

2.16　选字长 n 为8位，用补码列出竖式计算下列各式，并且回答是否有溢出。若有溢出，则是正溢出还是负溢出？

(1) 0111 1001+0111 0000　　(2) −0111 1001−0111 0001

(3) 0111 1100−0111 1111　　(4) −0101 0001+0111 0001

2.17　当字长为32位的二进制数用补码表示时，试写出其范围的一般表示式及其负数的最小值与正数的最大值。

第3章 8086/8088微处理器及其系统

在微处理器领域,Intel系列CPU产品一直占据着主导地位。尽管8086/8088后续的80286、80386、80486以及Pentium系列CPU结构与功能已经发生很大的变化,但从基本概念与基本结构以及指令格式上来讲,它们仍然是经典的8086/8088 CPU的延续与提升。并且,其他系列流行的CPU(如AMD公司的6x86 MX/MⅡ等)也可以与80x86 CPU兼容。

本章着重介绍Intel 8086/8088微处理器及其指令系统。以此为基础,将在第8章中简要介绍80286、80386、80486与Pentium系列微处理器的结构特点及其技术精髓。

3.1 8086/8088微处理器

8086是Intel系列的16位微处理器。在推出8086之后不久,Intel公司还推出了准16位微处理器8088。8088的内部寄存器、运算器以及内部数据总线与8086一样都是按16位设计的,但其外部数据总线只有8条。这样设计的目的主要是为了与Intel原有的8位外围接口芯片直接兼容。

3.1.1 8086/8088 CPU的内部结构

8086/8088 CPU的内部结构基本上是相似的,为了简化,在图3.1中只绘制了8086 CPU的内部功能结构框图。由图3.1可知,8086/8088 CPU内部可分为两个独立的功能单元,即总线接口单元(Bus Interface Unit,BIU)和执行单元(Execution Unit,EU)。

1. 总线接口单元

BIU是与总线连接的接口部件,其基本功能是根据执行单元的请求负责CPU与存储器或I/O端口之间的数据传送。在CPU取指令时,它从内存中取出指令送到指令队列缓冲器;而在执行指令时,它要与指定的内存单元或者I/O端口交换数据。

BIU内有4个16位段寄存器,即CS(代码段寄存器)、DS(数据段寄存器)、SS(堆栈段寄存器)和ES(附加段寄存器),16位指令指针IP,6B指令队列缓冲器,20位地址加法器和总线控制电路。

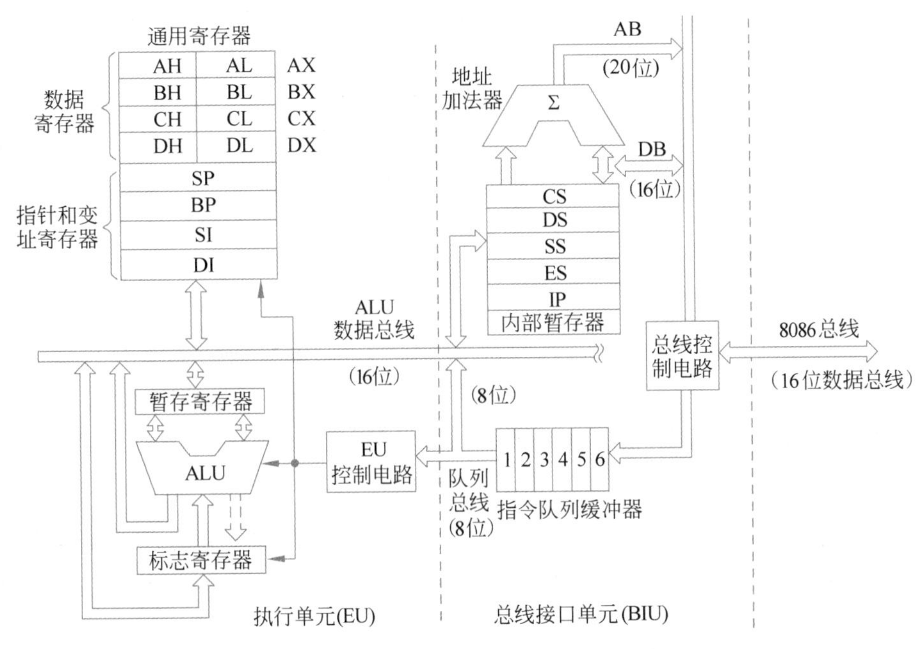

图 3.1　8086/8088 CPU 的内部功能结构框图

1）指令队列缓冲器

8086 的指令队列由 6 字节的寄存器组成，最多可存入 6B 的指令代码，而 8088 的指令队列只有 4B。在 8086/8088 执行指令时，将从内存中取出 1 条或几条指令，依次放在指令队列中。它们采用“先进先出”的原则，按顺序存放，并按顺序取到 EU 中去执行。其操作将遵循下列原则。

(1) 取指令时，每当指令队列中存满 1 条指令后，EU 就立即开始执行。

(2) 当指令队列中空出 2 个(对 8086)或 1 个(对 8088)指令字节时，BIU 便自动执行取指操作，直到填满为止。

(3) EU 在执行指令的过程中，若 CPU 需要访问存储器或 I/O 端口，则 EU 自动请求 BIU 去完成访问操作。此时若 BIU 空闲，则会立即完成 EU 的请求；否则，BIU 首先将指令取至指令队列，再响应 EU 的请求。

(4) 当 EU 执行完转移、调用和返回指令时，则要清除指令队列缓冲器，并要求 BIU 从新的地址重新开始取指令，新取的第 1 条指令将直接经指令队列送到 EU 去执行，随后取来的指令将填入指令队列缓冲器。

2）地址加法器和段寄存器

8086 有 20 根地址线，但内部寄存器只有 16 位，不能直接提供对 20 位地址的寻址信息。如何实现对 20 位地址的寻址呢？这里采用了一种称为“段加偏移”的重要技术，即采用将可移位的 16 位段寄存器与 16 位偏移地址相加的办法，从而巧妙地解决了这一矛盾。具体地说，就是利用各段寄存器分别来存放确定各段的 20 位起始地址的高 16 位段地址信息，而由 IP 提供或由 EU 按寻址方式计算出寻址单元的 16 位偏移地址(又称逻辑地址或偏移量)，然后，将它与左移 4 位后的段寄存器的内容同时送到地址加法器进行相加，最后形成一个 20 位的实际地址(又称物理地址)，以对存储单元寻址。图 3.2 所示为实际地址的产生过

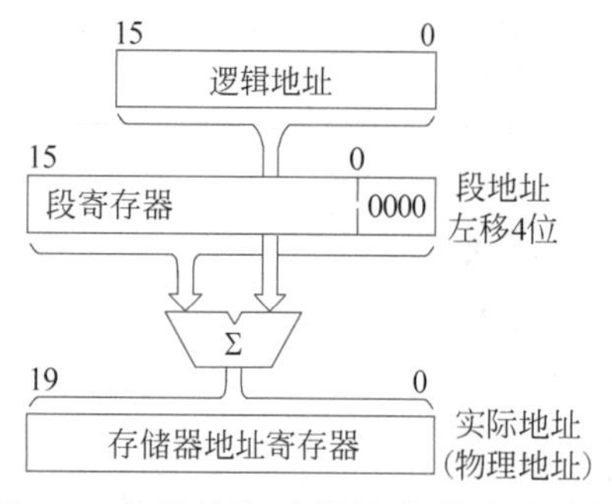

图 3.2　物理地址(实际地址)的产生过程

程。例如,要形成某指令码的实际地址,就要将 IP 的值与代码段寄存器(Code Segment,CS)左移 4 位后的内容相加。

【例 3.1】　假设 CS=4000H,IP=0300H,则指令的物理地址 PA=4000H×16+0300H=40300H。

3) 16 位指令指针

IP(Instruction Pointer)的功能与 8 位 CPU 中的 PC 类似。正常运行时,IP 中含有 BIU 要取的下一条指令(字节)的偏移地址。IP 在程序运行中能自动加 1 修正,使之指向要执行的下一条指令(字节)。有些指令(如转移、调用、中断和返回指令)能使 IP 值改变,或将 IP 值压进堆栈保存,或由堆栈弹出恢复原值。

2. 执行单元

EU 的功能是负责执行指令,执行的指令从 BIU 的指令队列中取得,执行指令的结果或执行指令所需要的数据,都由 EU 向 BIU 发出请求,再由 BIU 经总线控制电路对存储器或 I/O 端口存取。EU 由下列 5 部分组成。

(1) 16 位算术逻辑单元(ALU):可以用于进行算术、逻辑运算,也可以按指令的寻址方式计算出寻址单元的 16 位偏移量。

(2) 16 位标志寄存器 F:用来反映 CPU 运算的状态特征或存放控制标志。

(3) 数据暂存寄存器:协助 ALU 完成运算,暂存参加运算的数据。

(4) 通用寄存器组:包括 4 个 16 位数据寄存器,即 AX、BX、CX、DX,以及 4 个 16 位指针与变址寄存器,即 SP、BP 与 SI、DI。

(5) EU 控制电路:是控制、定时与状态逻辑电路,接收从 BIU 中指令队列取来的指令,经过指令译码形成各种定时控制信号,对 EU 的各个部件实现特定的定时操作。

EU 中所有的寄存器和数据通道(除队列总线为 8 位外)都是 16 位的宽度,可实现数据的快速传送。

注意:由于 BIU 与 EU 分开独立设计,因此,在一般情况下,CPU 执行完一条指令后就可以立即执行下一条指令。16 位 CPU 这种并行重叠操作的特点,提高了总线的信息传输效率和整个系统的执行速度。

8088 CPU 的内部结构与 8086 的基本相似,只是 8088 的 BIU 中指令队列长度为 4 字节;8088 的 BIU 通过总线控制电路与外部交换数据的总线宽度是 8 位,总线控制电路与专用寄存器组之间的数据总线宽度也是 8 位。

3.1.2　8086/8088 的寄存器结构

对于微机应用系统的开发者来说,最重要的是掌握 CPU 的编程结构或程序设计模型。8086/8088 的内部寄存器编程结构如图 3.3 所示。它共有 13 个 16 位寄存器和 1 个只用了 9 位的标志寄存器。其中,阴影部分与 8080/8085 CPU 相同。

下面将根据寄存器的功能分别加以简要说明。

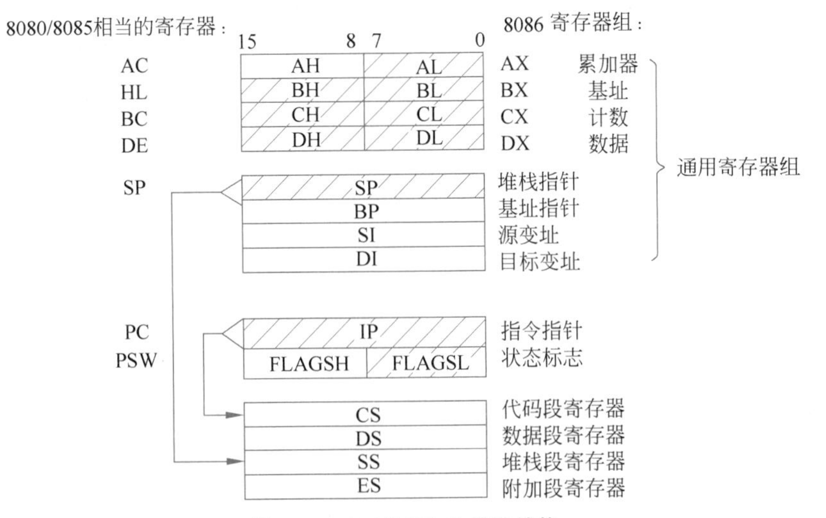

图 3.3 8086/8088 的编程结构

1. 通用寄存器

通用寄存器分为两组，一组是数据寄存器；另一组是指针寄存器和变址寄存器。

(1) 数据寄存器：执行单元(EU)中有 4 个 16 位数据寄存器，即 AX、BX、CX 和 DX。每个数据寄存器分为高字节 H 和低字节 L，它们均可作为 8 位数据寄存器独立寻址，独立使用。

多数情况下，这些数据寄存器用在算术运算或逻辑运算指令中，用来进行算术逻辑运算。在有些指令中，它们则有特定的用途。这些寄存器在指令中的特定功能是被系统隐含使用的(如表 3.1 所示)。

表 3.1 数据寄存器的隐含使用

寄存器	操　作	寄存器	操　作
AX	字乘，字除，字 I/O	CL	多位移位和旋转
AL	字节乘，字节除，字节 I/O，转换，十进制运算	DX	字乘，字除，间接 I/O
AH	字节乘，字节除	SP	堆栈操作
BX	转换	SI	数据串操作
CX	数据串操作，循环	DI	数据串操作

(2) 指针寄存器和变址寄存器：指针寄存器是指堆栈指针寄存器(SP)和堆栈基址指针寄存器(BP)，简称 P 组。变址寄存器是指源变址寄存器(SI)和目的变址寄存器(DI)，简称 I 组。它们都是 16 位寄存器，一般用来存放偏移地址。

SP 和 BP 都用来指示存取位于当前堆栈段中的数据所在的地址，但 SP 和 BP 在使用上有区别。入栈(PUSH)和出栈(POP)指令是由 SP 给出栈顶的偏移地址，故称为堆栈指针寄存器。而 BP 则是存放位于堆栈段中的一个数据区基地址的偏移地址，故称为堆栈基址指针寄存器。显然，由 SP 所指定的堆栈存储区的栈顶和由 BP 所指定的堆栈段中某一块数据区的首地址是两个不同的意思，不可混淆。

SI 和 DI 是存放当前数据段的偏移地址的。源操作数的偏移地址存放于 SI 中，所以 SI

称为源变址寄存器;目的操作数偏移地址存放于 DI 中,故 DI 称为目的变址寄存器。例如,在数据串操作指令中,被处理的数据串的偏移地址由 SI 给出,处理后的结果数据串的偏移地址则由 DI 给出。

2. 段寄存器

8086/8088 CPU 内部设计了 4 个 16 位的段寄存器,用这些段寄存器的内容作为段地址,再由段寄存器左移 4 位形成 20 位的段起始地址,它们通常被称为段基地址或段基址。再利用“段加偏移”技术,8086/8088 就有可能寻址 1MB 存储空间并将其分成为若干逻辑段,使每个逻辑段的长度为 64KB(它由 16 位的偏移地址限定)。

注意:这些逻辑段可以通过修改段寄存器的内容被任意设置在整个 1MB 存储空间上下浮动。换句话说,逻辑段在存储器中定位以前,还不是微处理器可以真正寻址的实际内存地址,也正因为这样,通常人们就将未定位之前在程序中存在的地址称为逻辑地址。这个概念对于后面将要讨论的程序“重定位”十分有用。

4 个 16 位段寄存器都可以被指令直接访问。其中,CS 用来存放程序当前使用的代码段的段地址,CPU 执行的指令将从代码段取得;SS 用来存放程序当前所使用的堆栈段的段地址,堆栈操作的数据就在堆栈段中;DS 用来存放程序当前使用的数据段的段地址,一般来说,程序所用的数据就存放在数据段中;ES 用来存放程序当前使用的附加段的段地址,也用来存放数据,但其典型用法是存放处理后的数据。

3. 标志寄存器

8086/8088 的 16 位标志寄存器 F 只用了其中的 9 位作为标志位,即 6 个状态标志位,3 个控制标志位。

如图 3.4 所示,低 8 位 FL 的 5 个标志与 8080/8085 的标志相同。

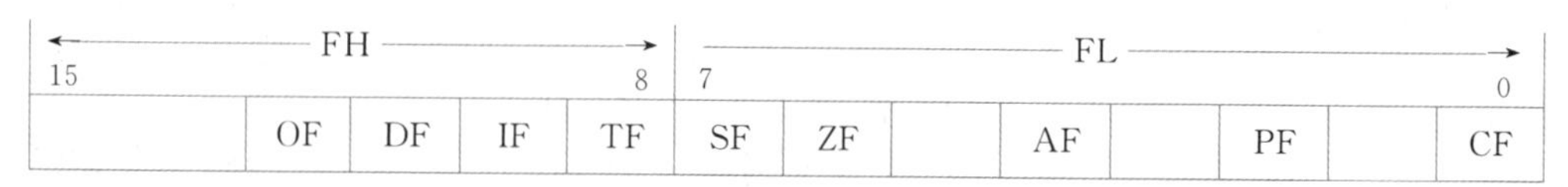

图 3.4 8086/8088 的标志寄存器

状态标志位用来反映算术或逻辑运算后结果的状态,以记录 CPU 的状态特征。下面介绍这 6 个标志位。

(1) CF(Carry Flag):进位标志。当执行一个加法或减法运算使最高位产生进位或借位时,则 CF 为 1;否则为 0。此外,循环指令也会影响它。

(2) PF(Parity Flag):奇偶性标志。当指令执行结果的低 8 位中含有偶数个“1”时,则 PF 为 1;否则为 0。此标志位用于微机中传送信息时,对产生的代码出错情况提供检测条件。此标志在现代程序设计中很少使用;现在,奇偶校验常常由数据通信设备完成,而不是由微处理器完成。

(3) AF(Auxiliary Carry Flag):辅助进位标志。当执行一个加法或减法运算使结果的低字节的低 4 位向高 4 位(即 D_3 位向 D_4 位)进位或借位时,则 AF 为 1;否则为 0。DAA 和 DAS 指令测试这个特殊标志位,该标志一般用在 BCD 码运算中作为是否需要对 AL 寄存器进行十进制调整的依据。

(4) ZF(Zero Flag):零标志。用来表示一个算术或逻辑操作的结果是否为 0。若当前的运算结果为0，则ZF为1；否则为0。

(5) SF(Sign Flag)：符号标志。它是保持算术或逻辑运算指令执行后结果的算术符号。它和运算结果的最高位相同。当数据用补码表示时，负数的最高位为1，正数的最高位为0。

(6) OF(Overflow Flag)：溢出标志。用于判断在有符号数进行加法或减法运算时是否可能出现溢出。溢出将指示运算结果已超出机器能够表示的数值范围。当补码运算有溢出时，例如，用8位加法将7FH(+127)加上01H，结果为80H(−128)。由于此结果已超出8位二进制补码所能表示的最大整数范围(+127)，故此时OF标志为1；否则为0。

注意：对于无符号数的操作，将不考虑溢出标志。

控制标志位有3个，用来控制CPU的操作，由程序设置或清除。

(1) DF(Direction Flag)：方向标志。它用来控制数据串操作指令的步进方向。若用STD指令将DF置1，则数据串操作过程中地址会自动递减；若用CLD指令将DF清零，则数据串操作过程中地址会自动递增。地址的递增或递减由DI或SI变址寄存器来实现。

(2) IF(Interrupt Enable Flag)：中断允许标志。它是控制可屏蔽中断的标志。若用STI指令将IF置1，则表示允许8086/8088 CPU接收外部从其INTR引脚上发来的可屏蔽中断请求信号；若用CLI指令将IF清零，则禁止CPU接收外来的可屏蔽中断请求信号。IF的状态不影响非屏蔽中断(NMI)请求，也不影响CPU响应内部的中断请求。

(3) TF(Trap Flag)：跟踪(陷阱)标志。它是为调试程序方便而设置的。若将TF标志置为1，则CPU处于单步工作方式；否则，将正常执行程序。

注意：在高型号微处理器中，跟踪(陷阱)标志能够激活芯片上的调试特性(调试程序，以便找到错误或故障)。当TF标志为1时，则微处理器将根据调试寄存器和控制寄存器的指示中断程序流。

最后需要指出的是，8086/8088所有上述标志位对Intel系列后续高型号微处理器的标志寄存器都是兼容的，只不过后者有些增强功能或者新增加了一些新的标志位而已。

3.1.3 总线周期

总线周期是微处理器操作时所依据的一个基准时间段，通常，它是指微处理器完成一次访问存储器或I/O端口操作所需的时间。

对于8086/8088 CPU来说，总线周期由4个时钟周期组成，这4个时钟周期也称为T_1、T_2、T_3与T_4四个状态；在每一个状态中，CPU在操作时，总线所处的状态都不同。一般在T_1状态，CPU往多路复用总线上发送寻址的地址信息，以选中某个被寻址的存储器单元或端口地址；在T_2状态，CPU从总线上撤销地址，为传送数据做准备；在T_3状态，多路总线的高4位继续提供状态信息，而其低16位(对8086 CPU)或低8位(对8088 CPU)上将出现由CPU读入或写出的数据；在T_4状态，CPU采样数据总线，完成本次读或写操作，最后结束总线周期。

注意：不同的CPU，其在一个总线周期内所处的总线状态是不同的；而即使同一个CPU，其读操作或写操作的具体状态也不相同。一般，在T_2～T_4，若是写操作，则CPU在此期间是先把输出数据送到总线上；若是读操作，则CPU在T_3～T_4期间将从总线上输入数据。T_2 时复用地址数据总线处于悬空状态，以便使 CPU 有一个缓冲时间把输出地址的写操作转换为输入数据的读操作。

此外，如果存储器或外设的速度较慢，不能及时地跟上 CPU 的速度时，存储器或外设就会通过 READY 信号线在 T_3 状态启动之前向 CPU 发一个“数据未准备好”信号，并且，CPU 会在 T_3 之后自动插入一个或多个等待状态 T_W，以等待存储器或外设准备好传送数据。只有在存储器或外设准备就绪时，它们才又通过 READY 的信号线向 CPU 发出一个有效的“准备好”信号，CPU 接收到这一信号后，才会自动脱离 T_W 状态而进入 T_4 状态。

总线周期只用于 CPU 取指和它同存储器或 I/O 端口交换数据；否则，总线接口单元 BIU 将不和总线“打交道”，即系统总线处于空闲状态，即执行空闲周期，这时，虽然 CPU 对总线进行空操作，但 CPU 内部的执行单元 EU 仍在进行操作，例如，逻辑运算单元 ALU 仍在进行运算，内部寄存器之间也在传送数据。

图 3.5 所示为一个典型的总线周期序列。

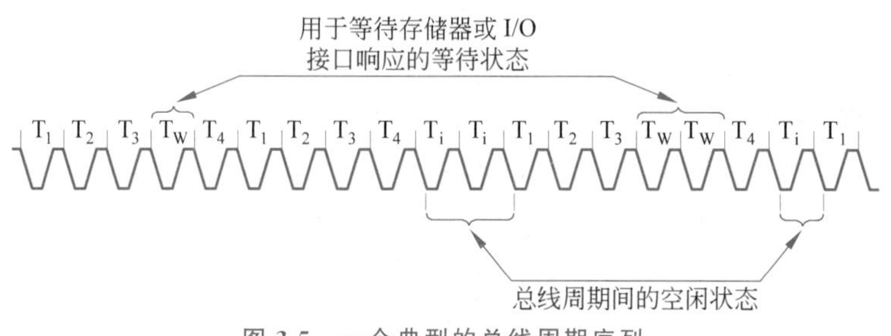

图 3.5 一个典型的总线周期序列

3.1.4 8086/8088 的引脚信号和功能

图 3.6 所示为 8086 和 8088 的引脚信号图。它们的 40 条引线按功能可分为以下 5 类。

1. 地址/数据总线

$AD_{15} \sim AD_0$ 是分时复用的存储器或端口的地址和数据总线。传送地址时为单向的三态输出，而传送数据时可为双向三态输入/输出。8086/8088 CPU 正是利用分时复用的方法才能使其用 40 条引脚实现 20 位地址、16 位数据及众多控制信号和状态信号的传输。在 8088 中，由于只能传输 8 位数据，因此，只有 $AD_7 \sim AD_0$ 8 条地址/数据线，$A_{15} \sim A_8$ 只用来输出地址。

作为复用引脚，在总线周期的 T_1 状态用来输出要寻址的存储器或 I/O 端口地址；在 T_2 状态浮置成高阻状态，为传输数据作准备；在 T_3 状态，用于传输数据；T_4 状态结束总线周期。当 CPU 响应中断以及与系统总线“保持响应”时，复用线都被浮置为高阻状态。

2. 地址/状态总线

地址/状态总线 $A_{19}/S_6 \sim A_{16}/S_3$ 为输出、三态总线，采用分时输出，即 T_1 状态输出地址的最高 4 位，$T_2 \sim T_4$ 状态输出状态信息。当访问存储器时，T_1 状态时输出的 $A_{19} \sim A_{16}$ 送到锁存器(8282)锁存，与 $AD_{15} \sim AD_0$ 组成 20 位的地址信号；而访问 I/O 端口时，不使用这 4 条引线，即 $A_{19} \sim A_{16}=0$。状态信息中的 S_6 为 0 用来指示 8086/8088 当前与总线相连，所

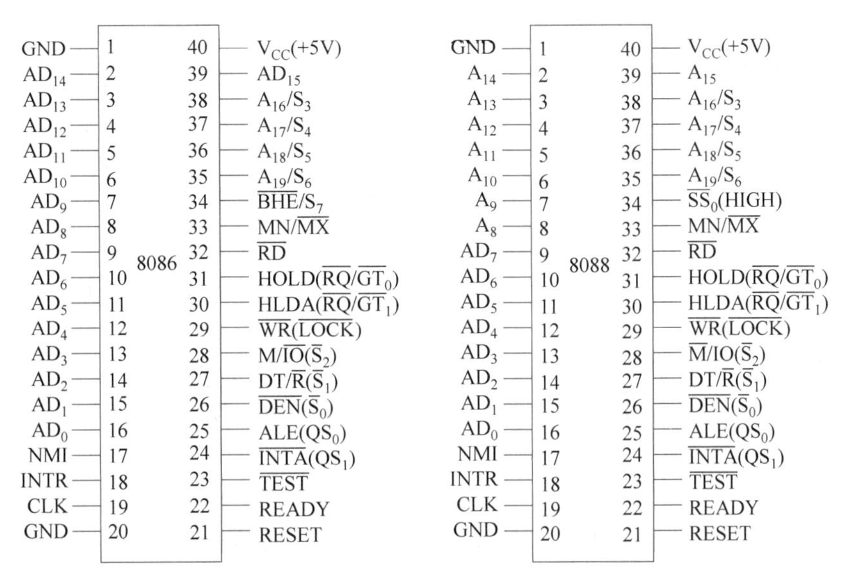

(a) 8086的引脚信号　　　(b) 8088 的引脚信号

图 3.6　8086/8088 的引脚信号(括号中为最大方式时的引脚名称)

以,在 T_2～T_4 状态,S_6 总等于 0,以表示 8086/8088 当前连在总线上。S_5 表明中断允许标志位 IF 的当前设置。S_4 和 S_3 用来指示当前正在使用哪个段寄存器,如表 3.2 所示。

表 3.2　S_4、S_3 的代码组合和对应的状态

S_4	S_3	状　态
0	0	当前正在使用 ES
0	1	当前正在使用 SS
1	0	当前正在使用 CS 或未用任何段寄存器
1	1	当前正在使用 DS

当系统总线处于“保持响应”状态时,这些引线被浮置为高阻状态。

3. 控制总线

(1) $\overline{BHE}/S_7$:高 8 位数据总线允许/状态复用引脚,三态、输出。$\overline{BHE}$在总线周期的 T_1 状态时输出,S_7 在 T_2～T_4 时输出。在 8086 中,当$\overline{BHE}/S_7$ 引脚上输出$\overline{BHE}$信号时,表示总线高 8 位 AD_{15}～AD_8 上的数据有效。在 8088 中,第 34 引脚不是$\overline{BHE}/S_7$,而是被赋予另外的信号:在最小方式时,它为$\overline{SS_0}$,和 DT/$\overline{R}$、$\overline{M}$/IO 一起决定了 8088 当前总线周期的读/写动作;在最大方式时,它恒为高电平。S_7 在当前的 8086 芯片设计中未被赋予定义,暂作备用状态信号线。

(2) $\overline{RD}$:读控制信号,三态、输出。当$\overline{RD}$=0 时,表示 CPU 执行存储器或 I/O 端口的读操作。是对内存单元还是对 I/O 端口读取数据,取决于 M/$\overline{IO}$(8086)或 $\overline{M}$/IO(8088)信号。在执行 DMA 操作时,$\overline{RD}$被浮空。

(3) READY:“准备好”信号线,输入。该引脚接收被寻址的内存或 I/O 端口发给 CPU 的响应信号,高电平时表示内存或I/O 端口已准备就绪,CPU 可以进行数据传输。CPU 在

T_3 状态开始对 READY 信号采样。若检测到 READY 为低电平，表示内存或 I/O 端口尚未准备就绪，则 CPU 在 T_3 状态之后自动插入等待状态 T_W，直到 READY 变为高电平，内存或 I/O 端口已准备就绪，CPU 才可以进行数据传送。

(4) $\overline{\text{TEST}}$：等待测试输入信号，低电平有效。它用于多处理器系统中且只有在执行 WAIT 指令时才使用。当 CPU 执行 WAIT 指令时，它就进入空转的等待状态，并且每隔 5 个时钟周期对该线的输入进行一次测试；若 $\overline{\text{TEST}}=1$，则 CPU 将停止取下一条指令而继续处于等待状态，重复执行 WAIT 指令，直至 $\overline{\text{TEST}}=0$ 时，CPU 才结束 WAIT 指令的等待状态，继续执行下一条指令。等待期间允许外部中断。

(5) INTR：可屏蔽中断请求输入信号，高电平有效。它为高电平时，表示外设有中断请求，CPU 在每个指令周期的最后一个 T 状态采样此信号。若 IF=1，则 CPU 响应中断，并转去执行中断服务程序。若 IF=0(关中断)，则外设的中断请求被屏蔽，CPU 将不响应中断。

(6) NMI：非屏蔽中断请求输入信号，上升沿触发。此信号不受 IF 状态的影响，只要它一出现，CPU 就会在现行指令结束后引起中断。

(7) RESET：复位输入信号，高电平有效。通常，它与 8284A(时钟发生/驱动器)的复位输出端相连，8086/8088 要求复位脉冲宽度不得小于 4 个时钟周期，而初次接通电源时所引起的复位，则要求维持的高电平不能小于 50μs；复位后，CPU 的主程序流程恢复到启动时的循环待命初始状态，其内部寄存器状态如表 3.3 所示。在程序执行时，RESET 线保持低电平。

表 3.3　复位后内部寄存器的状态

内部寄存器	状　态	内部寄存器	状　态
标志寄存器	清除	SS	0000H
IP	0000H	ES	0000H
CS	FFFFH	指令队列缓冲器	清除
DS	0000H		

(8) CLK：系统时钟，输入。通常与 8284A 时钟发生器的时钟输出端 CLK 相连，该时钟信号的低/高之比常采用 2∶1(占空度为 1/3)。

4. 电源线和地线

电源线 V_{CC} 接入的电压为 +5V±10%，有两条地线 GND，均应接地。

5. 其他控制线

这些控制线(24～31 引脚)的功能将根据方式控制线 MN/$\overline{\text{MX}}$所处的状态而确定。关于这些引脚在最小方式与最大方式下的具体功能差异，将在 3.2 节中给予详细说明。

由上述可知，8086/8088 CPU 引脚的主要特点是：数据总线和地址总线的低 16 位 AD_{15}～AD_0 或低 8 位 AD_7～AD_0 采用分时复用技术。还有一些引脚也具有两种功能，这由引脚 33(MN/$\overline{\text{MX}}$)来控制。当 MN/$\overline{\text{MX}}$=1 时，8086/8088 工作于最小方式(MN)，在此方式下，全部控制信号由 CPU 本身提供。当 MN/$\overline{\text{MX}}$=0 时，8086/8088 工作于最大方式，这时系统的控制信号由 8288 总线控制器提供，而不是由 8086/8088 直接提供。

3.2 8086/8088 系统的最小/最大工作方式

由 8086/8088 CPU 构成的微机系统，有最小方式和最大方式两种系统配置方式。

3.2.1 最小方式

8086 与 8088 构成的最小方式系统区别甚小，现以 8086 最小方式系统为例加以说明。

当 MN/$\overline{MX}$接电源电压时，系统工作于最小方式，即单处理器系统方式，它适合于较小规模的应用。8086 最小方式典型的系统结构如图 3.7 所示。它和 8 位微处理器系统类似，系统芯片可根据用户需要接入。图 3.7 中的 8284A 为时钟发生/驱动器，外接晶体的基本振荡频率为 15MHz，经 8284A 三分频后，送给 CPU 作系统时钟。8282 为 8 位地址锁存器，当 8086 访问存储器时，在总线周期的 T_1 状态下发出地址信号，经 8282 锁存后的地址信号可以在访问存储器操作期间保持不变，为外部提供稳定的地址信号。由于 8282 是 8 位的锁存器芯片，而 8086/8088 有 20 位地址，加上还有$\overline{BHE}$与 ALE 信号连到 8282 片上，因此，需要采用 3 片 8282 地址锁存器才能满足系统总线连接的需要。8286 为具有三态输出的 8 位数据总线收发器，用于需要增加驱动能力的系统。在 8086 系统中，要用 2 片 8286，而在 8088 系统中，只用 1 片 8286 即可。2142 为 1KB×4 位的静态 RAM，2716 EPROM 为 2KB×8 位的可编程序只读存储器。8086/8088 有 20 位地址信号线 A_{19}～A_0，组成系统时将根据所使用的存储器的实际地址进行选用。

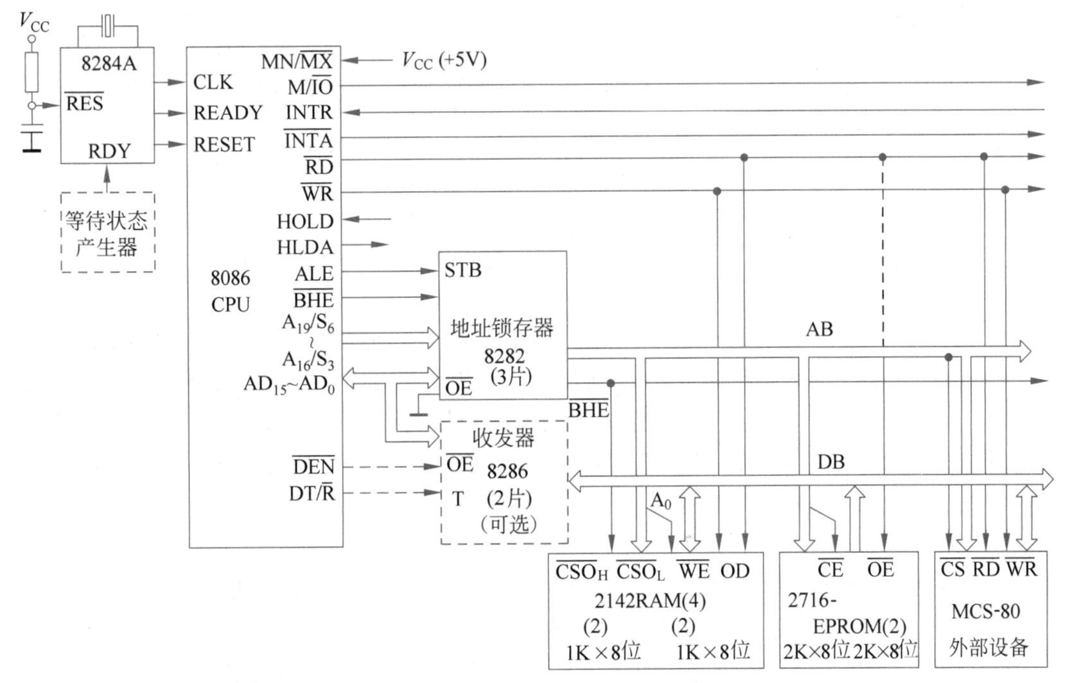

图 3.7 8086 最小方式典型的系统结构示意图

系统中还有一个等待状态产生电路，它为 8284A 的 RDY 端提供一个信号，经 8284A 同步后向 CPU 的 READY 线发送准备就绪信号，通知 CPU 数据传送已经完成，可以退出当前的总线周期。当 READY=0 时，CPU 在 T_3 之后会自动插入 T_W 状态，以避免 CPU 与存储器或 I/O 设备进行数据交换时，因后者速度慢来不及完成读/写操作而丢失数据。

在最小方式下，第 24～31 脚的信号含义如下所示。

(1) $\overline{\text{INTA}}$：中断响应信号，输出，低电平有效。它表示 8086/8088 CPU 对外设中断请求 INTR 作出的响应信号。$\overline{\text{INTA}}$信号被设计为在相邻的两个总线周期中送出两个连续的负脉冲，第 1 个负脉冲是通知外设端口，它发出的中断请求已获允许；而在第 2 个负脉冲期间，外设端口(例如中断控制器)将往数据总线上发送一个中断类型码 n，使 CPU 可以得到有关此中断的相应信息。

(2) ALE：地址锁存信号，输出，高电平有效。它是 8086/8088 CPU 提供给地址锁存器 8282/8283 的控制信号。ALE 在 T_1 状态为高电平时，表示当前在地址/数据复用总线上输出的是有效地址，由地址锁存器把它作为锁存控制信号而将地址锁存其中。

注意：ALE 信号总是接到锁存器的 STB 端。

(3) $\overline{\text{DEN}}$：数据允许信号，输出，低电平有效，三态。这是 CPU 提供给 8286/8287 数据总线收发器的三态控制信号，接到$\overline{\text{OE}}$端。该信号决定了是否允许数据通过数据总线收发器：当$\overline{\text{DEN}}$(即$\overline{\text{OE}}$)=1 时，禁止收发器在收或发两个方向上传送数据；当$\overline{\text{DEN}}$(即$\overline{\text{OE}}$)=0 时，才允许收发器传送数据。因此，总线收发器将$\overline{\text{DEN}}$作为数据收发的允许信号。在 DMA 方式时，$\overline{\text{DEN}}$被置为浮空。

(4) DT/$\overline{\text{R}}$：数据收发信号，输出，三态。用于控制 8286/8287 的数据传送方向。当 DT/$\overline{\text{R}}$=1 时，表示 CPU 通过收发器发送数据；当 DT/$\overline{\text{R}}$=0 时，表示接收数据。在 DMA 方式时，它被置为浮空。

(5) M/$\overline{\text{IO}}$：存储器/输入输出控制信号，输出，三态。用于区分 CPU 当前是访问存储器还是访问输入/输出端口。高电平表示访问存储器，低电平表示访问输入/输出设备。在 DMA 方式时，它被置为浮空。

注意：8088 CPU 的此引脚为 $\overline{\text{M}}$/IO。

(6) $\overline{\text{WR}}$：写信号，输出，低电平有效，三态。当$\overline{\text{WR}}$=0 时，表示 CPU 正在执行存储器或 I/O 写操作。在写周期中，$\overline{\text{WR}}$在 T_2、T_3、T_W 期间都有效。在 DMA 方式时，$\overline{\text{WR}}$被置为浮空。

(7) HOLD：总线保持请求信号，输入，高电平有效。它是系统中其他处理器部件(如 DMA——直接存储器存取控制器)用于向 CPU 发出要求占用总线的一个请求信号。当它为高电平时，表示其他处理器部件申请总线"保持"(即"持有"或"占有")，若 CPU 允许让出总线，则在当前总线周期的 T_4 状态从 HLDA 引脚发出应答信号，并暂停正常操作而放弃对总线的控制权。于是，其他处理器部件便获得对总线的控制权，以便完成所需要的操作(如 DMA 传送)。

(8) HLDA：总线保持响应信号，输出，高电平有效。当 HLDA 为有效电平时，表示 CPU 对其他处理部件的总线"保持"请求作出响应并正处于响应的状态，与此同时，所有带三态门的 CPU 引脚都置为浮空，从而让出总线。当其他处理器部件完成操作(如 DMA 传送)时，"保持"申请结束，CPU 便转向去执行下一个总线周期的操作。

3.2.2 最大方式

8086 与 8088 也都可以按最大方式来配置系统。当 MN/$\overline{MX}$线接地时，则系统工作于最大方式。图 3.8 所示为 8086 最大方式的典型系统结构。从图中可以看到，最大方式系统与最小方式系统的主要区别是：前者是一个多处理系统，必须外加有 8288 总线控制器，通过它对 CPU 发出的状态信息 $\overline{S}_2$、$\overline{S}_1$、$\overline{S}_0$ 进行不同的编码组合，就可以产生在最大方式系统中存储器和 I/O 端口以及锁存器 8282 与总线收发器 8286 所需要的多种控制信号。同时，在最大方式系统中，由于一般包含两个或多个处理器，这样就要解决主处理器和协处理器之间的通信以及对总线的争用共享问题。为此，在最大方式系统中配置了 8288 总线控制器，它使总线的控制功能更加完善。

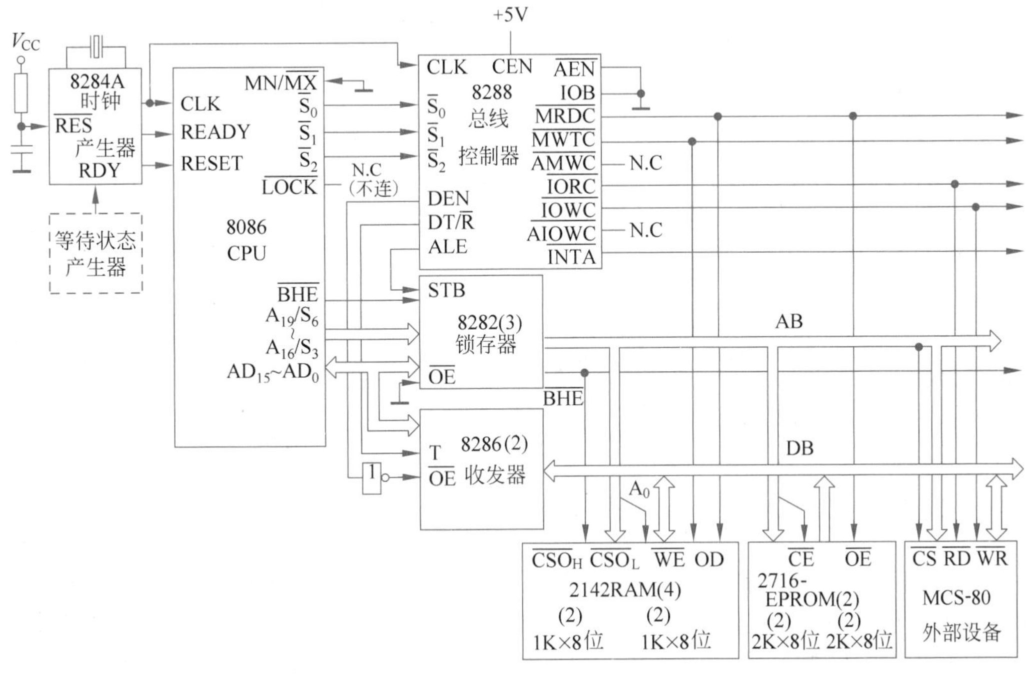

图 3.8 8086 最大方式的典型系统结构示意图

通过比较两种工作方式可以知道，在最小方式系统中，控制信号 M/$\overline{IO}$(或 $\overline{M}$/IO)、$\overline{WR}$、$\overline{INTA}$、ALE、DT/$\overline{R}$ 和$\overline{DEN}$是直接从 CPU 的第 24～29 脚送出的；而在最大方式系统中，则由状态信号 $\overline{S}_2$、$\overline{S}_1$、$\overline{S}_0$ 隐含了上面这些信息，使用 8288 后，系统就可以从 $\overline{S}_2$、$\overline{S}_1$、$\overline{S}_0$ 状态信息的组合中得到与这些控制信号功能相同的信息。$\overline{S}_2$、$\overline{S}_1$、$\overline{S}_0$ 和系统在当前总线周期中具体的操作过程之间的对应关系如表 3.4 所示。

表 3.4 $\overline{S}_2$、$\overline{S}_1$、$\overline{S}_0$ 的代码组合和对应的操作

$\overline{S}_2$	$\overline{S}_1$	$\overline{S}_0$	8288 产生的控制信号	操作状态
0	0	0	$\overline{INTA}$	发中断响应信号
0	0	1	$\overline{IORC}$	读 I/O 端口

续表

$\bar{S}_2$	$\bar{S}_1$	$\bar{S}_0$	8288产生的控制信号	操作状态
0	1	0	$\overline{IOWC}$、$\overline{AIOWC}$	写I/O端口
0	1	1	无	暂停
1	0	0	$\overline{MRDC}$	取指令
1	0	1	$\overline{MRDC}$	读内存
1	1	0	$\overline{MWTC}$、$\overline{AMWC}$	写内存
1	1	1	无	无源状态(CPU无作用)

在表3.4中，前7种代码组合都对应了某一个总线操作过程，通常称为有源状态，它们处于前一个总线周期的T_4状态或本总线周期的T_1、T_2状态中，$\bar{S}_2$、$\bar{S}_1$、$\bar{S}_0$至少有一个信号为低电平。在总线周期的T_3、T_W状态并且READY信号为高电平时，$\bar{S}_2$、$\bar{S}_1$、$\bar{S}_0$都为高电平，此时，前一个总线操作过程就要结束，后一个新的总线周期尚未开始，通常称为无源状态。而在总线周期的最后一个状态即T_4状态，$\bar{S}_2$、$\bar{S}_1$、$\bar{S}_0$中任何一个或几个信号的改变，都意味着下一个新总线周期的开始。

此外，还有几个在最大方式下使用的专用引脚，其含义简要解释如下所示。

(1) QS_1、QS_0：指令队列状态信号，输出。这两个信号的组合编码反映了CPU内部当前的指令队列状态，以便外部逻辑监视内部指令队列的执行过程。QS_1、QS_0编码及其对应的含义如表3.5所示。

表3.5 QS_1、QS_0编码及其对应的含义

QS_1	QS_0	含义
0	0	未从指令队列中取指令
0	1	从指令队列中取走第1个字节指令代码
1	0	指令队列已取空
1	1	从指令队列中取走后续字节指令代码

(2) $\overline{LOCK}$：总线封锁信号，输出，低电平有效，三态。当$\overline{LOCK}$输出低电平时，表示CPU独占对总线的主控权，并封锁系统中的其他总线主部件占用总线，这样，可以避免系统中多个处理主部件同时使用共享资源(如同时要求访问“内存”资源)而引起的冲突。

$\overline{LOCK}$信号由指令前缀LOCK产生，其有效时间是从CPU执行LOCK指令前缀开始直到下一条指令结束。在两个中断响应$\overline{INTA}$负脉冲期间也有效。在DMA时，$\overline{LOCK}$端被置为浮空。

(3) $\overline{RQ}/\overline{GT}_1$、$\overline{RQ}/\overline{GT}_0$：总线请求信号输入/总线请求允许信号，双向，输出，低电平有效。在多处理系统中，当8086/8088 CPU以外的两个协处理器(如8087或8089)需要占用总线时，就会用该信号线输出低电平表示要求占用总线；当CPU检测到有请求信号且总线处于允许状态时，则CPU的$\overline{RQ}/\overline{GT}$线输出低电平作为允许信号，再经协处理器检测出此允许信号后，便对总线进行占用。协处理器使用总线时，其输出的$\overline{RQ}/\overline{GT}$为高电平；待使用完毕，协处理器将$\overline{RQ}/\overline{GT}$线由高电平变为低电平(释放)；当CPU检测到该释放信号后，又恢复对总线的主控权。$\overline{RQ}/\overline{GT}_1$和$\overline{RQ}/\overline{GT}_0$都是双向的，请求信号和允许信号在同一引线上传输，但方向相反。若总线信号同时出现在这两个引脚上时，$\overline{RQ}/\overline{GT}_0$的优先级高于

$\overline{RQ}/\overline{GT_1}$。

在 8288 芯片上，还有几条控制信号线，如$\overline{MRDC}$(Memory Read Command)、$\overline{MWTC}$(Memory Write Command)、$\overline{IORC}$(I/O Read Command)、$\overline{IOWC}$(I/O Write Command)与$\overline{INTA}$，它们分别是存储器与 I/O 的读/写命令以及中断响应信号。另外，还有$\overline{AMWC}$与$\overline{AIOWC}$两个输出信号，它们分别表示提前的写内存命令与提前的写 I/O 命令，其功能分别和$\overline{MWTC}$与$\overline{IOWC}$一样，只是它们由 8288 提前一个时钟周期发出信号，这样，一些较慢的存储器和外设将得到一个额外的时钟周期去执行写入操作。在使用 8288 时，连接在总线上的装置一般都用$\overline{MWTC}$和$\overline{IOWC}$，或者用$\overline{AMWC}$和$\overline{AIOWC}$，但不会同时使用这 4 种信号。另外，所有三态输出类型的控制线都可以被禁止，从而使它们均可以与系统总线断开。

3.3 8086/8088 的存储器

3.3.1 存储器组织

8086/8088 有 20 条地址线，可寻址 1MB 的存储空间。存储器仍按字节组织，每个字节只有唯一的一个地址。若存放的信息是 8 位的字节，则将按顺序存放；若存放的数为 1 个字，则将字的低位字节放在低地址中，高位字节放在高地址中；当存放的是双字形式(这种数一般作为指针)，其低位字是被寻址地址的偏移量；高位字是被寻址地址所在的段地址。指令和数据(包括字节或字)在存储器中的存放位置如图 3.9 所示。对存放的字，其低位字节可以在奇数地址中开始存放，也可以在偶数地址中开始存放；前者称为非规则存放，这样存放的字称为非规则字；后者称为规则存放，这样存放的字称为规则字。对规则字的存取可在一个总线周期完成，非规则字的存取则需两个总线周期。这就是说，读或写一个以偶数为起始地址的字的指令，只需访问一次存储器；而对于一个以奇数为起始地址的字的指令，就必须两次访问存储器中的两个偶数地址的字，忽略每个字中所不需要的那半个字，并对所需的两个半字进行字节调整。各种字节和字的读操作的例子如图 3.10 所示。

图 3.9 指令和数据在存储器中的存放位置

在 8086/8088 程序中，指令仅要求指出对某个字节或字进行访问，而对存储器访问的方式不必说明。无论执行哪种访问，都是由处理器自动识别的。

8086 的 1MB 存储空间实际上分为两个 512KB 的存储体，又称存储库，分别称为高位库和低位库，低位库与数据总线 $D_7 \sim D_0$ 相连，该库中每个地址为偶数地址；高位库与数据总线 $D_{15} \sim D_8$ 相连，该库中每个地址为奇数地址。地址总线 $A_{19} \sim A_1$ 可同时对高、低位库的存储单元寻址，A_0 或$\overline{BHE}$则用于库的选择，分别接到库选择端$\overline{SEL}$上，如图 3.11 所示。

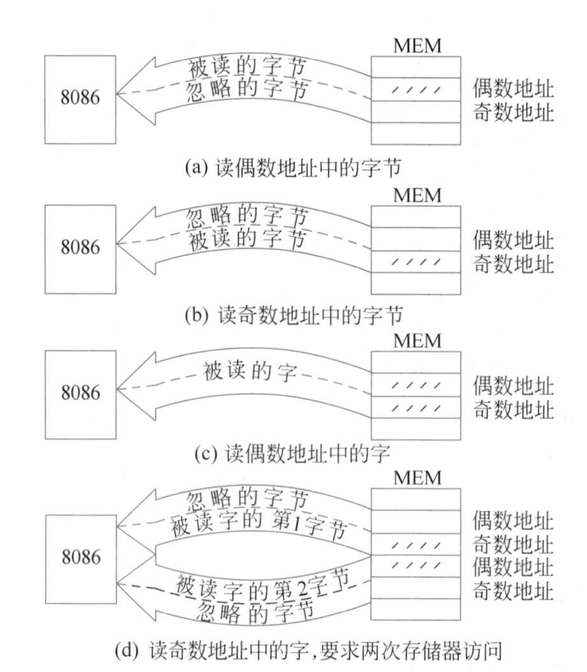

图 3.10 从 8086 存储器的偶数和奇数地址读字节和字

当 $A_0=0$,选择偶数地址的低位库;当 $\overline{BHE}=0$ 时,选择奇数地址的高位库。利用 A_0 或 $\overline{BHE}$ 这两个控制信号可以实现对两个库进行读/写(即 16 位数据)操作,也可单独对其中的一个库进行读/写操作(即 8 位数据),如表 3.6 所示。

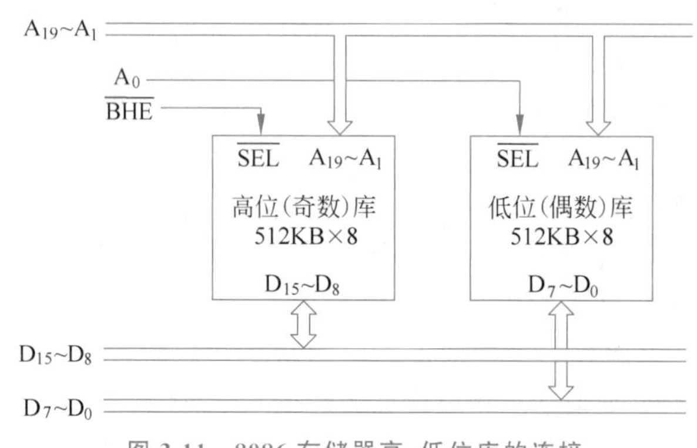

图 3.11 8086 存储器高、低位库的连接

表 3.6 8086 存储器高、低位库的选择

$\overline{BHE}$	A_0	读/写的字节	$\overline{BHE}$	A_0	读/写的字节
0	0	同时读/写高、低两个字节	1	0	只读/写偶数地址的低位字节
0	1	只读/写奇数地址的高位字节	1	1	不传送

在 8088 系统中,可直接寻址的存储空间同样也为 1MB,但其存储器的结构与 8086 有所不同,它的 1MB 存储空间同属一个单一的存储体,即存储体为 1MB×8 位。它与总线之间的连接方式很简单,其 20 根地址线 $A_{19}\sim A_0$ 与 8 根数据线分别同 8088 CPU 的对应地址线与数据线相连。8088 CPU 每访问 1 次存储器只读/写 1 字节信息,因此,在 8088 系统的

存储器中不存在对准存放的概念，任何数据字都需要两次访问存储器才能完成读/写操作，故在 8088 系统中，程序运行速度比在 8086 系统中慢。

3.3.2 存储器的分段

8086/8088 CPU 的指令指针(IP)和堆栈指针(SP)都是 16 位，故只能直接寻址 64KB 的地址空间。而 8086/8088 有 20 根地址线，它允许寻址 1MB 的存储空间。如前所述，为了能寻址 1MB 的存储空间，引入了分段的概念。

在 8086/8088 系统中，1MB 存储空间可被分为若干逻辑段，其实际存储器中段的位置如图 3.12 所示。

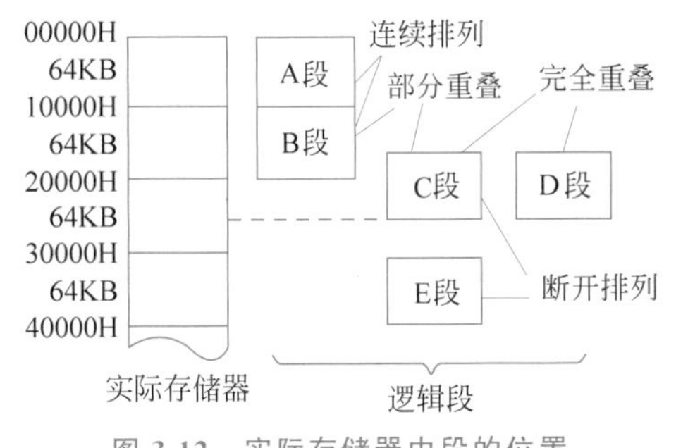

图 3.12 实际存储器中段的位置

由图 3.12 可知，每一段的大小，可能从 1 字节开始任意递增，如 100 字节、1000 字节等，直至最多可包含 64KB 长的连续存储单元；每个段的 20 位起始地址(又称段基址)，是一个能被 16 整除的数(即最后 4 位为 0)，它可以通过用软件在段寄存器中装入 16 位段地址来设置。

注意：段地址是 20 位段基址的前 16 位。

从图 3.12 中还可以看到内存中各个段所处位置之间的相互关系，即段和段之间可以是连续的、断开的、部分重叠的或完全重叠的。一个程序所用的具体存储空间可以是一个逻辑段，也可以是多个逻辑段。

由于段基址是由存放于段寄存器，即 CS、DS、SS 和 ES 中的 16 位段地址左移 4 位得来的，因此，程序可以从 4 个段寄存器给出的逻辑段中存取代码和数据。若要对别的段而不是当前可寻址的段中存取信息，则程序必须首先改变对应的段寄存器中段地址的内容，并将其设置成所要存取的段地址信息。

最后需要强调的是，段区的分配工作是由操作系统完成的；但是，系统允许程序员在必要时指定所需占用的内存区。

3.3.3 实际地址和逻辑地址

实际地址是指 CPU 对存储器进行访问时实际寻址所使用的地址，对 8086/8088 来说，它是用 20 位二进制数或 5 位十六进制数表示的地址。通常，实际地址也称为物理地址。

逻辑地址是指在程序和指令中表示的一种地址，它包括两部分：段地址和偏移地址。对 8086/8088 来说，前者是由 16 位段寄存器直接给出的 16 位地址；后者则是由指令寻址时的寄存器组合与位移量之和，它最终所给出的是一个 16 位的偏移量，表示所寻址的地址单元距离段起始地址之间的偏移字节的多少，故称为偏移地址，简称偏移量或偏移。段地址和偏移地址都用无符号的 16 位二进制数或 4 位十六进制数表示。

对于 8086/8088 CPU 来说，由于其寄存器都是 16 位的体系结构，因此，程序中的指令不能直接使用 20 位的实际地址，而只能使用 16 位的逻辑地址。由逻辑地址计算实际地址的方法如图 3.2 所示。

注意：一个实际地址可对应多个逻辑地址，如图 3.13 所示。图中的实际地址 11245H 可以从两个部分重叠的段中得到：一个段的段地址为 1123H，偏移地址为 15H，其实际地址为(11230H+15H)=11245H；另一个段的段地址为 1124H，而偏移地址为 05H，其实际地址仍为(11240H+05H)=11245H。由此可见，尽管两个段采用了不同的逻辑地址，但它们仍可获得同一个实际地址。段地址来源于 4 个段寄存器，偏移地址则来源于 IP、SP、BP、SI 和 DI。寻址时应该使用哪个寄存器或寄存器的组合，BIU 将根据执行操作的种类和要取得的数据类型来确定，如表 3.7 所示为逻辑地址源。

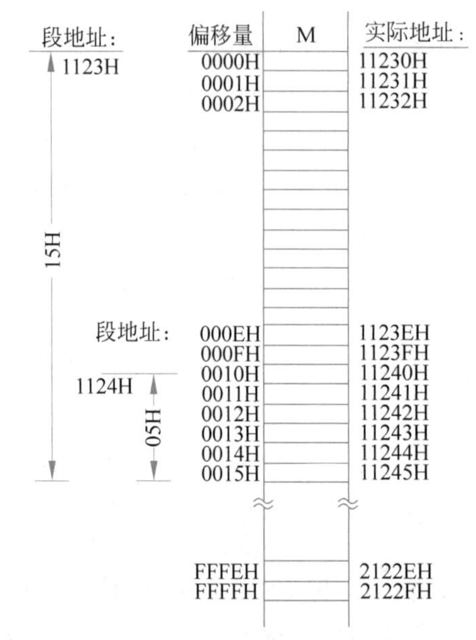

图 3.13　一个实际地址可对应多个逻辑地址

表 3.7　逻辑地址源

存储器操作涉及的类型	正常使用的段地址	可被使用的段地址	偏移地址
取指令	CS	无	IP
堆栈操作	SS	无	SP
变量(下面情况除外)	DS	CS,ES,SS	有效地址
源数据串	DS	CS,ES,SS	SI
目标数据串	ES	无	DI
作为堆栈基址寄存器使用的 BP	SS	CS,DS,ES	有效地址

注意：实际上，这些寻址操作都是由操作系统按默认的规则由 CPU 在执行指令时自动完成的。

3.3.4　堆栈

8086/8088 系统中的堆栈是用段定义语句在存储器中定义的一个堆栈段，与其他逻辑段一样，它可在 1MB 的存储空间中浮动。一个系统具有的堆栈数目不受限制，一个栈的深度最大为 64KB。

堆栈通过堆栈段寄存器(SS)和堆栈指针(SP)来寻址。SS中记录的是其16位的段地址,它将确定堆栈段的段基址,而SP的16位偏移地址将指定当前栈顶,即指出从堆栈段的段基址到栈顶的偏移量;栈顶是堆栈操作的唯一出口,它是堆栈地址较小的一端。

若已知当前SS=1050H,SP=0008H,AX=1234H,则8086系统中堆栈的入栈和出栈操作如图3.14所示。为了加快堆栈操作的速度,堆栈操作均以字为单位进行操作。

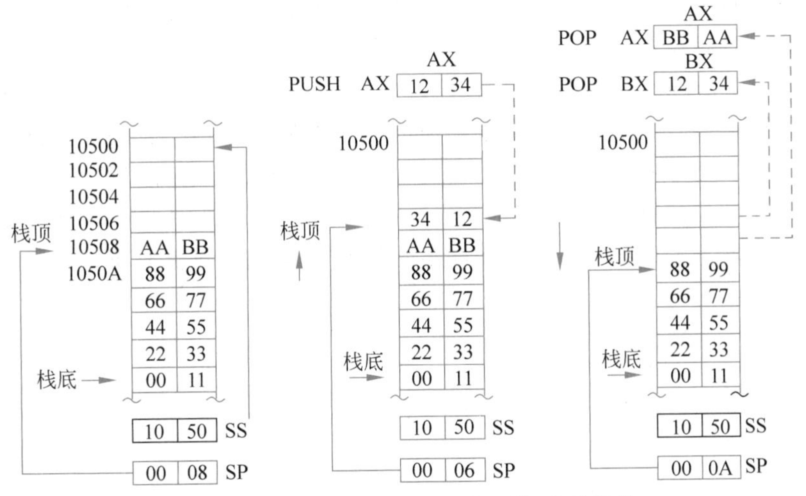

图3.14 8086系统的堆栈及其入栈、出栈操作

当执行PUSH AX指令时,是将AX中的数据1234H压入堆栈,该数据所存入的地址单元将由原栈顶地址10508H减2后的栈顶地址10506H给定。当执行POP BX指令时,将把当前堆栈中的数据1234H弹出并送到BX,栈顶地址由10506H加2变为10508H;再执行POP AX时,将把当前堆栈中的数据BBAAH送到BX,则栈顶地址由10508H加2变为1050AH。

3.3.5 “段加偏移”寻址机制允许重定位

如上所述,8086/8088 CPU引入了分段技术,微处理器在寻址时利用了段基地址加偏移地址的原理,通常将这种寻址机制称为“段加偏移”寻址机制。

“段加偏移”寻址机制允许重定位(或再定位)是一种重要的特性。所谓重定位,是指一个完整的程序块或数据块可以在存储器所允许的空间内任意浮动并定位到一个新的、可寻址的区域。在8086以前的8位微处理器中是没有这种特性的,而从8086开始引入分段概念之后,由于段寄存器中的段地址可以由程序来重新设置,因而,在偏移地址不变的情况下,可以将整个存储器段移动到存储器系统内的任何区域而无需改变任何偏移地址。即“段加偏移”寻址机制可以实现程序的重定位。由此可以很容易想到,由于“段加偏移”寻址机制允许程序在存储器内重定位,因此,原来为8086在实模式下运行所编写的程序,在其后80286以上的高型号微处理器中,当系统由实模式转换为保护模式时也可以运行。这是因为,在从实模式转换为保护模式时,程序块本身的结构或指令序列都未改变,它们被完整地保留下来;而只不过在转换之后,段地址将会由系统重新设置,但偏移地址却没有改变。同样,数据块也被允许重定位，重定位的数据块也可以放在存储器的任何区域，且不需要修改就可以被程序引用。

由于“段加偏移”寻址机制允许程序和数据不需要进行任何修改，就能使它们重定位，这使得应用具有一个很大的优点。因为，各种通用计算机系统的存储器结构不同，它们所包含的存储器区域也各不相同，但在应用中却要求软件和数据能够重定位；而“段加偏移”的寻址机制恰好具有允许重定位的特性，因此，这就给各种通用计算机系统在运行同一软件和数据时能够保持兼容性带来极大的方便。

例如，有一条指令位于距存储器中某段首(即段基地址)8 字节的位置，其偏移地址就是 8。当整个程序移到新的存储区，这个偏移地址 8 仍然指向距存储器中新的段首 8 个字节的位置。只是这时段寄存器的内容必须重新设置为程序所在的新存储段的起始地址。如果计算机系统没有重定位的特性，那么当一个程序在移动之前，就必须大范围地重写或更改，或者要为许多不同配置的计算机系统设计许多的程序文本，这不仅需要花费大量的时间，还可能会引起程序出错。

3.4 8086/8088 的指令系统

3.4.1 指令系统的特点及指令基本格式

8086 与 8088 的指令系统完全相同，它们是由 8 位的 8080/8085 指令系统扩展而来的，同时，它们又能在其后续的 80x86 系列的 CPU 上正确运行。因此，8086/8088 指令系统是 80x86 CPU 共同的基础。其主要特点如下：

(1) 采用可变长指令，指令格式由 1～6 字节组成，比较复杂。

(2) 寻址方式多样灵活，处理数据的能力比较强，可处理字节或字、带符号或无符号的二进制数据以及压缩型/非压缩型的十进制数据。

(3) 有重复指令和乘除运算指令。扩充了条件转移、移位/循环指令。

(4) 有软件中断功能和支持多处理器系统工作的指令。

指令格式是按指令系统的规范与要求精心设计的。了解指令格式有助于深入掌握指令代码的组成原理。指令的基本组成包括两部分，即操作码与操作数。8086/8088 的指令格式如图 3.15 所示。

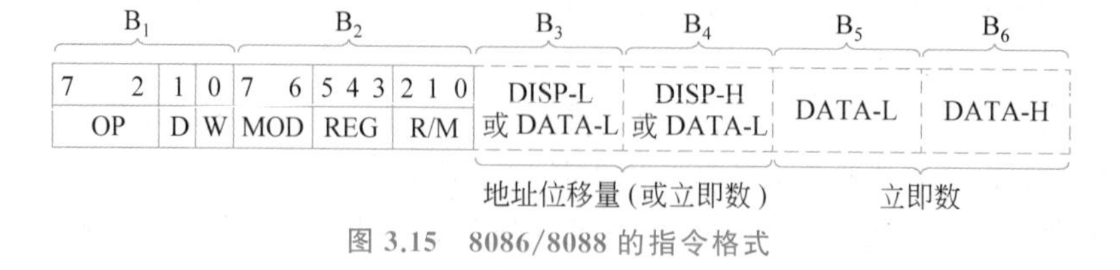

图 3.15 8086/8088 的指令格式

其中，第 1、2 字节为基本字节，属操作码字段，B_1 给出操作码，B_2 给出寻址方式；第 3 字节 B_3 至第 6 字节 B_6 为操作数字段，将根据不同指令对地址位移量和/或立即数的设置做相应的安排。指令中的立即数(DATA)位于位移量(DISP)之后，均可为 8 位或16 位。当为 16 位时，低位在前，高位在后。若指令中只有 8 位位移量(DISP 8)，则 CPU 在计算有效地址(EA)时将自动用符号把它扩展为 16 位的双字节数，以保证计算不产生错误。若 B_3、B_4 有位移量，立即数就位于 B_5、B_6；否则，立即数就位于 B_3、B_4。

有关 8086/8088 指令的详细格式可参见附录 A。

3.4.2 寻址方式

CPU 的寻址方式，就是根据指令功能所规定的操作码如何自动寻找相应的操作数的方式。8086/8088 的操作数可位于寄存器、存储器或 I/O 端口中。对位于存储器的操作数，可采用多种不同方式进行寻址。8086/8088 不仅包含 8080/8085 的寻址方式，而且还有许多扩展。下面对 8086/8088 的寻址方式进行简要介绍。

1. 固定寻址

有些单字节指令其操作是规定 CPU 对某个固定的寄存器进行的，如加法的 ASCII 调整指令 AAA，规定被调整的数总是位于 AL 中。

该指令用来调整 AL 中的结果，此结果是把两个 ASCII 字符当作操作数相加后形成的。

2. 立即数寻址

操作数就在指令中，当执行指令时，CPU 直接从指令队列中取得该立即数，而不必执行总线周期。立即数可以是 8 位，也可以是 16 位，并规定只能是整数类型的源操作数。这种寻址主要用来给寄存器赋初值，指令执行速度快。

【例 3.2】

```
MOV AX,1680H                ;将 1680H 送 AX,AH 中为 16H,AL 中为 80H
```

【例 3.3】

```
MOV AX,'AB'                 ;将 ASCII 码'AB'在内存中的字内容 BA(4241H)送 AX
```

3. 寄存器寻址

操作数放在 CPU 的寄存器(如 AX、BX、CX 和 DX 等)中，而寄存器名在指令中指出。这种寻址的指令长度短，操作数就在 CPU 内部进行，不需要使用总线周期，所以，执行速度转快。

对 16 位操作数来说，寄存器可以为 8 个 16 位通用寄存器。而对 8 位操作数来说，寄存器只能为 AH、AL、BH、BL、CH、CL、DH、DL。在一条指令中，源操作数或/和目的操作数都可以采用寄存器寻址方式。

【例 3.4】

```
MOV AX,SS                   ;将 SS 的字内容送 AX
```

【例 3.5】

```
MOV SP,BP                   ;将 BP 的字内容送 SP
```

4. 存储器寻址

指令系统中采用的复杂的“寻址方式”主要是针对存储器操作数而言的。CPU 寻找存储器操作数，必须经总线控制逻辑电路进行存取。当执行单元(EU)需要读/写位于存储器中的操作数时，应根据指令的 B_2 字节给出的寻址方式，由 EU 先计算出操作数地址的偏移量(即有效地址 EA)，并将它送给总线接口单元(BIU)，同时请求 BIU 执行一个总线周期，BIU 将某个段寄存器的内容左移 4 位，加上由 EU 送来的偏移量形成一个 20 位的实际地址(即物理地址)，然后执行总线周期，读/写指令所需的操作数。8086/8088 CPU 所寻址的操作数地址的偏移量，即有效地址(EA)，它是一个不带符号的 16 位地址码，表示操作数所在段的首地址与操作数地址之间的字节距离。所以，它实际上是一个相对地址。EA 的值由汇编程序根据指令所采用的寻址方式自动计算得出。计算 EA 的通式如下：

EA＝基址值(BX/BP)＋变址值(SI/DI)＋位移量 D (0/8/16)

1) 直接寻址方式

直接寻址方式最简单、最直观，其含义是指令中以位移量方式直接给出操作数的有效地址 EA，即 EA＝DISP。因此，这种寻址方式的指令执行速度较快，主要用于存取位于存储器中的简单变量。

【例 3.6】

```
MOV AX,[1680H]            ;把 1680H 和 1681H 两单元的字内容取入 AX 中
```

【例 3.7】

```
MOV AX, ES:[1680H]        ;把跨段的附加段中 1680H 和 1681H 两单元的字内容取入 AX 中
```

【例 3.8】

```
MOV AX,NUMBER
```

或

```
MOV AX,[NUMBER]           ;把符号地址 NUMBER 单元的字内容取入 AX 中
```

2) 间接寻址方式

间接寻址方式就是指寄存器间接寻址方式，其操作数一定存放在存储器中，而存储单元的有效地址(EA)则由寄存器指出，这些寄存器可以是基址寄存器(BX)、基址指针寄存器(BP)、变址寄存器(SI 和 DI)之一或是它们的某种组合。书写指令时，这些寄存器带有方括号“[]”。根据所采用寄存器的不同，间接寻址方式又可分为以下 3 种。

(1) 基址寻址方式

所谓基址寻址方式，是指操作数的有效地址由基址寄存器(BX 或 BP)的内容和指令中给出的地址位移量(0 位、8 位或 16 位)之和来确定。

【例 3.9】

```
MOV AX,[BX]            ;把数据段中以 BX 为有效地址的存储器单元的字内容送 AX
```

(2) 变址寻址方式

所谓变址寻址方式，是指操作数的有效地址由变址寄存器(SI 或 DI)的内容与指令中给出的地址位移量(0 位、8 位或 16 位)之和来确定。

【例 3.10】

```
MOV AX,[SI]            ;把数据段中以 SI 为有效地址的存储器单元的字内容送 AX
```

(3) 基址加变址寻址方式

所谓基址加变址寻址方式，是指操作数的有效地址(EA)由基址寄存器(BX 或 BP)的内容与变址寄存器(SI 或 DI)的内容以及指令中的地址位移量(0 位、8 位或 16 位)三者之和来确定。

注意：由于指令中的位移量也可以看成是一个相对值，因此，有时又把带位移量的寄存器间接寻址称为寄存器相对间接寻址。

【例 3.11】

```
MOV AX,[BP+SI+4140H]  ;把堆栈段中以 BP+SI+4140H 为有效地址的存储器单元的字内容送 AX
```

为了对存储器的各种寻址方式有一个清楚的对比，下面举一个综合性的例子来说明。

【例 3.12】 设 DS＝1200H，BX＝05A6H，SS＝5000H，BP＝40A0H，SI＝2000H，DI＝3000H，位移量 DISP＝1618H，试判断下列指令的寻址方式，并求出在各种寻址方式下，这些寄存器与位移量所产生的有效地址 EA 和实际地址(物理地址)PA。最后说明指令执行的结果。

① MOV AX,[0618H]

这是一条直接寻址方式的指令。

EA＝0618H

PA＝12000H＋0618H＝12618H

该指令执行的结果是将数据段的实际地址为 12618H 和 12619H 两单元中的字内容取出送 AX。

② MOV AX,[BX]

这是一条以数据段基址寄存器 BX 间接寻址的指令。

EA＝05A6H

PA＝12000H＋05A6H＝125A6H

该指令执行的结果是将数据段的 125A6H 和 125A7H 两单元的字内容取出送 AX。

③ MOV AX,[BP]

这是一条以堆栈段基址寄存器(BP)间接寻址的指令。由于寻址时使用了 BP 寄存器，因此操作数所默认的段寄存器就是 SS。

EA＝40A0H

PA＝50000H＋40A0H＝540A0H

该指令执行的结果是将堆栈段的 540A0H 和 540A1H 两单元的字内容取出送 AX。

④ MOV AX,[DI]

这是一条变址寻址的指令。

EA＝3000H

PA＝12000H＋3000H＝15000H

该指令执行的结果是将数据段的 15000H 和 15001H 两单元的字内容取出送 AX。

⑤ MOV AX,[BX+DI]

这是一条基址加变址寻址的指令。

EA＝05A6H＋3000H＝35A6H

PA＝12000H＋35A6H＝155A6H

该指令执行的结果是将数据段的155A6H和155A7H两单元的字内容取出送AX。

⑥ MOV AX,[BP+SI+DISP]

这是一条带位移量的基址加变址寻址的指令,又称相对基址加变址寻址的指令,且操作数的默认段为SS。

EA=40A0H+2000H+1618H=76B8H

PA=50000H+76B8H=576B8H

该指令执行的结果是将堆栈段的576B8H和576B9H两单元的字内容取出送AX。

5. 其他寻址方式

1) 串操作指令寻址方式

数据串(或称字符串)指令不能使用正常的存储器寻址方式来存取数据串指令中使用的操作数。执行数据串指令时,源串操作数第1个字节或字的有效地址应存放在源变址寄存器(SI)中(不允许修改),目标串操作数第1个字节或字的有效地址应存放在目标变址寄存器(DI)中(不允许修改)。在重复串操作时,8086/8088能自动修改SI和DI的内容,以使它们能指向后面的字节或字。串操作指令采用的是隐含寻址方式。

2) I/O端口寻址方式

在8086/8088指令系统中,输入/输出指令对I/O端口的寻址可采用直接或间接两种方式。

(1) 直接端口寻址:I/O端口地址以8位立即数方式在指令中直接给出。例如,IN AL,n。所寻址的端口号只能在0~255范围内。

(2) 间接端口寻址:这类似于寄存器间接寻址,16位的I/O端口地址在DX寄存器中,即通过DX间接寻址,故可寻址的端口号为0~65535。例如,OUT DX,AL。它是将AL的内容输出到由(DX)指出的端口中去。

3) 转移类指令的寻址方式

在8086/8088系统中,由于存储器采用分段结构,因此,转移类指令有段内转移和段间转移之分。所有的条件转移指令只允许实现段内转移,而且是段内短转移,即只允许转移的地址范围在-128~+127字节内,由指令中直接给出8位地址位移量。

对于无条件转移和调用指令又可分为段内短转移、段内直接转移、段内间接转移、段间直接转移和段间间接转移5种不同的寻址方式。有关这类寻址的详细情况,将在转移指令中讨论。

3.4.3 指令的分类

8086/8088的指令按功能可分为6类,即数据传送指令、算术运算指令、逻辑运算和移位循环指令、串操作指令、程序控制指令和处理器控制指令。

1. 数据传送指令

数据传送指令可完成寄存器与寄存器之间、寄存器与存储器之间以及寄存器与I/O端口之间的字节或字传送,它们的共同特点是不影响标志寄存器的内容。这类指令又可分为通用数据传送、目标地址传送、标志位传送和I/O数据传送4种类型,如表3.8所示。

表 3.8　数据传送类指令

指令类型	指令功能	指令书写格式
通用数据传送	字节或字传送 字压入堆栈 字弹出堆栈 字节或字交换 字节翻译	MOV d,s PUSH s POP d XCHG d,s XLAT
目标地址传送	装入有效地址 装入 DS 寄存器 装入 ES 寄存器	LEA d,s LDS d,s LES d,s
标志位传送	将 FR 低字节装入 AH 寄存器 将 AH 内容装入 FR 低字节 将 FR 内容压入堆栈 从堆栈弹出 FR 内容	LAHF SAHF PUSHF POPF
I/O 数据传送	输入字节或字 输出字节或字	IN 累加器,端口 OUT 端口,累加器

1) 通用数据传送指令

(1) MOV d,s

MOV 指令将由源指定的源操作数送到目标中。其中,s 表示源,d 表示目标。由 s 与 d 可分别指定源操作数与目标操作数。源操作数可以是 8/16 位寄存器、存储器中的某个字节/字,或者是 8/16 位立即数;目标操作数不允许为立即数,其他同源操作数,且两者不能同时为存储器操作数。

基本传送指令 MOV d,s 有数以万计的汇编书写例子,但其基本类型有以下 7 种。

① MOV mem/reg1,mem/reg2

由 mem/reg2 所指定的存储单元或寄存器中的 8 位数据或 16 位数据传送到由 mem/reg1 所指定的存储单元或寄存器中,但不允许从存储器传送到存储器。这种双操作数指令中,必须有一个操作数是寄存器。

② MOV mem/reg,data

将 8 位或 16 位立即数 data 传送到由 mem/reg 所指定的存储单元或寄存器中。

③ MOV reg,data

将 8 位或 16 位立即数 data 传送到由 reg 所指定的寄存器中。

④ MOV ac,mem

将存储单元中的 8 位或 16 位数据传送到累加器 AC 中。

⑤ MOV mem,ac

将累加器 AL(8 位)或 AX(16 位)中的数据传送到由 mem 所指定的存储单元中。

⑥ MOV mem/reg,segreg

将由 segreg 所指定的段寄存器(CS、DS、SS、ES 之一)的内容传送到由 mem/reg 所指定的存储单元或寄存器中。

⑦ MOV segreg,mem/reg

允许将由 mem/reg 指定的存储单元或寄存器中的 16 位数据传送到由 segreg 所指定

的段寄存器(但代码段寄存器除外)中。

在使用 MOV 指令时有如下一些要注意的问题。

【例 3.13】 MOV DS,AX 指令是对的;而 MOV CS,AX 指令是错的,因为段寄存器 CS 不能做目的操作数。

【例 3.14】 MOV [SI],[BX]指令是错的;而用以下两条指令是对的。

```
MOV AX,[BX]
MOV [SI],AX
```

因为不能直接从存储器到存储器之间进行数据传送,但可以通过寄存器作为中转站来完成这种传送。

【例 3.15】 要将数据段存储单元 ARRAY1 中的 8 位数据传送到存储单元 ARRAY2 中,用 MOV ARRAY2,ARRAY1 指令是错的,而用以下两条指令则可以完成。

```
MOV AL,ARRAY1
MOV ARRAY2,AL
```

为说明 MOV 指令的具体传送过程,请看下面的例子。

【例 3.16】 现有一条基本传送指令 MOV WORD PTR[BX+2000H],12ABH。(其中,WORD PTR 为伪指令,表示字数据类型。如果指令传送字节数据类型的立即数,则用 BYTE PTR 代替指令中的 WORD PTR,详见 4.2 节)。图 3.16 所示为该指令的编码格式与操作过程示意图。

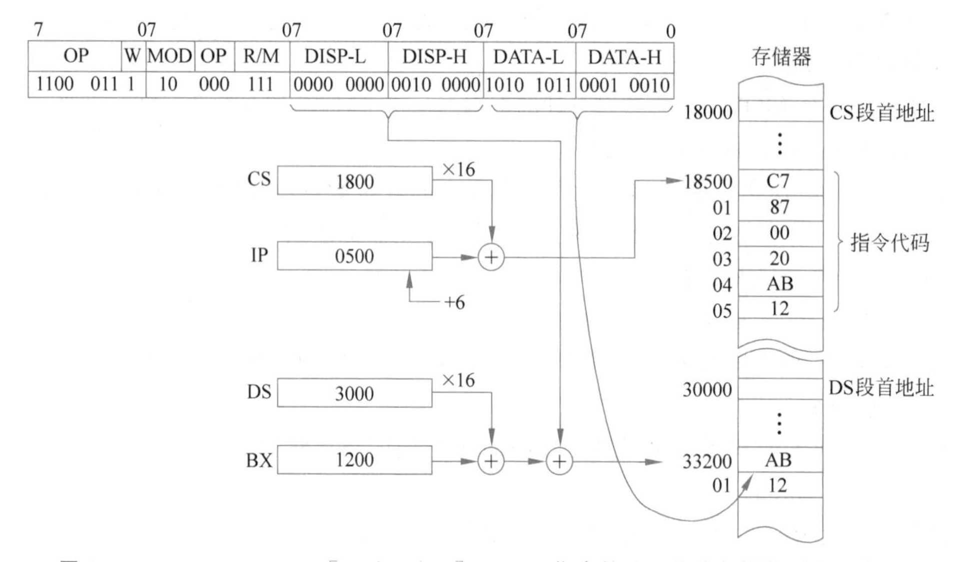

图 3.16 MOV WORD PTR[BX+2000H],12ABH 指令的编码格式与操作过程示意图

设当前 BX=1200H,CS=1800H,IP=0500H,DS=3000H,则执行该指令时,由寻址方式确定的物理地址 PA=DS×16+(BX+2000H)=30000H+3200H=33200H。这就是字类型长度的存储器指针。指令执行结果将立即数 12ABH 传送到物理地址为 33200H 和 33201H 的存储单元中。

注意:大多数指令通过指针访问存储器时,不需要 BYTE PTR 或 WORD PTR 等数据类型伪指令;只有当系统不清楚操作数是字节还是字数据类型时,才会使用它们。

（2）PUSH、POP

```
PUSH s      ;将源操作数(16位)压入堆栈
POP d       ;将堆栈中当前栈顶两相邻单元的数据字弹出到 d
```

上面分别是进栈与出栈指令。其中，s 和 d 可以是 16 位寄存器或存储器两相邻单元，以保证堆栈按字操作。

【例 3.17】 有一条压栈指令 PUSH BX。设当前 CS=1000H，IP=0030H，SS=2000H，SP=0040H，BX=2340H，则该指令的操作过程如图 3.17 所示。

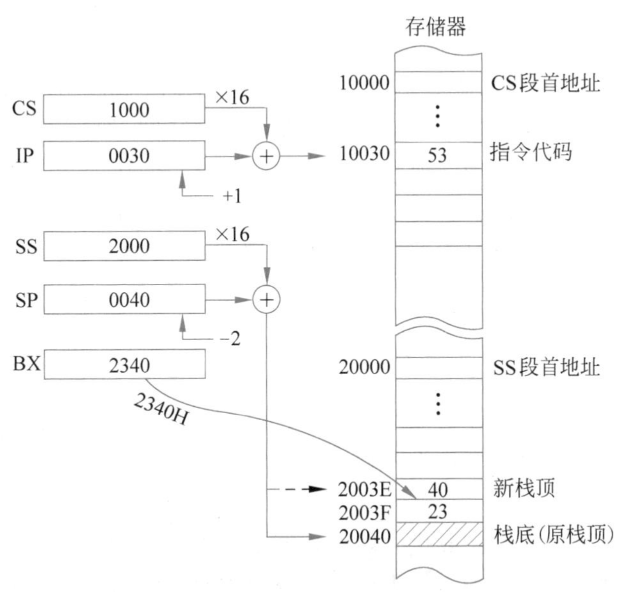

图 3.17　PUSH BX 指令的操作过程示意图

执行该进栈指令时，堆栈指针被修改为 SP−2→SP，使之指向新栈顶 2003EH，同时将 BX 中的数据字 2340H 压入栈内 2003FH 与 2003EH 两单元中。

【例 3.18】 有一条出栈指令 POP CX。设当前 CS=1000H，IP=0020H，SS=1600H，SP=004CH，则执行该指令时，将当前栈顶两相邻单元 1604CH 与 1604DH 中的数据字弹出并传送到 CX 中，同时修改堆栈指针，SP+2→SP，使其指向新栈顶 1604EH。

PUSH 和 POP 两条指令可用来保存并恢复堆栈区的数据。例如，在子程序调用或中断处理过程时，分别要保存返回地址或断点地址，在进入子程序或中断处理后，还需要保留通用寄存器的值；而在由子程序返回或由中断处理返回时，则要恢复通用寄存器的值，并分别将返回地址或中断地址恢复到指令指针寄存器中。堆栈中的内容是按 LIFO（后进先出）的次序进行传送的，因此，当保存内容和恢复内容时，需按照对称的次序执行进栈指令和出栈指令。

堆栈虽然是内存中开辟的一个段，其指令形式也比较简单，但操作时其与一般数据段有所不同，应遵循以下 5 点原则。

① 堆栈的存取操作每次必须是一个字（即 2 个字节），没有单字节的操作指令。

② 执行进栈指令时，总是从高位地址向低位地址存放数据，而不像内存中的其他段，总是从低地址向高地址存放；执行出栈指令时，从堆栈中弹出数据则正好相反。

③ 堆栈段在内存中的物理地址由 SS 和 SP 或者 SS 和 BP 决定。其中，SS 是堆栈段寄存

器，它是栈区的最低地址，称为堆栈的段地址；SP 是进栈或出栈指令隐含使用的堆栈地址指针，它的起始值是堆栈应达到的最大偏移量，即指向栈顶地址，因此，堆栈段的范围是 SS×16～SS×16＋SP 的起始值。显然，每执行一次进栈指令，则 SP－2，压入堆栈的数据放在栈顶；而每执行一次出栈指令时，则 SP＋2。另外，BP 寄存器用于对堆栈中的数据块进行随机存取，例如，执行 MOV AX,[BP][SI]指令后，将把偏移量为 BP＋SI 的存储单元的内容装入 AX。

④ 堆栈指令中的操作数只能是寄存器或存储器操作数，而不能是立即数。

⑤ 对 CS 段寄存器可以使用进栈指令 PUSH CX，但却不能使用 POP CS 这种无效指令，否则，由于它只改变了下一条指令的段地址(CS 值)，将造成不可预知的结果。

(3) XCHG d,s

这条指令的功能是将源操作数与目标操作数(字节或字)相互对应交换位置。

交换可以在通用寄存器与累加器之间、通用寄存器之间、通用寄存器与存储器之间进行。但不能在两个存储单元之间交换，段寄存器与 IP 也不能作为一个源或目的操作数。

【例 3.19】 有一条数据交换指令 XCHG AX,[SI＋0400H]。设当前 CS＝1000H，IP＝0064H，DS＝2000H，SI＝3000H，AX＝1234H，则执行该指令后，将把 AX 寄存器中的 1234H 与物理地址 23400H(即 DS×16＋SI＋0400H＝20000H＋3000H＋0400H)单元开始的数据字(设为 ABCDH)相互交换位置，即 AX＝ABCDH；(23400H)＝34H，(23401H)＝12H。

(4) XLAT

这是一条用于实现字节翻译功能的指令，又称代码转换指令。具体地说，它可以将 AL 寄存器中设定的一个字节数值变换为内存一段连续表格中的另一个相应的代码，以实现编码制的转换。

该指令是通过查表方式来完成代码转换功能的。例如，通过查七段显示码表，可将 AL 中任一个设定的十进制数转换为内存表格中某个同该数对应的七段显示码。具体编码规则为：0——01000000；1——01111001；2——00100100；3——00110000；4——00011001；5——00010010；6——00000010；7——01111000；8——00000000；9——00010000。其操作步骤如下：

① 建立代码转换表(其最大容量为 256 字节)，将该表定位到内存中某个逻辑段的一片连续地址中，并将表的首地址的偏移地址置入 BX。这样，BX 便指向表的首地址。

② 将待转换的一个十进制数在表中的序号(又称索引值)送入 AL 寄存器中。该值实际上就是表中某一项与表格首地址之间的位移量。

③ 执行 XLAT 指令。执行结果是将待转换的序号转换成对应的代码，并送回 AL 寄存器中。该指令的具体操作过程请参考下面的例 3.20。

【例 3.20】 设有一个代码转换表(如十进制数 0～9 的七段显示码表)被定位在当前数据段中，其起始地址的偏移地址值为 0030H。假定当前 CS＝2000H，IP＝007AH，DS＝4000H。若欲将 AL 中待转换的十进制数 5 转换成对应的七段码 12H，试分析执行 XLAT 指令的操作过程。

首先，将数据段中该转换表的首地址的偏移地址 0030H 置入 BX；再将待转换的十进制数在表中的序号 05H 送入 AL；然后，执行 XLAT 指令。这时，放在代码段物理地址 2007AH 单元中的指令代码 11010111，即 D7H 被取入 8086 BIU 中的指令队列缓冲器。该指令经 EU 控制电路译码与执行后，将数据段转换表中物理地址为 DS×16＋BX＋

AL＝40035H 单元中的七段码 12H 传送至 AL。于是完成代码转换过程。代码转换指令的功能与操作过程如图 3.18 所示。

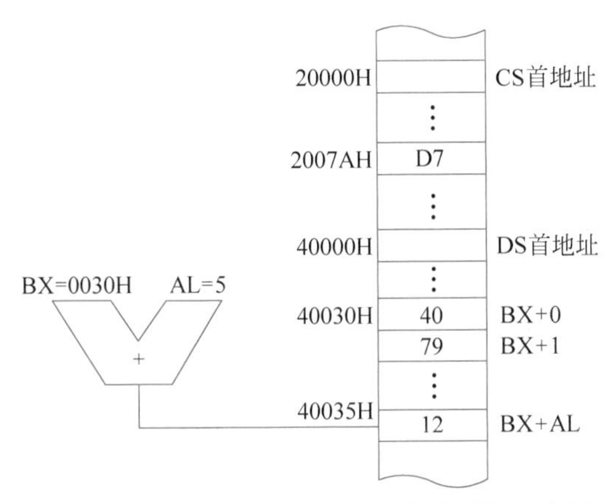

图 3.18 代码转换指令的功能与操作过程示意图

假设 0～9 的七段显示码表存放在偏移地址为 0030H 开始的内存中，则取出 5 所对应的七段码可用如下 3 条指令助记符完成。

```
MOV BX,0030H
MOV AL,5
XLAT
```

2）目标地址传送指令

这是一类专用于 8086/8088 中传送地址码的指令，可传送存储器的逻辑地址（即存储器操作数的段地址或偏移地址）至指定寄存器中，共包含 3 条指令，即 LEA、LDS 和 LES。

（1）LEA d，s

这是取有效地址指令，其功能是把用于指定源操作数（它必须是存储器操作数）的 16 位偏移地址（即有效地址）传送到一个指定的 16 位通用寄存器中。这条指令常用来建立串操作指令所需要的寄存器指针。

【例 3.21】 有一条取有效地址指令 LEA BX，[SI＋100AH]。设当前 CS＝1500H，IP＝0200H，DS＝2000H，SI＝0030H，源操作数 1234H 存放在[SI＋100AH]开始的存储器内存单元中，则该指令执行的结果是将源操作数 1234H 的有效地址 103AH 传送到 BX 寄存器中，如图 3.19 所示。

注意比较 LEA 指令和 MOV 指令的不同功能。例如，LEA BX，[SI]指令是将 SI 指示的偏移地址（SI 的内容）装入 BX；而 MOV BX，[SI]指令则是将由 SI 寻址的存储单元中的数据装入 BX。通常，LEA 指令用来使某个通用寄存器作为地址指针。

【例 3.22】 指出以下 3 条取有效地址指令的执行结果。

```
LEA AX,[0618H]  ;把内存单元的偏移量 0618H 送 AX,指令执行后,AX 中的内容为 0618H
LEA BX,[BP+DI]  ;把内存单元的偏移量(BP+DI)送 BX,指令执行后,BX 中的内容为(BP+DI)的值
LEA SP,[3768H]  ;使堆栈指针 SP 为 3768H
```

（2）LDS d，s

这是取某变量的 32 位地址指针的指令，其功能是从由指令的源 s 所指定的存储单元开

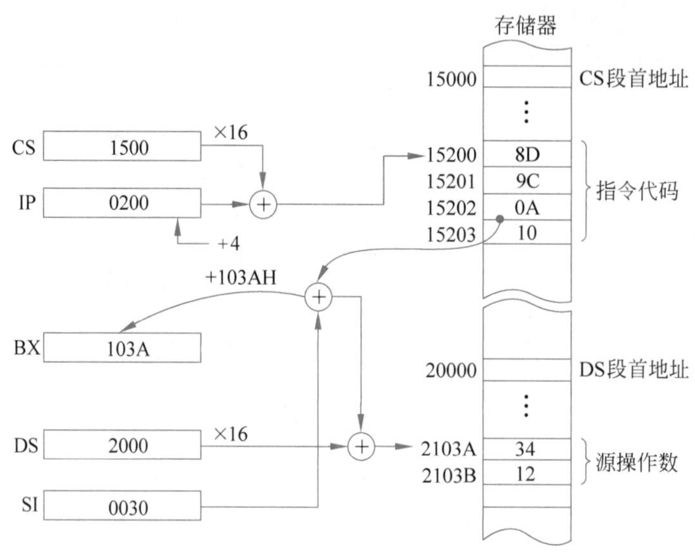

图 3.19 LEA BX,[SI+100AH]指令的操作过程示意图

始,从 4 个连续存储单元中取出某变量的地址指针(共 4B),将其前 2 个字节(即变量的偏移地址)传送到由指令的目标 d 所指定的某 16 位通用寄存器,后 2 字节(即变量的段地址)传送到 DS 段寄存器中。

【例 3.23】 现有一条目标传送指令 LDS SI,[DI+100AH]。

设当前 CS=1000H,IP=0604H,DS=2000H,DI=2400H,待传送的某变量地址指针的偏移地址为 0180H,段地址为 2230H,则执行该指令后,将物理地址 2340AH 单元开始的 4 个字节中的前 2 个字节(偏移地址值)0180H 传送到 SI 寄存器中,后 2 个字节(段地址)2230H 传送到 DS 段寄存器中,并取代它的原值 2000H。

(3) LES d,s

这条指令与 LDS d,s 指令的操作基本相同,区别仅在于该指令将把由源所指定的某变量的地址指针中后 2 个字节(段地址)传送到 ES 段寄存器,而不是 DS 段寄存器。

【例 3.24】 现有一条目标传送指令 LES DI,[BX]。

设当前 DS=B000H,BX=080AH,B080AH 单元指定的存储字为 05A2H,B080CH 单元指定的存储字为 4000H,执行该指令后,则将某变量地址指针的前 2 个字节(即偏移地址)05A2H 装入 DI,而将地址指针的后 2 个字节(即段地址)4000H 装入 ES,于是 DI=05A2H,ES=4000H。

上述 3 条目标地址传送指令都是装入地址,但使用时要准确理解它们的不同含义。LEA 指令是将 16 位有效地址装入任何一个 16 位通用寄存器;而 LDS 和 LES 是将 32 位地址指针装入任何一个 16 位通用寄存器及 DS 或 ES 段寄存器。

3) 标志位传送指令

这类指令用于传送标志位,共有以下 4 条。

(1) LAHF

指令功能:将标志寄存器(F)的低字节(共包含 5 个状态标志位)传送到 AH 寄存器中。

LSHF 指令执行后,AH 的 D_7、D_6、D_4、D_2 与 D_0 5 位将分别被设置成 SF、ZF、AF、PF 与

CF5 位。

(2) SAHF

指令功能：将 AH 寄存器内容传送到标志寄存器(F)的低字节。

SAHF 与 LAHF 的功能相反，它常用来通过 AH 对标志寄存器的 SF、ZF、AF、PF 与 CF 标志位分别置位或复位。

(3) PUSHF

指令功能：将 16 位标志寄存器(F)内容入栈保护。其操作过程与 PUSH 指令类似。

(4) POPF

指令功能：将当前栈顶和次栈顶中的数据字弹出送回到标志寄存器(F)中。

以上 PUSHF 和 POPF 两条指令常成对出现，一般用在子程序和中断服务程序的首尾，用来保护和恢复主程序涉及的标志寄存器内容。必要时可用来修改标志寄存器的内容。

4) I/O 数据传送指令

(1) IN 累加器，端口号

IN 指令是将指定端口中的内容输入到累加器 AL/AX 中。端口号可以用 8 位立即数直接给出；也可以将端口号事先存放在 DX 寄存器中，间接寻址 16 位长端口号(可寻址的端口号范围为 0～65535)。其指令如下：

```
IN AL,PORT      ;AL←(端口 PORT),即将端口 PORT 中的字节内容读入 AL
IN AX,PORT      ;AX←(端口 PORT),即将由 PORT 两相邻端口中的字内容读入 AX
IN AL,DX        ;AL←(端口(DX)),即从 DX 所指的端口中读取 1 个字节内容送 AL
IN AX,DX        ;AX←(端口(DX)),即从 DX 和(DX+1)所指的两个端口中读取 1 个字内容送 AX
```

【例 3.25】 有一条输入指令 IN AL,40H。设当前 CS=1000H,IP=0050H;8 位端口 40H 中的内容为 55H,则该指令的操作过程如图 3.20 所示。

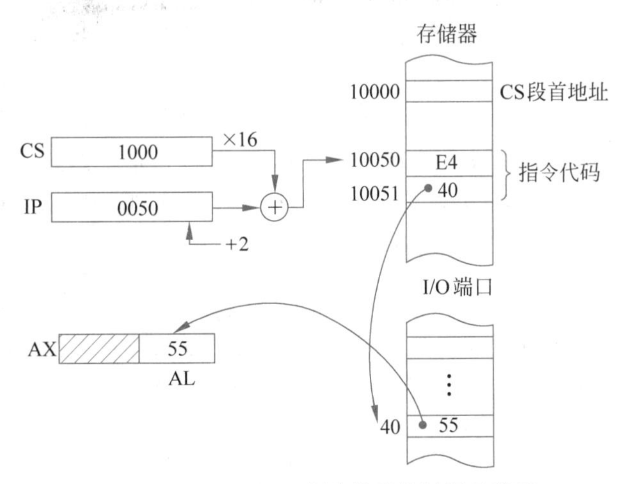

图 3.20 IN AL,40H 指令的操作过程示意图

执行该指令后，将 40H 端口中输入的数据字节 55H 传送到累加器 AL 中。

(2) OUT 端口号，累加器

OUT 指令是将累加器 AL/AX 中的内容输出到指定的端口。与 IN 指令相同，端口号可以由 8 位立即数给出，也可由 DX 寄存器间接给出。其指令如下：

```
OUT PORT,AL      ;端口 PORT←AL,即将 AL 中的字节内容输出到由 PORT 直接指定的端口
OUT PORT,AX      ;端口 PORT←AX,即将 AX 中的字内容输出到由 PORT 直接指定的端口
OUT DX,AL        ;端口(DX)←AL,即将 AL 中的字节内容输出到由 DX 所指定的端口
OUT DX,AX        ;端口(DX)←AX,即将 AX 中的字内容输出到由 DX 所指定的端口
```

【例 3.26】 有一条输出指令 OUT DX,AL。设当前 CS=4000H,IP=0020H,DX=6A10H,AL=66H。则执行该指令后,将累加器 AL 中的数据字节 66H 输出到 DX 指定的端口 6A10H 中。

注意:I/O 指令只能用累加器作为执行 I/O 数据传送的机构,而不能用其他寄存器代替。另外,当用直接寻址的 I/O 指令时,寻址范围仅为 0~255,这适用于较小规模的微机系统;当需要寻址大于 255 的端口地址时,则必须用间接寻址的 I/O 指令。例如,在 IBM PC/XT 微机系统中,既用了 0~255 范围的端口地址,也用了 255~65535 范围的端口地址。

由以上的讨论可知,在 IN 和 OUT 指令中,I/O 设备(即 PORT,端口)的地址以两种形式存在,即固定端口和可变端口。固定端口寻址允许 CPU 在 AL、AX 与使用 8 位 I/O 端口地址的设备之间传送数据。由于端口号在指令中是跟在指令操作码后面,因此称为固定端口寻址。如果固定端口地址存储在 RAM 中,则它有可能被修改,而这样的修改当然不是优秀的程序设计风格。

在 I/O 操作时,端口地址将以怎样的形式出现在地址总线上呢?对于 8 位固定端口的 I/O 指令来说,系统约定 8 位端口地址要用零扩展成 16 位地址。例如,当执行 IN AL,80H 指令时,CPU 将来自 I/O 端口地址 80H 的数据输入 AL。这时,地址就是以 16 位的 0080H 形式出现在地址总线 A_{15}~A_0 上的。对于可变端口寻址,系统允许在 AL、AX 与 16 位端口地址之间传送数据。由于在执行程序时 DX 中存放的 I/O 端口号可以人为地改变,因此称为可变端口寻址。16 位 I/O 端口地址出现在地址总线 A_{15}~A_0 上。

最后,以 OUT 80H,AX 指令执行过程为例来说明它所对应的各种信号关系。当该指令执行时,CPU 将 AX 的内容传送到 I/O 端口地址 80H,实际上它是分两步输出,即先将 AL 中的低位字节内容输出到 80H,而后再将 AH 中的高位字节内容输出到 81H。在指令执行时,I/O 端口号以 0080H 与 0081H 的形式出现在 16 位地址总线上,而来自 AX 的数据出现在数据总线上。只有在系统控制信号 IOWC(I/O 写控制)为 0(低电平有效信号)时,才允许 CPU 的 AX 寄存器向 I/O 设备输出数据。

2. 算术运算指令

算术运算指令能对无符号或有符号的 8/16 位二进制数以及无符号的压缩型/非压缩型(又称装配型/拆开型或组合型/未组合型)十进制数进行运算,有加法、减法、乘法、除法以及十进制调整 5 类指令,如表 3.9 所示。

表 3.9 算术运算指令

类 别	指令名称	指令书写格式(助记符)	状态标志位					
			O	S	Z	A	P	C
加法	加法(字节/字)	ADD d,s	↑	↑	↑	↑	↑	↑
	带进位加法(字节/字)	ADC d,s	↑	↑	↑	↑	↑	↑
	加 1(字节/字)	INC d	↑	↑	↑	↑	↑	·

续表

类别	指令名称	指令书写格式（助记符）	状态标志位					
			O	S	Z	A	P	C
减法	减法(字节/字)	SUB d,s	↑	↑	↑	↑	↑	↑
	带借位减法(字节/字)	SBB d,s	↑	↑	↑	↑	↑	↑
	减 1(字节/字)	DEC d	↑	↑	↑	↑	↑	·
	取负	NEC d	↑	↑	↑	↑	↑	1
	比较	CMP d,s	↑	↑	↑	↑	↑	↑
乘法	不带符号乘法(字节/字)	MUL s	↑	×	×	×	×	↑
	带符号整数乘法(字节/字)	IMUL s	↑	×	×	×	×	↑
除法	不带符号除法(字节/字)	DIV s	×	×	×	×	×	×
	带符号整数除法(字节/节)	IDIV s	×	×	×	×	×	×
	字节转换成字	CBW	·	·	·	·	·	·
	字转换成双字	CWD	·	·	·	·	·	·
十进制调整	加法的 ASCII 码调整	AAA	×	×	×	↑	×	1
	加法的十进制调整	DAA	×	↑	↑	↑	↑	↑
	减法的 ASCII 码调整	AAS	×	×	×	↑	×	↑
	减法的十进制调整	DAS	↑	↑	↑	↑	↑	↑
	乘法的 ASCII 码调整	AAM	×	↑	↑	×	↑	×
	除法的 ASCII 码调整	AAD	×	↑	↑	·	↑	×

注：s 表示源；↑表示运算结果影响标志位；d 表示目标；· 表示运算结果不影响标志位；×表示标志位为任意值；1 表示将标志位置 1。

1）加法指令

（1）ADD d,s　;d←d＋s

指令功能：将源操作数与目标操作数相加，结果保留在目标操作数中。并根据结果置标志位。

源操作数可以是 8/16 位通用寄存器、存储器操作数或立即数；目标操作数不允许是立即数，其他同源操作数。并且不允许两者同时为存储器操作数。

【例 3.27】　有一条加法指令 ADD WORD PTR[BX＋106BH]，1234H。设当前 CS＝1000H，IP＝0300H，DS＝2000H，BX＝1200H，则该指令的操作过程如图 3.21 所示。

执行该指令后，将立即数 1234H 与物理地址为 2226BH 和 2226CH 中的存储器字 3344H 相加，结果 4578H 保留在目标地址 2226BH 和 2226CH 单元中。根据运算结果所置的标志位如图 3.21 左下方所示。

【例 3.28】　寄存器加法。若将 AX、BX、CX 和 DX 的内容累加，再将所得的 16 位的和数存入 AX，则加法程序段如下：

```
ADD AX,BX   ;AX←AX+BX
ADD AX,CX   ;AX←AX+BX+CX
ADD AX,DX   ;AX←AX+BX+CX+DX
```

【例 3.29】　立即数加法。常数或已知数相加时总是用立即数加法。若将立即数 12H 取入 DL，然后用立即数加法指令再将 34H 加到 DL 中的 12H 上，所得的结果(即和数 46H)放在 DL 中，则加法程序段如下：

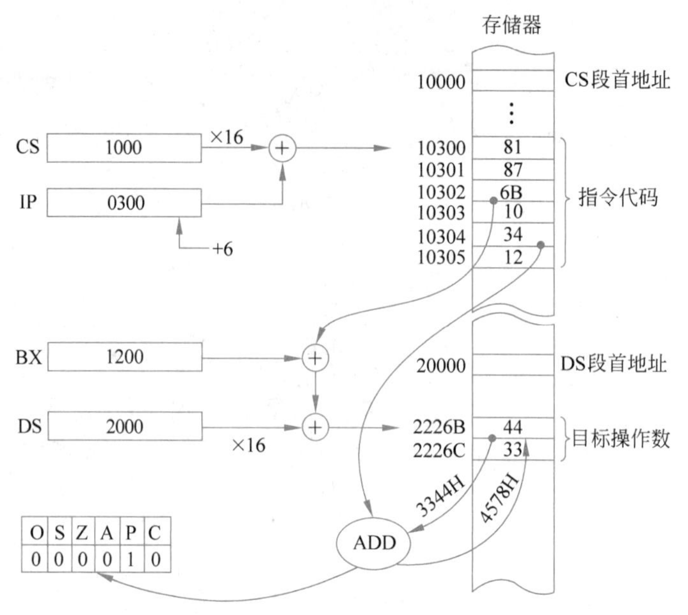

图 3.21　ADD WORD PTR[BX+106BH],1234H 指令的操作过程

```
MOV DL, 12H
ADD DL, 34H
```

程序执行后,标志位的改变为 OF=0(没有溢出),SF=0(结果为正),ZF=0(结果不是0),AF=0(没有半进位),PF=0(奇偶性为奇),CF=0(没有进位)。

【例 3.30】 存储器与寄存器的加法。假定将存储在数据段中偏移地址为 NUMB 和 NUMB+1 连续单元的字节数据累加到 AL,则加法程序段如下:

```
MOV DI,OFFSET NUMB        ;偏移地址 NUMB 装入 DI
MOV AL,0                  ;AL 清 0
ADD AL,[DI]               ;将 NUMB 单元的字节内容加 AL,和数存 AL
ADD AL,[DI+1]             ;累加 NUMB+1 单元中的字节内容,累加和存 AL
```

【例 3.31】 数组加法。存储器数组是一个按顺序排列的数据表。假定数据数组(ARRAY)包括从元素 0 到元素 9,共 10 个字节数。现要求累加元素 3、元素 5 和元素 7,则加法程序段如下:

```
MOV AL,0                    ;存放和数的 AL 清 0
MOV SI,3                    ;将 SI 指向元素 3
ADD AL,ARRAY[SI]            ;加元素 3
ADD AL, ARRAY[SI+2]         ;加元素 5
ADD AL, ARRAY[SI+4]         ;加元素 7
```

该程序段中首先将 AL 清 0,为求累加和做准备。然后,把 3 装入源变址寄存器(SI),初始化为寻址数组元素 3。ADD AL,ARRAY[SI]指令是将数组元素 3 加到 AL 中。接着的两条加法指令是将元素 5 和 7 累加到 AL 中,指令用 SI 中原有的 3 加位移量 2 来寻址元素 5,再用加 4 寻址元素 7。

(2) ADC d,s　;d←d+s+CF

指令功能:带进位加法(ADC)指令的操作过程与 ADD 指令基本相同,唯一的不同是进位标志位 CF 的原状态也将一起参与加法运算，待运算结束，CF 将重新根据结果置成新的状态。

ADC 指令一般用于 16 位以上的多字节数字相加的软件中。

【例 3.32】 假定在 8086～80286 中要实现 BX 和 AX 中的 4 字节数字与 DX 和 CX 中的 4 字节数字相加，其结果存入 BX 和 AX 中，则多字节加法的程序段如下：

```
ADD AX, CX
ADC BX, DX
```

上述多字节相加的程序段中用了 ADD 与 ADC 两条不同的加法指令，由于 AX 和 CX 的内容相加形成和的低 16 位时，可能产生进位，而事先又不可能断定有无进位，因此，在高 16 位相加时，就必须采用带进位位的加法指令 ADC。这样，ADC 指令在执行加法时就会把在低 16 位相加后产生的进位标志 1 或 0 自动加到高 16 位的和数中去。最后，程序把 BX、AX 的 4 字节内容加到 DX、CX 两个寄存器，而和数则存入 BX、AX 两个寄存器中。

(3) INC d ;d←d+1

指令功能：将目标操作数当作无符号数，完成加 1 操作后，结果仍保留在目标中。

目标操作数可以是 8/16 位通用寄存器或存储器操作数，但不允许是立即数。

【例 3.33】 INC BYTE PTR[BX+1000H]指令是把数据段中由 BX+1000H 寻址的存储单元的字节内容加 1。

【例 3.34】 INC WORD PTR[SI]指令是把数据段中由 SI 寻址的存储单元的字内容加 1。

注意：对于间接寻址的存储单元加 1 指令，数据的长度必须用 TYPE PTR、WORD PTR 或 DWORD PTR 类型伪指令加以说明；否则，汇编程序不能确定是对字节、字还是双字加 1。另外，INC 指令只影响 OF、SF、ZF、AF、PF 这 5 个标志，而不影响进位标志 CF，故不能利用 INC 指令来设置进位位，否则程序会出错。

2) 减法指令

(1) SUB d,s ;d←d−s

指令功能：将目标操作数减去源操作数，其结果送回目标操作数中，并根据运算结果置标志位。源操作数可以是 8/16 位通用寄存器、存储器操作数或立即数；目标操作数只允许是通用寄存器或存储器操作数。并且，不允许两个操作数同时为存储器操作数，也不允许进行段寄存器的减法运算。

【例 3.35】 有一条指令 SUB AX,[BX]。设当前 CS=1000H，IP=60C0H，DS=2000H，BX=970EH，则执行该指令后，将 AX 寄存器中的目标操作数 8811H 减去物理地址 2970EH 和 2970FH 单元中的源操作数 00FFH，并把结果 8712H 送回 AX 中。各标志位的改变为 O=0(没有溢出)，S=1(结果为负)，Z=0(结果不为 0)，A=1(有半进位)，P=1(奇偶性为偶)，C=0(没有借位)。

(2) SBB d,s ;d←d−s−CF

指令功能：该指令与 SUB 指令的功能、执行过程基本相同，唯一不同的是完成减法运算时还要再减去进位标志 CF 的原状态。运算结束时，CF 将被置成新状态。其具体操作过程请读者自行分析。这条指令通常用于比 16 位数宽的多字节减法运算，在多字节减法中，如同多字节加法操作时传递进位一样，它需要传递借位。

【例 3.36】 假定从存于 BX 和 AX 中的 4 字节数减去存于 SI 和 DI 中的 4 字节数，则程序段如下：

```
SUB AX,DI
SBB BX,SI
```

从这个例子中可知，对于多字节的减法，其最低有效 16 位数据相减用 SUB 指令，而后续的高位有效数字相减用 SBB 指令。

(3) DEC d ;d←d−1

指令功能：将目标操作数的内容减 1 后送回目标。

目标操作数可以是 8/16 位通用寄存器和存储器操作数，但不允许是立即数。

【例 3.37】 DEC BYTE PTR[DI]指令是把由 DI 寻址的数据段字节存储单元的内容减 1。

【例 3.38】 DEC WORD PTR[BP]指令是把由 BP 寻址的堆栈段字存储单元的内容减 1。

从以上指令汇编语句的形式可以看出，对于间接寻址存储器数据减 1 指令，均要求用 TYPE PTR 类型伪指令来标识数据长度。

(4) NEG d ;d←$\bar{d}$+1

NEG 是一条求补码的指令，简称求补指令。

指令功能：将目标操作数取负后送回目标操作数中。

目标操作数可以是 8/16 位通用寄存器或存储器操作数。

NEG 指令是把目标操作数当成一个带符号数，如果原操作数是正数，则 NEG 指令执行后将其变成绝对值相等的负数（用补码表示）；如果原操作数是负数（用补码表示），则 NEG 指令执行后将其变成绝对值相等的正数。

若 AL＝00000100＝＋4，则执行 NEG AL 指令后将各位变反，末位加 1 成为 11111100＝$[-4]_{补}$；若 AL＝11101110＝$[-18]_{补}$，执行 NEG AL 指令后将变成 00010010＝＋18。

【例 3.39】 有一条求补指令 NEG BYTE PTR[BX]。设当前 CS＝1000H，IP＝200AH，DS＝2000H，BX＝3000H，且由目标[BX]所指向的存储单元（＝DS×16＋BX＝23000H）已定义为字节变量（假定为 FDH），则执行该指令后，将物理地址 23000H 中的目标操作数 FDH＝$[-3]_{补}$，变成＋3 送回物理地址 23000H 单元中。

注意：执行该指令后，根据系统的约定，CF 通常被置成 1；这并不是由运算所置的新状态，而是该指令执行后的约定。只有当操作数为 0 时，才使 CF 为 0。这是因为在执行 NEG 指令时，实际上是用 0 减去某个操作数，在一般情况下自然要产生借位，而当操作数为 0 时，则无须借位，故这时 CF＝0。

(5) CMP d,s ;d−s，只置标志位

指令功能：将目标操作数与源操作数相减但不送回结果，只根据运算结果置标志位。

源操作数可以是 8/16 位通用寄存器、存储器操作数或立即数；目标操作数可以是 8/16 位通用寄存器或存储器操作数。但不允许两个操作数同时为存储器操作数，也不允许进行段寄存器比较。

比较指令使用的寻址方式与前面介绍的加法和减法指令相同。

【例 3.40】 CMP SI,TEMP[BX]指令是由 SI 减去由 TEMP＋BX 寻址的数据段存储

单元的字内容。

注意：执行比较指令时，会影响标志位 OF、SF、ZF、AF、PF、CF。当判断两比较数的大小时，应区分无符号数与有符号数的不同判断条件。对于两无符号数比较，只需根据借位标志 CF 即可判断；而对于两有符号数比较，则要根据溢出标志 OF 和符号标志 SF 两者的异或运算结果来判断。

具体判断方法如下：若为两无符号数比较，当 ZF＝1 时，则表示 d＝s；当 ZF＝0 时，则表示 d≠s。当 CF＝0 时，表示无借位或够减，即 d≥s；当 CF＝1 时，表示有借位或不够减，即 d<s。若为两有符号数比较，当 OF⊕SF＝0 时，则 d≥s；当 OF⊕SF＝1 时，则 d<s。通常，比较指令后面跟一条条件转移指令，检查标志位的状态以决定程序的转向。

【例 3.41】 假如要将 CL 的内容与 20H 作比较，但当 CL≥64H 时，则程序转向存储器地址 SUBER 处继续执行。其程序段如下：

```
CMP CL,64H        ;CL 与 64H 进行比较
JAE SUBER         ;如果高于或等于则跳转
```

以上的 JAE 为一条高于或等于的条件转移指令。

3) 乘法指令

乘法指令用来实现两个二进制操作数的相乘运算，包括两条指令，即无符号数乘法指令 MUL 和有符号数乘法指令 IMUL。

(1) MUL s

MUL s 是无符号乘法指令，它完成两个无符号的 8/16 位二进制数相乘的功能。被乘数隐含在累加器 AL/AX 中；指令中由 s 指定的源操作数作乘数，它可以是 8/16 位通用寄存器或存储器操作数。相乘所得双倍位长的积，按其高 8/16 位与低 8/16 位两部分分别存放到 AH 与 AL 或者 DX 与 AX 中去，即对 8 位二进制数乘法，其 16 位积的高 8 位存于 AH，低 8 位存于 AL；而对 16 位二进制数乘法，其 32 位积的高 16 位存于 DX，低 16 位存于 AX。

若运算结果的高位字节或高位字有效，即 AH≠0 或 DX≠0，则将 CF 和 OF 两标志位同时置 1；否则，CF＝OF＝0。据此，利用 CF 和 OF 标志可判断相乘结果的高位字节或高位字是否为有效数值。

【例 3.42】 有一条乘法指令 MUL BYTE PTR[BX＋2AH]。设当前 CS＝3000H，IP＝0250H，AL＝12H，DS＝2000H，BX＝0234H，且源操作数已被定义为字节变量(66H)，则指令的操作过程如图 3.22 所示。

执行该指令后，乘积 072CH 存放于 AX 中。根据机器的约定，因 AH≠0，故 CF 与 OF 两位置 1，其余标志位为任意状态，是不可预测的。

(2) IMUL s

IMUL s 是有符号乘法指令，它完成两个带符号的 8/16 位二进制相乘的功能。

对于两个带符号的数相乘，如果简单采用与无符号数乘法相同的操作过程，那么会产生完全错误的结果。为此，专门设置了 IMUL 指令。

IMUL 指令除计算对象是带符号二进制数以外，其他都与 MUL 是一样的，但结果不同。

IMUL 指令对 OF 和 CF 的影响是：若乘积的高一半是低一半的符号扩展，则 OF＝CF

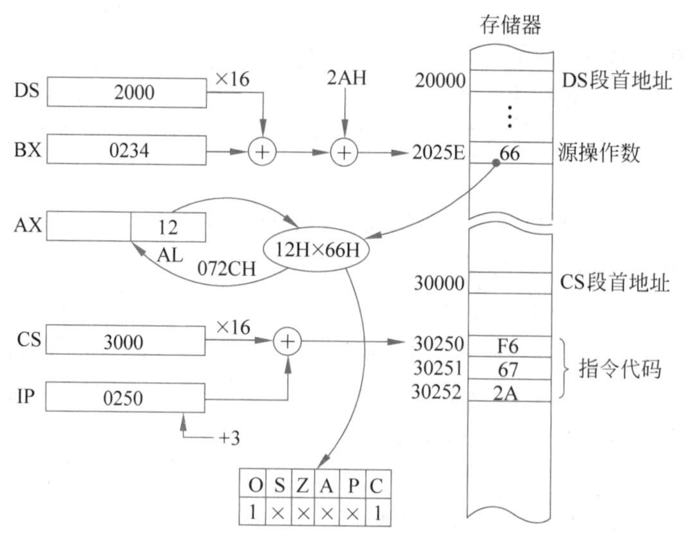

图 3.22 MUL BYTE PTE[BX+2AH]指令的操作过程示意图

=0;否则均为1。它仍然可用来判断相乘的结果中高一半是否含有有效数值。另外,IMUL指令对其他标志位没有定义。

【例 3.43】 给出以下几条有符号乘法指令 IMUL s 的操作结果。

```
IMUL CL                  ;AX←(AL)×(CL)
IMUL CX                  ;DX、AX←(AX)×(CX)
IMUL BYTE PTR[BX]        ;AX←(AL)×[BX],即 AL 中的和 BX 所指内存单元中的两个 8 位有符号
                         ;数相乘,结果送 AX 中
IMUL WORD PTR[DI]        ;DX、AX←(AX)×[DI],即 AX 中的和 DI、DI+1 所指内存单元中的两个
                         ;16 位有符号数相乘,结果送 DX 和 AX 中
```

有关 IMUL 指令的其他约定都与 MUL 指令相同。

【例 3.44】 若 AL=96H,BL=12H,则计算执行 MUL BL 与 IMUL BL 两条指令后的结果。

执行 MUL BL 指令后,AH=0AH,AL=8CH。

执行 MULL BL 指令后,AH=F8H,AL=8CH。

4) 除法指令

除法指令用于执行两个二进制数的除法运算,包括无符号二进制数除法指令 DIV 和有符号二进制数除法指令 IDIV 两条指令。

(1) DIV s

DIV 指令完成两个不带符号的二进制数相除的功能。被除数隐含在累加器 AX(字节除法)或 DX、AX(字除法)中。指令中由 s 给出的源操作数作除数,可以是 8/16 位通用寄存器或存储器操作数。

对于字节除法,所得的商存于 AL,余数存于 AH。对于字除法,所得的商存于 AX,余数存于 DX。根据 8086 的约定,余数的符号应与被除数的符号一致。

若除法运算所得的商数超出累加器的容量,则系统将其当作除数为 0 处理,自动产生类型 0 中断,CPU 将转去执行类型 0 中断服务程序,此时所得商数和余数均无效。在进行类

型 0 中断处理时，先将标志位压入堆栈，IF 和 TF 清 0，接着 CS 和 IP 的内容进堆栈；然后，将 0、1 两单元的内容填入 IP，而将 2、3 两单元的内容填入 CS；最后再进入 0 号中断的处理程序。

【例 3.45】 设指令 DIV BYTE PTR[BX＋SI]，其当前 CS＝1000H，IP＝0406H，BX＝2000H，SI＝050EH，DS＝3000H，AX＝1500H，存储器中的源操作数已被定义为字节变量 22H，则执行该指令后，所得商数 9EH 存于 AL 中，余数 04H 存于 AH 中。

（2）IDIV s

IDIV 指令完成将两个带符号的二进制数相除的功能。它与 DIV 指令的主要区别在于对符号位处理的约定，其他约定相同。

具体地说，如果源操作数是字节/字数据，则被除数应为字/双字数据并隐含存放于 AX/DX、AX 中。如果被除数也是字节/字数据在 AL/AX 中，那么应将 AL/AX 的符号位 AL_7/AX_{15} 扩展到 AH/DX 寄存器后，才能开始字节/字除法运算，运算结果商数在 AL/AX 寄存器中，AL_7/AX_{15} 是商数的符号位；余数在 AH/DX 中，AH_7/DX_{15} 是余数的符号位，它应与被除数的符号一致。在这种情况下，允许的最大商数为＋127/＋32 767，最小商数为－127/－32767。

【例 3.46】 给出以下几条有符号除法指令 IDIV s 的操作结果。

```
IDIV BX                  ;将 DX 和 AX 中的 32 位数除以 BX 中的 16 位数，所得的商在 AX 中，
                         ;余数在 DX 中
IDIV BYTE PTR[SI]        ;将 AX 中的 16 位数除以 SI 所指内存单元的 8 位数，所得的商在 AL
                         ;中，余数在 AH 中
```

（3）CBW、CWD

CBW 和 CWD 是两条专门为 IDIV 指令设置的符号扩展指令，用来扩展被除数字节/字为字/双字的符号，所扩充的高位字节/字部分均为低位的符号位。

CBW 和 CWD 指令在使用时应放在 IDIV 指令之前，执行结果对标志位没有影响。CBW 指令将 AL 的最高有效位 D_7 扩展至 AH，即：若 AL 的最高有效位是 0，则 AH＝00；若 AL 的最高有效位为 1，则 AH＝FFH。在执行该指令后，AL 不变。CWD 指令将 AX 的最高有效位 D_{15} 扩展形成 DX，即：若 AX 的最高有效位为 0，则 DX＝0000H；若 AX 的最高有效位为 1，则 DX＝FFFFH。在执行该指令后，AX 不变。符号扩展指令常用来获得除法指令所需要的被除数。例如 AX＝FF00H，它表示有符号数－256；执行 CWD 指令后，则 DX＝FFFFH，但 DX、AX 仍表示有符号数－256。

【例 3.47】 进行有符号数除法 AX÷BX 时，可以使用下面的程序段。

```
CWD
IDIV BX
```

对无符号数除法应该采用直接使高 8 位或高 16 位清 0 的方法，以获得倍长的被除数。

5）十进制调整指令

上面介绍的算术运算指令都是针对二进制数的。为了能方便地进行十进制数的运算，就必须对二进制运算的结果进行十进制调整，以得到正确的十进制运算结果。为此，8086 专门为完成十进制数运算而提供了一组十进制调整指令。

十进制数在计算机中也是用二进制来表示的，这就是二进制编码的十进制数，即 BCD 码。8086 支持压缩 BCD 码和非压缩 BCD 码，相应地十进制调整指令也分为压缩 BCD 码调整指令和非压缩 BCD 码调整指令。其中，压缩 BCD 码调整指令有 2 条：DAA 与 DAS；非压缩 BCD 码调整指令有 4 条：AAA、AAS、AAM 与 AAD。下面分别介绍这 6 条指令。

(1) DAA

DAA 是加法的十进制调整指令，它必须跟在 ADD 或 ADC 指令之后使用。其功能是将存于 AL 寄存器中的两位 BCD 码加法运算的结果调整为两位压缩型十进制数，仍保留在 AL 中。

AL 寄存器中的运算结果在出现非法码(1010B～1111B)或本位向高位(指 BCD 码)有进位(由 AF=1 或 CF=1 表示低位向高位或高位向更高位有进位)时，由 DAA 自动进行加 6 调整。

由于 DAA 指令只能对 AL 中的结果进行调整，因此，对于多字节的十进制加法，只能从低字节开始，逐个字节地进行运算和调整。

【例 3.48】 设当前 AX=6698，BX=2877，如果要将这两个十进制数相加，结果保留在 AX 中，则需要用下列几条指令来完成，即

```
ADD AL,BL       ;低字节相加
DAA             ;低字节调整
MOV CL,AL
MOV AL,AH
ADC AL,BH       ;高字节相加
DAA             ;高字节调整
MOV AH,AL
MOV AL,CL
```

【例 3.49】 用 BCD 码计算“47+28=?”。

```
MOV   AL,47H    ;把压缩 BCD 数 47H 送 AL
ADD   AL,28H    ;AL←47 与 28 之和 75H
DAA             ;调整得 AL=75H,即(47)BCD+(28)BCD=(75)BCD
```

(2) DAS

DAS 是减法的十进制调整指令，它必须跟在 SUB 或 SBB 指令之后，其功能是将 AL 寄存器中的减法运算结果调整为两位压缩型十进制数，仍保留在 AL 中。

减法是加法的逆运算，对减法的调整操作是减 6 调整。

【例 3.50】 用 BCD 码计算“47-28=?”。

```
MOV   AL,47H    ;把压缩 BCD 数 47H 送 AL
SUB   AL,28H    ;AL←47 与 28 之差 19H
DAS             ;调整得：AL=19H,即(47)BCD-(28)BCD=(19)BCD
```

(3) AAA

AAA 是加法的 ASCII 码调整指令，也是只能跟在 ADD 指令之后使用。其功能是将存于 AL 寄存器中的一位 ASCII 码数加法运算的结果调整为一位非压缩型十进制数，仍保留在 AL 中。如果向高位有进位(AF=1)，则进到 AH 中。调整过程与 DAA 相似，其具体算法如下：

① 若 AL 的低 4 位是在 0～9 之间，且 AF=0，则跳过第②步，执行第③步。

② 若 AL 的低 4 位是在 0AH～0FH 之间，或 AF＝1，则 AL 寄存器需进行加 6 调整，AH 寄存器加 1，且使 CF＝1。

③ AL 的高 4 位虽参加运算，但不影响运算结果，无须调整，且要将其清除。

【例 3.51】 若 AX＝0835H，BL＝39H，则执行下列指令：

```
ADD AL,BL
AAA
```

结果是 AX＝0904H，AF＝1，且 CF＝1。其运算与调整过程如下：

```
              00110101   ——AL
            + 00111001   ——BL
            ----------
00001000      01101110   ——AL 低 4 位出现非法码，需进行加 6 调整
            +     0110
            ----------
00001001      01110100   ——AF=1，应进位到 AH 中，即 AH 加 1
            ∧ 00001111   ——AL 高 4 位清 0，低 4 位不变
            ----------
00001001      00000100
\______/      \______/
   AH            AL
```

若有两个用 ASCII 码表示的两位十进制数分别存放在 AX 和 BX 寄存器中，即

```
AX=0011100000110111
BX=0011100100110101
```

现要求将两数相加，并把结果保留在 AX 中，如果有进位，将进位置入 DX 中，则完成上述功能的程序段如下：

```
MOV DX,0
MOV CX,AX       ;CX='87'
MOV AH,0
ADD AL,BL       ;AL←'7'+'5'
AAA             ;AH=01H,AL=02H
MOV CL,AL       ;CL=02H
MOV AL,CH       ;AL='8'
ADD AL,AH
AAA             ;AL=09H
MOV AH,0
ADD AL,BH
AAA             ;AH=01H,AL=08H
MOV CH,AL       ;CH=08H
ADD DL,AH       ;DL=01H
MOV AX,CX       ;AX=0802H
```

最后得到正确的十进制结果为 182，并以非压缩型 BCD 码形式存放在 DX、AX 中，如下所示。

DX	00000000	00000001		AX	00001000	00000010

【例 3.52】 用 BCD 码计算“7＋8＝?”。

```
MOV AL,07H      ;把非压缩 BCD 数 07H 送 AL
ADD AL,08H      ;AL←07 与 08 之和 15H,即(07)BCD+(08)BCD=(15)BCD
AAA             ;调整得 AL=05H,AH=01H
```

(4) AAS

AAS是减法的ASCII码调整指令，它也必须跟在SUB或SBB指令之后，用来将AL寄存器中的减法运算结果调整为一位非压缩型十进制数；如果有借位，则保留在借位标志CF中。

【例3.53】 用BCD码计算“7－8＝?”。

```
MOV AL,07H          ;把非压缩 BCD 数 07H 送 AL
SUB AL,08H          ;AL←07 与 08 之差-01H
AAS                 ;调整得 AL=-01H,AH=FFH
```

(5) AAM

AAM是乘法的ASCII码调整指令。由于8086/8088指令系统中不允许采用压缩型十进制数乘法运算，故只设置了一条AAM指令，用来将AL中的乘法运算结果调整为两位非压缩型十进制数，其高位在AH中，低位在AL中。参加乘法运算的十进制数必须是非压缩型，故通常在MUL指令之前放置两条AND指令。

【例3.54】 完成AL与BL中两个非压缩型十进制数乘法运算，执行下列程序段。

```
AND AL,0FH
AND BL,0FH
MUL BL
AAM
```

执行MUL指令的结果，会在AL中得到8位二进制数结果，用AAM指令可将AL中结果调整为2位非压缩型十进制数，并保留在AX中。其调整操作是：将AL寄存器中的结果除以10，所得商数即为高位十进制数置入AH中，所得余数即为低位十进制数置入AL中。

【例3.55】 用BCD码计算“5×7＝?”。

```
MOV AL,05H          ;把非压缩 BCD 数 05H 送入 AL
MOV BL,07H          ;把非压缩 BCD 数 07H 送入 BL
MUL BL              ;AL←05 与 07 之积 23H
AAM                 ;调整得 AH=03H,AL=05H;即 AX=0305H
```

(6) AAD

AAD是除法的ASCII码调整指令。它与上述调整指令的操作不同，它是在除法之前进行调整操作。

AAD指令的调整操作是将累加器AX中的两位非压缩型十进制的被除数调整为二进制数，保留在AL中。其具体做法是将AH中的高位十进制数乘以10，与AL中的低位十进制数相加，结果保留在AL中。

例如，一个数据为34，用非压缩型BCD码表示时，则AH中为00000011，AL中为00000100；调整时执行AAD指令，该指令将AH中的内容乘以10，再加到AL中，故得到的结果为22H。

【例3.56】 用BCD码计算“34÷5＝?”。

```
MOV AX,0304H        ;把两个非压缩 BCD 数 0304H 送入 AX
MOV BL,05H          ;把一个非压缩 BCD 数 05H 送入 BL
AAD                 ;先把 AX 中的 BCD 数转换成二进制数 03×10+04=34D=22H 送 AL
DIV BL              ;调整后的被除数 22H 真正代表 34D,再做除法运算,即得 AL=06H,AH=04H
```

3. 逻辑运算和移位循环指令

逻辑运算和移位循环指令可分为逻辑运算、移位和循环 3 种类型，如表 3.10 所示。

表 3.10　逻辑运算和移位循环指令

类　别	指 令 名 称	指令书写格式（助记符）	状态标志位					
			O	S	Z	A	P	C
逻辑运算	“与”(字节/字)	AND d,s	0	↑	↑	×	↑	0
	“或”(字节/字)	OR d,s	0	↑	↑	×	↑	0
	“异或”(字节/字)	XOR d,s	0	↑	↑	×	↑	0
	“非”(字节/字)	NOT d	•	•	•	•	•	•
	测试(字节/字)	TEST d,s	0	↑	↑	×	↑	×
移位	算术左移(字节/字)	SAL d,count	↑	↑	↑	×	↑	↑
	算术右移(字节/字)	SAR d,count	↑	↑	↑	×	↑	↑
	逻辑左移(字节/字)	SHL d,count	↑	↑	↑	×	↑	↑
	逻辑右移(字节/字)	SHR d,count	↑	↑	↑	×	↑	↑
循环	循环左移(字节/字)	ROL d,count	↑	•	•	×	•	↑
	循环右移(字节/字)	ROR d,count	↑	•	•	×	•	↑
	带进位循环左移(字节/字)	RCL d,count	↑	•	•	×	•	↑
	带进位循环右移(字节/字)	RCR d,count	↑	•	•	×	•	↑

注：表中符号含义同表 3.9。

1）逻辑运算指令

(1) AND d,s　;d←d∧s,按位“与”操作

源操作数可以是 8/16 位通用寄存器、存储器操作数或立即数；目标操作数允许是通用寄存器或存储器操作数。

【例 3.57】 设指令 AND AX,ALPHA 其当前 CS=2000H,IP=0400H,DS=1000H,AX=F0F0H,ALPHA 是数据段中偏移地址为 0500H 和 0501H 地址中的字变量 7788H 的名字，则执行该指令后，将累加器 AX 中的 F0F0H 与物理地址 10500H 和 10501H 地址中的数据字 7788H 进行逻辑“与”运算后得到的结果是 7080H，并把它送回 AX 寄存器中。

(2) OR d,s　;d←d∨s,按位“或”操作

源操作数与目标操作数的约定同 AND 指令。

【例 3.58】 设 AL='A'(41H)，若要将 AL 中的大写字母 A 变为小写字母 a('a'=61H)，则使用指令 OR AL,20H。

(3) XOR d,s　;d←d⊕s,按位“异或”操作

源操作数与目标操作数的约定同 AND 指令。

【例 3.59】 若要将 BL 的高 4 位取反，低 4 位不变，则使用指令 XOR BL,F0H。

(4) NOT d　;d←$\overline{d}$,按位取反操作

NOT 指令将操作数中的每位按位取反。

(5) TEST d,s　;d∧s,按位“与”操作，不返回结果

续表

TEST 指令有关的约定和操作过程与 AND 指令相同，只是 TEST 指令不传送结果，影响标志位。用来确定操作数的指定位是"1"还是"0"，多用于条件转移指令前。

【例 3.60】 若要测试 AX 中的数是奇数还是偶数，则可使用指令 TEST AX,01H。

2）移位指令与循环移位指令

移位与循环移位指令的功能示意图如图 3.23 所示。

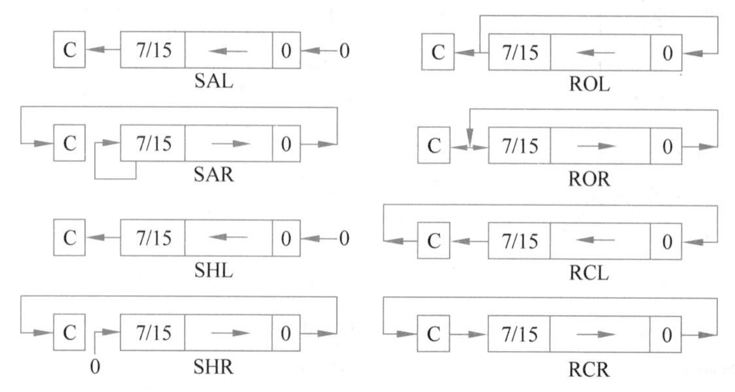

图 3.23 移位与循环移位指令的功能示意图

移位指令分为算术移位和逻辑移位。算术移位是对带符号数进行移位，在移位过程中必须保持符号不变；而逻辑移位是对无符号数移位，总是用"0"来填补已空出的位。根据移位操作的结果置标志寄存器中的状态标志（AF 标志除外）。若只移 1 位，且移位结果使最高位（符号位）发生变化，则将溢出标志 OF 置"1"；若移多位，则 OF 标志将无效。

循环移位指令是将操作数首尾相接进行移位，它分为不带进位位移位与带进位位循环移位。这类指令只影响 CF 和 OF 标志。CF 标志总是保持移出的最后一位的状态。若只循环移 1 位，且使最高位发生变化，则 OF 标志置"1"；若循环移多位，则 OF 标志无效。

所有移位与循环移位指令的目标操作数允许是 8/16 位通用寄存器或存储器操作数，指令中的 count（计数值）可以是 1，也可以是 n（n≤255）。若移 1 位，则指令的 count 字段直接写 1；若移 n 位，则必须将 n 事先装入 CL 寄存器中，故 count 字段只能书写 CL，而不能用立即数 n。

【例 3.61】 BX 的内容算术左移 1 位，最低位补 0：SAL BX,1。

【例 3.62】 AX 的内容不带 CF 的循环右移 1 位：ROR AX,1。

【例 3.63】 将 DX 的内容算术右移 6 位，再将 AX 的内容连同 CF 循环左移 6 位，则使用下列指令：

```
MOV CL,6
SAR DX,CL
RCL AX,CL
```

【例 3.64】 若要实现存于 DX 和 AX 中的 32 位数联合左移 1 位（乘 2），则可使用下列指令：

```
SAL AX,1
RCL DX,1
```

4. 串操作指令

串操作指令是唯一在存储器内的源与目标之间进行操作的指令。

基本的字符串(数据块)操作指令以及可使用的重复前缀指令如表 3.11 所示。

串操作指令对向量和数组操作提供了很好的支持,可有效地加快数据的处理速度,缩短程序长度。它们能对字符串进行各种基本的操作,如传送(MOVS)、比较(CMPS)、搜索(SCAS)、读(LODS)和写(STOS)等。对任何一个基本操作指令,可以用加一个重复前缀指令来指示该操作要重复执行,所需重复的次数由 CX 中的初值来确定。被处理的串长度可达 64KB。

表 3.11 串操作指令

类　别	指令名称	指令书写格式(助记符)	状态标志位					
			O	S	Z	A	P	C
基本字符串指令	字节串/字串传送	MOVS d,s	•	•	•	•	•	•
		MOVSB/MOVSW	•	•	•	•	•	•
	字节串/字串比较	CMPS d,s	↑	↑	↑	↑	↑	↑
		CMPSB/CMPSW	↑	↑	↑	↑	↑	↑
	字节串/字串搜索	SCAS d	↑	↑	↑	↑	↑	↑
		SCASB/SCASW	↑	↑	↑	↑	↑	↑
	读字节串/字串	LODS s	•	•	•	•	•	•
		LODSB/LODSW	•	•	•	•	•	•
	写字节串/字串	STOS d	•	•	•	•	•	•
		STOSB/STOSW	•	•	•	•	•	•
重复前缀	无条件重复	REP	•	•	•	•	•	•
	当相等/为 0 时重复	REPE/REPZ	•	•	•	•	•	•
	当不等/不为 0 时重复	REPNE/REPNZ	•	•	•	•	•	•

注:表中符号含义同表 3.9。

为缩短指令长度,串操作指令均采用隐含寻址方式,源数据串一般在当前数据段中,即由 DS 段寄存器提供段地址,其偏移地址必须由源变址寄存器(SI)提供;目标串必须在附加段中,即由 ES 段寄存器提供段地址,其偏移地址必须由目标变址寄存器(DI)提供。如果要在同一段内进行串操作,则必须使 DS 和 ES 指向同一段。串长度必须存放在 CX 寄存器中。在串指令执行之前,必须对 SI、DI 和 CX 进行预置,即将源串和目标串的首元素或末元素的偏移地址分别置入 SI 和 DI 中,将串长度置入 CX 中。这样,在 CPU 每处理完一个串元素时,就自动修改 SI 和 DI 寄存器的内容,使其指向下一个元素。

为加快串操作的执行速度,可在基本串操作指令的前方加上重复前缀,共有无条件重复(REP)、相等时重复(REPE)、为 0 时重复(REPZ)、不等时重复(REPNE)和不为 0 时重复(REPNZ)5 种重复前缀。带有重复前缀的串操作指令,每处理完一个元素能自动修改 CX 的内容(按字节/字处理减 1/减 2),以完成计数功能。当 CX≠0 时,继续串操作,直到 CX=

0 才结束串操作。

无条件重复前缀(REP)常与串传送(MOVS)指令连用,以完成传送整个串操作,即执行到 CX=0 为止。REPE 和 REPZ 具有相同的含义,只有当 ZF=1 且 CX≠0 时,才重复执行串操作,常与串比较(CMPS)指令连用,比较操作一直进行到 ZF=0 或 CX=0 时为止。与此相反,REPNE 和 REPNZ 具有相同的含义,只有当 ZF=0 且 CX≠0 时,才重复执行串操作,常与串搜索(SCAS)指令连用,搜索操作一直进行到 ZF=1 或 CX=0 为止。

串操作指令对 SI 和 DI 寄存器的修改与两个因素有关,一是和被处理的串是字节串还是字串有关;二是和当前的方向标志 DF 的状态有关。当 DF=0 时,表示串操作由低地址向高地址进行,SI 和 DI 内容应递增,其初值应该是源串和目标串的首地址;当 DF=1 时,则情况正好相反。

8086/8088 有以下 5 种基本的串操作指令。

1) MOVS 目标串,源串

串传送(MOVS)指令的功能是:将由 SI 作为指针的源串中的 1 个字节或 1 个字,传送到由 DI 作为指针的目标串中,且相应地自动修改 SI/DI,使其指向下一个元素。如果加上 REP 前缀,则每传送一个元素,CX 自动减 1,直到 CX=0 为止。

【例 3.65】 设 REP MOVSB 指令其当前 CS=6180H,IP=120AH,DS=1000H,SI=2000H,ES=3000H,DI=1020H,CX=0064H,DF=0,则该指令的操作过程如图 3.24 所示。

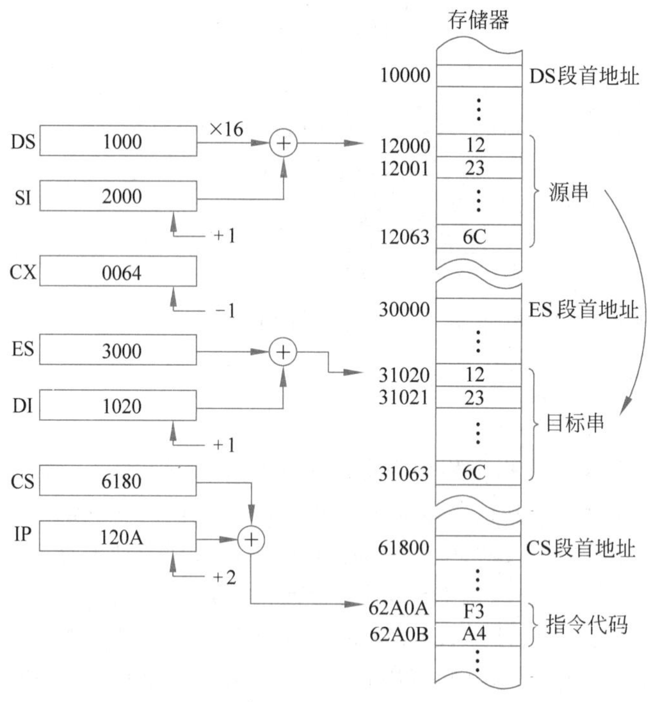

图 3.24 REP MOVSB 指令的操作过程示意图

执行该指令后,将源串的 100 个字节传送到目标串,每传送 1 个字节,即有 SI+1,DI+1,CX-1,直到 CX=0 为止。

【例 3.66】 若要将源串的 100 个字节数据传送到目标串单元中,设源串首元素的偏移地址为 2500H，目标串首元素的偏移地址为 1400H，则完成这一串操作的程序段如下：

```
CLD                 ;DF←0,地址自动递增
MOV CX,100          ;串的长度
MOV SI,2500H        ;源串首元素的偏移地址
MOV DI,1400H        ;目标串首元素的偏移地址
REP MOVSB           ;重复传送操作,直到 CX=0 为止
```

2）CMPS 目标串，源串

串比较（CMPS）指令的功能是：将由 SI 作为指针的源串中的 1 个元素减去由 DI 作为指针的目标串中相对应的 1 个元素，不回送结果，只根据结果特征置标志位；并相应地修改 SI 和 DI 内容指向下一个元素。通常，在 CMPS 指令前加重复前缀 REPE/REPZ，用来确定两个串中的第 1 个不相同的数据。

【例 3.67】 试比较例 3.66 中两串是否完全相同，若两串相同，则 BX 寄存器内容为 0；若两串不同，则 BX 指向源串中第 1 个不相同字节的地址，且该字节的内容保留在 AL 寄存器中。完成这一功能的程序段如下：

```
       CLD
       MOV   CX,100
       MOV   SI,2500H
       MOV   DI,1400H             ;初始化
       REPE CMPSB                 ;串比较,直到 ZF=0 或 CX=0
       JZ    EQQ
       DEC   SI
       MOV   BX,SI                ;第 1 个不相同字节的偏移地址送入 BX
       MOV   AL,[SI]              ;第 1 个不相同字节的内容送入 AL
       JMP   STOP
EQQ:   MOV   BX,0                 ;两串完全相同,BX=0
STOP:  HLT
```

3）SCAS 目标串

串搜索（SCAS）指令的功能是：用来从目标串中搜索（或查找）某个关键字，要求将待查找的关键字在执行该指令之前事先置入 AX 或 AL 中，取决于 W=1 或 W=0。

搜索的实质是将 AX 或 AL 中的关键字减去由 DI 所指向的目标串中的一个元素，不传送结果，只根据结果置标志位，然后修改 DI 的内容指向下一个元素。通常，在 SCAS 前加重复前缀 REPNE/REPNZ，用来从目标串中寻找关键字，操作一直进行到 ZF=1（查到了某关键字）或 CX=0（终未查找到）为止。

【例 3.68】 要求在长度为 N 的某字符串中查找是否存在 $ 字符。若存在，则将 $ 字符所在地址送入 BX 寄存器中；否则，将 BX 清 0。假定字符串首元素的偏移地址为 DSTO。实现上述要求的程序段如下：

```
    CLD
    MOV       CX, N          ;字符串长度赋 CX
    LEA       DI,DSTO        ;置目标串首元素的偏移地址至 DI
    MOV       AL,'$          ;送关键字$的 ASCII 码至 AL
    REPNE     SCASB          ;找关键字,若未找到,则重复查找
    JNZ       ZER            ;ZF=0,表示未查找到
    DEC       DI             ;若已查找,则恢复关键字所在地址指针
```

```
        MOV     BX,DI           ;关键字所在地址送 BX
        JMP     STO
ZER:    MOV     BX,0            ;未找到,则 BX 清 0
STO:    HLT                     ;已找到,则停机
```

4）LODS 源串

读串(LODS)指令的功能是：用来将源串中由 SI 所指向的元素取到 AX/AL 寄存器中,修改 SI 的内容指向下一个元素。该指令一般不加重复前缀,常用来和其他指令结合起来完成复杂的串操作功能。

【例 3.69】 已知在数据段中有 100 个字组成的串,现要求将其中的负数相加,其和数存放到紧接着该串的下一个顺序地址中。若已知串首元素的偏移地址为 1680H,则可用如下程序段来完成上述要求。

```
        CLD
        MOV SI,1680H
        MOV BX,0
        MOV DX,0
        MOV CX,202              ;初始化
LOO:    DEC CX
        DEC CX
        JZ STO                  ;判断计数是否已完成
        LODSW                   ;从源串中取一个字送 AX
        MOV BX,AX               ;暂存于 BX
        AND AX,8000H            ;判断该元素是否是负数
        JZ LOO                  ;若为正数,则重取字串中的一个字
        ADD DX,BX               ;求负数元素之和并送至 DX
        JMP LOO
STO:    MOV[SI],DX              ;负数元素之和写入顺序地址中
        HLT
```

5）STOS 目标串

写串(STOS)指令的功能是：用来将 AX/AL 寄存器中的 1 个字或 1 个字节写入由 DI 作为指针的目标串中,同时修改 DI 以指向串中的下一个元素。该指令一般不加重复前缀,常与其他指令结合起来完成较复杂的串操作功能。若利用重复操作,可以建立一串相同的值。

【例 3.70】 要求将两串中各对应元素相加,所得到的新串写入目标串中。若已知当前目标串和源串的偏移地址分别为 0300H 和 0500H,串长度为 100B,则可用如下程序段完成上述要求。

```
        CLD
        MOV     CX,100
        MOV     BX,0300H        ;初始化
LL:     MOV     SI,BX
        LODSB                   ;将目标串先作为源串从中读一个元素送至 AL
        MOV     DL,AL           ;目标串元素暂存于 DL
        ADD     BX,0200H
        MOV     SI,BX           ;确定源串的地址指针
        LODSB                   ;读源串中的一个元素送至 AL
        ADD     AL,DL           ;两串对应元素相加,结果存放在 AL
        SUB     BX,0200H
        MOV     DI,BX           ;恢复当前目标串地址指针
        STOSB                   ;AL 中新元素(即和数)写入目标串中相应地址单元
```

```
INC    BX          ;确定下一个元素的地址
DEC    CX
JNZ    LL          ;CX≠0,则继续操作
HLT
```

5. 程序控制指令

程序控制指令是用来控制程序流向的一类指令。下面介绍无条件转移、条件转移、循环控制和中断 4 种类型的程序控制指令,如表 3.12 所示。

表 3.12　程序控制指令

类别		指令名称	助记符
无条件转移		无条件转移 调用过程 从过程返回	JMP 目标标号 CALL 过程名 RET 弹出值
条件转移	无符号数	高于/不低于也不等于转移 高于或等于/不低于转移 低于/不高于也不等于转移 低于或等于/不高于转移	JA/JNBE　目标标号 JAE/JNB　目标标号 JB/JNAE　目标标号 JBE/JNA　目标标号
	单标志	进位位为 1 转移 进位位为 0 转移 等于/结果为 0 转移 不等于/结果不为 0 转移	JC　目标标号 JNC　目标标号 JE/JZ　目标标号 JNE/JNZ　目标标号
	带符号数	大于/不小于也不等于转移 大于或等于/不小于转移 小于/不大于也不等于转移 小于或等于/不大于转移	JG/JNLE　目标标号 JGE/JNL　目标标号 JL/JNGE　目标标号 JLE/JNG　目标标号
	位条件转移	溢出转移 不溢出转移 奇偶性为 0/奇状态转移 奇偶性为 1/偶状态转移 符号位为 0 转移 符号位为 1 转移	JO　目标标号 JNO　目标标号 JNP/JPO　目标标号 JP/JPE　目标标号 JNS　目标标号 JS　目标标号
循环控制		循环 等于/结果为 0 循环 不等于/结果不为 0 循环 CX=0 转移	LOOP　目标标号 LOOPE/LOOPZ　目标标号 LOOPNE/LOOPNZ　目标标号 JCXZ　目标标号
中断		中断 溢出中断 中断返回	INT　中断类型 INTO IRET

1) 无条件转移指令

在无条件转移类指令中,除介绍无条件转移指令(JMP)外,也介绍了无条件调用过程指令(CALL)与从过程返回指令(RET)。

(1) JMP 目标标号

JMP 指令允许程序流无条件地转移到由目标标号指定的地址继续执行程序。

转移可分为段内转移和段间转移两类。段内转移是指在同一代码段的范围之内进行转移，此时，只需要改变 IP 值。而段间转移则是要转移到一个新的代码段，此时不仅要修改 IP 值，还要修改 CS 值才能实现转移。根据目标地址的位置与寻址方式的不同，JMP 指令有以下 4 种基本格式。

① 段内直接转移。

段内直接转移是指目标地址在当前代码段内，其偏移地址(即目标地址的偏移量)与本指令当前 IP 值(即 JMP 指令的下一条指令的地址)之间的字节距离，即位移量将在指令中直接给出。此时，目标标号偏移地址如下：

目标标号偏移地址＝(IP)＋指令中位移量

式中，(IP)是指 IP 的当前值。位移量的字节数则根据微处理器的位数而定。

对于 16 位 CPU 而言，段内直接转移的指令格式又分为 2 字节和 3 字节两种，其第 1 字节是操作码，而第 2 字节或第 2、3 字节为位移量(最高位为符号位)。若位移量只有一个字节，则称为段内短转移，其目标标号与本指令之间的距离不能超过＋127～－128 字节范围；若位移量占两个字节，则称为段内近转移，其目标标号与本指令之间的距离不能超过±32KB 范围。

注意：段的偏移地址是周期性循环计数的，这意味着在偏移地址 FFFFH 之后的一个位置是偏移地址 0000H。因此，如果指令指针 IP 指向偏移地址 FFFFH，而要转移到存储器中的后两个字节地址，则程序流将在偏移地址 0001H 处继续执行。

【例 3.71】 指令 JMP ADDR1 中以目标标号 ADDR1 表示目标地址。若已知 ADDR1 与该指令当前 IP 值之间的距离(即位移量)为 1235H 字节，CS＝1500H，IP＝2400H，则执行该指令后，CPU 将转移到物理地址 18638H。

注意：在计算当前 IP 值时，是将原 IP 值 2400H 加上了该指令的字节数 3，得到 2403H；然后，再将段基址(1500H×16＝15000H)加上此当前 IP 值 2403H 与位移量 1235H 之和 3638H，于是，可求得最终寻址的目标地址 18638H。其操作过程如图 3.25 所示。由图可知，这是一个段内直接近转移的例子，其目标标号 ADDR1 就是一个符号地址。

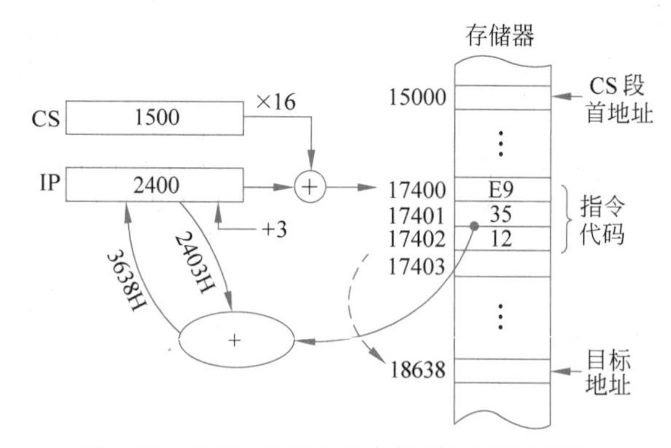

图 3.25 JMP ADDR1 指令的操作过程示意图

② 段内间接转移。

段内间接转移是一种间接寻址方式，它是将段内的目标地址(指偏移地址或按间接寻址方式计算出的有效地址)先存放在某通用寄存器或存储器的某两个连续地址中，这时指令中只需给出该寄存器号或存储单元地址即可。

【例 3.72】 指令 JMP BX 中的 BX 未加方括号“[ ]”,但仍表示间接指向内存区的某地址单元。BX 中的内容即转移目标的偏移地址。

设当前 CS=1200H,IP=2400H,BX=3502H,则该指令执行后,BX 寄存器中的内容 3502H 取代原 IP 值,CPU 将转到物理地址 15502H 单元中去执行后续指令。

注意:为区分段内的短转移和近转移,其指令格式常以 JMP SHORT ABC 和 JMP NEAR PTR ABC 的汇编语言形式来表示。

③ 段间直接转移。

段间转移是指程序由当前代码段转移到其他代码段。由于其转移的范围超过±32KB,故段间转移指令也称为远转移。在远转移时,目标标号是在其他代码段中,若指令中直接给出目标标号的段地址和偏移地址,则构成段间直接转移指令。

【例 3.73】 有一条段间直接远转移指令 JMP FAR PTR ADDR2,ADDR2 为目标标号。设当前 CS=2100H,IP=1500H,目标地址在另一代码段中,其段地址为 6500H,偏移地址为 020CH,则该指令执行后,CPU 将转移到另一代码段中物理地址为 6520CH 目标地址中去执行后续指令。

一般来说,在执行段间直接(远)转移指令时,目标标号的段内偏移地址送入 IP,而目标标号所在段的段地址送入 CS。在汇编语言中,目标标号可使用符号地址,而机器语言中则要指定目标(或转向)地址的偏移地址和段地址。

④ 段间间接转移。

段间间接转移是指以间接寻址方式由当前代码段转移到其他代码段。这时,应将目标地址的段地址和偏移地址先存放于存储器的 4 个连续地址中,其中前 2 个字节为偏移地址,后 2 个字节为段地址,指令中只需给出存放目标地址的 4 个连续地址首字节的偏移地址值。

【例 3.74】 设指令 JMP DWORD PTR[BX+ADDR3]其当前 CS=1000H,IP=026AH,DS=2000H,BX=1400H,ADDR3=020AH,则指令的操作过程如图 3.26 所示。从图中可知,在执行指令时,目标地址的偏移地址 320EH 送入 IP,而其段地址 4000H 送入 CS。于是,执行该指令后,CPU 将转到另一代码段物理地址为 4320EH 的单元中去执行后续程序。

需要指出的是,段间转移和段内间接转移都必须用无条件转移指令。换句话说,下面将要讨论的条件转移指令则只能用段内直接寻址方式,并且,其转移范围只能是本指令所在位置前后的-128~+127 字节。

(2) CALL 过程名

这是无条件调用过程指令。通常,为便于模块化设计,往往把程序中某些具有独立功能的部分编写成独立的程序模块,一般称为子程序。子程序结构相当于高级语言中的过程,所以“过程”即“子程序”;调用过程即调用子程序。CALL 指令将迫使 CPU 暂停执行调用程序(或称为主程序)后续的下一条指令(即断点),转去执行指定的过程;待过程执行完毕,再用返回指令 RET 将程序返回到断点处继续执行。

8086/8088 指令系统中把处于当前代码段的过程称为近过程,用 NEAR 表示,而把其他代码段的过程称为远过程,用 FAR 表示。当调用过程时,如果是近过程,则只需将当前 IP 值入栈;如果是远过程,则必须将当前 CS 和 IP 的值一起入栈。

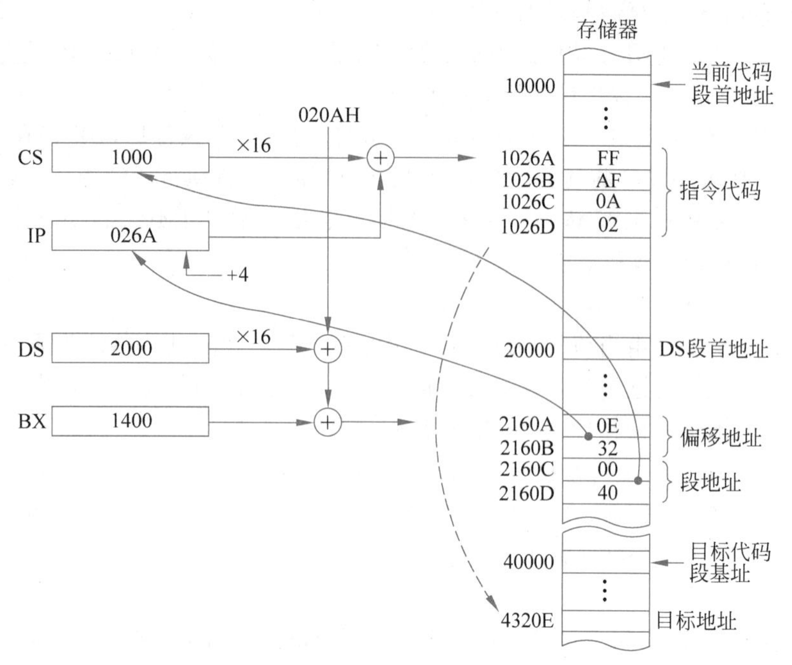

图 3.26 JMP DWORD PTR [BX+ADDR3]指令的操作过程示意图

CALL 指令与 JMP 类似，也有 4 种不同的寻址方式和 4 种基本格式。

① CALL N_PROC 指令。

N_PROC 是一个近过程名，采用段内直接寻址方式。

执行段内直接调用指令 CALL 时，第 1 步操作是把过程的返回地址(即调用程序中 CALL 指令的下一条指令的地址)压入堆栈中，以便过程返回调用程序(主程序)时使用。第 2 步操作则是转移到过程的入口地址去继续执行。指令中的近过程名将给出目标(转向)地址(即过程的入口地址)。

② CALL BX 指令。

这是一条段内间接寻址的调用过程指令，事先已将过程入口的偏移地址置入 BX 寄存器中。在执行该指令时，调用程序将转向由 BX 寄存器的内容所指定的某内存单元。

③ CALL F_PROC 指令。

F_PROC 是一个远过程名，它可以采用段间直接和段间间接两种寻址方式来实现调用过程。在段间调用的情况下，则把返回地址的段地址和偏移地址先后压入堆栈。

【例 3.75】 有一条段间直接调用指令 CALL 2000H:5600H，调用的段地址为 2000H，偏移地址为 5600H。执行该指令后，调用程序将转移到物理地址为 25600H 的过程入口去继续执行。

【例 3.76】 有一条段间间接调用指令 CALL DWORD PTR [DI]，调用地址在 DI、DI+1、DI+2、DI+3 所指的 4 个连续内存单元中，前 2 个字节为偏移地址，后 2 个字节为段地址。若 DI=0AH，DI+1=45H，DI+2=00H，DI+3=63H，则执行该指令后，将转移到物理地址为 6750AH 的过程入口去继续执行。

④ RET 弹出值。

从过程返回(RET)指令应放在过程的出口，即过程的最后一条指令处，它的功能是从堆栈顶部弹出由 CALL 指令压入的断点地址值，迫使 CPU 返回到调用程序的断点去继续执行。RET 指令与 CALL 指令相呼应，CALL 指令放在调用过程中，RET 指令放在被调用的过程末尾处。并且，为了能正确返回，返回指令的类型要和调用指令的类型相对应。也就是说，如果一个过程是供段内调用的，则过程末尾用段内返回指令；如果一个过程是供段间调用的，则末尾用段间返回指令。此外，如果调用程序通过堆栈向过程传送了一些参数，且过程在运行中要使用这些参数，那么一旦过程执行完毕，这些参数也应当弹出堆栈作废，这就是 RET 指令有时还要带弹出值的原因，其取值就是要弹出的数据字节数，因此，带弹出值的 RET 指令除了从堆栈中弹出断点地址(对近过程为 2 个字节的偏移量，对远过程为 2 个字节的偏移量和 2 个字节的段地址)外，还要弹出由弹出值 n 所指定的 n 个字节偶数的内容。n 可以为 0～FFFFH 中的任何一个偶数。但是弹出值并不是必须的，这取决于调用程序是否向过程传送了参数。

2) 条件转移指令

条件转移指令共有 18 条，这些指令将根据 CPU 执行指令时其标志寄存器的标志位的状态或标志位之间的逻辑关系作为转移的条件，而决定是否控制程序转移。如果满足指令中所要求的条件，则产生转移；否则，将继续往下执行紧接着条件转移指令后面的一条指令。每一条条件转移指令的测试条件如表 3.13 所示。

表 3.13　条件转移指令

指令名称		助记符	测试条件
对无符号数	高于/不低于也不等于　转移	JA/JNBE　目标标号	CF=0 AND ZF=0
	高于或等于/不低于　转移	JAE/JNB　目标标号	CF=0 OR ZF=1
	低于/不高于也不等于　转移	JB/JNAE　目标标号	CF=1 AND ZF=0
	低于或等于/不高于　转移	JBE/JNA　目标标号	CF=1 OR ZF=1
对带符号数	大于/不小于也不等于　转移	JG/JNLE　目标标号	(SF XOR OF) AND ZF=0
	大于或等于/不小于　转移	JGE/JNL　目标标号	SF XOR OF=0 OR ZF=1
	小于/不大于也不等于　转移	JL/JNGE　目标标号	SF XOR OF=1 AND ZF=0
	小于或等于/不大于　转移	JLE/JNG　目标标号	(SF XOR OF) OR ZF=1
单标志	等于/结果为零　转移	JE/JZ　目标标号	ZF=1
	不等于/结果不为零　转移	JNE/JNZ　目标标号	ZF=0
	有进位/有借位　转移	JC　目标标号	CF=1
	无进位/无借位　转移	JNC　目标标号	CF=0
位条件转移	溢出　转移	JO　目标标号	OF=1
	不溢出　转移	JNO　目标标号	OF=0
	奇偶性为 1/偶状态　转移	JP/JPE　目标标号	PF=1
	奇偶性为 0/奇状态　转移	JNP/JPO　目标标号	PF=0
	符号位为 1　转移	JS　目标标号	SF=1
	符号位为 0　转移	JNS　目标标号	SF=0

注意：为缩短指令长度，所有的条件转移指令都被设计成短转移，即转移目标与本指令之间的字节距离范围是－128～＋127。

【例 3.77】　设 JZ ADDR 指令其当前 CS＝1000H，IP＝300BH，ZF＝1，目标地址 ADDR 相对于该指令的字节距离为－9，则该指令的操作过程如图 3.27 所示。执行该指令后，由于 ZF=1 满足条件，故 CPU 将转到目标地址为 13004H 单元去执行后续程序。

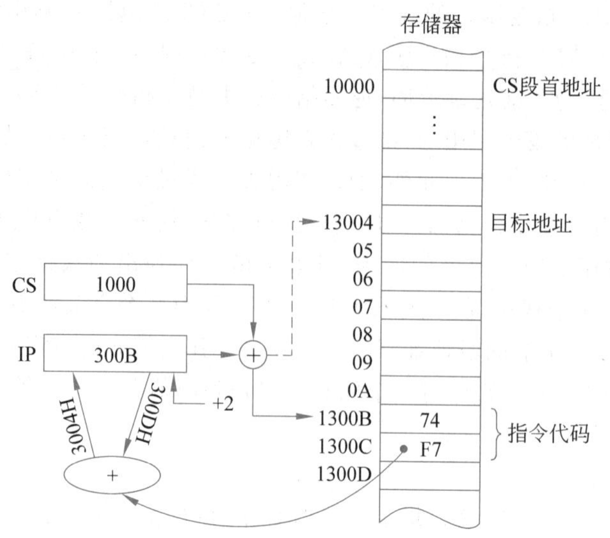

图 3.27　JZ ADDR 指令的操作过程示意图

在使用条件转移指令时，应注意以下一些内容。

(1) 由于条件转移指令是一种短转移，其转移范围为－128～＋127，因此，它只能在当前代码段内转移。若需要超出短转移的范围，则可以先用条件转移指令转到跟在后面的一条无条件转移指令，再由该无条件转移指令实现更大地址范围的转移。

(2) 有些条件转移指令的助记符中不直接给出标志状态位的测试条件，而是以某一个标志位的状态或几个标志的状态组合作为测试的条件，若条件满足就转移；否则顺序往下执行。如表 3.13 中的前 8 条指令。这些指令一般放在比较指令 CMP 后面，通过测试状态位来比较两数的大小。但同样的两个数是无符号数还是带符号数，其比较的结果是不同的。例如，80H 和 7FH 两个数，如果将它们当作无符号数，则前者“高于”后者；如果将它们当作带符号数，则前者“小于”后者。所以，对两个无符号数的比较，用“高于”和“低于”来作为判断条件；而对两个带符号数的比较，则用“大于”和“小于”来作为判断条件。

【例 3.78】 试比较两个无符号数 80H 和 7FH，则用下面的指令：

```
MOV  AL,80H
CMP  AL,7FH
JA   ABOVE
```

执行后，将转移到 ABOVE 处继续执行指令，因 80H 高于 7FH。

【例 3.79】 试比较两个带符号数 80H 和 7FH，则用下面的指令：

```
MOV  AL,80H
CMP  AL,7FH
JG   GREATER
```

执行后，将不转移到 GREATER 处，而是继续执行 JG 下面的一条指令，因 80H 小于 7FH。

(3) 条件转移指令的种类很多，有无符号数、带符号数、单标志和位条件 4 类转移指令。其中，除判断有无进位与溢出以及判断符号位正负的 6 条指令之外，其余 12 条指令的助记符还有另外的一种替换形式，但其指令功能是等效的。例如，一个数 M 高于另一个数 N 和

M不低于也不等于N的结论是等同的，因此，条件转移指令JA和JNBE的功能是等效的。这类形式不同而功能等效的指令，使用时可灵活选用。

3）循环控制指令

在设计循环程序时，可以用循环控制指令来实现。循环控制指令实际上是一组增强型的条件转移指令，如表3.14所示，它也是根据测试状态标志判定是否满足条件而控制转移的。不同的是，前述的条件转移指令只能测试由执行前面指令所设置的标志，而循环控制指令是自身进行某种运算后来设置状态标志的。

表3.14 循环控制指令

指令名称	助记符	
循环	LOOP	目标标号
相等/结果为0时循环	LOOPE/LOOPZ	目标标号
不等/结果不为0时循环	LOOPNE/LOOPNZ	目标标号
CX=0时转移	JCXZ	目标标号

循环控制指令共有4条，都与CX寄存器配合使用，CX中存放着循环次数。另外，这些指令所控制的目标地址的范围都在－128～＋127B之内。

（1）LOOP 目标标号

LOOP指令的功能是将CX寄存器内容减1后送回CX，再判断CX是否为0。若CX≠0，则转移到目标标号所给定的地址继续循环；否则，结束循环顺序执行下一条指令。这是一条常用的循环控制指令，使用LOOP指令前，应将循环次数送入CX寄存器。其操作过程与条件转移指令类似，只是它的位移量应为负值。

【例3.80】 若要通过LOOP指令自身循环100次来构成一段延时，则可用下列程序段：

```
       MOV    CX,100        ;设定循环次数
DELAY: LOOP   DELAY         ;该指令重复执行100次
```

（2）LOOPE/LOOPZ 目标标号

LOOPE和LOOPZ是同一条指令的两种不同形式的助记符，其指令功能是先将CX减1送CX，若ZF=1且CX≠0时，则循环；否则，顺序执行下一条指令。

（3）LOOPNE/LOOPNZ 目标标号

LOOPNE和LOOPNZ也是同一条指令的两种不同形式的助记符，其指令功能是先将CX减1送CX，若ZF=0且CX≠0时，则循环；否则，顺序执行下一条指令。

（4）JCXZ 目标标号

JCXZ指令不对CX寄存器内容进行操作，只根据CX内容控制转移。它既是一条条件转移指令，也可用来控制循环，但循环控制条件与LOOP指令相反。

循环控制指令在使用时放在循环程序的开头或结尾处，以控制循环程序的运行。

【例3.81】 若在存储器的数据段中有100个字节构成的数组，要求从该数组中找出$字符，然后将$字符前面的所有元素相加，结果保留在AL寄存器中。完成此操作的程序段如下：

```
     MOV CX,100
```

```
        MOR SI,00FFH               ;初始化
LL1:    INC SI
        CMP BYTE PTR [SI],'$'
        LOOPNE LL1                 ;找$字符
        SUB SI,0100H
        MOV CX,SI                  ;$字符之前字节数
        MOV SI,0100H
        MOV AL,[SI]
        DEC CX                     ;相加次数
LL2:    INC SI
        ADD AL,[SI]
        LOOP LL2                   ;累加$字符前的字节
        HLT
```

4）中断指令

中断指令有中断、溢出中断和中断返回3条指令，如表3.15所示。

表3.15　中断指令

指令名称	助记符
中断	INT　中断类型码
溢出中断	INTO
中断返回	IRET

（1）INT 中断类型

8086/8088系统中允许有256种中断类型(0～255)，各种类型的中断在中断向量表中占4个字节，前2个字节用来存放中断入口的偏移地址，后2个字节用来存放中断入口的段地址(即段值)。

CPU执行INT指令时，首先将标志寄存器(F)内容入栈，然后清除中断标志(IF)和单步标志(TF)，以禁止可屏蔽中断和单步中断进入，并将当前程序断点的段地址和偏移地址入栈保护，于是从中断向量表中获得的中断入口的段地址和偏移地址，可分别置入段寄存器(CS)和指令指针(IP)中，CPU将转向中断入口去执行相应的中断服务程序。

【例3.82】 设INT 20H指令当前CS=2000H，IP=061AH，SS=3000H，SP=0240H，则执行INT 20H指令的操作过程如图3.28所示。

执行该指令时，标志寄存器(F)内容先压入堆栈原栈顶30240H之上的两个单元3023FH和3023EH(①)；然后，再将断点地址的段地址CS=2000H和指令指针IP=061AH+2=061CH入栈保护，分别放入3023DH、3023CH、3023BH、3023AH连续4个单元中(②、③)；最后，根据指令中提供的中断类型号20H得到中断向量的存放地址为80H～83H。假定这4个单元中存放的值分别为00H、30H、00H、40H，则CPU将转到物理地址为43000H的入口去执行中断服务程序(④)。

（2）INTO

为了判断有符号数的加减运算是否产生溢出，专门设计了1字节的INTO指令用于对溢出标志OF进行测试。当OF=1，立即向CPU发出溢出中断请求，并根据系统对溢出中断类型的定义，可从中断向量表中得到类型4的中断入口地址。该指令一般放在带符号的算术运算指令之后，用于处理溢出中断。

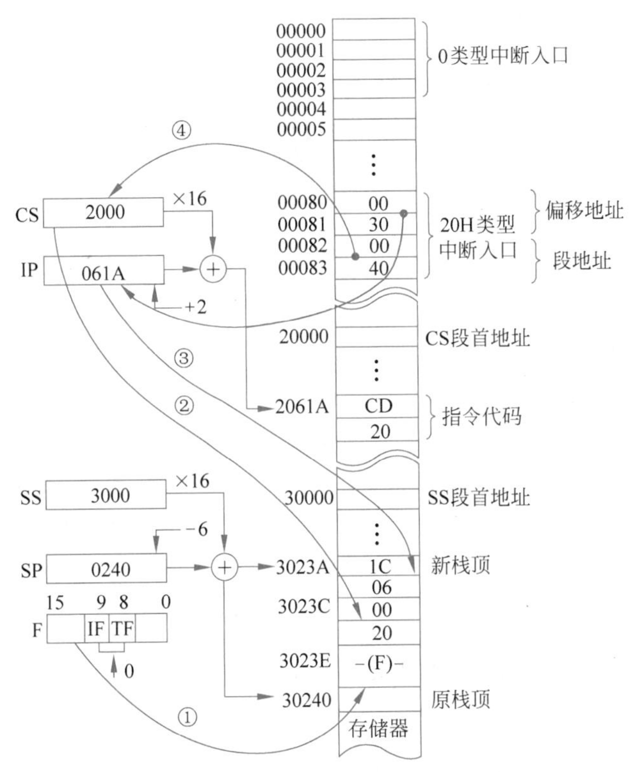

图 3.28　INT 20H 指令的操作过程示意图

（3）IRET

IRET 指令总是安排在中断服务程序的出口处，由它控制从堆栈中弹出程序断点送回 CS 和 IP 中，弹出标志寄存器内容送回 F 中，迫使 CPU 返回到断点继续执行后续程序。IRET 也是一条 1 字节指令。

6. 处理器控制指令

处理器控制指令只能完成对 CPU 的简单控制功能，如表 3.16 所示。

1）标志位操作指令

（1）CLC、STC、CMC 指令用来对进位标志 CF 清 0、置 1 和取反操作。

（2）CLD、STD 指令用来将方向标志 DF 清 0、置 1，常用于串操作指令之前。

（3）CLI、STI 指令用来将中断标志 IF 清 0、置 1。当 CPU 需要禁止可屏蔽中断进入时，应将 IF 清 0，允许可屏蔽中断进入时，应将 IF 置 1。

2）同步控制指令

8086/8088 CPU 构成最大方式系统时，可与别的处理器一起构成多处理器系统，当 CPU 需要协处理器帮助它完成某个任务时，CPU 可用同步指令向协处理器发出请求，待它们接受这一请求，CPU 才能继续执行程序。为此，专门设置了以下 3 条同步控制指令。

（1）ESC

ESC 指令是在最大方式系统中，CPU 要求协处理器完成某种任务的命令，它的功能是使某个协处理器可以从 CPU 的程序中取得一条指令或一个存储器操作数。其中，外部操作码是用于外部处理器的操作码，源操作数是用于外部处理器的源操作数。

表 3.16 处理器控制指令

类型	指令名称	助记符	F标志位								
			O	D	I	T	S	Z	A	P	C
对标志位操作	清除进位标志	CLC	•	•	•	•	•	•	•	•	0
	置1进位标志	STC	•	•	•	•	•	•	•	•	1
	取反进位标志	CMC	•	•	•	•	•	•	•	•	$\overline{C}$
	清除方向标志	CLD	•	0	•	•	•	•	•	•	•
	置1方向标志	STD	•	1	•	•	•	•	•	•	•
	清除中断标志	CLI	•	•	0	•	•	•	•	•	•
	置1中断标志	STI	•	•	1	•	•	•	•	•	•
同步控制	等待	WAIT	•	•	•	•	•	•	•	•	•
	交权	ESC	•	•	•	•	•	•	•	•	•
	总线封锁	LOCK	•	•	•	•	•	•	•	•	•
其他	暂停	HLT	•	•	•	•	•	•	•	•	•
	空操作	NOP	•	•	•	•	•	•	•	•	•

ESC 指令与 WAIT 指令、$\overline{\text{TEST}}$引线结合使用时，能够启动一个在某个协处理器中执行的子程序。

(2) WAIT

WAIT 指令通常用在 CPU 执行完 ESC 指令后，用来等待外部事件，即等待$\overline{\text{TEST}}$引线上的有效信号。当$\overline{\text{TEST}}=1$时，表示 CPU 正处于等待状态，并继续执行 WAIT 指令，每隔 5 个时钟周期就测试一次$\overline{\text{TEST}}$状态；一旦测试到$\overline{\text{TEST}}=0$，则 CPU 结束 WAIT 指令，继续执行后续指令。WAIT 与 ESC 两条指令是成对使用的，它们之间可以插入一段程序，也可以相连。

(3) LOCK

LOCK 是 1 字节的指令前缀而不是一条独立的指令，常作为指令的前缀，可位于任何指令的前端。凡带有 LOCK 前缀的指令，在执行该指令过程中都禁止其他协处理器占用总线，故它可称为总线封锁前缀。

总线封锁常用于资源共享的最大方式系统中。例如，民航公司的机票预订系统，由设在 A 地的主处理器与在 B、C 等地的若干子处理器组成一个微机网。这时必须防止发生重复预订的问题。为此，可利用 LOCK 指令，使任一时刻只允许子处理器之一工作，而其他的均被封锁。例如，各处理器在预定时执行一条减 1 指令，所以可书写为如下形式：

```
LOCK DEC STORG[SI]
```

其中，STORG[SI]是指定的一个存储器地址。

3) 其他控制指令

(1) HLT

HLT 是一条暂停指令。当执行 HLT 指令时，实际上是用软件方法使 CPU 挂起当前进程，直到收到复位或中断信号为止。

(2) NOP

NOP 是一条空操作指令，它并未使 CPU 完成任何有效功能，只是每执行一次该指令要占用 3 个时钟周期的时间，常用来延时或取代其他指令作调试之用。

习 题 3

3.1 为什么要研究 8086/8088 微处理器及其系统？这比直接研究 32 位微处理器及其系统有何优缺点？

3.2 8086 CPU 有多少根数据线和地址线？它能寻址多少内存地址单元和 I/O 端口？8088 CPU 又有多少根数据线和地址线？为什么要设计 8088 CPU？

3.3 8086 CPU 内部按功能可分为哪两大部分？它们各自的主要功能是什么？

3.4 8086 CPU 内部的总线接口单元(BIU)由哪些功能部件组成？它们的基本操作原理是什么？

3.5 什么是微处理器的并行操作方式？为什么 8086 CPU 具有并行操作的功能？在什么情况下 8086 的执行单元(EU)才需要等待总线接口单元(BIU)提取指令？

3.6 逻辑地址和物理地址有何区别？为什么 8086 微处理器要引入"段加偏移"的技术思想？"段加偏移"的基本含义又是什么？试举例说明。

3.7 在微处理器中设置指令队列缓冲器有什么作用？8086 与 8088 CPU 中的指令队列有何区别？

3.8 8086 CPU 的基址寄存器(BX)和基址指针(或基址指针寄存器)有何区别？基址指针(BP)和堆栈指针(SP)在使用中有何区别？

3.9 段地址和段起始地址相同吗？两者是什么关系？8086 的段起始地址就是段基地址吗？它是怎样获得的？

3.10 微处理器在实模式下操作时，段寄存器的用途是什么？

3.11 在实模式下，若段寄存器中装入如下数值，试写出每个段的起始地址和结束地址。

(1) 1000H (2) 1234H (3) E000H (4) AB00H

3.12 微处理器在实模式下操作，对于下列 CS：IP 组合，计算出要执行的下条指令的存储器地址。

(1) CS=1000H 和 IP=2000H (2) CS=2400H 和 IP=1A00H

(3) CS=1A00H 和 IP=B000H (4) CS=3456H 和 IP=ABCDH

3.13 8086 在使用什么指令时，用哪个寄存器来保存计数值？

3.14 IP 寄存器的用途是什么？它提供的是什么信息？

3.15 8086 的进位标志位由哪些运算指令来置位？

3.16 如果带符号数 FFH 与 01H 相加，会产生溢出吗？

3.17 某个数包含有 5 个 1，它具有什么奇偶性？

3.18 某个数为全 0，它的零标志位为 0 吗？

3.19 用什么指令设置哪个标志位，就可以控制微处理器的 INTR 引脚？

3.20 微处理器在什么情况下才执行总线周期？一个基本的总线周期由几个状态组成？在什么情况下需要插入等待状态？

3.21　什么是非规则字？微处理器对非规则字是怎样操作的？

3.22　8086 对 1MB 的存储空间是如何按高位库和低位库来进行选择和访问的？用什么控制信号来实现对两个库的选择？

3.23　堆栈的深度由哪个寄存器确定？为什么说一个堆栈的深度最大为 64KB？在执行一条入栈或出栈指令时，栈顶地址将如何变化？

3.24　什么是微处理器的程序设计模型？为什么要提出程序设计模型这一概念？

3.25　8086/8088 CPU 对(RESET)复位信号的复位脉冲宽度有何要求？复位后内部寄存器的状态如何？

3.26　ALE 信号起什么作用？它在使用时能否被浮空？DT/$\overline{R}$ 信号起什么作用？它在什么情况下被浮置为高阻状态？

3.27　8086/8088 CPU 的哪些引脚采用了分时复用技术？哪些引脚具有两种功能？

3.28　8086/8088 CPU 的微机系统有哪两种工作方式？它们由什么引脚来实现控制？这两种工作方式的主要特点和区别如何？

3.29　当 8086/8088 按最大方式操作时，8288 总线控制器主要提供什么功能？8086/8088 CPU 在最大方式下工作时，有哪些专用引脚？它们的主要作用是什么？

3.30　什么是寻址方式？8086/8088 微处理器有哪几种主要的寻址方式？

3.31　试写出寻址存储器操作时计算有效地址(EA)的通式。

3.32　指出 8086/8088 下列指令源操作数的寻址方式。

(1) MOV AX,1200H　　(2) MOV BX,[1200H]

(3) MOV BX,[SI]　　(4) MOV BX,[SI+1200H]

(5) MOV [BX+SI],AL　　(6) ADD AX,[BX+DI+20H]

(7) MUL BL　　(8) JMP BX

(9) IN AL,DX　　(10) INC WORD PTR[BP+50H]

3.33　指出 8086/8088 下列指令中存储器操作数物理地址的计算表达式。

(1) MOV AL,[DI]　　(2) MOV AX,[BX+SI]

(3) MOV 8[BX+DI],AL　　(4) ADD AL,ES:[BX]

(5) SUB AX,[2400H]　　(6) ADC AX,[BX+DI+1200H]

(7) MOV CX,[BP+SI]　　(8) INC BYTE PTR[DI]

3.34　指出 8086/8088 下列指令的错误。

(1) MOV[SI],IP　　(2) MOV CS,AX

(3) MOV BL,SI+2　　(4) MOV 60H,AL

(5) PUSH 2400H　　(6) INC[BX]

(7) MUL −60H　　(8) ADD [2400H],2AH

(9) MOV[BX],[DI]　　(10) MOV SI,AL

3.35　若执行 MOV CS,AX 指令，则会产生什么错误？

3.36　阅读下列程序段，写出每条指令执行以后有关寄存器的内容。

```
MOV AX,0ABCH
DEC AX
AND AX,00FFH
```

```
MOV CL,4
SAL AL,1
MOV CL,AL
ADD CL,78H
PUSH AX
POP BX
```

3.37　指出 RET 与 IRET 两条指令的区别,并说明二者各用在什么场合。

3.38　说明 MOV BX,DATA 和 MOV BX,OFFSET DATA 指令之间的区别。

3.39　给定 DS=1100H,BX=0200H,LIST=0250H 和 SI=0500H。试确定下面各条指令寻址存储器的地址。

(1) MOV LIST[SI],EDX　　(2) MOV CL,LIST[BX+SI]

(3) MOV CH,[BX+SI]　　(4) MOV DL,[BX+100H]

3.40　假定 PC 存储器低地址区有关单元的内容如下:

(20H)=3CH,(21H)=00H,(22H)=86H,(23H)=0EH 且 CS=2000H,IP=0010H,SS=1000H,SP=0100H,FLAGS=0240H,这时若执行 INT 8 指令,试问:

(1) 程序转向何处执行(用物理地址回答)?

(2) 栈顶 6 个存储单元的地址(用逻辑地址回答)及内容分别是什么?

3.41　设 SP=2000H,AX=3000H,BX=5000H,执行下列程序段后,SP=? AX=? BX=?

```
PUSH AX
PUSH BX
POP  AX
```

3.42　某程序段为:

```
2000H:304CH   ABC: MOV AX,1234H
⋮
2000H:307EH        JNE ABC
```

试问代码段中跳转指令的操作数为何值?

3.43　若 AX=5555H,BX=FF00H,试问在下列程序段执行后,AX=? BX=? CF=?

```
AND AX,BX
XOR AX,AX
NOT BX
```

3.44　若 CS=E000H,说明代码段可寻址物理存储地址空间的范围。

3.45　若 DS=3000H,BX=2000H,SI=0100H,ES=4000H,计算下述各条指令中存储器操作数的物理地址。

(1) MOV [BX],AH　　(2) ADD AL,[BX+SI+1000H]

(3) MOV AL,[BX+SI]　　(4) SUB AL,ES:[BX]

3.46　试比较 SUB AL,09H 与 CMP AL,09H 两条指令的异同,若 AL=08H,分别执行上述两条指令后,SF=? CF=? OF=? ZF=?

3.47　选用最少的指令实现下述功能。

(1) AH 的高 4 位清 0。

(2) AL 的高 4 位取反。

(3) AL 的高 4 位移到低 4 位,高 4 位清 0。

(4) AH 的低 4 位移到高 4 位,低 4 位清 0。

3.48　设 BX=6D16H,AX=1100H,写出下列两条指令执行后 BX 寄存器中的内容。

```
MOV CL, 06H
ROL AX, CL
SHR BX, CL
```

3.49　设初值 AX=0119H,执行下列程序段后 AX=?

```
MOV CH, AH
ADD AL, AH
DAA
XCHG AL, CH
ADC AL, 34H
DAA
MOV AH, AL
MOV AL, CH
HLT
```

3.50　设初值 AX=6264H,CX=0004H,在执行下列程序段后,AX=?

```
         AND AX, AX
         JZ DONE
         SHL CX, 1
         ROR AX, CL
DONE:    OR AX, 1234H
```

3.51　写出可使 AX 清 0 的几条指令。

3.52　什么是堆栈?说明堆栈中数据进出的顺序以及压入堆栈和弹出堆栈的操作过程。

3.53　8086 微处理器中 PUSH 和 POP 指令在堆栈与寄存器或存储单元之间总是传送多少位数字?

3.54　哪个段寄存器不能从堆栈弹出?

3.55　如果堆栈定位在 02200H,试问 SS 和 SP 中将装入什么值?

3.56　带有 OFFSET 的 MOV 指令与 LEA 指令比较,哪条指令的效率更高?

3.57　若 AC=1001H,DX=20FFH,当执行 ADD AX,DX 指令以后,请列出和数及标志寄存器中每个位的内容(CF、AF、SF、ZF 和 OF)。

3.58　假如想从 200 中减去 AL 中的内容,用 SUB 200,AL 是否正确?如果不正确,请写出正确的指令表示。

3.59　若 DL=0F3H,BH=72H,当从 DL 减去 BH 后,列出差数及标志寄存器各位的内容。

3.60　当两个 16 位数相乘时,乘积放在哪两个寄存器中?乘积的高有效位和低有效位分别放在哪个寄存器中?CF 和 OF 两个标志位是什么?

3.61　执行 MUL EDI 指令后,应将乘积放在哪个寄存器中?

3.62　写出一个程序段,求 DL 寄存器中一个 8 位数的 3 次方,起初将 5 装入 DL,要确保结果是 16 位的数字。

3.63　简述 IMUL WORD PTR[SI]指令的操作过程。

3.64　简述 IMUL BX,DX,200H 指令的操作过程。

3.65　当执行 8 位数除法指令时,被除数放在哪个寄存器中?当执行 16 位除法指令时,商数放在哪个寄存器中?

3.66　执行除法指令时,微处理器能检测出哪种类型的错误?简述其处理过程。

3.67　试写出一个程序段,用 CL 中的数据除 BL 中的数据,然后将结果乘 2,最后的结果是存入 DX 寄存器中的 16 位数。

3.68　解释 AAM 指令将二进制数转换为 BCD 码的操作过程。

3.69　设计一个程序段,将 AX 和 BX 中的 8 位 BCD 数加 CX 和 DX 中的 8 位 BCD 数(AX 和 CX 是最高有效寄存器),加法以后的结果必须存入 CX 和 DX 中。

3.70　用 AND 指令实现下列操作。

(1) BX"与"DX,结果存入 BX。

(2) 0AEH"与"DH。

(3) DI"与"BP,结果存入 DI 中。

(4) 1234H"与"EAX。

(5) 由 BP 寻址的存储单元的数据"与"CX,结果存入存储单元中。

(6) AL 和 WAIT 存储单元中的内容相"与",结果存入 WAIT。

3.71　设计一个程序段,将 DH 中的最左 3 位清 0,而不改变 DH 中的其他位,结果存入 BH 中。

3.72　用"OR"指令实现下列操作。

(1) BL"或"DH,结果存入 DH。

(2) 0AEH"或"ECX。

(3) DX"或"SI,结果存入 SI 中。

(4) 1234H"或"EAX。

(5) 由 BP 寻址的存储单元的数据"或"CX,结果存入存储单元中。

(6) AL 和 WHEN 存储单元中的内容相"或",结果存入 WHEN。

3.73　设计一个程序段,将 DI 中的最右 5 位置 1,而不改变 DI 中的其他位,结果存入 SI 中。

3.74　设计一个程序段,将 AX 中的最右 4 位置 1,将 AX 中的最左 3 位清 0,并且把 AX 中的 7、8、9 位取反。

3.75　选择正确的指令以实现下列操作。

(1) 把 DI 右移 3 位,再把 0 移入最高位。

(2) 把 AL 中的所有位左移 1 位,使 0 移入最低位。

(3) AL 循环左移 3 位。

(4) DX 带进位位循环右移 1 位。

3.76　如果要使程序无条件地转移到下列几种不同距离的目标地址,则应使用哪种类型的 JMP 指令?

(1) 假定位移量为 0120H 字节。

(2) 假定位移量为 0012H 字节。

(3) 假定位移量为 12000H 字节。

3.77 近转移和远转移分别通过什么改变哪些寄存器的值来修改程序地址?

3.78 试比较 JMP[DI]与 JMP FAR PTR[DI]指令的操作有何区别。

3.79 用串操作指令设计实现如下功能的程序段:先将 100 个数从 6180H 处移到 2000H 处;再从中检索出等于 AL 中字符的单元,并将此单元值换成空格符。

3.80 在使用条件转移指令时,特别要注意它们均为相对转移指令,请说明"相对转移"的含义。如果要向较远的地方进行条件转移,那么在程序中应如何设置?

3.81 带参数的返回指令用在什么场合?若设栈顶地址为 2000H,那么当执行 RET 0008 后,SP 的值是多少?

3.82 在执行中断返回指令 IRET 和过程(子程序)返回指令 RET 时,具体操作内容有什么区别?

3.83 INT 40H 指令的中断向量存储在哪些地址单元?试用图解说明中断向量的含义和具体内容,并指出它和中断入口地址之间是什么关系。

第4章 汇编语言程序设计

汇编语言程序设计是开发微机系统软件的基本技术，在程序设计中占有十分重要的地位。由于汇编语言具有执行速度快和易于实现对硬件的控制等独特的优点，因此至今它仍然是用户使用得较多的程序设计语言。特别是在对于程序的空间和时间要求很高的场合，以及需要直接控制设备的应用场合，汇编语言更是必不可少。

本章将选择广泛使用的 IBM PC 作为基础机型，着重讨论 8086/8088 汇编语言的基本语法规则和程序设计的基本方法，以掌握一般汇编语言程序设计的初步技术。

4.1 程序设计语言概述

程序设计语言是专门为计算机编程所配置的语言。它们按照形式与功能的不同，可分为 3 种，即机器语言、汇编语言和高级语言。

4.1.1 机器语言

机器语言(Machine Language)是由二进制代码书写和存储的指令与数据。机器语言的优点是能为机器直接识别与执行，程序所占内存空间较少；其缺点是难认、难记、难编写、易出错。

4.1.2 汇编语言

汇编语言(Assembly Language)是用指令的助记符、符号地址、标号等书写程序的语言，简称符号语言。汇编语言的优点是易读、易写；易记；其缺点是不能像机器语言那样为计算机所直接识别，也不如高级语言那样具有很好的通用性和可移植性。

由汇编语言写成的语句，必须遵循严格的语法规则。下面将介绍与汇编语言相关的几个名词。

- 汇编源程序：它是按严格的语法规则用汇编语言编写的程序，称为汇编语言源程序，简称汇编源程序或源程序。
- 汇编(过程)：将汇编源程序翻译成机器码目标程序的过程称为汇编过程，简称汇编。

- 手工汇编与机器汇编：前者是指由人工进行汇编，而后者是指由计算机进行汇编。
- 汇编程序：为计算机配置的、负责把汇编源程序翻译成目标程序的一种系统软件。
- 驻留汇编：又称本机自我汇编，是在小型机上配置汇编程序，并在译出目标程序后在本机上执行。
- 交叉汇编：是多用户终端利用某一大型机的汇编程序进行它机汇编，然后在各终端上执行，以共享大型机的软件资源。

4.1.3 高级语言

高级语言（High Level Language）是脱离具体机器（即独立于机器）、面向用户的通用语言，不依赖于特定计算机的结构与指令系统。用同一种高级语言编写的源程序，一般可以在不同计算机上运行而获得同一结果。由于高级语言的通用性特点，对于高级语言程序员来说，不必熟悉计算机内部具体结构和机器指令，而只需要把主要精力放在程序结构和算法描述上面即可。因此，高级语言具有更广泛的领域。

高级语言源程序也必须经编译程序或解释程序编译或解释生成机器码目标程序后方能执行。高级语言的优点是简短、易读、易编写。其缺点是编译程序或解释程序复杂，占用内存空间大，且产生的目标程序也比较长，因而执行时间就长；同时，单独用高级语言处理接口技术、中断技术还比较麻烦。所以，它不大适合于实时控制的编程。

综上所述，比较 3 种语言，各有优缺点。应用时需根据具体应用场合加以选用。一般在科学计算方面采用高级语言比较合适；而在实时控制中，通常要用汇编语言。目前，由于 C/C ++ 既具有高级语言的特点，又具有低级语言的特征，因此，它既适合于编写应用程序，又适合于编写系统程序。现在，采用汇编语言与 C/C ++ 混合编程的方法已得到广泛的应用。

本章讨论的是汇编语言的程序设计。汇编语言程序的上机与处理过程如图 4.1 所示。

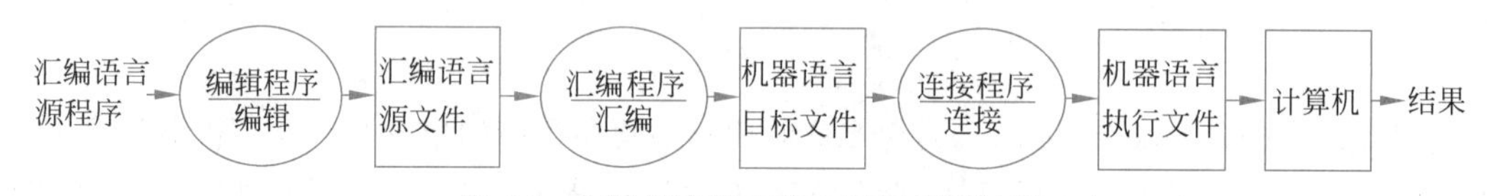

图 4.1 汇编语言程序的上机与处理过程

在图 4.1 中，椭圆表示系统软件及其操作，方框表示磁盘文件。椭圆中横线上部是系统软件的名称，横线下部是软件所执行的操作。此图说明了从源程序输入、汇编到运行的全过程。首先，用户编写的汇编语言源程序要用编辑程序（如 DOS 中的全屏幕文本编辑程序 EDIT，或者其他文本编辑器，如 Turbo C 和 MASM 程序员工作平台中的编辑环境等）建立与修改，形成属性为 ASM 的汇编语言源文件；再经过汇编程序进行汇编，产生属性为 OBJ 的、以二进制代码表示的目标程序并存盘。OBJ 文件虽然已经是二进制文件，但它还不能直接上机运行，必须经过连接程序（LINK）把目标文件与库文件以及其他目标文件连接在一起，形成属性为 EXE 的可执行文件，这个文件可以由 DOS 装入内存，最后方能在 DOS 环境下在机器上执行。汇编程序分为小汇编程序（ASM）和宏汇编程序（MASM）两种，后者功能比前者强，可支持宏汇编。

4.2　8086/8088 汇编语言的基本语法

各种机器的汇编语言其语法规则不尽相同,但基本语法结构形式类似。现以 8086/8088 汇编语言为例具体讨论。

4.2.1　8086/8088 汇编源程序实例

在具体讨论 8086/8088 汇编语言的烦琐语法规则之前,下面先举一个具有完整段定义格式的汇编源程序(即 MASM 程序)实例,以便对汇编语言的有关规定和格式有个初步了解。

【例 4.1】　求从 1 开始连续 50 个奇数之和,并将结果存放在名字为 SUM 的字存储单元中。其汇编源程序如下:

```
DATA    SEGMENT              ;定义数据段,DATA 为段名
SUM     DW 0                 ;由符号(变量名)SUM 指定的内存单元类型定义为一个字,初值为 0
DATA    ENDS                 ;定义数据段结束
STACK   SEGMENT STACK        ;定义堆栈段,这是组合类型伪指令,它规定在伪指令后须跟
                             ;STACK 类型名
        DB 200 DUP(0)        ; 定义堆栈段为 200 个字节的连续存储区,且每个字节的值为 0
STACK   ENDS                 ;定义堆栈段结束
CODE    SEGMENT              ;定义代码段
        ASSUME DS: DATA,SS: STACK,
                 CS: CODE    ;由 ASSUME 伪指令定义各段寄存器的内容
START:  MOV AX,DATA          ;将 DS 初始化为数据段首址的 16 位段值 DATA
        MOV DS,AX
        MOV CX,50            ;CX 置入循环计数值
        MOV AX,0             ;清 AX 累加器
        MOV BX,1             ;BX 置常量 1
NEXT:   ADD AX,BX            ;累加奇数和,计 50 次
        INC BX               ;求下一个奇数
        INC BX
        DEC CX               ;循环计数器作减 1 计数
        JNE NEXT             ;未计完 50 次时,转至 NEXT 循环
        MOV SUM,AX           ;累加和送存 SUM 单元
        MOV AH,4CH           ;DOS 功能调用语句,机器将结束本程序的运行,并返回 DOS 状态
        INT 21H
CODE    ENDS                 ;代码段结束
        END START            ;整个程序汇编结束
```

汇编源程序一般由若干段组成,每个段都有一个名字(段名),以 SEGMENT 作为段的开始,以 ENDS 作为段的结束,这两者(伪指令)前面都要冠以相同的名字。段可以从性质上分为代码段、堆栈段、数据段和附加段 4 种,但代码段与堆栈段是不可少的,数据段与附加段可根据需要设置。在例 4.1 中,一共定义了 3 个段,即 1 个数据段、1 个堆栈段和 1 个代码段。这 3 个段的段名分别为 DATA、STACK 和 CODE,均由用户自己设定。在代码段中,用 ASSUME 命令(伪指令)告诉汇编程序,在各种指令执行时所要访问的各段寄存器将分别对应哪一段。程序中不必给出这些段在内存中的具体位置(即物理地址),而由汇编程序

自行定位。各段在源程序中的顺序可任意安排,段的数目原则上也不受限制。

源程序的每一段都是由若干行汇编语句组成的,每一行只有一条语句,且不能超过 128 个字符(从 MASM 6.0 开始可以是 512 个字符),但一条语句允许有后续行,最后均以回车作结束。整个源程序必须以 END 语句来结束,它通知汇编程序停止汇编。END 后面的标号 START 表示该程序执行时的起始地址。

每一条汇编语句最多由 4 个字段组成,它们均按照一定的规则分别写在一个语句的 4 个区域内,各区域之间用空格或制表符(Tab 键)隔开。

4.2.2 8086/8088 汇编语言语句

4.2.2.1 汇编语言语句的种类和格式

1. 语句的种类

在 8086/8088 汇编语言中,有 3 种基本语句,即指令语句、伪指令语句和宏指令语句。

(1) 指令语句:是一种执行性语句,它在汇编时,汇编程序将为其产生一一对应的机器目标代码。例如:

```
汇编指令      机器码
MOV  DS,AX   8E D8
ADD  AX,BX   03 C3
```

(2) 伪指令语句:是一种说明性语句,它在汇编时只为汇编程序提供进行汇编所需要的有关信息,如定义符号、分配存储单元、初始化存储器等,而本身并不生成目标代码。例如:

```
DATA  SEGMENT
AA    DW 20H,-30H
DATA  ENDS
```

这 3 条伪指令语句将告诉汇编程序定义一个段名为 DATA 的数据段。在汇编时,汇编程序将变量 AA 定义为一个字类型数据区的首地址,在内存区的数据段中使数据的存放形式为:

```
AA: 20H,00H,0D0H,0FFH
```

该数据段在内存中的数据存放示意图如 4.2 所示。

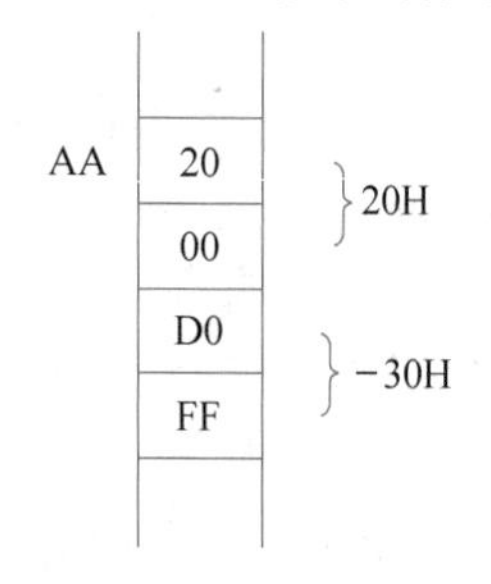

图 4.2 AA 字变量数据存放示意图

(3) 宏指令:是以某个宏名字定义的一段指令序列,在汇编时,凡有宏指令的位置都将用相应的指令序列的目标代码插入。宏指令语句是一般性指令语句的扩展。

2. 语句格式

8086/8088 的汇编语句一般由 4 个字段组成,根据其不同种类的语句格式分述如下。

1) 指令语句的格式

指令语句的格式:

［标号:］［前缀］指令助记符［操作数表］［;注释］

其中,［］表示可以任选的部分;操作数表是由逗号分隔开的多个操作数。

(1) 标号: 标号代表":"后面指令所在的存储地址(这里是逻辑地址),供 JMP、CALL 和 LOOP 等指令作操作数使用,以寻找转移目标地址。此外,它还具有一些其他"属性"。

(2) 前缀: 8086/8088 中有些特殊指令常作为前缀同其他指令配合使用。例如,和"串操作指令"(MCOVS、CMPS、SCAS、LODS 与 STOS)连用的 5 条"重复指令"(REP、REPE/REPZ、REPNE/REPNZ),以及总线封锁指令 LOCK 等都是前缀。

(3) 指令助记符: 包括 8086/8088 的指令助记符,以及用宏定义语句定义过的宏指令名。

(4) 操作数表: 对一般性执行指令来说,操作数表可以是一个或两个操作数,若是两个操作数,则称左边的操作数为目标操作数,右边的操作数为源操作数;对宏指令来说,可能有多个操作数。操作数之间用逗号分隔开。

(5) 注释: 以";"开始,用来简要说明该指令在程序中的作用(不是重复解释指令本身的功能),以提高程序的可读性。

2) 伪指令语句的格式

伪指令语句的格式:

［名字］伪指令助记符［参数表］［;注释］

其中,"名字"可以是标识符定义的常量名、变量名、过程名、段名以及宏名等。所谓标识符,是指由字母开头,由字母、数字、特殊字符(如?、下画线、@等)组成的字符串。默认情况下,汇编程序是不区分大、小写字母的。

注意: 名字的后面没有冒号,这是伪指令语句同指令语句在格式上的主要区别。

在伪指令语句的参数表中,包含有用逗号分隔的多个参数,它们可以是常数、变量名、表达式等。

下面介绍各种汇编语言语句的有关语法规则。

4.2.2.2 指令语句

指令语句主要由指令组成,一条指令必须包括一个指令助记符以及寻址信息,以使汇编程序能将其转换成一条机器指令的操作码字段及操作数字段。

1. 标号

1) 标号及其属性

标号(Label)是为指令性语句所在地址所起的名字,用来作为程序转移的转向地址(目标地址)。标号是指令的符号地址,它具有 3 种属性,即段地址、段内偏移量(或相对地址)以及类型。段地址是标号所在段的 20 位起始地址的前 16 位;段内偏移量是标号与段起始地址之间相距的字节数,为一个 16 位无符号数;类型表示该标号所代表的指令的转移范围,分 NEAR(近)与 FAR(远)两种。

2) 标号的定义

标号用标识符来定义,即以字母开头,由字母、数字、特殊字符(如?、下画线、@等)组成的字符串表示。标号的最大长度一般不超过31个字符,除宏指令名外,标号不能与保留字相同。保留字看上去类似标识符,但它们在语言中有被机器赋予的特殊意义。8086/8088的保留字包括CPU寄存器名、指令助记符、伪指令。此外,还有一些由系统赋予有特定含义的名字。

标号最好用具有一定含义的英文单词或单词缩写表示,以便于阅读。

书写标号时,要在它与其所表示的指令助记符之间加一个冒号“:”。

标号也可单列一行,紧跟的下一行为执行性指令。

【例4.2】

```
SUBROUT:
MOV  AX,6180H
```

在使用过程定义伪指令PROC定义一个“过程”时,为该过程起的名字也是一个标号,该标号可以作为CALL指令的操作数使用。

PROC的定义格式:

```
过程名 PROC NEAR      ;这里 NEAR 可以省略
```

或

```
过程名 PROC FAR
```

3) 标号的使用

“标号”一般只在循环、转移和调用指令中使用,使用时应注意以下两点。

(1) 在循环或条件转移指令中,所用标号的类型必须为NEAR,否则汇编将出错。

(2) 在无条件转移或调用指令中,使用标号时规定如下:

① 在段间使用时,应采用FAR类型;在段内使用时,采用NEAR类型较好,也可采用FAR类型。

② 对无条件转移指令中的NEAR类型标号,若定义标号与引用标号的两个指令距离为−128～+127,则最好在标号前加一运算符SHORT,表示汇编时只要生成一个字节的偏移量,可省去一个字节的目标代码,称为“段内短转移”。而段内长转移的距离为−32768～+32767。

③ 段内或段间间接方式的CALL或JMP指令采用与普通存储器操作数相同的表示法。

(3) 循环和条件转移指令(LOOP或JX)的操作数在−128～+127之间,被加到IP中以实现程序的相对转移。

(4) JMP或CALL指令的转移方式及汇编表示如表4.1所示。

表4.1　JMP或CALL指令的转移方式及汇编表示

范围	寻址方式	操作数类型	操作数使用方式	示　例
段内转移	直接	1字节立即数 2字节立即数	加入IP 加入IP	JMP SHORT SUBOUT JMP SUBOUT
	间接	寄存器操作数 存储器操作数(2字节)	送入IP 送入IP	JMP BX JMP WORD PTR [BP+JTABLE]

续表

范围	寻址方式	操作数类型	操作数使用方式	示　例
段间转移	直接	4 字节立即数	送入 IP 及 CS	JMP NEXTROUTING
	间接	存储器操作数(4 字节)	送入 IP 及 CS	JMP DWORD PTR ADDRESS[BX]

2. 指令助记符

执行性指令中的指令助记符(Instruction Mnemonics)主要为 CPU 指令系统中的指令助记符。

3. 操作数

操作数(Operand)的汇编语言表示法及规则比较复杂。8086/8088 汇编语言中的操作数有如下 3 种形式。

1) 立即操作数

在汇编语言中,立即操作数用常量(包括数值常量和符号常量)以及由常量与有关运算符组成的数值表达式表示。例如:

```
MOV BX,1000+5*3
```

2) 寄存器操作数

通用寄存器以及段寄存器都可以作为操作数。例如:

```
MOV BX,AX
```

3) 存储器操作数

存储器操作数实际上是存储单元的逻辑地址,它是段内的偏移量部分,可用如下形式表示。

(1) 由指令直接给出,即直接寻址。

【例 4.3】

```
MOV WORD PTR [0A00H],12ABH
```

(2) 由寄存器的内容给出,即寄存器间接寻址。

【例 4.4】

```
MOV AX,[BX]
```

(3) 由寄存器的内容及指令中的位移量相加后给出,即基址寻址。

【例 4.5】

```
DEC BYTE PTR [BP+12H]
```

这时用 BP 或 BX 作基址寄存器。

变址寻址:

【例 4.6】

```
DEC WORD PTR [SI+66]
```

这时用 SI 或 DI 作变址寄存器。

基址变址寻址：

【例 4.7】

```
DEC WORD PTR [BX+DI+50]
```

存储器操作数中若用到 BP 作基址寄存器，则其相对地址是相对于堆栈段 SS，其他情况均相对于数据段 DS。也可以在地址表达式的前面用“段名：”或“段寄存器名：”来强行改变这种约定，称为“段超越”。

【例 4.8】

```
DEC WORD PTR DS: [BP+12]
ADD AL,SS: [DI+3]
```

其中，ADD 指令的源操作数被段名 SS 强行由数据段操作数实现“段超越”而改变为相对于堆栈段中的操作数。

4. 表达式

表达式是用运算符将常量、变量和标号这 3 个基本形式的数据连接起来的运算式，它的求值是由汇编程序完成的。

1）常量与数值表达式

（1）常量是指在汇编时已经有确定数值的量，主要用作指令语句中的立即数、位移量 DISP 或在伪指令语句中用于给变量赋初值。

（2）常量分“数值常量”与“符号常量”两种。

数值常量：以各种进位制数值形式表示的常量。

符号常量：预先给常量定义一个“名字”，在汇编语句中用该“名字”表示该常量。它的定义需用伪指令 EQU 或“=”。

【例 4.9】

```
ONE EQU 1
DATA1=2 * 12H
MOV AX,DATA1+ONE
```

即把 25H 送 AX。

常量是没有属性的纯数据，其值是在汇编时确定的。

（3）数值表达式。一个能被计算并产生数值的表达式称为数值表达式（Constant Expression）。数值表达式可由常量、字符串常量以及代表常量或串常量的名字等以算术、逻辑和关系运算符（Operator）连接而成。

在数值表达式中所用的运算符如下：

① 算术运算符+、-、*、/、MOD、SHR、SHL。

其中，MOD 模除运算符表示两整数相除以后取余数。SHR 为右移运算符，SHL 为左移运算符。

【例 4.10】 17 MOD 7 结果为 3。如设 NUMB=01010101B，则 NUMB SHL 1=10101010B。

② 逻辑运算符 AND、OR、XOR、NOT。

逻辑运算符出现在操作符部分时，为指令助记符，其功能由 CPU 完成；若出现在操作数部分，则为伪操作，其功能在汇编时由汇编程序完成。

【例 4.11】

```
MOV AX,756AH AND 2465H 和 MOV AL,NOT 25H
```

③ 关系运算符 EQ(或=)、NE(或≠)、LT(或<)、GT(或>)、LE(或≤)、GE(或≥)。

数值表达式中关系运算的结果是一常数，其数值在汇编时获得。当关系成立时，结果为 0FFFFH，否则为 0。

【例 4.12】

```
AND AX,((NUMB LT 5)AND 30) OR(( NUMB GE 5)AND 20)
```

当 NUMB<5 时，指令含意为 AND AX,30；

当 NUMB≥5 时，指令含意为 AND AX,20。

此例中，操作符 AND 与操作数表达式中的 AND 具有不同的含意，前者是助记符，后者是伪运算。

2）变量与地址表达式

(1) 变量及其属性

“变量”(Variable)是为数据区起的名字，它对应数据区的首地址，可以作为存储器操作数来引用。由于存储器是分段使用的，因此，变量也有段属性、偏移值属性和类型属性。

注意“变量”与“标号”之间的区别：变量是指某个数据区的名字，变量的类型是指数据项存取单位的字节数大小；而标号是指某条执行指令起始符号地址，标号的类型则指使用该标号的两条指令之间的距离远近(即 NEAR 或 FAR)。

(2) 变量的定义

变量一般都是在数据段或附加段中使用伪指令 DB、DW、DD、DQ 和 DT 定义的，这些伪指令称为数据区定义伪指令，其格式为：

```
[变量名] 数据区定义伪指令 表达式
```

数据区定义伪指令所确定的变量类型及数据存取单位如下：

伪操作命令	数据项类型	数据存取单位
DB	BYTE	1 字节
DW	WORD	2 字节
DD	DWORD	4 字节
DQ	QBYTE	8 字节
DT	TBYTE	10 字节

数据区定义伪指令除了定义数据中数据项的类型外，还通过指令中的表达式确定数据区的大小及其初值。所使用的表达式可以是以下几种形式：

- 数值表达式。
- ASCII 字符串(由 DB 定义)。
- 地址表达式(只适用于 DW 或 DD 两个伪指令)。

如果该地址表达式为一变量(或标号)名,用 DW 伪指令则是取它的偏移地址来初始化变量,而用 DD 伪指令则是取它的段首址和偏移地址来初始化变量。

- ?(表示所定义的数据项无确定的初值)。
- n DUP(?),DUP 称为重复因子,定义 n 个数据项,它们都是未确定的实值。
- n DUP(表达式),定义 n 个数据项,其初值由表达式确定。

(3) 变量的使用

变量是存储器数据区的符号表示。在使用变量作为存储器操作数时要注意以下几个问题:

① 在一条指令中必须明确是完成 8 位数据操作还是 16 位数据操作。

- 指令中至少应有一个操作数的表达式可以隐含地(或明确地)说明这条指令是字节还是字操作。

【例 4.13】

```
MOV  AX,[BX]      ;AX 说明是字操作
MOV  AL,[BX]      ;AL 说明是字节操作
```

- 变量的类型必须与指令的要求相符。

【例 4.14】

```
WDATA DW 12 DUP(?)
MOV AX,WDATA
```

这时,AX 与 WDATA 两操作数类型一致。

若第 2 条语句改为如下形式:

```
MOV AL,WDATA
```

这时,AL 与 WDATA 两操作数类型不一致,汇编程序将判断出错。

- 变量仅对应于数据区中第 1 个数据项,若需对数据区中其他数据项进行操作,则必须用地址表达式指出哪个数据项是指令中的操作数。

【例 4.15】

```
MOV SI,[WDATA+2]          ;取 WDATA 存储单元下面的第 2 个数据项给 SI
```

- 可以用 PTR 运算符明确指出变量的类型。

【例 4.16】

```
WDATA DW ?
MOV AL,WDATA
```

由于两操作数类型不一致,因此,汇编程序将认为这种表示出错。若改为如下形式:

```
MOV AL,BYTE PTR WDATA
```

由于明确指出了第 2 操作数是字节,则两操作数类型一致,此表达方式正确。

② 变量作为指令中的存储器操作数使用时,其段属性(段地址)与该指令使用的默认段寄存器内容必须相符,若不相符,则必须使用"跨段前缀"(或称段超越),否则指令无法从存储器中取得正确的操作数进行操作。

(4) 地址表达式

地址表达式表示存储器地址,其值一般都是段内的偏移地址,因此,它具有段属性、偏移值属性、类型属性。地址表达式主要用来表示执行性指令中的多种形式的操作数。

地址表达式由变量、标号、常量、寄存器(BX、BP、SI、DI)的内容(用寄存器名和方括号表示)以及一些运算符组成。

在地址表达式中可以使用的运算符及使用规则如下:

① 加法和减法运算符(+/-)。

变量或标号可以加上或减去某个结果为整数的数值表达式,其结果仍为变量或标号,类型及段地址属性不变,仅修改偏移值属性。

由于数值表达式可以出现在地址表达式中,因此,一切数值表达式的运算符都可在地址表达式中出现。

同一段内的两个变量或标号可以相减,但结果不是地址,而是一个数值,表示两者间相距的字节数。

② 方括号及寄存器 BX、BP、SI、DI。

如这几个寄存器不用方括号括起来,则表示寄存器本身或操作数。

【例 4.17】

```
MOV AX,SI      ;表示将 SI 中的内容送 AX 中
```

如果这几个寄存器用方括号括起来,则表示地址表达式。

【例 4.18】

```
MOV AX,[SI]      ;表示将 SI 所指的存储单元中的字数据送 AX 中
```

③ PTR 运算符。

PTR 是类型运算符,用来说明某个变量、标号或地址表达式的类型属性,或者使它们临时兼有与原定义所不同的类型属性,但保持它们原来的段属性和偏移地址属性不变。

PTR 格式:

```
数据类型 PTR 地址表达式
```

根据地址表达式的不同值,数据类型可以是 BYTE、WORD、DWORD、NEAR、FAR 等。

【例 4.19】

```
ADD BYTE PTR [DI],45H
```

PTR 指定地址表达式[DI]的类型为字节,此句表示将 45H 与内存字节单元[DI]中的字节数据相加,结果送回内存字节单元[DI]。

④ 段超越运算符。

段超越运算符用来修改变量、标号或地址表达式的段属性。

段超越运算符格式:

```
段名:地址表达式
```

或

```
段寄存器名:地址表达式
```

【例 4.20】

```
INC BYTE PTR ES:[BP+8]
```

其中,“ES:”为跨段前缀,冒号前的 ES 段寄存器指明了操作数当前所在的段为附加数据段。此句表示将附加数据段中偏移地址为[BP+8]的内存单元中的数据加 1 后仍保留在该单元中。跨段时,物理地址的计算是由系统自动完成的。如果没有跨段前缀“ES:”,那么由[BP+8]地址表达式所表示的偏移地址将被系统默认为是在堆栈段中。

3) 运算符综述

IBM 宏汇编中有 5 种运算符,即算术运算符、逻辑运算符、关系运算符、分析运算符、合成运算符。下面对后两种运算符进行补充介绍。

(1) 分析运算符

分析运算符又称取值运算符,它用来把变量或标号分解为其组成部分(段地址、偏移值、类型、数据字节总数、数据项总数等),并以数值形式回送给变量或标号。这些运算符分别介绍如下:

- SEG　汇编结果将回送变量或标号的段地址。
- OFFSET　汇编结果将回送变量或标号的偏移值。
- TYPE　汇编结果将回送反映变量或标号类型的一个数值。如果是变量,则数值为字节数,即 DB 为 1,DW 为 2,DD 为 4,DQ 为 8,DT 为 10;如果是标号,则数值为代表标号类型的数值,即 NEAR 为−1, FAR 为−2。
- SIZE　汇编结果将回送变量数据区的数据字节总数。
- LENGTH　汇编结果将回送变量数据区的数据项总数。
- HIGH　汇编结果取地址表达式或 16 位绝对值的高 8 位。
- LOW　汇编结果取地址表达式或 16 位绝对值的低 8 位。

上述运算符的格式:

```
运算符　变量或标号
```

【例 4.21】

```
DATA1 DW 100 DUP(?)
```

则 LENGTH DATA1 的值为 100。SIZE DATA1 的值为 200。TYPE DATA1 的值为 2。

【例 4.22】

```
CONST EQU 0ABCDH
```

则

```
MOV AH,HIGH CONST
```

将汇编成

```
MOV AH,0ABH
```

(2) 合成运算符

合成运算符又称属性运算符,它用来把变量或标号的属性部分建立一个新的变量或标号。

① PTR 用来建立一个新的变量或标号。新操作数的段地址和段内偏移量与 PTR 运算符右边操作数的对应分量相同，而类型则由 PTR 左边的操作数指定。PTR 本身并不分配存储器，只是用来给已分配的存储器地址赋予另一种属性，即使该地址具有另一种类型。例如，若某个存储器字操作数 TWO _BYTE 已由下列语句：

```
TWO_BYTE DW ?
```

定义为字变量，可以用 PTR 给 TWO_BYTE 这个字操作数的第 1 个字节定义为新的存储器字节类型操作数 ONE_BYTE，即

```
ONE _BYTE EQU BYTE PTR TWO_BYTE
```

在此，PTR 已建立了一个新的存储器操作数 ONE_BYTE，但其段地址和段内偏移量与 TWO_BYTE 相同，只是类型已由字改变为字节。

同样，字单元 TWO_BYTE 的第 2 个字节也可由 PTR 来建立，即

```
OTHER_BYTE EQU BYTE PTR TWO_BYTE+1
```

字操作数 TWO _BYTE 这个变量只能用于字操作的指令中，故

```
MOV TWO_BYTE,AX
```

指令的寻址方式是合法的。但若将它用于下列指令：

```
MOV AL,TWO_BYTE
```

则寻址方式是非法的。只能用如下指令：

```
MOV AL,BYTE PTR TWO_BYTE
```

或

```
MOV AL,ONE_BYTE
```

才是允许的。

② THIS 用来建立一个指定类型的存储器地址或操作数，但不为它分配用户存储区，它所定义的存储器地址的段和偏移量部分与下一个能分配的存储单元的段和偏移量相同。

【例 4.23】

```
DATAB EQU THIS BYTE
DATAW DW ?
```

此例中 DATAB 与 DATAW 的段地址和偏移量相同，但 DATAB 的类型是字节，而 DATAW 的类型是字。

以上讨论的各种运算符是有优先级区别的，在编程应用时应予注意，这里不再赘述。

4.2.2.3 伪指令语句

伪指令语句又称说明性指令或指示语句。

伪指令语句的格式：

```
[名字] 伪指令助记符 [参数表] [;注释]
```

名字是一标识符,一般不能有“:”结尾,它可以是符号常量名、段名、变量名等,由不同的伪指令决定。参数表是用“,”分隔开的一系列参数(包括操作数)。

1. 数据定义伪指令

数据定义伪指令用来为数据项定义变量的类型、分配存储单元,且为该数据项提供一个初始值。常用的数据定义伪指令有 DB、DW、DD、DQ、DT。

1) 常用的数据定义命令

(1) DB(定义字节):DB 用于确定一定的数据项为字节,表示数据区的每个操作数占一个字节。如果该数据区定义作为一个变量,则变量类型是 BYTE。DB 也常用来定义字符串。

(2) DW(定义字):DW 定义的数据项为字,它允许用地址表达式为数据项赋初值(即偏移量属性),变量类型是 WORD。

(3) DD(定义双字):DD 定义的数据项为双字,允许用地址表达式为数据项赋初值(即段属性及偏移量属性),变量类型为 DWORD。

(4) DQ(定义 4 字):DQ 定义的数据项为 4 字,变量类型为 QBYTE。

(5) DT(定义 10 字节):DT 定义的数据项为 10 字节,变量类型为 TBYTE。

当一个变量用 DB、DW 和 DD 定义时,变量名出现在伪操作命令 DB、DW 和 DD 的左边,伪操作命令给出了该变量的类型属性,变量在汇编时的偏移量等于段首址到该变量的字节数(即偏移值属性),其段地址分量(即段属性)为当前段首址的高 16 位。若某个变量所表示的是一个数组(向量),则其类型属性为变量的单个元素所占用的字节数。

【例 4.24】

```
DSEG    SEGMENT
TABLE1  DW 12
        DW 34
DATA1   DB 5
TABLE2  DW 67
        DW 89
        DW 1011
DATA2   DB 12
RATES   DW 1314
OTHRAT  DD 1718
DSEG    ENDS
```

这段程序用 DB、DW 和 DD 定义了若干变量,根据上述对数据定义命令的约定,则各变量及其属性如表 4.2 所示。

表 4.2 变量及其属性

变 量 名	段属性 (SEG)	偏移值属性 (OFFSET)	类型属性 (TYPE)
TABLE1	DSEG	0	2
DATA1	DSEG	4	1
TABLE2	DSEG	5	2
DATA2	DSEG	11	1

续表

变　量　名	段属性（SEG）	偏移值属性（OFFSET）	类型属性（TYPE）
RATES	DSEG	12	2
OTHRAT	DSEG	14	4

所有变量的段属性（分量）均为 DSEG。DW、DB、DD 右边的表达式或数值即相应存储单元中的内容，汇编后的存储器分配情况如图 4.3 所示。

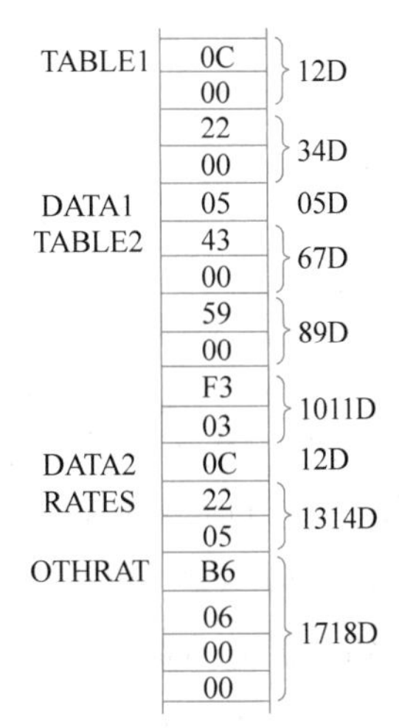

图 4.3　汇编后的存储器分配情况

2）存储器初始化

DB、DW、DD 可用于初始化存储器。这些伪指令的右边有一表达式，表达式之值即该存储“单位”的初值。一个存储单位可以是字节、字、双字。

表达式有数值表达式与地址表达式之分，在使用地址表达式来初始化存储器时，这样的表达式只可在 DW 或 DD 伪指令中出现，绝不允许出现在 DB 中。“DW 变量”语句表示利用该变量的偏移量来初始化相应的存储字；“DD 变量”语句表示利用该变量的段分量和偏移量来初始化相应的、两个连续的存储字，低位字中是偏移量，高位字中是段分量。

【例 4.25】

```
FOO     SEGMENT AT 55H
ZERO    DB 0
ONE     DW ONE                  ;内容为 0001H
TWO     DD TWO                  ;内容为 00550003H
                                ;即高位字为 55H,低位字为 3
FOUR    DW FOUR+5               ;内容为 7+5=12
SIX     DW ZERO-TWO             ;内容为 0-3=-3
ATE     DB 5 * 6                ;内容为 30
FOO     ENDS
```

这段程序对存储器初始化以后的情况如图 4.4 所示。

下面以语句 TWO DD TWO 为例进行说明。

（1）从 0003H 单元开始分配 4 个存储单元。

（2）为 0003H～0006H 这 4 个字节存储单元设置初值。汇编后将变量 TWO 的偏移量 0003H 存入其前 2 个字节内存单元；而将段 FOO 的段地址 0055H 存入其后 2 个字节内存单元中。DD 伪指令中的 2 个字节即表示变量 TWO 的偏移地址及段地址。

一个字节的操作数也可以是某个字符的 ASCII 代码，注意只允许在 DB 伪操作命令中用字符串来初始化存储器。

【例 4.26】

```
STRING1 DB 'HELLO'
STRING2 DB 'AB'
STRING3 DW 'AB'
```

这 3 个语句在汇编后，存储器初始化的情况如图 4.5 所示。

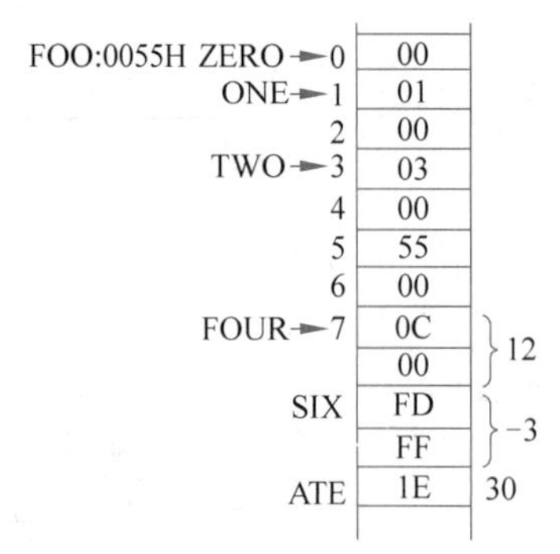

图 4.4 对存储器初始化以后的情况

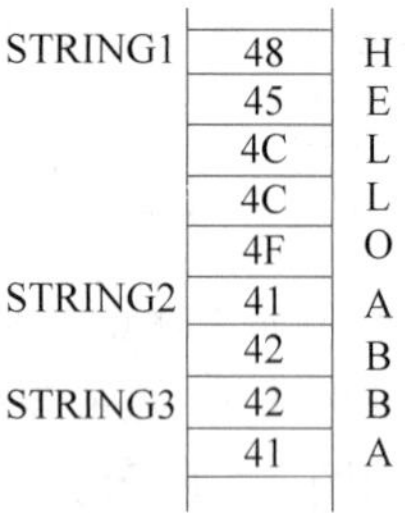

STRING1 48 H
45 E
4C L
4C L
4F O
STRING2 41 A
42 B
STRING3 42 B
41 A

图 4.5 对字符串的存储器初始化情况

2. 符号定义伪指令

汇编语言中所有的变量名、标号名、过程名、指令助记符、寄存器名等统称“符号”，这些符号可以通过伪指令重新命名或定义为新的类型属性。

1）EQU（赋值伪指令）

EQU 伪指令的格式：

```
名字 EQU 表达式
```

EQU 伪指令给表达式赋予一个名字，其后指令中凡需用到该表达式的地方均可以用此名字来代替。其中，“名字”为任何有效的标识符；“表达式”为任何有效形式的操作数，可求出常数值的表达式，甚至可定义为任何有效的助记符。

EQU 伪指令用来为常量、表达式、其他符号等定义一个符号名，但并不申请分配内存。通过使用 EQU 伪指令可以使汇编语言程序简洁明了，便于程序调试和修改。表达式的更改只需修改其赋值指令（或语句），使原名字具有新赋给的值，而使用名字的各条指令保持不变。

（1）为常量定义一个符号，以便在程序中使用符号来表示常量。其格式为：

```
符号常量名 EQU 数值表达式
```

【例 4.27】

```
ONE     EQU     1        }数值赋予符号名
TWO     EQU     2        }
SUM     EQU     ONE+TWO          ;把 1+2=3 赋予符号名 SUM
```

（2）为变量或标号定义新的类型属性并起一个新的名字。其格式为：

```
变量名或标号名  EQU [类型 PTR]  变量或标号
```

【例 4.28】

```
BYTES     DB 4 DUP(?)             ;为变量 BYTES 先定义保留 4 个字节类型的连续内存单元
FIRSTW    EQU WORD PTR BYTES      ;将变量 BYTES 重新定义为字类型属性并赋予新变量名
FIRSTW    EQU DWORD PTR BYTES
          ⋮
INCHS:    MOV BYTES,AL
          ⋮
```

```
MILES    EQU FAR PTR INCHS    ;将变量 INCHS 重新定义为 FAR 类型并赋予新变量 MILES
         ⋮
JMP      MILES                ;超越段跳转
```

(3) 为由地址表达式指出的任意存储单元定义一个名字。其格式为：

```
符号名  EQU  地址表达式
```

符号名可以是“变量”或“标号”，取决于地址表达式的类型。

【例 4.29】

```
XYZ  EQU  [BP+6]           ;变址引用赋予符号名 XYZ
A    EQU  ARRAY[BX][SI]    ;基址加变址引用赋予符号名 A
P    EQU  ES: ALPHA        ;加段前缀的直接寻址引用赋予符号名 P
```

(4) 为任何符号定义一个新的名字。其格式为：

```
新的名字  EQU  原符号名
```

【例 4.30】

```
COUNT  EQU  CX          ;为寄存器 CX 定义新的符号名 COUNT
LD     EQU  MOV         ;为指令助记符 MOV 定义新的符号名 LD
```

则在以后的程序中，可以用 COUNT 作为 CX 寄存器的名字，可以用 LD 作为与 MOV 同含义的助记符。

(5) 使用 EQU 伪指令时，EQU 左端的符号名不能是程序已定义的符号名。

2) =(等号伪指令)

等号伪指令与 EQU 伪指令基本类似，起赋值作用，主要区别如下。

(1) 使用“=”定义的符号名可以被重新定义，使符号名具有新值。

【例 4.31】

```
X=12          ;先将 12 赋予符号名 X
X=X+1         ;将符号名 X 重新定义使其具有新值
```

则在第 2 个语句经过汇编后，最终 X=13。

(2) 习惯上“=”主要用来定义符号常量。

3) LABEL(类型定义伪指令)

LABEL 伪指令为当前存储单元定义一个指定类型的变量或标号。其格式为：

```
变量名或标号名  LABEL  类型
```

对于数据项，类型可以是 BYTE、WORD、DWORD；对于可执行的指令代码，类型为 NEAR 和 FAR。

LABEL 伪指令不仅给名字(标号或变量)定义一个类型属性，而且隐含有给名字定义段属性和段内偏移量属性。

【例 4.32】

```
ARRAY_BYTE    LABEL BYTE       ;为变量 ARRAY_BYTE 定义一个字节类型的数据区
ARRAY _WORD   DW 50 DUP(?)     ;为变量 ARRAY_WORD 定义一个字类型的数据区
```

则程序中可用如下指令：

```
MOV  AL,ARRAY BYTE     ;将该数据区的第 1 个字节数据送 AL
MOV  BX,ARRAY WORD     ;将该数据区的第 1 个和第 2 个字节数据送 BX
```

这两个变量名具有同样的段值属性、偏移值属性，只是类型属性不同，前者是 BYTE，后者是 WORD。

【例 4.33】

```
SUBF    LABEL FAR
SUBN: SUB AX,[BX+SI+6]
```

这两个变量名与标号名具有同样的段值属性、偏移值属性，只是类型属性不同，前者是 FAR，后者是 NEAR。

3. 段定义伪指令

段定义伪指令指示汇编程序应如何按段来组织程序和使用存储器。

1）SEGMENT 和 ENDS 伪指令

SEGMENT 和 ENDS 伪指令用来把程序模块中的指令或语句分成若干逻辑段。

SEGMENT 和 ENDS 伪指令的格式：

```
段名 SEGMENT [定位类型][组合类型]['类别']
       ⋮      ;一系列汇编指令
段名 ENDS
```

其中，SEGMENT 与 ENDS 必须成对出现，SEGMENT 与 ENDS 之间为段体，给其赋予一个名字，名字由用户指定，是不可省略的，而定位类型、组合类型和类别是可选的。

(1) 定位类型：定位类型又称"定位方式"，表示该段对起始边界地址的要求，有以下 4 种定位类型。

① BYTE：即字节型，指示逻辑段的起始地址从字节边界开始，即可以从任何地址开始。这时本段的起始地址可以紧接在前一个段的最后一个存储单元。

② WORD：即字型，指示逻辑段的起始地址从字边界开始，即本段的起始地址必须是偶数。

③ PARA：即节型，指示逻辑段的起始地址从一个节(16 个字节称为一个节)的边界开始，即起始地址应能被 16 整除，也就是段起始物理地址等于 XXXX0H。

④ PAGE：即页型，指示逻辑段的起始地址从页边界开始。256 字节称为一页，故本段的起始物理地址等于 XXX00H。

其中，PARA 为隐含值，即如果省略"定位类型"，则汇编程序按 PARA 处理。

(2) 组合类型：组合类型又称"联合方式"或"连接类型"。它指示连接程序如何将某段与其他段组合起来的关系。连接程序不但可以将不同模块的同名段进行组合，并根据组合类型，可将各段顺序地连接在一起或重叠在一起。共有以下 6 种组合类型。

① NONE：表示该段与其他段在逻辑上不发生关联，这是隐含的组合类型，若省略"组合类型"项，则为 NONE。

② PUBLIC：表示该段与其他段中用 PUBLIC 说明的同名同类别的段连接成一个逻辑段，运算时装入同一物理段中，使用同一段地址。

③ STACK：连接时，将具有 STACK 类型的同名段连接成一个大的堆栈，由各模块共享，运行时，SS 和 SP 指向堆栈段的开始位置。

④ COMMON：表示该段与其他模块中由 COMMON 说明的所有同名同类别的其他段连接时被重叠地放在一起，其长度是同名段中最长的那个段的长度，这样可以使不同模块的变量或标号使用同一存储区域，便于模块之间的通信。

⑤ MEMORY：表示由 MEMORY 说明的段在连接时被放在所有段的最后(高地址端)，若有几个段都指出了 MEMORY 组合类型，则汇编程序认为所遇到的第 1 个段为 MEMORY 组合类型，其他段被认为是 COMMON 类型。

⑥ AT 表达式：表达式的值即该段的段地址，连接程序将把该段装在由此段地址所指定的存储区内。该类型可在某一固定的存储区内的某一固定偏移地址处定义标号或变量，以便程序以标号或变量形式访问这些存储单元，但它不能用来指定代码段。

(3) 类别：类别是用单引号括起来的字符串，以表示该段的类别，连接程序只使同类别的段发生关联，连接时用于组成段组的名字。典型的类别如'STACK'、'CODE'、'DATA'等，也允许用户在类别中用其他的段表示。

2) ASSUME 伪指令

ASSUME 是段定义伪指令，它用来定义源程序中的各个逻辑段，告诉汇编程序已定义的段地址将要放到哪个对应的段寄存器中。当在程序中使用这条语句后，汇编程序就能将被设定的段作为当前可访问的段来处理。它也可以用来取消某段寄存器与其原来设定段之间的对应关系(使用 NOTHING 即可)。引用该伪指令后，汇编程序才能对使用变量或标号的指令汇编出正确的目标代码。

ASSUME 伪指令的格式：

```
ASSUME  段寄存器：段名[，段寄存器名：段名]
```

其中，“段名”可以是程序中已定义的任何段名或组名，也可以是表达式“SEG 变量”或“SEG 标号”，或者是关键字 NOTHING。

【例 4.34】

```
ASSUME CS: SEGA,DS: SEGB,SS: NOTHING
```

其中，CS：SEGA 与 DS：SEGB 表示 CS 与 DS 分别被设定为以 SEGA 和 SEGB 为段名的代码段与数据段的两个段地址寄存器；SS：NOTHING 表示以前为段寄存器 SS 所做的设定已被取消，以后指令运行时将不再用到该寄存器，除非再用 ASSUME 给它重新定义。

注意：使用 ASSUME 伪指令并不能为段寄存器设定初值，它仅仅告诉汇编程序各段寄存器与内存中各对应段的关系，即各有关的段寄存器将被设定为内存中哪一个对应段的段地址寄存器，而其中各段寄存器的段地址值的真正装入还必须通过不同的方法来完成。

【例 4.35】

```
SEGA    SEGMENT
        ASSUME CS: SEGA,DS: SEGB,SS: NOTHING
        MOV AX,SEGB
        MOV DS,AX           ;为 DS 段寄存器赋段值
        ⋮
```

其中，代码段寄存器(CS)的段地址值 SEGA 是由系统在初始化时自动设置的，即在装入模块(.exe 文件)被装入内存时由 DOS 设定的，程序中不能用 ASSUME 伪指令直接装入 CS 的段地址值。但 ASSUME 伪指令中一定要给出 CS 段寄存器对应段的正确段名——ASSUME 伪指令所在段的段名 SEGA。

数据段寄存器(DS)中的段地址值是在程序执行 MOV AX,SEGB 与 MOV DS,AX 两条指令后直接装入的。堆栈段寄存器(SS)原来建立的段对应关系已被关键字 NOTHING 所取消，故程序运行时将不再访问该段寄存器。

3) ORG 伪指令

ORG 伪指令用来指出其后的程序段或数据块存放的起始地址的偏移量。

ORG 伪指令的格式：

```
ORG 表达式
```

汇编程序把语句中表达式的值作为起始地址，连续存放程序和数据，直到出现一个新的 ORG 指令。若省略 ORG，则从本段起始地址开始连续存放。

4. 过程定义伪指令

1) 过程

过程也称为子程序，它是具有某种功能的程序块，可以在程序中任何需要的地方调用它。控制从主程序转移到过程，称为调用；过程执行结束再返回主程序。在汇编语言中，用 CALL 指令来调用过程，用 RET 指令结束过程并返回 CALL 指令的后续指令。

过程分为外部过程和内部过程两类。

(1) 外部过程：当调用该过程的主程序与该过程不在一个源程序文件中时，该过程应定义成外部过程。这时，在主程序文件中应说明该过程(设过程名为 PROCD)为外部过程，则有：

```
EXTRN  PROCD: FAR
```

在定义该过程的程序文件中应说明该过程可被其他程序文件调用，即

```
PUBLIC  PROCD
```

(2) 内部过程：当调用该过程的主程序与该过程在同一个源程序文件中时，该过程称为内部过程。这时又分为段内过程和段外过程。

过程具有 NEAR 或 FAR 两种类型属性，如果不指定属性，则汇编程序认为是 NEAR 属性；过程的类型属性由过程定义伪指令指定。

① 段内过程：调用该过程的主程序与该过程同在一个段中，这时也称为近过程，即 NEAR 属性的过程，它只能由属于定义该过程的段中的其他程序调用。

② 段外过程：调用该过程的主程序与该过程不在同一个段内，这时也称为远过程，即 FAR 属性的过程，它可以由任何段中的程序调用。

调用过程时，返回地址先进栈；执行 RET 指令时，返回地址将先出栈。如果过程属性为 NEAR，则只有偏移地址值进栈。如果过程属性为 FAR，则段地址(CS 值)与偏移地址(IP 值)将同时先后进栈。

2) 过程定义伪指令格式

过程定义伪指令的格式：

```
过程名  PROC    [类型]
   ⋮           ;指令序列
过程名  ENDP
```

类型可选作 NEAR 或 FAR。如果类型省略,则系统取 NEAR 类型。

3）调用过程

调用过程用“CALL 过程名”来实现。

其中,过程名是个标识符,可作为调用此过程的指令中的操作数。过程可以嵌套使用,即过程中又可以调用别的过程;过程还可以递归使用,即过程中又可以调用过程本身。

使用调用指令要和过程的属性一致,尤其是一个过程被定义为 FAR 时,即使当前调用指令和此过程有同一代码段,也必须使用段间调用指令,否则将会出错。

对于远过程,其功能如下:

```
SP←SP-2,[SP+SS×16]←CS          ;CALL 的下一条指令段地址进栈
SP←SP-2,[SP+SS×16]←IP          ;CALL 的下一条指令偏移地址进栈
```

对于近过程,其功能如下:

```
SP←SP-2,[SP+SS×16]←IP          ;只有 CALL 的下一条指令偏移地址进栈
```

4）过程返回

通常子程序中包括一至多条返回指令,即当过程运行到某种条件满足时返回至主程序中,调用指令的下一条指令继续执行。返回指令有两种,即 RET 与 RET n。

使用 RET 时,对于远过程返回,其功能如下:

```
IP←[SS×16+SP],SP←SP+2          ;CALL 的下一条指令偏移地址出栈
CS←[SS×16+SP],SP←SP+2          ;CALL 的下一条指令段地址出栈
```

对于近过程返回,其功能如下:

```
IP←[SS×16+SP],SP←SP+2          ;只有 CALL 的下一条指令偏移地址出栈
```

使用 RET n 指令时,其功能是实现 RET 功能后并调整 SP,即

```
SP←SP+n
```

从上述调用与返回的功能实现过程可知,近过程处理的速度要比远过程处理快些。

【例 4.36】

```
SEGX  SEGMENT
        ⋮
SUBT  PROC  FAR
        ⋮
      RET
SUBT  ENDP
        ⋮
      CALL  FAR  PTR  SUBT
        ⋮
SEGX  ENDS
SEGY  SEGMENT
        ⋮
```

```
CALL  FAR  PTR  SUBT
        ⋮
SEGY  ENDS
```

在例 4.36 中，SUBT 为一个过程，它有两处被调用：一处是在与它处于同一段的 SEGX 段内；另一处是在另一段 SEGY 段内。所以，SUBT 过程必须定义为 FAR 属性才能适应 SEGY 段实现远调用的需要。尽管在 SEGX 段内是近调用，但这里也必须使用段间调用指令 CALL FAR PTR SUBT，这样，在执行该 CALL 指令时，CPU 才能将 CS 与 IP 的内容都进栈，而在执行 RET 指令时，也才能同时出栈 IP 与 CS 的两个字内容，以使在 SEGY 段中进行远调用后，正确地返回 CALL 的下一条指令。否则，若 SUBT 中使用了 NEAR 属性，则在 SEGY 段内对它调用时，因只有 IP 值进栈而 CS 值未能进栈，将使程序不能返回 CALL 的下一条指令，结果会导致在 SEGY 段内对它的调用出错。

4.3 8086/8088 汇编语言程序设计基本方法

本节将根据程序的几种基本结构(顺序结构、分支结构、循环结构、子程序及 MASM 的源程序基本组成)分别举例，以介绍 8086/8088 汇编语言程序设计的基本方法。

4.3.1 顺序结构程序

【例 4.37】 对两个 8 字节无符号数求和，这两个数分别用变量 D1 及 D2 表示。将两数之和的最高位进位放在 AL 中，两数之和的其他位按从高到低顺序依次放在 SI、BX、CX、DX 中。

程序如下：

```
D     SEGMENT
D1    DB 12H,34H,56H,78H,9AH,0ABH,0BCH,0CDH
D2    DB 0CDH,0BCH,0ABH,9AH,78H,56H,34H,12H
D     ENDS
C     SEGMENT
      ASSUME CS: C,DS: D  ;说明代码段、数据段
BG:   MOV AX,D
      MOV DS,AX           ;给 DS 赋段值
      LEA DI,D1           ;将 D1 表示的偏移地址送 DI
      MOV DX,[DI]         ;取第 1 操作数到寄存器中
      MOV CX,[DI+2]
      MOV BX,[DI+4]
      MOV SI,[DI+6]
      LEA DI,D2           ;将 D2 表示的偏移地址送 DI
      ADD DX,[DI]
      ADC CX,[DI+2]
      ADC BX,[DI+4]
      ADC SI,[DI+6]
      MOV AL,0
      ADC AL,0
```

```
    MOV AH,4CH          ;将使程序控制返回 DOS 的中断调用号送 AH
    INT 21H             ;控制程序返回 DOS 执行中断调用功能
C   ENDS
    END BG
```

下面将结合本例说明汇编语言源程序上机与调试的过程和步骤。设该源程序名为ABC.asm,即利用任一编辑软件产生一个 ASCII 文件 ABC.asm;然后,用 MASM 汇编ABC.asm,产生 ABC.obj;再用 LINK 软件对 ABC.obj 进行连接,产生 ABC.exe;最后,在DOS 环境下运行 ABC.exe。当然,这个程序的最终运行结果是存放在寄存器中,而在 DOS环境下运行时,看不到任何结果。为了能观察结果,可在 DEBUG 环境下,在程序返回 DOS处设置一个"断点",然后在 DEBUG 中连续运行 ABC.exe,当运行到"断点"处,程序会暂停,这时 DEBUG 会将 CPU 寄存器的内容显示在屏幕上,即显示结果。

汇编语言的一般上机操作过程如下所述。

(1) 利用编辑软件产生 ABC.asm 文件。凡是能够编辑文本文件的环境都可用来编辑汇编语言源程序,如 DOS 环境下的 EDIT 就是一个使用方便的文本编辑程序,其使用方法如下:

```
C>EDIT (在 DOS 提示符下输入 EDIT 并按 Enter 键即可)
```

进入一个全屏幕编辑环境后,就可以输入、修改、编辑源程序了。

按 Alt 键可以激活 File(文件操作)菜单,再按 Enter 键将弹出一个下拉菜单,主要菜单项有 New(新建一个文件);Open(打开一个已经存在的文件);Save(按原文件名保存文件);Save As(新换一个文件名保存文件);Exit(退出 EDIT 回到 DOS 状态)。根据菜单选项即可进行具体操作。当建立一个汇编语言源程序后,其主文件名可以自己规定,如 ABC、EXAM、TEST 等;其扩展名一般要用.asm。

(2) 利用宏汇编程序 MASM 对汇编源程序如 ABC.asm 进行汇编,产生 ABC.obj 文件。MASM 是一个宏汇编软件,使用时后面跟上所要汇编的源程序名即可,格式如下:

```
C>MASM ABC.ASM              ;回车
```

当屏幕上显示一些版权信息后会出现几个提示信息。例如,要求输入目标文件名,询问是否建立列表文件(扩展名为 .lst),询问是否建立交叉索引文件(扩展名为 .crf)等。

当上述问题回答完毕,MASM 即开始汇编工作。MASM 对源程序进行汇编将采用两遍扫描方式,每一遍扫描都以遇到 END 伪指令作为结束点。第一遍扫描是检查名字并产生一个符号表,确定每个变量名和标号的相对位置;第二遍扫描就将产生目标文件(.obj 文件),并根据用户需要产生列表文件和交叉索引文件。

在汇编过程中,如果 MASM 检查出源程序中有语法错误,则列出错误位置、错误代码及错误性质,并分别列出警告错误(Warning Errors)和严重错误(Serious Errors)的个数 n 和 m。当调试、纠错直到正确无误时,n 和 m 才将变为 0。

最后,经汇编后的上述源文件将生成 3 个文件:ABC.obj,ABC.lst,ABC.crf。其中,目标文件 ABC.obj 是一个二进制文件,供连接使用;列表文件 ABC.lst 是一个文本文件,它会列出源程序及相应的目标程序清单,同时给出符号表,表中分别给出段名、段的大小及属性,表中还将给出变量名、标号的类型等,以供用户调试之用。

(3) 利用 LINK 对 ABC.obj 连接,产生 ABC.exe 文件。

经过汇编后产生的目标文件还是一个浮动文件，它必须要用连接程序转换为可重定位的执行文件后才能执行。因为目标文件中的地址只是相对地址，而不是真正的内存地址。同时，对于由多个模块组成的大程序，也需要将它们分别汇编后再连接成.exe 文件。

在 LINK 后跟上目标文件名即可进行连接，格式如下：

```
C>LINK ABC.obj              ;回车
```

程序执行后，屏幕上会显示一些版权信息并出现几个提示。例如，要求输入可执行文件名（如输入上例中的 ABC.obj），当输入后直接按 Enter 键，系统便会采用方括号中规定的文件名；询问是否建立内存映像文件（扩展名为 .map），若不需要则直接按 Enter 键，若需要，则输入一个文件名后，再按 Enter 键；询问连接的库文件名（.lib），可能有多个库文件，也可能没有库文件，回答后直接按 Enter 键即可。

当连接完成后，如果只显示没有堆栈段（如 Link Warning LXXXX no Stack Segment）的警告错误，则并不影响程序的执行；如果还有其他错误提示，则说明源程序可能有错，需要修改源程序后再进行汇编和连接。

（4）利用 DEBUG 运行 ABC.exe 文件。

当形成 .exe 文件后，就可以在 DOS 提示符下执行了。若有错误，则可以修改源程序，再进行汇编、连接、执行，直至程序正确为止。其格式如下：

```
C>DEBUG ABC.exe          ;回车(进入调试状态)
-G=0.27                  ;回车(运行程序)
AX=3D00  BX=0213  CX=1301  DX=F0DF…SI=DFF1
⋮
-Q                       ;回车(退出 DEBUG,返回 DOS 状态)
C>
```

由显示结果可知，上例两数相加之和为 00DFF102131301F0DFH。

从这个例子中，可以了解汇编语言程序设计时编辑、汇编、连接、调试运行等通用软件的用法。需要说明的是，调试软件 DEBUG 只是在程序调试时使用的软件，要汇编、连接，还必须安装宏汇编软件 MASM。另外，一个实用程序是不会像上面这个例子这样不显示最终结果的。一个正确的 .exe 程序可以在 DOS 环境下直接运行，即

```
C>ABC.exe                          ;回车
```

在上机汇编、连接、运行时，所有文件扩展名均可省去。此例的上机过程适合于后面介绍的所有例子。

4.3.2 分支结构程序

【例 4.38】 比较以存储器变量 D1 和 D2 表示的两个有符号字数据的大小，将其中较大数据放在 BX 寄存器中，程序如下：

```
DATA    SEGMENT
D1      DW  -123                    ;补码为 FF85H
D2      DW  -120                    ;补码为 FF88H
DATA    ENDS
```

```
CODE     SEGMENT
         ASSUME CS: CODE, DS: DATA      ;说明代码段、数据段
BEGIN:   MOV AX, DATA
         MOV DS, AX                     ;给 DS 赋段值
         MOV BX, D1
         CMP BX, D2
         JGE NEXT                       ;若 D1≥D2,则不交换,转 NEXT
         MOV BX, D2                     ;若 D1<D2,则交换
NEXT:    MOV AH, 4CH
         INT 21H
CODE     ENDS
         END BEGIN
```

4.3.3 循环结构程序

【例 4.39】 找出从无符号字节数据存储变量 VAR 开始存放的 N 个数中的最大数,并将其放在 BH 中,相应的程序如下:

```
DSEG     SEGMENT
VAR      DB 5, 7, 19H, 23H, 0A0H
N        EQU $ -VAR
DSEG     ENDS
CSEG     SEGMENT
         ASSUME CS: CSEG, DS: DSEG      ;说明代码段、数据段
BG:      MOV AX, DSEG
         MOV DS, AX                     ;给 DS 赋段值
         MOV CX, N-1                    ;置循环控制数
         MOV SI, 0
         MOV BH, VAR[SI]                ;取第 1 字节数到 BH
         JCXZ LAST                      ;如果 CX=0,则转
AGIN:    INC SI
         CMP BH, VAR[SI]
         JAE NEXT
         MOV BH, VAR[SI]
NEXT:    LOOP AGIN                      ;CX←CX-1,若 CX 不等于 0,则转
LAST:    MOV AH, 4CH
         INT 21H
CSEG     ENDS
         END BG
```

本例的程序结构是顺序、分支、循环 3 种结构的结合。在实际应用中,程序结构往往都是多种基本结构的结合,这有利于增强程序的可读性,使程序功能的层次性更加分明,便于较大软件设计的分工合作。

【例 4.40】 将一组有符号存储字节数据按从小到大的顺序排序。设数组变量为 VAR,数组元素个数为 N。

现采用气泡浮起(或叫冒泡法)的算法思想,其要点是反复对相邻数两两比较,并使相邻两数按从小到大的顺序排列,直到数组中任意两个相邻数都是从小到大时排序才结束。为简单起见,假设该组数是-1,8,-5,-8 四个数,下面说明这种算法思想。

排序前数据顺序为:

```
VAR[1]=-1
VAR[2]=8
VAR[3]=-5
VAR[4]=-8
```

(1) 第 1 轮比较。

从第 1 个元素开始进行第 1 轮比较，需要进行 3 次两两相邻的数据比较，且每对相邻的两数比较后，保证前一个数据比后一个数据小。因此，3 次比较并进行交换后，这一组数中的最大数 8 就被排在最后，即

```
VAR[1]=-1
VAR[2]=-5
VAR[3]=-8
VAR[4]=8
```

(2) 第 2 轮比较。

经第 1 轮比较交换后，已经将最大的数"沉入"最底，因此这一遍比较只需考虑前 3 个元素的排序了，即进行两次比较。这一轮比较及交换后，数据的排列顺序为：

```
VAR[1]=-5
VAR[2]=-8
VAR[3]=-1
VAR[4]=8
```

(3) 第 3 轮比较

经第 2 轮比较交换后，最大的两个数已排好序，剩下只有两个较小数待排序，即比较 1 次，最后得到的排序结果为：

```
VAR[1]=-8
VAR[2]=-5
VAR[3]=-1
VAR[4]=8
```

经上述分析可知：对 N 个元素的排序采用这种算法思想最多要进行 $N-1$ 轮比较；第 I 轮比较时，应进行 $N-I$ 次两两比较及交换。

如果对第 I 轮的比较及交换用一个子程序来实现，即该子程序的功能是从第 1 个元素开始进行 $N-I$ 次两两比较交换，主程序对该子程序进行 $N-1$ 次调用，即完成对 N 个数的排序。

设子程序名为 SUBP；子程序的输入为 DX，表示当前是第几轮比较；数组为 VAR；子程序的输出为进行了第 DX 轮比较及交换的数组。

若将 SUBP 作为段内过程，则气泡浮起程序如下：

```
D       SEGMENT
VAR     DB -1,-10,-100,27H,0AH,47H
N       EQU $ -VAR
D       ENDS
C       SEGMENT
        ASSUME CS: C, DS: D  ;说明代码段、数据段
B:      MOV AX, D
```

```
        MOV DS,AX         ;给 DS 赋段值
        MOV CX,N-1        ;设置 N-1 轮比较次数
        MOV DX,1          ;比较轮次计数,输入子程序
AG:     CALL SUBP
        INC DX
        LOOP AG
        MOV AH,4CH
        INT 21H
SUBP    PROC
        PUSH CX
        MOV CX,N
        SUB CX,DX
        MOV SI,0
RECMP:  MOV AL,VAR[SI]
        CMP AL,VAR[SI+1]
        JLE NOCH
        XCHG AL,VAR[SI+1]
        XCHG AL,VAR[SI]
NOCH:   INC SI
        LOOP RECMP
        POP CX
        RET
SUBP    ENDP
C       ENDS
        END B
```

此例若将子程序中的指令序列代替主程序中的 CALL 指令,则程序结构为一个多重循环结构。由此可见,解决某一具体问题的程序,其结构可以多样化。

4.3.4 DOS 及 BIOS 中断调用

DOS(Disk Operation System)是磁盘操作系统,包括 4 个核心程序,即负责将 DOS 内的程序装入内存的引导程序;负责对 I/O 设备管理的 IBMBIO.com 程序;负责对文件管理与若干服务功能的 IBMDOS.com 程序;负责命令处理的 COMMAND.com 程序。而 BIOS(Basic Input and Out System)是基本 I/O 系统,全称是 ROM BIOS,它实际上是被固化在 ROM 芯片内的一组程序,为计算机提供最低级、最直接的硬件控制,是硬件与软件之间的一个接口,负责解决硬件的即时需求。

所谓 DOS 及 BIOS 中断调用,就是为了节省编程工作量与优化程序结构,在 DOS 及 BIOS 中预先设计好了一系列的通用子程序,以便供 DOS 及 BIOS 调用。由于这种调用采用的是以中断指令 INT n 的内部中断方式进行的,因此常称为 DOS 及 BIOS 中断调用;又因为在一个中断服务程序中往往包含多个功能相对独立的子程序,所以也将中断调用称为系统功能调用或功能调用或中断功能调用。

4.3.4.1 DOS 模块和 ROM BIOS 的关系

IBM PC 系列微机及兼容机的 ROM 中有一系列外部设备管理软件,由它们组成了基本的输入/输出系统(ROM BIOS)。DOS 在此基础上开发了一个输入/输出设备处理程序 IBMBIO.com,这也是 DOS 与 ROM BIOS 的接口。在 IBMBIO.com 基础上,DOS 还开发

了文件管理和一系列处理程序 IBMDOS.com。另外,DOS 还有命令处理程序 COMMAND.com,它与前两种程序构成基本 DOS 系统。

DOS 模块与 ROM BIOS 的关系如图 4.6 所示。

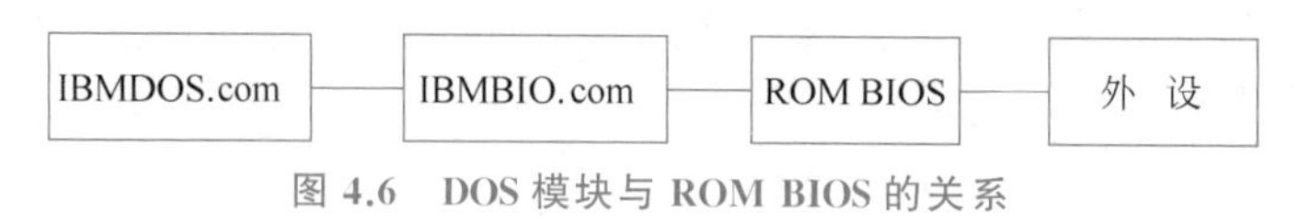

图 4.6　DOS 模块与 ROM BIOS 的关系

通常用户程序通过 IBMDOS.com 使用外部设备。使用汇编语言编程可以直接使用 ROM BIOS 中的"中断程序",甚至还可以直接用 IN 和 OUT 指令对设备端口编程。

下面,对常用的 DOS 功能调用和 ROM BIOS 中断调用进行详细介绍。

4.3.4.2　中断调用及中断服务子程序返回

中断调用是一种内部中断方式,它是通过执行 INT n 指令来实现的。

INT n 指令的功能如下:

(1) 当前标志寄存器的内容压栈,保存 TF。

(2) TF←0,IF←0。

(3) 当前断点的 CS 值压栈,当前 IP 值压栈。

(4) IP,CS←中断向量第 n 项的 4 字节内容。

中断向量分配情况如下:

00H～1FH 和 80H～F0H 是 ROM BIOS 的中断向量号。

20H～3FH 是 DOS 的中断向量号,40H～7FH 供用户备用。

通常,一个中断服务程序有多种功能,对每一种功能用一个相应的编号表示,称为功能号。对应某一中断向量的某一功能,往往要指出其规定的输入参数,中断服务完毕后,服务程序会有相应的输出。

中断调用的步骤如下:

(1) 准备入口参数。

(2) 功能号送 AH。

(3) 执行 INT n 命令。

当中断服务子程序返回时,要执行 IRET 指令,其功能如下:

(1) 栈顶弹出一个字到 IP。

(2) 栈顶弹出一个字到 CS。

(3) 栈顶弹出一个字到标志寄存器。

4.3.4.3　DOS 常用功能调用举例

DOS 的功能调用是指 DOS 提供的一组常用子程序如何使用的问题,DOS 规定用中断指令 INT 21H 作为进入各功能调用子程序的总入口,再为每个功能调用规定一个功能号以便作为进入相应各子程序的入口。子程序的入口参数及出口参数在每个功能调用的说明中可以查到。

在 DOS 的中断服务程序中,有近百个功能供用户选择使用,其中功能最多的是向量号为 21H 的向量中断。所有 DOS 提供给用户的功能调用格式(包括 ROM BIOS 调用)都是一样的,一般分为以下 4 个步骤:

(1) 在 AH 寄存器中设置系统功能调用号。

(2) 在指定的寄存器中设置入口参数。

(3) 用 INT 21H(或 ROM BIOS 的中断向量号)指令执行功能调用。

(4) 根据出口参数分析功能调用的执行情况。

下面简要介绍向量号 21H 的部分常用功能调。

1. 返回 DOS

向量号 21H

功能号 4CH

该功能是使系统结束程序运行后返回 DOS 状态。

【例 4.41】

```
MOV AH,4CH
INT 21H
```

2. 键盘输入并显示

向量号 21H

功能号 1

该功能是等待扫描从键盘上输入的一个字符,将其 ASCII 码保存在 AL 中,并将该输入字符自动回显在 CRT 上。

【例 4.42】

```
MOV AH,1
INT 21H
```

当系统由中断返回时,则输入字符的 ASCII 码被存放在 AL 中,并且该字符显示在屏幕上。

3. 键盘输入但不显示输入字符

向量号 21H

功能号 8

该功能是将输入字符的 ASCII 码存放在 AL 中,但不显示。这种功能往往在设置口令时使用。

【例 4.43】

```
MOV AH,8
INT 21H
```

4. 显示一字符

向量号 21H

功能号 2

入口参数:DL=待显示字符的 ASCII 码。

该功能是显示 DL 中的字符。

【例 4.44】 显示字母 A。

```
MOV AH,2
MOV DL,'A'
INT 21H
```

5. 在打印机上打印一字符

向量号 21H

功能号 5

入口参数：DL＝待打印字符的 ASCII 码。

【例 4.45】 打印数字 9。

```
MOV AH,5
MOV DL,'9'
INT 21H
```

6. 显示以 $ 结尾的字符串

向量号 21H

功能号 9

入口参数：DS：DX 指向字符串的首地址。

【例 4.46】 在显示器上显示“HOW ARE YOUR ?”，然后读一个字符，但不显示此字符。若读入字符是 Y，则显示 OK，程序如下：

```
D      SEGMENT
D1     DB 'HOW ARE YOU?',0DH,0AH,'$'
D2     DB 'OK',0DH,0AH,'$'
D      ENDS
C      SEGMENT
       ASSUME    CS: C,DS: D       ;说明代码段、数据段
BG:    MOV       AX,D
       MOV       DS,AX             ;给 DS 赋段值
       MOV       DX,OFFSET D1
       MOV       AH,9
       INT       21H               ;显示"HOW ARE YOU?"
       MOV       AH,8
       INT       21H               ;不显示方式读一字符到 AL
       CMP       AL,'Y'
       JNE       NEXT              ;不等,则转
       LEA       DX,D2
       MOV       AH,9
       INT       21H
NEXT:  MOV       AH,4CH
       INT       21H
C      ENDS
       END       BG
```

7. 字符串输入

向量号 21H

功能号 0AH

入口参数：DS：DX 指向输入缓冲区。输入缓冲区格式如下：

第 1 字节为预定的最大输入字符数。第 2 字节空出，待中断服务程序填入键盘连续输入到回车前实际输入字符数。第 3 字节及以后字节，待中断服务程序填入输入字符串的 ASCII 码。

【例 4.47】 屏幕显示“PASSWORD?”，随后从键盘读入字符串，并比较这个字符串与程序内部设定的字符串。若二者相同，则显示 OK，否则不出现任何显示（0DH 是回车的 ASCII 码，0AH 是换行的 ASCII 码）。

```
D       SEGMENT
PASS1   DB '12AB'
N       EQU $-PASS1
D1      DB 'PASSWORD ?',0DH,0AH,'$'
PASS2   DB 20
        DB ?
DB      20 DUP(?)
D2      DB 0DH,0AH,'OK $'
D       ENDS
C       SEGMENT
        ASSUME CS: C,DS: D,ES: D      ;说明代码段、数据段、附加段
BG:     MOV AX,D
        MOV DS,AX                     ;给 DS 赋段值
        MOV ES,AX                     ;给 ES 赋段值
        LEA DX,D1                     ;将 D1 表示的相对地址送 DX
        MOV AH,9
        INT 21H                       ;显示"PASSWORD ?"并回车换行
        LEA DX,PASS2
        MOV AH,0AH
        INT 21H                       ;输入字符串
        LEA SI,PASS1
        LEA DI,PASS2
        CMP BYTE PTR[DI+1],N
        JNE LAST
        MOV CX,N
        LEA DI,PASS2+2
        CLD
        REPZ CMPSB                    ;重复比较
        JZ DISOK
LAST:   MOV AH,4CH
        INT 21H
DISOK:  LEA DX,D2
        MOV AH,9
        INT 21H                       ;显示 OK
        JMP LAST
C       ENDS
        END BG
```

8. 异步通信口输入

向量号 21H

功能号 3

该功能是将从标准异步通信口输入的一个字符送入 AL 中。启动 DOS 时，异步通信口波特率为 2400，设有偶校验位，数据长度为 8 个二进制位。

9. 异步通信口输出

向量号 21H

功能号 4

入口参数：DL=待输出的数据。

10. 设置日期

向量号 21H

功能号 2BH

入口参数：CX=年号(1980～2099)，DH=月份(1～12)，DL=日。

【例 4.48】 将微机日期设置成 2007 年 6 月 2 日，可用下列程序段实现。

```
MOV CX,2007
MOV DH,6
MOV DL,2
MOV AH,2BH
INT 21H
```

11. 取日期

向量号 21H

功能号 2AH

其功能与 2BH 的操作相反。

12. 设置时间

向量号 21H

功能号 2DH

入口参数：CH=小时(0～23)，CL=分(0～59)，DH=秒(0～59)，DL=百分之一秒(0～99)。

13. 取时间

向量号 21H

功能号 2CH

其功能与 2DH 的操作相反。

DOS 的功能调用远不止这些，通过这一部分功能调用介绍，可以掌握调用 DOS 中断功能子程序的方法，实现通用外部设备的输入/输出和利用系统提供的基本功能。

4.3.4.4 ROM BIOS 常用中断调用举例

上面介绍了一些方便的 DOS 中断功能，但这只是简单概括了 BIOS 中的某些功能。尽管 BIOS 的功能在调用时比较复杂，但其运行速度快、功能强，并且在调用时不受任何操作系统的约束；特别是 BIOS 中颇具特色的显示中断子程序(向量号是 10H)以及读键盘中断子程序(向量号为 16H)与通信口中断子程序(向量号为 14H)等很有用。下面简要介绍这些中断子程序的部分功能。

1. 设置显示方式

向量号 10H

功能号 0

入口参数：AL＝显示方式号(0～7)。

显示方式含意如下：

显示方式号	显示方式
0	40 列×25 行黑白文本方式
1	40 列×25 行彩色文本方式
2	80 列×25 行黑白文本方式
3	80 列×25 行彩色文本方式
4	320 列×200 行黑白图形方式
5	320 列×200 行彩色图形方式
6	640 列×200 行黑白图形方式
7	单显 80 列×25 行黑白文本方式

【例 4.49】 屏幕设置成 80×25 彩色文本方式。

```
MOV  AH,0        ;设功能号
MOV  AL,3        ;设显示方式号
INT 10H
```

2. 设置光标大小

向量号 10H

功能号 1

入口参数：CH＝光标顶值(0～11),CL＝光标底值(1～12)。

【例 4.50】 将光标置成一个闪烁方块。

```
MOV AH,1
MOV CH,0
MOV CL,12
INT 10H
```

3. 设置光标位置

向量号 10H

功能号 2

入口参数：BH＝页号,通常取 0 页；

DH＝行号,取值 0～24；

DL＝列号,对于 40 列文本取值为 0～39,对于 80 列文本则取值为 0～79。

【例 4.51】 将光标置在第 10 行 30 列。

```
MOV BH,0
MOV DH,10
MOV DL,30
MOV AH,2
INT 10H
```

4. 屏幕上滚

向量号 10H

功能号 6

入口参数：AL＝上滚行数，当 AL＝0 时，清除屏幕矩形方框；

CH、CL＝矩形方框左上角行、列号；

DH、DL＝矩形方框右下角行、列号；

BH＝增加空行的属性，属性字节含义如下：

7	6	5	4	3	2	1	0
L	R	G	B	I	R	G	B

其中，0 到 3 位表示前景，4 到 7 位表示背景。L 位为 1 时表示背景闪烁，否则不闪；I 位为 1 时表示前景为高亮度，否则为一般亮度。属性字节中 R 位表示红色，G 位表示绿色，B 位表示蓝色。当多个色位同时为 1 时，显示的颜色为这几种颜色的"配色"。因此，每个色位均为 1 时为白色；每个色位均为 0 时为黑色。当前景与背景是不同色时，才能看到字符显示。

这一功能调用，可实现屏幕"窗口"效果。

5. 屏幕下滚

向量号 10H

功能号 7

与功能 6 滚动方向相反，其他相同。

6. 在当前光标处写字符和属性

向量号 10H

功能号 9

入口参数：BH＝页号；

AL＝显示字符的 ASCII 码；

BL＝属性；CX＝重复显示次数。

【例 4.52】 用蓝色清屏，然后在第 10 行 30 列显示 20 个红底白字 A。程序段如下：

```
MOV    AL,0
MOV    BH,10H
MOV    AH,6
MOV    CX,0
MOV    DH,24
MOV    DL,79
INT    10H              ;清屏幕
MOV    AH,2
MOV    BH,0
MOV    DH,10
MOV    DL,30
INT    10H              ;光标设置在第 10 行 30 列
MOV    AL,'A'
MOV    CX,20
MOV    BH,0
MOV    BL,47H           ;显示属性是红底白色
MOV    AH,9
INT    10H              ;显示 20 个字母 A
```

7. 在光标位置写字符(不改属性)

向量号 10H

功能号 0AH

入口参数：BH＝页号；

　　　　　AL＝显示字符的 ASCII 码；

　　　　　CX＝重复显示次数。

其功能与功能号 9 的功能类似。

8. 设置图形方式显示的背景和彩色组

向量号 10H

功能号 0BH

入口参数：当 BH＝0 时，BL＝背景颜色，范围为 0～15；

　　　　　当 BH＝1 时，BL＝颜色组，范围为 0～1，0 表示绿/红/黄，1 表示青/品红/白。

9. 写光点

向量号 10H

功能号 0CH

入口参数：DX＝行号，CX＝列号，AL＝彩色值(当 AL 第 7 位为 1 时，原显示彩色与当前彩色进行按位相加运算)。

10. 读光点

向量号 10H

功能号 0DH

该功能与功能 0CH 的操作相反。

11. 读当前显示状态

向量号 10H

功能号 OFH

返回参数：AL＝当前显示方式(参见 0 号功能)，BH＝当前页号，AH＝屏幕字符列数。

以下为 ROM BIOS 键盘管理中断。

12. 读键盘

(1) 向量号 16H

　　功能号 0

　　返回参数：AL＝输入字符的 ASCII 码。

(2) 向量号 16H

　　功能号 1

　　返回参数：若按过键(键盘缓冲区不空)，则 ZF 标志置 0，AL＝输入的 ASCII 码；

　　　　　　　若没有按键，则 ZF 标志置 1。

(3) 向量号 16H

　　功能号 2

　　返回参数：AL＝特殊功能键的状态。

以下为 ROM BIOS 的异步通信功能。

13. 通信口初始化

向量号 14H

功能号 0

入口参数：AL=初始化参数；

DX=0 表示对 COM1 初始化；DX=1 表示对 COM2 初始化。

初始化 COM 时，其位 7 至位 0 的参数设置如下：

位 7、6、5 表示波特率，即

0 0 0　110　波特

0 0 1　150　波特

0 1 0　300　波特

0 1 1　600　波特

1 0 0　1200　波特

1 0 1　2400　波特

1 1 0　4800　波特

1 1 1　9600　波特

位 4、3 表示奇偶校验设定，即

0 0　无奇偶校验

0 1　奇校验

1 1　偶校验

位 2 表示终止位数设定，即

0　1 位终止位

1　2 位终止位

位 1、0 表示通信数据位数设定，即

1 0　7 位通信数据

1 1　8 位通信数据

14. 通信口输出

向量号 14H

功能号 1

入口参数：AL=待输出数据；

DX=0 表示对 COM1 输出；DX=1 表示对 COM2 输出。

15. 通信口输入

向量号 14H

功能号 2

入口参数：DX=0 表示对 COM1 输入；DX=1 表示对 COM2 输入。

返回参数：输入成功时，AH 第 7 位=0，AL=输入数据；

输入失败时，AH 第 7 位=1，AH 第 0 到 6 位=通信口状态。

通信口状态字节位 0～位 7 的含义如下：

(1) 位 0 为 1 时表示接收数据准备好。

(2) 位 1 为 1 时表示超越错。

(3) 位 2 为 1 时表示奇偶错。

(4) 位 3 为 1 时表示帧格式错。

(5) 位 4 为 1 时表示间断。

(6) 位 5 为 1 时表示发送保持器空。

(7) 位 6 为 1 时表示发送移位寄存器空。

(8) 位 7 为 0 时表示正确;为 1 时表示出错。

以上是以 IBM PC 系列微机作为基础机型着重讨论 8086/8088 的汇编语言程序设计。需要指出的是,不同的汇编程序版本所支持的 CPU 指令集和伪指令会有所不同,汇编程序的版本越高,支持的硬指令和伪指令越多,功能也就越强。自 20 世纪 80 年代 Microsoft 公司推出 MASM 1.0 以来,随着微处理器的不断升级,MASM 也相应改版,如 MASM 4.0 支持 80286/80287 微处理器和协处理器;MASM 5.0 支持 80386/80387 微处理器和协处理器,并增加了简化段定义伪指令和存储模式伪指令,使汇编和连接速度更快;1991 年推出的 MASM 6.0 支持 80486 微处理器,它对 MASM 进行重新组织,并提供了许多类似高级语言的新特点。MASM 6.0 之后又有一些改进,先后推出了支持 Pentium 以上高档微处理器的 MASM 6.11 和 MASM 6.14。早期版本的汇编程序不直接支持结构化程序设计,但是,程序员仍然可以用指令系统中的转移指令、循环指令、子程序调用及返回指令,来实现程序的各种结构形式,即顺序、分支、循环、子程序和宏等结构形式。为了克服编写源程序的烦琐、易出错等缺点,从 MASM 6.0 开始引入了流程控制伪指令,使程序员可以像运用高级语言一样来编写分支和循环,大大减轻了汇编语言编程的工作量。但是,利用指令实现程序结构仍然是最基本的内容。有关 MASM 6.11 以上高版本汇编语言的格式及其程序设计,已超出本书讨论的范围,故不再赘述;不过,读者利用本章的基础知识和程序设计方法,可以很顺利地学会它们。

习 题 4

4.1 已知某数据段中有:

```
COUNT1  EQU  16H
COUNT2  DW   16H
```

下面两条指令有何异同点?

```
MOV  AX,COUNT1
MOV  BX,COUNT2
```

4.2 下列程序段执行后,寄存器 AX、BX 和 CX 的内容分别是多少?

```
        ORG  0202H
DA_WORD DW   20H
        MOV  AX,DA_WORD
        MOV  BX, OFFSET  DA_WORD
```

```
        MOV CL,BYTE  PTR DA_WORD
        MOV CH,TYPE  DA_WORD
```

4.3 设平面上有一点 P 的直角坐标(x,y)，试编制程序完成以下操作。

(1) 如 P 点落在第Ⅰ象限，则 $K=$ Ⅰ。

(2) 如 P 点落在坐标抽上，则 $K=0$。

4.4 试编制一程序，把 CHAR1 中各小写字母分别转换为对应的大写字母，并存放在 CHAR2 开始的内存单元中。

```
CHAR1 DB 'abcdef'
CHAR2 DB $ -CHAR1 DUP(0)
```

4.5 试编写一程序，把 DABY1 字节单元中数据分解成 3 个八进制数，其最高位八进制数据存放在 DABY2 字节单元中，最低位存放在 DABY2+2 字节单元中。

```
DABY1  DB  6BH
DABY2  DB  3DUP(0)
```

4.6 从 BUF 地址处起，存放有 100 字节的字符串，设其中有一个以上的 A 字符，编程查找出第一个 A 字符相对起始地址的距离，并将其存入 LEN 单元。

4.7 写出下列逻辑地址的段地址，偏移地址和物理地址。

(1) 4312H:0B74H　　(2) 10ADH:0DE98H

(3) 8314H:0FF64H　　(4) 78BCH:0FD42H

4.8 某程序设置的数据区如下：

```
DATA  SEGMENT
DB1   DB  12H,34H,0,56H
DW1   DW  78H,90H,0AB46H,1234H
ADR1  DW  DD1
ADR2  DW  DW1
AAA   DW  $ -DB1
BUF   DB 5  DUP(0)
DATA  ENDS
```

画出该数据段内容在内存中的存放形式(要求用十六进制补码表示，按字节组织)。

4.9 假设 BX=54A3H，变量 VALUE 中存放的内容为 68H，那么下列各条指令单独执行后 BX=？

(1) XOR BX,VALUE　　(2) OR BX,VALUE

(3) AND BX,00H　　(4) SUB BX,VALUE

(5) XOR BX,0FFH　　(6) TEST BX,01H

4.10 以 BUF1 和 BUF2 开头的两个字符串，其长度均为 LEN，试编程实现：

(1) 将 BUF1 开头的字符串传送到 BUF2 开始的内存空间。

(2) 将 BUF1 开始的内存空间全部清零。

4.11 假设数据段的定义如下：

```
P1       DW ?
P2       DB 32  DUP(?)
PLENTH   EQU $ -P1
```

试问 PLENTH 的值为多少？它表示什么意义？

4.12　试编写一程序，编程计算$(A \times B + C - 70)/A$，其中A、B、C均为字节变量。

4.13　试编写一程序，将一组以 BUF 为首地址的N个 8 位无符号二进制数按递增顺序排列。

4.14　试编写一程序，找出 BUF 数据区中带符号数的最大数和最小数。

4.15　试编写一程序，统计出某数组中相邻两数间符号变化的次数。

4.16　若 AL 中的内容为两位压缩的 BCD 数，即 6AH，试编程实现：

(1) 将其拆开成非压缩的 BCD 码，高、低位分别存入 BH 和 BL 中。

(2) 将上述已求出的两位 BCD 码变换成对应的 ASCII 码，并存入 CH 和 CL 中。

4.17　在自 BLOCK 开始的存储区中有 100 个带符号数。试用气泡排序法编写一个程序，使它们排列有序。

4.18　试用子程序结构编写一程序：从键盘输入一个 2 位十进制的月份数(01～12)，然后显示出相应的英文缩写名。

提示：根据题目要求实现的功能，可编写用一个主程序 MAIN 分别调用几个子程序：

(1) INPUT 从键盘接收一个 2 位数，并把它转换为对应的二进制数。

(2) LOCATE 把输入的月份数与其英文缩写(如 JAN、FEB、MAR、APR、MAY、JUN 等)对应起来，制成一个字符表以便查找。

(3) DISPLAY 将找到的缩写字母在屏幕上显示出来。显示可用 DOS 所提供的显示功能 (INT 21H 的 09 号功能)。

4.19　试用 BIOS 的中断调用功能编程：用蓝色清屏，然后在第 20 行 40 列显示 10 个闪烁的绿底红字 N。

4.20　试编程：从键盘上输入学生的姓名 Mr.ABC 或 Mrs.XYZ，当按任意一个键时，屏幕上将显示出：

Welcome Mr.ABC 或 Welcome Mrs.XYZ

4.21　请用 DEBUG 调试软件的汇编命令，把由 DOS 功能 2 显示字符 b 的一段小程序汇编到 2060:100H 开始的内存中。

4.22　请用 DEBUG 调试软件的反汇编命令，反汇编在上题中从 2060:100H 开始汇编得到的长度为 8 字节的程序段。

第5章 微机的存储器

本章首先以半导体存储器为对象，在讨论存储器及其基本电路、基本知识的基础上，讨论存储芯片及其与CPU之间的连接和扩充问题。然后，介绍内存条的技术发展以及外部存储器。最后，简要介绍存储器系统的分层结构。

5.1 存储器的分类与组成

计算机的存储器可分为两大类：一类为内部存储器，简称内存或主存，其基本存储元件多以半导体材料制造；另一类为外部存储器，简称外存，多以磁性材料或光学材料制造。

5.1.1 半导体存储器的分类

半导体存储器的分类如图5.1所示。按使用的功能可分为两大类：随机存取存储器(Random Access Memory，RAM)和只读存储器(Read Only Memory，ROM)。RAM在程序执行过程中，每个存储单元的内容根据程序的要求既可随时读出，又可随时写入，故可称读/写存储器。它主要用来存放用户程序、原始数据、中间结果，也用来与外存交换信息和用作堆栈等。RAM所存储的信息在断开电源时会立即消失，是一种易失性存储器。

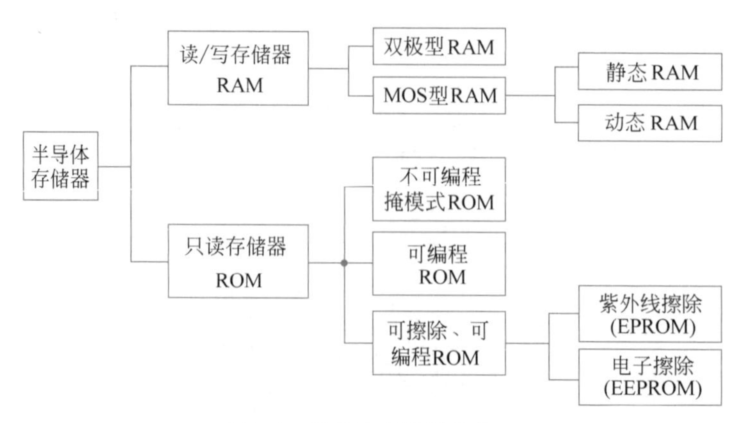

图5.1 半导体存储器的分类

ROM 在程序执行过程中，对每个存储单元的原存信息，只能读出，不能写入。ROM 在断开电源时，所存储的信息不会丢失。因此，ROM 常用来存储固定的程序，例如，微机的监控程序、汇编程序、系统软件以及各种常数、表格等。

RAM 按工艺又可分为双极型 RAM 和 MOS RAM 两类，而 MOS RAM 又可分为静态(Static)和动态(Dynamic)RAM 两种。双极型 RAM 的特点是存取速度快，但集成度低，功耗大，主要用于速度要求高的位片式微机中；静态 RAM 的集成度高于双极型 RAM，而功耗低于双极型 RAM；动态 RAM …… RAM 具有更高的集成度，但它是靠电路中的栅极电容来储存…… 会泄漏，因此，它需要定时进行刷新。

…… 双极型和 MOS 型，但一般根据信息写入的方式不同 …… PROM）和可擦除、可再编程 ROM（紫外线擦除 EP……

5.1 ……

…… ，它一般由存储体、地址选择电路、读/写电路和控制电 ……

存储体

0
1
2
3
4
5

位 7　04号单元　0

1位

(1个存储基本电路)

位线(8位)

……大器

……器　DR

……B

……组成框图

1. 存储体

存储体是存 …… 存储单元组成，每个存储单元赋予一个编号，称为地址 …… 存储单元由若干相同的位组成，每个位需要一个存储元件。对存储容量为 1KB(1024 个单元)×8 位的存储体，其总的存储位数为：

$$1024 \times 8 \text{ 位} = 8192 \text{ 位}$$

存储器的地址用一组二进制数表示，其地址线的位数 n 与存储单元的数量 N 之间的关系为：

$$2^n = N$$

地址线数与存储单元数的关系如表 5.1 所示。

表 5.1　地址线数与存储单元数的关系

地址线数 n	3	4	…	8	9	10	11	12	13	14	15	16
存储单元数 $N=2^n$	8	16	…	256	512	1024	2048	4096	8192	16 384	32 768	65 536
存储容量	8B	16B	…	256B	512B	1KB	2KB	4KB	8KB	16KB	32KB	64KB

2. 地址选择电路

地址选择电路包括地址码缓冲器、地址译码器等。

地址译码器用来对地址码译码。设其输入端的地址线根数为 n，输出线数为 N，则它分别对应 2^n 个不同的地址码，作为对地址单元的选择线。这些输出的选择线又称字线。

地址译码方式有以下两种。

1）单译码方式(或称字结构)

单译码方式的全部地址码只用一个地址译码器电路译码，译码输出的字选择线直接选中与地址码对应的存储单元，如图 5.2 所示。图中，有 A_2、A_1、A_0 这 3 根输入地址线，经过地址译码器输出 8 种不同编号的字线，即 000、001、010、011、100、101、110、111。这 8 条字线分别对应着 8 个不同的地址单元。该方式需要的选择线数较多，只适用于小容量的存储器。

2）双译码方式(或称重合译码)

双译码方式如图 5.3 所示，它将地址码分为 X 与 Y 两部分，用两个译码电路分别译码。X 向译码又称行译码，其输出线称行选择线，它选中存储矩阵中一行的所有存储单元。Y 向译码又称列译码，其输出线称列选择线，它选中一列的所有存储单元。只有当 X 向和 Y 向的选择线同时选中那一位存储单元，才能进行读或写操作。由图可见，具有 1024 个基本单元电路的存储体排列成 32×32 的矩阵，它的 X 向和 Y 向译码器各有 32 根译码输出线，共 64 根。若采用单译码方式，则有 1024 根译码输出线。因此，双译码方式所需要的选择线数目较少，也简化了存储器的结构，故它适用于大容量的存储器。

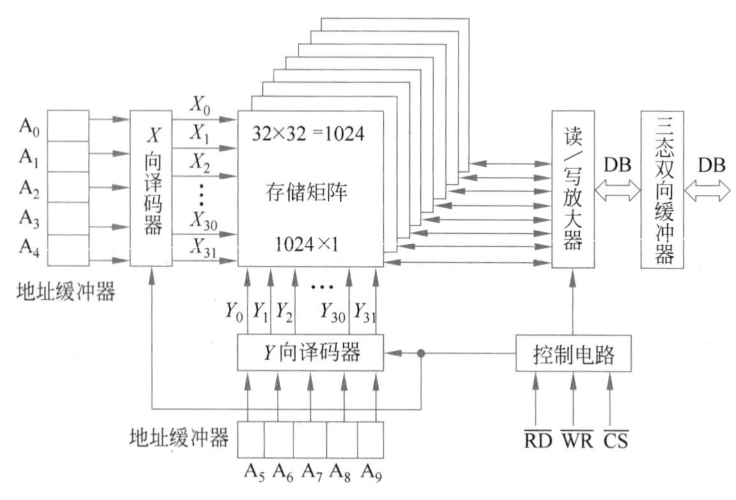

图 5.3　双译码存储器结构

3. 读/写电路与控制电路

读/写电路包括读/写放大器、数据缓冲器(三态双向缓冲器)等。它是数据信息输入和输出的通道。

外界对存储器的控制信号有读信号($\overline{RD}$)、写信号($\overline{WR}$)和片选信号($\overline{CS}$)等,通过控制电路以控制存储器的读或写操作以及片选。只有片选信号处于有效状态,存储器才能与外界交换信息。

5.2 随机存取存储器

5.2.1 静态随机存取存储器

1. 静态 RAM 的基本存储电路

静态 RAM 的基本存储电路是由 6 个 MOS 管组成的 RS 触发器,如图 5.4 所示。

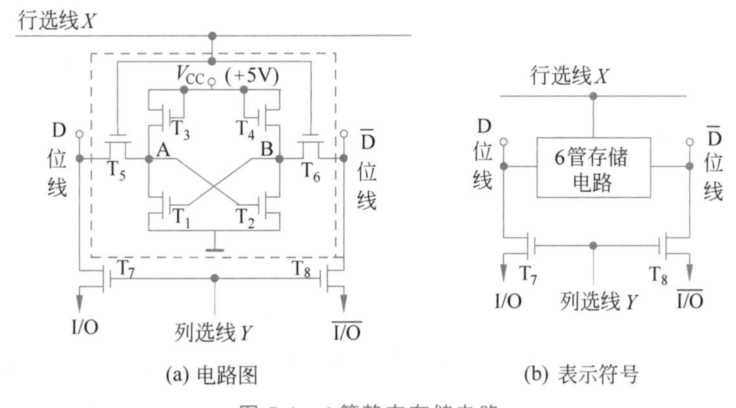

(a) 电路图　　(b) 表示符号

图 5.4　6 管静态存储电路

在图 5.4 中,T_3、T_4 为负载管,T_1、T_2 交叉耦合组成了一个 RS 触发器,具有两个稳定状态。在 A 点(相当于 Q 端)与 B 点(相当于 $\overline{Q}$ 端)可以分别寄存信息 1 和 0。T_5、T_6 为行向选通门,受行选线上的电平控制。T_7、T_8 为列向选通门,受列选线上的电平控制。由此,组成了双译码方式。当行选线与列选线上的信号都为高电平时,则分别将 T_5、T_6 与 T_7、T_8 导通,使 A、B 两点的信息经 D 与 $\overline{D}$ 两点分别送至输入/输出电路的 I/O 线及$\overline{I/O}$线上,从而存储器某单元位线上的信息同存储器外部的数据线相通。这时,就可以对该单元位线上的信息进行读/写操作。

写入时,被写入的信息从 I/O 和$\overline{I/O}$线输入。如写 1 时,使 I/O 线为高电平,$\overline{I/O}$线为低电平,经 T_7、T_5 与 T_8、T_6 分别加至 A 端和 B 端,使 T_1 截止而 T_2 导通,于是 A 端为高电平,触发器为存 1 的稳态;反之亦然。

读出时,只要电路被选中,T_5、T_6 与 T_7、T_8 导通,A 端与 B 端的电位就送到 I/O 及$\overline{I/O}$线上。若原存的信息为 1,则 I/O 线上为 1,$\overline{I/O}$线上为 0;反之亦然。读出信息时,触发器状态不受影响,故为非破坏性读出。

2. 静态 RAM 的组成

静态 RAM 的结构组成原理图如图 5.5 所示。存储体是一个由 64×64=4096 个 6 管静态存储电路组成的存储矩阵。在存储矩阵中，X 地址译码器输出端提供 $X_0 \sim X_{63}$ 计 64 根行选择线，而每一行选择线接在同一行中的 64 个存储电路的行选端，故行选择线能同时为该行 64 个行选端提供行选择信号。Y 地址译码器输出端提供 $Y_0 \sim Y_{63}$ 计 64 根列选择线，而同一列中的 64 个存储电路共用同一位线，故由列选择线同时控制它们与输入/输出电路(I/O 电路)连通。显然，只有行、列均被选中的某个单元存储电路(这里为1 位)，在其 X 向选通门与 Y 向选通门同时被打开时，才能进行读出信息和写入信息的操作。

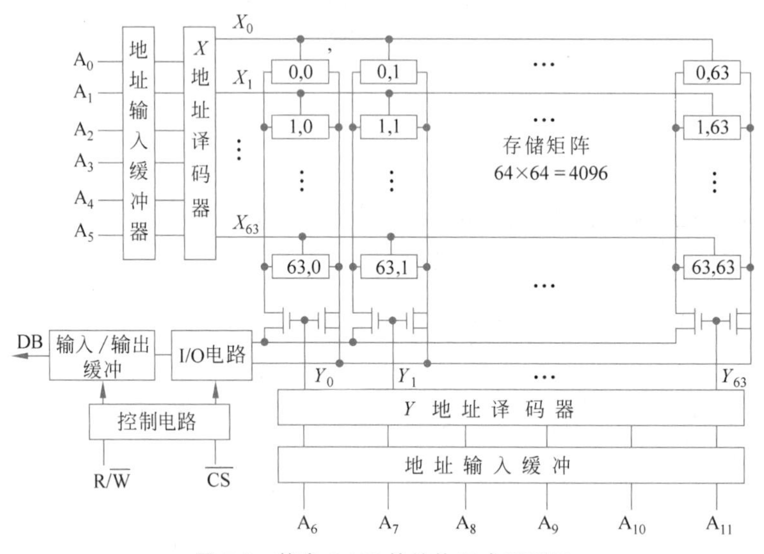

图 5.5　静态 RAM 的结构组成原理图

图 5.5 中所示的存储体是容量为 4K×1 位的存储器，因此，它仅有一个 I/O 电路，用于存取各存储单元中的 1 位信息。如果要组成字长为 4 位或 8 位的存储器，则每次存取时，同时应有 4 个或 8 个单元存储电路与外界交换信息。因此，在这种存储器中，要将列的列向选通门控制端引出线按 4 位或 8 位来分组，使每根列选择线能控制一组的列向选通门同时打开；相应地，I/O 电路也应有 4 个或 8 个。每一组的同一位共用一个 I/O 电路。这样，当存储体的某个存储单元在一次存取操作中被地址译码器输出端的有效输出电平选中时，则该单元内的 4 位或 8 位信息将被一次读/写完毕。

必须指出，在图 5.5 中的存储体如果是 4K×1 位的存储矩阵，则在读/写操作时每次只能存取 1 位信息。如果是 8 个 4K×1 位的存储矩阵，则在读/写操作时每次只能存取 8 位信息，这时的存储容量为 4K×8 位。

通常，一个 RAM 芯片的存储容量是有限的，需要用若干片才能构成一个实用的存储器。这样，地址不同的存储单元，可能处于不同的芯片中，因此，在选中地址时，应先选择其所属的芯片。对于每块芯片，都有一个片选控制端($\overline{CS}$)，只有当片选端加上有效信号时，才能对该芯片进行读或写操作。一般来说，片选信号由地址码的高位译码产生。

3. 静态 RAM 的读/写过程

静态 RAM 的读/写过程如图 5.5 所示。

1）读出过程

（1）地址码 A_0～A_{11} 加到 RAM 芯片的地址输入端，经 X 与 Y 地址译码器译码，产生行选与列选信号，选中某一存储单元，经一定时间，该单元中存储的代码出现在 I/O 电路的输入端。I/O 电路对读出的信号进行放大、整形，送至输出缓冲寄存器。缓冲寄存器一般具有三态控制功能，没有开门信号，所存数据也不能送到 DB 上。

（2）在传送地址码的同时，还要传送读/写控制信号（$R/\overline{W}$ 或 $\overline{RD}$、$\overline{WR}$）和片选信号（$\overline{CS}$）。读出时，使 $R/\overline{W}=1$，$\overline{CS}=0$，这时，输出缓冲寄存器的三态门将被打开，所存信息送至 DB 上。于是，存储单元中的信息被读出。

2）写入过程

（1）地址码加在 RAM 芯片的地址输入端，选中相应的存储单元，使其可以进行写操作。

（2）将要写入的数据放在 DB 上。

（3）加上片选信号 $\overline{CS}=0$ 及写入信号 $R/\overline{W}=0$。这两个有效控制信号打开三态门使 DB 上的数据进入输入电路，送到存储单元的位线上，从而写入该存储单元。

4. 静态 RAM 芯片举例

常用的静态 RAM 芯片有 2114、2142、6116、6264、62256、628128、628512、6281024 等。

例如，常用的 Intel 6116 是 CMOS 静态 RAM 芯片，属双列直插式、24 引脚封装。它的存储容量为 2K×8 位，其引脚及内部结构框图如图 5.6 所示。

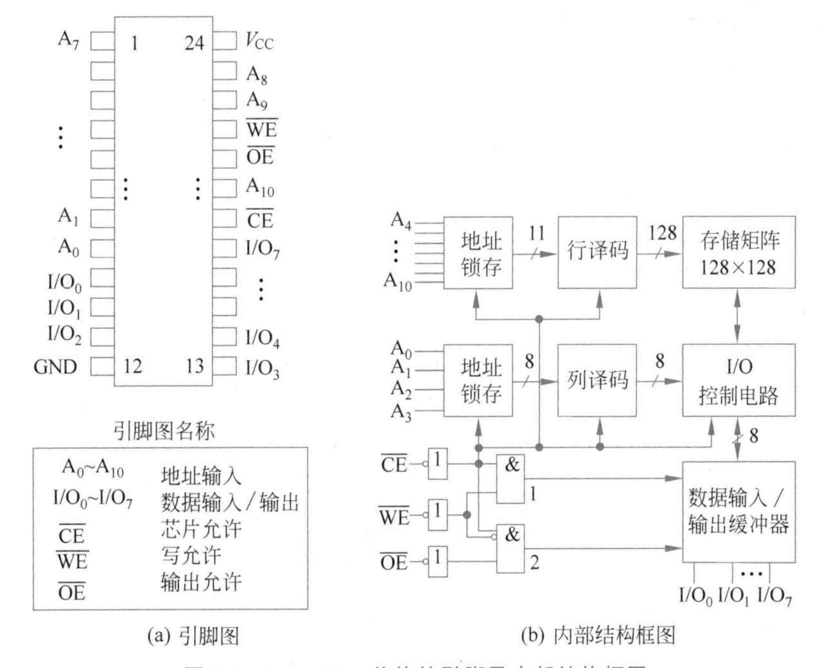

图 5.6 Intel 6116 芯片的引脚及内部结构框图

Intel 6116 芯片内部的存储体是一个由 128×128=16 384 个静态存储电路组成的存储矩阵。A_0～A_{10} 这 11 根地址线用作行、列地址的译码，以便对 $2^{11}=2048$ 个存储单元进行选址。每当选中一个存储单元，将从该存储单元中同时读/写 8 位二进制信息，故 Intel 6116 有 8 根数据输入/输出线 I/O_0～I/O_7。Intel 6116 存储矩阵内部的基本存储电路上的信息，正是通过I/O控制电路和数据输入/输出缓冲器与CPU的数据总线连通的。数据的读出或写入将由片选信号($\overline{CE}$)、写允许信号($\overline{WE}$)以及数据输出允许信号($\overline{OE}$)一起控制。当$\overline{CE}$有效而$\overline{WE}$为低电平时，1门导通，使数据输入缓冲器打开，信息将由$I/O_0 \sim I/O_7$写入被选中的存储单元；当$\overline{CE}$与$\overline{OE}$同时有效而$\overline{WE}$为高电平时，2门导通，使数据输出缓冲器打开，CPU将从被选中的存储单元由$I/O_0 \sim I/O_7$读出信息送往数据总线。无论是写入或读出，一次都是读/写8位二进制信息。

Intel 6264芯片的结构及工作原理与Intel 6116相似，它是一个存储容量为8KB×8位的CMOS SRAM芯片，其有28条引脚，包括13根地址线($A_{12} \sim A_0$)、8根双向数据线($D_7 \sim D_0$)以及4根控制线(片选信号线$\overline{CS_1}$、CS_2，输出允许信号$\overline{OE}$与写允许信号$\overline{WE}$)，另外，还有3根其他信号(+5V电源端V_{CC}、接地端GND、空端NC)。这些引脚的功能及其用法都是很容易理解的，限于篇幅这里不再赘述。

5.2.2 动态随机存取存储器

动态随机存取存储器简称动态RAM芯片，它是以MOS管栅极电容是否充有电荷来存储信息的，其基本存储电路一般由四管、三管和单管组成，以三管和单管较为常用。由于它所需要的管子较少，故可以扩大每片存储器芯片的容量，并且其功耗较低，所以在微机系统中，大多数采用动态RAM芯片。

5.2.2.1 动态基本存储电路

下面重点介绍常用的三管和单管这两种基本存储电路。

1. 三管动态基本存储电路

三管动态基本存储电路如图5.7所示，它由T_1、T_2、T_3这3个管子和两条字选择线(读、写选择线)以及两条数据线(读、写数据线)组成。其中，T_1是写数控制管；T_2是存储管，用其栅极电容C_g存储信息；T_3是读数控制管；T_4是一列基本存储电路上共同的预充电管，以控制对输出电容C_D的预充电。

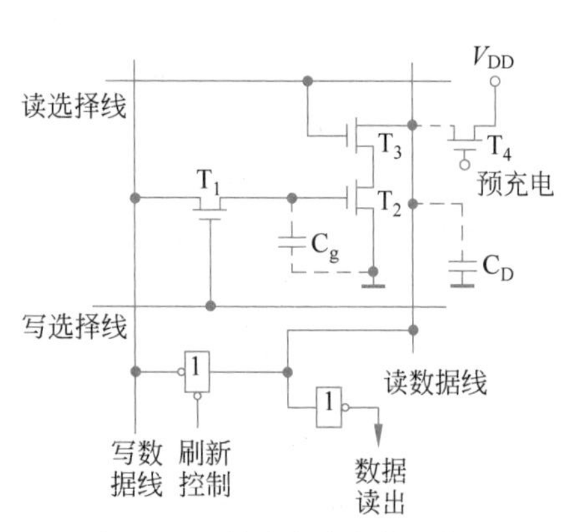

图5.7 三管动态基本存储电路

写入操作时，写选择线上为高电平，T_1导通。待写入的信息由写数据线通过T_1加到T_2管的栅极上，对栅极电容C_g充电。若写入1，则C_g上充有电荷；若写入0，则C_g上无电荷。写操作结束后，T_1截止，信息被保存在电容C_g上。

读出操作时，先在T_4栅极加上预充电脉冲，使T_4导通，读数据线因有输出电容C_D而预充到1(V_{DD})。然后使读选择线为高电平，T_3导通。若T_2栅极电容C_g上已存有1信息，则T_2导通。这时，读数据线上的预充电荷将通过T_3、T_2而泄放，于是读数据线上为0。若T_2栅极电容上所存为0信息，则T_2不导通，而读数据线上为1。因此，经过读操作，在读数据线上可以读出与原存储相反的信息。若再经过读出放大器反相，即可得到原存储信息。

对于三管动态基本存储电路，即使电源不掉电，C_g 的电荷也会在几毫秒之内逐渐泄漏，而丢失原存 1 信息。为此，必须每隔 1～3ms 定时对 C_g 充电，以保持原存信息不变，此即动态存储器的刷新（或称再生）。

刷新要有刷新电路，如图 5.7 所示，若周期性地读出信息，但不往外输出（读信号 $\overline{RD}$ 为高电平有效），经三态门（刷新信号 $\overline{RFSH}$ 为低电平时使其导通）反相，再写入 C_g，就可实现刷新。

2. 单管动态基本存储电路

单管动态基本存储电路如图 5.8 所示，它由 T_1 管和寄生电容 C_S 组成。

写入时，使字选线上为高电平，T_1 导通，待写入的信息由位线 D（数据线）存入 C_S。

读出时，同样使字选线上为高电平，T_1 导通，则存储在 C_S 上的信息通过 T_1 送到 D 线上，再通过放大，即可得到存储信息。

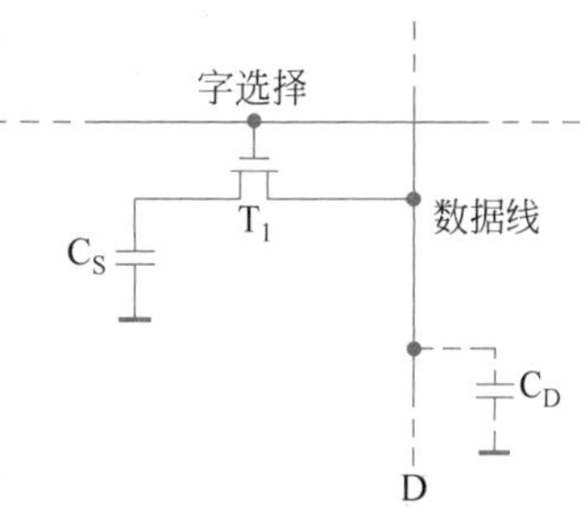

图 5.8　单管动态基本存储电路

为了节省面积，电容 C_S 不可能做得很大，一般使 $C_S < C_D$。这样，读出 1 和 0 时电平差别不大，故需要鉴别能力高的读出放大器。此外，C_S 上的信息被读出后，其上寄存的电压由 0.2V 下降为 0.1V，这是一个破坏性读出。要保持原存信息，读出后必须重写。因此，使用单管电路，其外围电路比较复杂。但由于使用管子最少，故 4KB 以上容量较大的 RAM，大多采用单管电路。

5.2.2.2　动态 RAM 芯片举例

Intel 2116 单管动态 RAM 芯片的引脚和逻辑符号如图 5.9 所示。

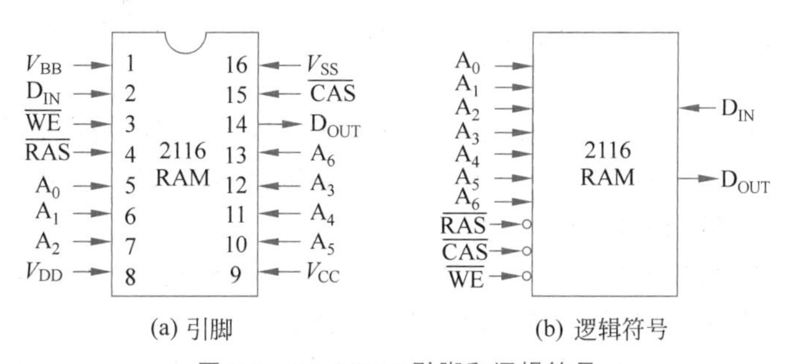

图 5.9　Intel 2116 引脚和逻辑符号

Intel 2116 的引脚名称如表 5.2 所示。

表 5.2　Intel 2116 的引脚名称

$A_6 \sim A_0$	地址输入	$\overline{WE}$	写（或读）允许
$\overline{CAS}$	列地址选通	V_{BB}	电源（－5V）
$\overline{RAS}$	行地址选通	V_{CC}	电源（＋5V）
D_{IN}	数据输入	V_{DD}	电源（＋12V）
D_{OUT}	数据输出	V_{SS}	地

Intel 2116 芯片的存储容量为 16K×1 位，需用 14 条地址输入线，但 Intel 2116 只有 16 条引脚。由于受封装引线的限制，只用了 $A_0 \sim A_6$ 这 7 条地址输入线，数据线只有 1 条（1 位），而且数据输入（D_{IN}）和输出（D_{OUT}）端是分开的，它们有各自的锁存器。写允许信号$\overline{WE}$为低电平时表示允许写入，为高电平时表示可以读出，如表 5.2 所示，它需要 3 种电源。

Intel 2116 的内部结构如图 5.10 所示。

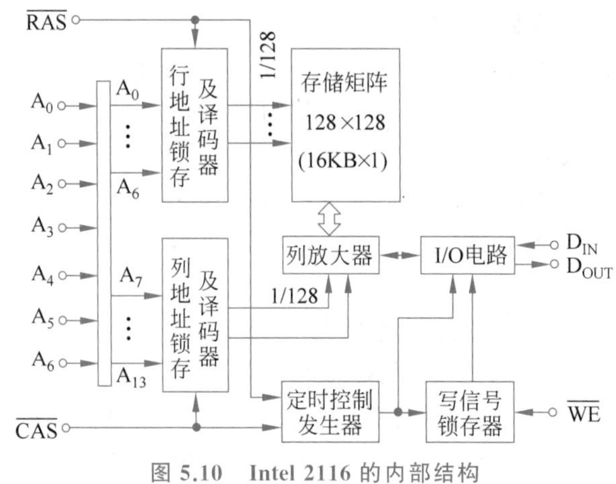

图 5.10 Intel 2116 的内部结构

为了解决用 7 条地址输入线传送 14 位地址码的矛盾，Intel 2116 采用地址线分时复用技术，用 $A_0 \sim A_6$ 这 7 根地址线分两次将 14 位地址按行、列两部分分别引入芯片，即先把 7 位行地址 $A_0 \sim A_6$ 在行地址选通信号（$\overline{RAS}$）有效时通过 Intel 2116 的 $A_0 \sim A_6$ 地址输入线送至行地址锁存器，而后把 7 位列地址 $A_7 \sim A_{13}$ 在列地址选通信号（$\overline{CAS}$）有效时通过 Intel 2116 的 $A_0 \sim A_6$ 地址输入线送至列地址锁存器，从而实现了 14 位地址码的传送。

7 位行地址码经行译码器译码后，某一行的 128 个基本存储电路都被选中，而列译码器只选通 128 个基本存储电路中的一个（即 1 位），经列放大器放大后，在定时控制发生器及写信号锁存器的控制下送至 I/O 电路。

Intel 2116 没有片选信号$\overline{CS}$，它的行地址选通信号$\overline{RAS}$兼作片选信号，且在整个读、写周期中均处于有效状态，这是与其他芯片的不同之处。

此外，地址输入线 $A_0 \sim A_6$ 还用作刷新地址的输入端，刷新地址由 CPU 内部的刷新寄存器提供。

与 Intel 2116 芯片类似的还有 Intel 2164、3764、4164 等 DRAM 芯片。

综上所述，动态基本存储电路所需管子的数目比静态的要少，故提高了集成度，降低了成本，存取速度也更快，但由于要刷新，需要增加刷新电路，因此，外围控制电路比较复杂。静态 RAM 尽管集成度低，但静态基本存储电路工作较稳定，也不需要刷新，所以，外围控制电路比较简单。

5.3 只读存储器

5.3.1 只读存储器存储信息的原理和组成

ROM 的存储元件如图 5.11 所示，它可以看作一个单向导通的开关电路。当字线上加有选中信号时，如果电子开关 S 是断开的，则位线 D 上将输出信息 1；如果 S 是接通的，则位线 D 经 T_1 接地，将输出信息 0。

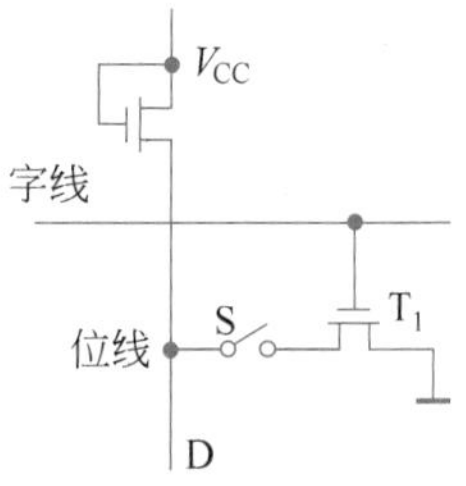

图 5.11　ROM 的存储元件

ROM 的组成结构与 RAM 相似，一般也是由地址译码电路、存储矩阵、读出电路及控制电路等组成。图 5.12 所示为有 16 个存储单元、字长为 1 位的 ROM 示意图。16 个存储单元，地址码应为 4 位，因采用复合译码方式，其行地址译码和列地址译码各占两位地址码。对某一固定地址单元而言，仅有一根行选线和一根列选线有效，其相交单元即为选中单元，再根据被选中单元的开关状态，数据线上将读出 0 或 1 信息。例如，若地址 $A_3 \sim A_0$ 为 0110，则行选线 X_2 及列选线 Y_1 有效(输出低电平)，图 5.12 中，有 * 号的单元被选中，其开关 S 是接通的，故读出的信息为 0。当片选信号有效时，打开三态门，被选中单元所存信息即可送至外面的数据总线上。图 5.12 所示的仅是16 个存储单元的 1 位，8 个这样的阵列才能组成一个 16×8 位的 ROM 存储器。

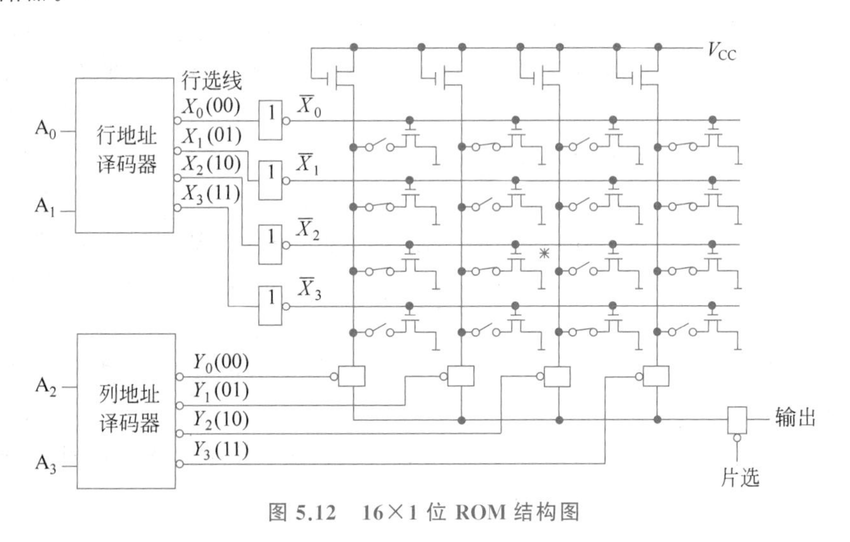

图 5.12　16×1 位 ROM 结构图

5.3.2 只读存储器的分类

1. 不可编程掩模式 MOS 只读存储器

不可编程掩模式 MOS ROM 又称为固定存储器，其内部存储矩阵的结构如图 5.12 所示。它是由器件制造厂家根据用户事先编好的机器码程序，把 0、1 信息存储在掩模图形中而制成的ROM芯片。这种芯片制成以后,它的存储矩阵中每个MOS管所存储的信息0或1被固定下来,不能再改变,而只能读出。如果要修改其内容,只有重新制作。因此,它只适用于大批量生产,不适用于科学研究。

2. 可编程只读存储器

为了克服上述掩模式MOS ROM芯片不能修改内容的缺点,设计了一种可编程序的只读存储器(Programmable ROM,PROM),用户在使用前可以根据自己的需要编制ROM中的程序。

熔丝式PROM的存储电路相当于图5.11所示的元件原理图,其中的电子开关S改为一段熔丝,熔丝可用镍铬丝或多晶硅制成。假定在制造时,每一单元都由熔丝接通,则存储的都是0信息。如果用户在使用前根据程序的需要,利用编程写入器对选中的基本存储电路通以20~50mA的电流,将熔丝烧断,则该单元将存储信息1。这样,便完成了程序修改。由于熔丝烧断后,无法再接通,因此,PROM只能一次编程。编程后不能再修改。

3. 可擦除、可再编程的只读存储器

PROM芯片虽然可供用户进行一次修改程序,但仍很局限。为了便于研究工作,试验各种ROM程序方案,于是研制了一种可擦除、可再编程的ROM,即EPROM(Erasable PROM)。

在EPROM芯片出厂时,它是未编程的。若EPROM中写入的信息有错或不需要时,可用两种方法来擦除原存的信息。一种方法是利用专用的紫外线灯对准芯片上的石英窗口照射15~20分钟,即可擦除原写入的信息,以恢复出厂时的状态,经过照射后的EPROM,就可再写入信息。写好信息的EPROM为防止光线照射,常用遮光胶纸贴于窗口上。这种方法只能把存储的信息全部擦除后再重新写入,它不能只擦除个别单元或某几位的信息,而且擦除的时间也很长。

另一种方法是采用金属、氮、氧化物、硅(MNOS)工艺生产的MNOS型PROM,它是一种利用电来改写的可编程只读存储器,即EEPROM(或称E^2PROM),这种只读存储器能解决上述问题。当需要改写某存储单元的信息时,只要让电流通入该存储单元,就可以将其中的信息擦除并重新写入信息,而其余未通入电流的存储单元的信息仍然保留。用这种方法改写数万次,只需要0.1~0.6s,信息存储时间可达10余年之久,这给需要经常修改程序和参数的应用领域带来极大的方便。但是,EEPROM有存取时间较慢,完成改写程序需要较复杂的设备等缺点。

现在正在迅速发展高密度、高存取速度的EEPROM技术和Flash Memory(闪存)技术。

5.3.3 EPROM/E^2PROM常用芯片举例

1. Intel 2716芯片

1) Intel 2716的引脚与内部结构

Intel 2716 EPROM芯片的容量为2K×8位,采用MNOS工艺和双列直插式封装,其引脚、逻辑符号及内部结构如图5.13(a)、图5.13(b)及图5.13(c)所示。

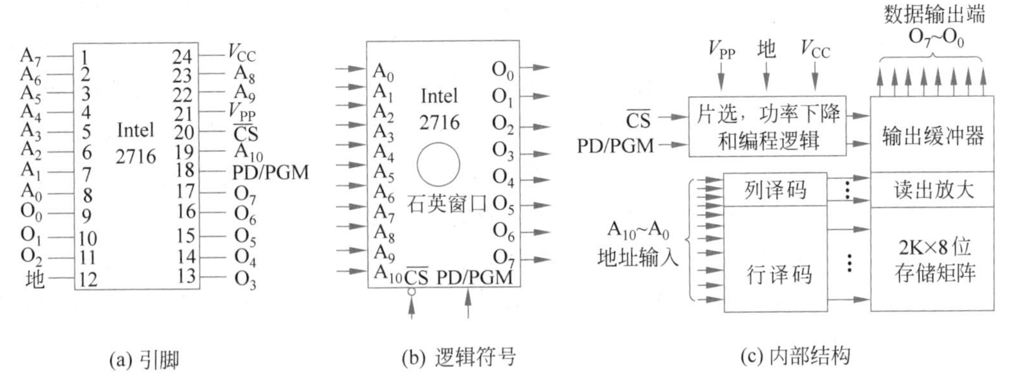

(a) 引脚　　(b) 逻辑符号　　(c) 内部结构

图 5.13　Intel 2716 的引脚与内部结构

Intel 2716 有以下 24 条引脚。

- A_{10}～A_0：11 条地址输入线，可寻址 2716 芯片内部的 2KB 存储单元。其中 7 条用于行译码，以选择 128 行中的一行；4 条用于列译码，用以选择 16 组中的一组。被选中的一组，8 位同时读出。
- O_7～O_0：8 位数据输入、输出线，都通过缓冲器输入、输出。对 2716 进行编程写入时是输入线，用来输入要写入的信息；当 2716 处于正常读出状态时，O_7～O_0 是输出线，用来输出 2716 中存储的信息。
- $\overline{CS}$：片选信号。当$\overline{CS}$=0 时，允许对 2716 读出。
- PD/PGM：输入信号线，它是待机/编程的控制信号。
- V_{PP}：编程电源。在编程写入时，V_{PP}=+25V，正常读出时，V_{PP}=+5V。
- V_{CC}：工作电源，为+5V。

2）Intel 2716 的工作方式

Intel 2716 的工作方式如表 5.3 所示。

（1）读出：在$\overline{CS}$=0 时，此方式可以将被选中的存储单元的内容读出。

（2）未选中：当$\overline{CS}$=1 时，不论 PD/PGM 的状态如何（除加上宽 52ms 的正脉冲这一状态之外），2716 均未选中，数据总线呈高阻抗，即该芯片的输出被禁止送到数据总线。

（3）待机：当 PD/PGM=1 时，2716 处于待机方式。这种方式和未选中方式类似，但其功耗由 525mW 下降到 132mW，所以又称为功率下降方式。这时数据总线呈高阻抗。

表 5.3　Intel 2716 的工作方式

方　式	引　脚			
	PD/PGM	$\overline{CS}$	V_{PP}/V	数据总线状态
读出	0	0	+5	D_{OUT}（输出）
未选中	×	1	+5	高阻抗
待机	1	×	+5	高阻抗
编程输入	宽 52ms 的正脉冲	1	+25	D_{IN}（输入）
校验编程内容	0	0	+25	D_{OUT}
禁止编程	0	1	+25	高阻抗

(4) 编程输入：若要向 2716 写入程序，应使 $V_{PP}=+25V$，$\overline{CS}=1$，把要写入数据的单元地址送到地址总线，数据送到数据总线，然后在 PD/PGM 端加上 52ms 宽的正脉冲，就可以将数据线上的信息写入指定的地址。如对 2K 地址全部编程，则需要 100s 以上的时间。

(5) 校验编程内容：此方式与读出方式基本相同，只是 $V_{PP}=+25V$。在完成编程后，可将 2716 中的信息读出，与写入的内容进行比较，以确定编程内容是否已经正确地写入。

(6) 禁止编程：此方式禁止把数据总线上的信息写入 2716。

与 Intel 2716 属于同一类的常用 EPROM 芯片还有 Intel 2732、2764、27128、27256、27512、271024 等，它们的内部结构与外部引脚分配基本相同，主要是存储容量逐次成倍递增为 4K×8 位、8K×8 位、16K×8 位、32K×8 位、64K×8 位、128K×8 位等。

2. Intel 2732 芯片

Intel 2732 EPROM 芯片的容量为 4K×8 位，采用 HNMOS-E(高速 MNOS 硅栅)工艺制造和双列直插式封装。

Intel 2732 EPROM 芯片也是 24 条引脚，与 Intel 2716 相似，只是将其 21 引脚由 V_{PP} 改为 A_{11}，20 引脚由 $\overline{CS}$ 改为 $\overline{OE}$ 与 V_{PP} 共用，而将 18 引脚由 PD/PGM 改为 $\overline{CE}$，其他引脚功能不变，即

- $A_{11}\sim A_0$：12 条地址输入线，可寻址 2732 芯片内部的 4K 存储单元。
- $O_7\sim O_0$：8 位数据输入/输出线，都通过缓冲器输入/输出。
- $\overline{CE}$ 与 $\overline{OE}$：2 条控制线。$\overline{CE}$ 为片选控制线，低电平有效。$\overline{OE}$ 为芯片编程后存储单元信息读出控制线，低电平有效。
- V_{PP}：编程电源。V_{PP} 与 $\overline{OE}$ 共用一条引脚，在编程时应输入规定的编程电压，一般 V_{PP} 有 12.5V 和+25V 两种。
- V_{CC}：工作电压，为+5V。
- GND：地线。

Intel 2732 EPROM 的工作方式如表 5.4 所示。

表 5.4 Intel 2732 EPROM 的工作方式

方式	引脚				
	$\overline{CE}$ (18)	$\overline{OE}/V_{PP}$ (20)	A_9 (22)	V_{CC} (24)	输出 (9～11,13～17)
读	V_{IL}	V_{IL}	×	+5V	D_{OUT}
输出禁止	V_{IL}	V_{IH}	×	+5V	高阻抗
待机	V_{IH}	×	×	+5V	高阻抗
编程	V_{IL}	V_{PP}	×	+5V	D_{IN}
编程禁止	V_{IH}	V_{PP}	×	+5V	高阻抗
读标识码	V_{IL}	V_{IL}	V_H	+5V	标识码

与 Intel 2732 属于同一类的常用 EPROM 芯片还有 Intel 2764、27128、27256、27512、271024 等，它们的内部结构与外部引脚分配基本相同，主要是存储容量逐次成倍递增为 4K×8 位、8K×8 位、16K×8 位、32K×8 位、64K×8 位、128K×8 位等。

3. E^2PROM 芯片

常用的 E^2PROM 芯片有 Intel 2816/2816A、2817/2817A/2864A 等。其中，以 Intel 2864A 的 8K×8 位的容量为最大，它与 6264 兼容。其主要特点是，能像 SRAM 芯片一样读/写操作，且在写之前自动擦除原内容。但它并不能像 RAM 芯片那样能随机读/写，而只能有条件地写入，即只有当一个字节或一页数据编程写入结束后，方可以写入下一个字节或下一页数据。在 E^2PROM 的应用中，若需读某一个单元的内容，则只要执行一条存储器读指令，即可读出；若需对其内容重新编程，则可在线直接用字节写入或页写入方式写入。

5.4 存储器的连接

本节要解决两个问题：一个是如何用容量较小、字长较短的芯片，组成微机系统所需的存储器；另一个是存储器与 CPU 的连接方法与应注意的问题。

5.4.1 存储器芯片的扩充

1. 位数的扩充

用 1 位或 4 位的存储器芯片构成 8 位的存储器，可采用位并联的方法。例如，可以用 8 片 2K×1 位的芯片组成容量为 2K×8 位的存储器，如图 5.14 所示。这时，各芯片的数据线分别接到数据总线的各位，而地址线的相应位及各控制线则并联在一起。图 5.15 所示则是用两片 1K×4 位的芯片，组成 1K×8 位的存储器的情况。这时，一片芯片的数据线接数据总线的低 4 位，另一片芯片的数据线则接数据总线的高 4 位。而两片芯片的地址线及控制线则分别并联在一起。

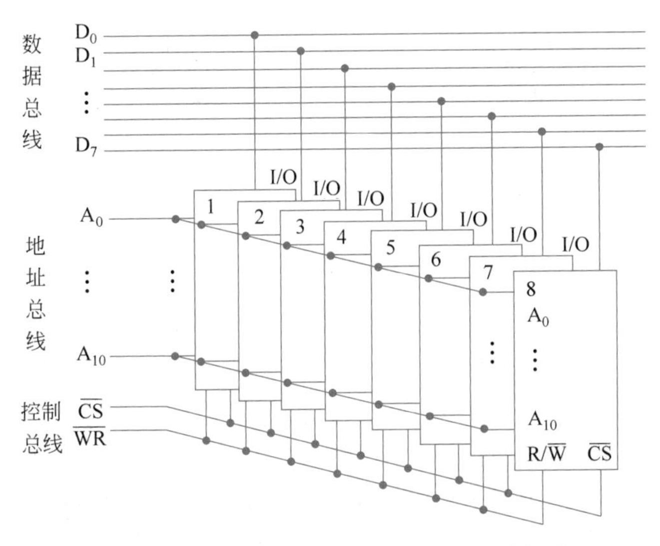

图 5.14 用 2K×1 位芯片组成 2K×8 位存储器

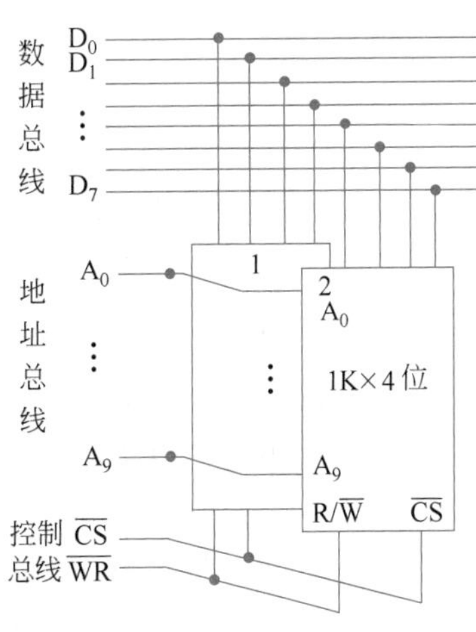

图 5.15 用 1K×4 位芯片组成 1K×8 位存储器

2. 地址的扩充

当扩充存储容量时，可采用地址串联的方法。这时，要用到地址译码电路，以其输入的地址码来区分高位地址，而以其输出端的控制线来对具有相同低位地址的几片存储器芯片进行片选。

地址译码电路是一种可以将地址码翻译成相应控制信号的电路。有2-4译码器，3-8译码器等。例如，图5.16所示为一个2-4译码器，输入端为A_0、A_{12}位地址码，输出为4根控制线，对应于地址码的4种状态，不论地址码A_0、A_1为何值，输出总是只有一根线处于有效状态，如逻辑关系表中所示，输出为低电平有效。

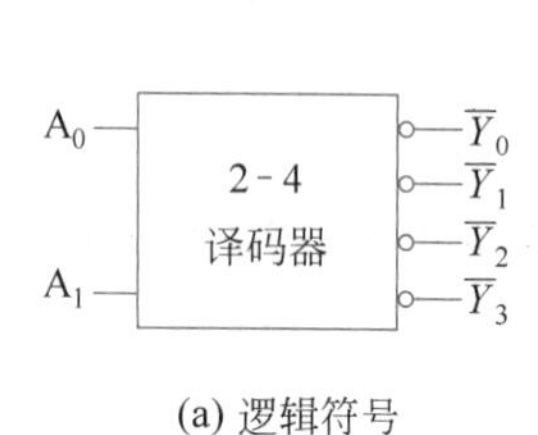

(a) 逻辑符号

输入		输出			
A_1	A_0	$\overline{Y}_0$	$\overline{Y}_1$	$\overline{Y}_2$	$\overline{Y}_3$
0	0	0	1	1	1
0	1	1	0	1	1
1	0	1	1	0	1
1	1	1	1	1	0

(b) 逻辑关系表

图 5.16　2-4 译码器

图5.17所示为用4片16K×8位的存储器芯片(或是经过位扩充的芯片组)组成64K×8位存储器连接线路。

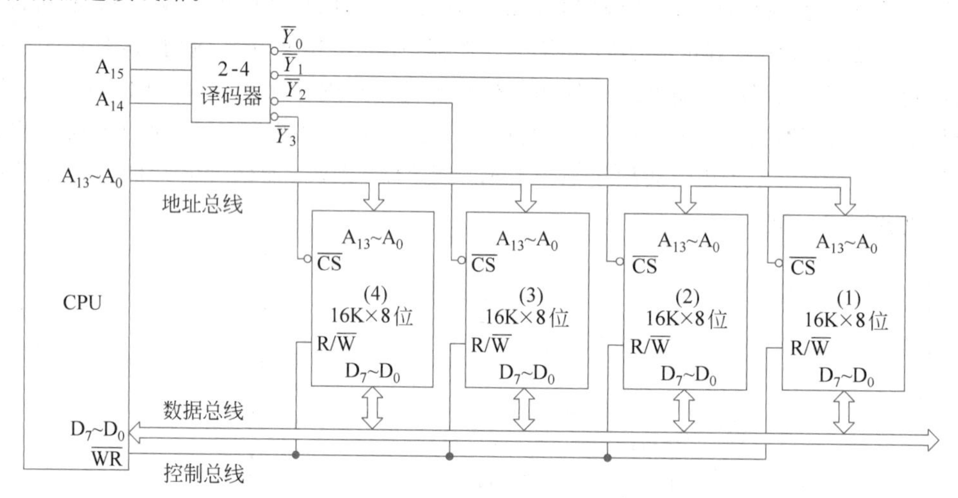

图 5.17　用 16K×8 位芯片组成 64K×8 位存储器

16K存储器芯片的地址为14位，而64K存储器的地址码应有16位。连接时，各芯片的14位地址线可直接接地址总线的A_0～A_{13}，而地址总线的A_{15}、A_{14}则接到2-4译码器的输入端，其输出端4根选择线分别接到4片芯片的片选$\overline{CS}$端。因此，在任一地址码时，仅有一片芯片处于被选中的工作状态，各芯片的取值范围如表5.5所示。

当需要同时扩充位数与容量时，则可以将上述两种方法结合起来使用。例如，当用16K×1位的芯片组成64K×8位的存储器时，共需用32片16K×1位的芯片。先用位线并联方法将每8片组成一组16K×8位存储器，再用地址扩充方法，选用2-4译码器组成的译码电路，组成4组16K×8位共64K×8位存储器。

表 5.5　存储器芯片取值范围

地址			译码器输出	选中的工作芯片	地址范围
A_{15}	A_{14}	$A_{13}\sim A_0$			
0	0	从全 0 到全 1	$\bar{Y}_0$	1 号	0000H～3FFFH
0	1	从全 0 到全 1	$\bar{Y}_1$	2 号	4000H～7FFFH
1	0	从全 0 到全 1	$\bar{Y}_2$	3 号	8000H～BFFFH
1	1	从全 0 到全 1	$\bar{Y}_3$	4 号	C000H～FFFFH

5.4.2　存储器与 CPU 的连接

在第 3 章中，对 8086 最小方式与最大方式的典型系统结构以及 8086 存储器高、低位库的连接，曾进行过一些概略的介绍。这里，将结合存储器的分类及其与 8086 CPU 的具体连接给予详细的说明。

1. 只读存储器与 8086 CPU 的连接

ROM、PROM 或 EPROM 芯片都可以与 8086 系统总线连接，实现程序存储器。例如，Intel 2716、2732、2764 和 27128 这一类 EPROM 芯片，由于它们属于以 1 字节宽度输出组织的，因此，在连接到 8086 系统时，为了存储 16 位指令字，要使用两片这类芯片并联组成一组。

图 5.18 所示为两片 2732 EPROM 与 8086 系统总线的连接示意图。该存储器子系统提供了 4K 字的程序存储器（即存放指令代码的只读存储器）。图中，上、下两片 2732 芯片分别代表了高 8 位与低 8 位存储体；为了寻址 4KB 字存储单元，将 8086 系统的 $A_{12}\sim A_1$ 这 12 根地址线接至两片 2732 的 $A_{11}\sim A_0$ 引脚上；8086 其余的高位地址线和 $M/\overline{IO}$（高电平）控制信号（图中未画出）用来译码产生片选信号 $\overline{CS}$ 并接至 2732 的片选端 $\overline{CE}$，而两片 2732 的输出允许端 $\overline{OE}$ 将和 8086 系统的控制信号 $\overline{RD}$（最小方式时）或 $\overline{MRDC}$（最大方式时）连接，只有在 $\overline{CE}$ 和 $\overline{OE}$ 同时为低电平时，2732 才能把被选中存储单元的指令代码读出到数据总线上去。

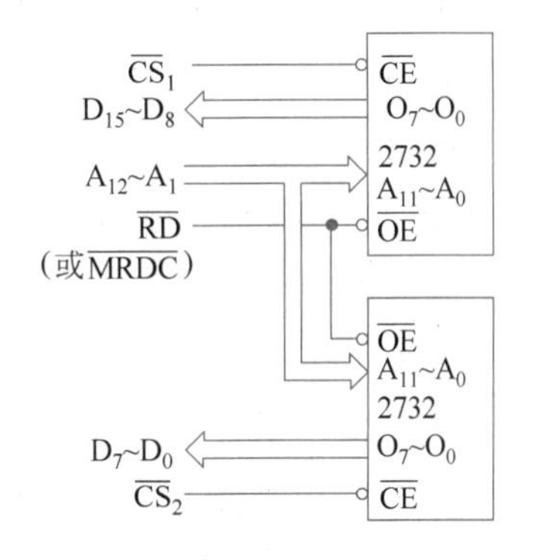

图 5.18　两片 2732 组成 4KB 字程序存储器

2. 静态 RAM 与 8086 CPU 的连接

当微机系统的存储器容量少于 16K 字时，宜采用静态 RAM 芯片，因为大多数动态 RAM 芯片都是以 16K×1 位或 64K×1 位来组织的，并且，动态 RAM 芯片还要求动态刷新电路，这种附加的支持电路会增加存储器的成本。

8086 CPU 无论是在最小方式或最大方式下，都可以寻址 1MB 的存储单元，存储器均按字节编址。图 5.19 所示为 2KB 字的读/写存储器子系统。存储器芯片选用静态 RAM 6116(2K×8 位)。该存储器子系统为最小工作方式，由两片 6116 构成 2KB 字的数据存储器。8086 可以通过软件从存储器中读取字节、字和双字数据。

在图 5.19 中，上面的一片 6116 用作低 8 位 RAM 存储体，它的 I/O 引线和数据总线 $D_7\sim D_0$ 相连，它代表偶数地址字节数据；下面的一片 6116 用作高 8 位 RAM 存储体，它的

I/O 引线和数据总线 $D_{15} \sim D_8$ 相连，它代表奇数地址字节数据。利用 A_0 与 $\overline{BHE}$ 可对偶数地址的低位库与奇数地址的高位库分别进行选择。数据的读出或写入，在保持 6116 的片选信号 $\overline{CE}$ 为低电平的同时，将取决于输出允许信号 $\overline{OE}$ 或者写允许信号 $\overline{WE}$ 为低电平。例如，在执行偶地址边界上的字操作时，8086 将使 A_0 与 $\overline{BHE}$ 都为低电平。这样，两个存储体都被允许执行读/写操作，读/写数据的高位字节和低位字节将同时在 16 位数据总线上传送。若此时 $\overline{OE}=0$ 而 $\overline{WE}=1$，则字数据将从所选中的存储单元读出；反之，若此时 $\overline{OE}=1$ 而 $\overline{WE}=0$，则字数据将从数据总线上写入被选中的存储单元。

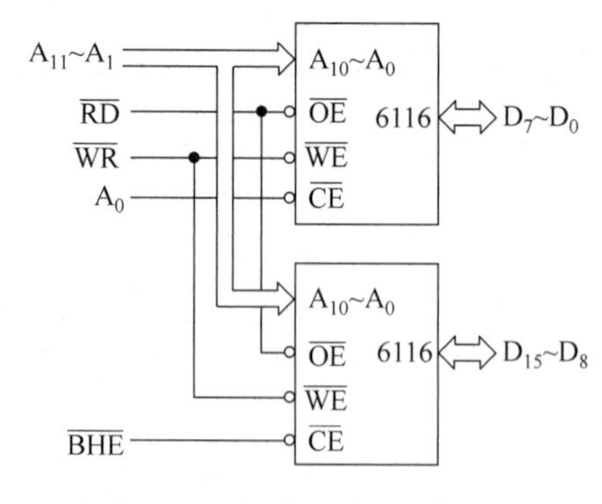

图 5.19　两片 6116 组成 2KB 字数据存储器

图 5.19 所示为一个只有两片一组，且其容量为 2KB 字的 RAM 子系统，故只有组内两片间的高、低位库选择和片内低位寻址，而没有若干组之间的高位片选。如果 RAM 子系统的容量增大，需要扩充为若干组 RAM 芯片，那么，就会涉及组与组之间的高位片选问题。当使用 6116 RAM 芯片时，若 $\overline{OE}$ 与 $\overline{WE}$ 已分别接至 8086 系统的 $\overline{RD}$ 与 $\overline{WR}$ 两条控制线，则每一片 6116 只剩下一个片选允许信号端 $\overline{CE}$ 可供唯一的片选信号端 $\overline{CS}$ 来使用；这时，由于它既要考虑用 8086 的高位地址线和 M/$\overline{IO}$（高电平）控制信号来控制片选信号 $\overline{CS}$，又要考虑用 A_0 与 $\overline{BHE}$ 两个信号来控制选择高、低位库，因此，必须同时通过逻辑电路来连接这些信号以实现上述多种控制要求。下面的例子将会看到这种连接与控制的具体情况。

3. EPROM、静态 RAM 与 8086 CPU 连接的实例

图 5.20 所示为 8086 CPU 组成的单处理器系统的典型结构。图中，8086 为最小工作方式（MN/$\overline{MX}$ 引脚置逻辑高电平）。当微机复位时，8086 将执行 FFFF0H 单元的指令。

本系统具有 32KB 字节的 EPROM 区，使用了 8 片 2732（4K×8 位）EPROM 芯片，分别以 $U_{32} \sim U_{39}$ 表示。这 8 个芯片按每两片一组分别组成 4 组 4KB 字的 EPROM 区，它们分别用 $A_{19} \sim A_{13}$ 这 7 条地址线和 M/$\overline{IO}$ 线以及 $\overline{RD}$ 线作为输入信号，通过 U_{22}（74LS138 译码器）的 4 个输出端信号 $\overline{Y}_4 \sim \overline{Y}_7$ 控制该 4 组 2732 的输出允许信号端 $\overline{OE}$。同时，还要用 8086 的 A_0 与 $\overline{BHE}$ 两个信号来控制各组内两片高、低位库的选择。显然，U_{32}、U_{34}、U_{36}、U_{38} 是受 A_0 控制的偶数地址低位库，而 U_{33}、U_{35}、U_{37} 与 U_{39} 是受 $\overline{BHE}$ 控制的奇数地址高位库。并且，4 组 EPROM 的地址范围可以很容易被确定，如表 5.6 所示。

表 5.6　EPROM 区地址分配表

组　　别	EPROM 芯片（2732）		地 址 范 围
	偶地址	奇地址	
第 1 组	U_{32}	U_{33}	F8000H～F9FFFH
第 2 组	U_{34}	U_{35}	FA000H～FBFFFH
第 3 组	U_{36}	U_{37}	FC000H～FDFFFH
第 4 组	U_{38}	U_{39}	FE000H～FFFFFH

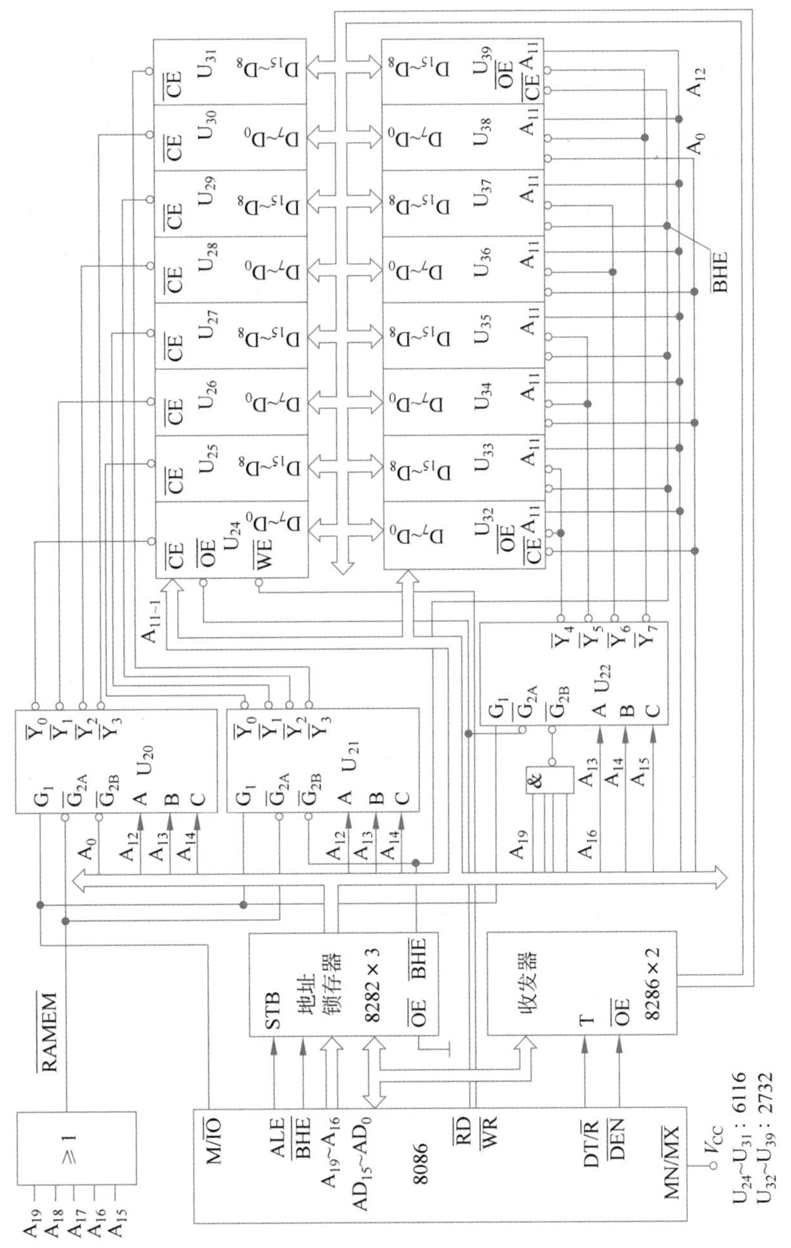

图 5.20　8086 单处理器系统连接实例

本系统还具有 16KB 的 RAM，使用了 8 片 6116(2K×8 位)静态 RAM 芯片，它们分别以 U_{24}～U_{31} 表示。这 8 个芯片也按每两片一组分别组成 4 组 2KB 字的 RAM 区，它们分别用 A_{14}、A_{13}、A_{12} 这 3 条地址线和 $M/\overline{IO}$ 线以及 $\overline{RAMEM}$ 线作为输入信号，通过 U_{20} 和 U_{21}(均为 74LS138 译码器。注意：它有 3 个片选端，即 G_1、$\overline{G}_{2A}$、$\overline{G}_{2B}$，必须使 $G_1=1$，$\overline{G}_{2A}=0$，$\overline{G}_{2B}=0$，允许译码输出，芯片才能有效工作。)各自的 4 个输出端信号 $\overline{Y}_0$～$\overline{Y}_3$ 控制该 4 组 6116 的 8 个片选端 $\overline{CE}$。同时，还要用 8086 的 A_0 和 $\overline{BHE}$ 作为输入信号接至 U_{20} 和 U_{21} 的 $\overline{G}_{2B}$ 端，通过对 U_{20} 和 U_{21} 是否允许输出有效电平的选通，来实现对 4 组 RAM 芯片内高、低位库的选择。U_{20} 为偶地址译码器，它们分别选择 U_{24}、U_{26}、U_{28} 和 U_{30}；U_{21} 为奇地址译码器，它们分别选择 U_{25}、U_{27}、U_{29} 和 U_{31}。系统读($\overline{RD}$)、写($\overline{WR}$)信号直接接到 RAM 芯片的 $\overline{OE}$ 和 $\overline{WE}$ 端，以控制数据的传送方向。RAM 芯片本身寻址由 A_{11}～A_0 这 12 条地址线决定。此外，6116 剩余的 A_{19}～A_{15} 这 5 条地址线全为 0。这时，4 组 RAM 的地址范围也可以很容易被确定，如表 5.7 所示。

表 5.7　静态 RAM 区地址分配表

组　别	静态 RAM 芯片(6116)		地址范围
	偶地址	奇地址	
第 1 组	U_{24}	U_{25}	00000H～00FFFH
第 2 组	U_{26}	U_{27}	01000H～01FFFH
第 3 组	U_{28}	U_{29}	02000H～02FFFH
第 4 组	U_{30}	U_{31}	03000H～03FFFH

5.5　内存条技术的发展

内存历来都是系统中最大的性能瓶颈之一，特别是在 PC 技术发展的初期，PC 上所使用的内存是一块块的集成电路芯片 IC，且将其焊接在主板上，这给后期维护与维修带来许多麻烦。

随着 PC 技术的发展，PC 设计人员首次在 80286 主板上推出了模块化的条装内存，使每一条上集成了多块内存 IC，并在主板上也设计了相应的内存插槽，这样的内存条就大大方便了安装与拆卸，内存的维修与升级也变得非常简单。此后，内存条从规格、技术、总线带宽等不断更新换代，使内存的性能瓶颈问题获得较大改善。

1. SIMM 内存

最初(1982 年)出现在 80286 主板上的"内存条"，采用的是单边接触内存模组(Single Inline Memory Modules，SIMM)接口，容量为 30 线、256KB，由 8 片数据位和 1 片校验位组成 1 个存储区块(bank)，因此，一般见到的 30 线 SIMM 都是 4 条内存一起使用。图 5.21 给出了 30 线 SIMM 内存的式样。

在 1988 年至 1990 年，PC 技术进入 32 位的 386 和 486 时代，推出了 72 线 SIMM 内存，支持 32 位快速页模式内存，内存带宽得以大幅度提升。72 线 SIMM 内存单条容量一般为 512KB～2MB，要求两条同时使用。图 5.22 给出了 72 线 SIMM 内存的式样。

图 5.21　30 线 SIMM 内存

图 5.22　72 线 SIMM 内存

注意：72 线的 SIMM 内存引进了一个 FP DRAM(又称快速页面动态内存)，在 386 时代很流行。

2. EDO DRAM 内存

外扩充数据模式动态存储器(Extended Data Out DRAM，EDO DRAM)是 1991 年到 1995 年之间盛行的内存条，EDO DRAM 同 FP DRAM 极其相似，其速度比普通的 DRAM 快 15%～30%。工作电压一般为 5V，带宽 32 位，主要应用在当时的 486 及早期的 Pentium 计算机中，如图 5.23 所示。

图 5.23　EDO DRAM 内存

随着 EDO DRAM 在成本和容量上的突破，加上制作工艺的飞速发展，当时单条 EDO DRAM 内存的容量已经达到 4MB～16MB。后来由于 Pentium 及更高档的 CPU 数据总线宽度都是 64 位甚至更高，所以 EDO RAM 与 FPM RAM 都必须成对使用。

3. SDRAM 时代

自 Intel Celeron 系列以及 AMD K6 处理器以及相关的主板芯片组推出后，EDO DRAM 内存性能再也无法满足需要，于是内存又开始进入比较经典的 SDRAM 时代。

第一代 SDRAM 内存为 PC66 规范，之后有 PC100、PC133 和 PC150(如图 5.24 所示)等规范，其频率从早期的 66MHz，发展到 100MHz、133MHz 等。由于 SDRAM 的带宽为 64 位，正好对应 CPU 的 64 位数据总线宽度，因此它只需要一条内存便可工作，便捷性进一步提高。在性能方面，由于其输入/输出信号保持与系统外频同步，因此速度明显超越 EDO 内存。

4. Rambus DRAM 内存

SDRAM PC133 内存的带宽可提高带宽到 1064MBps，但仍不能满足后来 CPU 主频的提升需求，此时，Intel 公司与 Rambus 公司联合推出了 Rambus DRAM 内存(称为 RDRAM 内存)。与 SDRAM 不同的是，它采用了新一代高速简单内存架构，基于一种类 RISC(精简指令集计算机)理论，可以减少数据的复杂性，使得整个系统性能得到提高，如图 5.25 所示。

图 5.24　PC150 SDRAM 内存

图 5.25　Rambus DRAM 内存

硬件技术竞争的特点是频率竞争，由于 CPU 主频的不断提升，Intel 公司在推出高频 Pentium Ⅲ以及 Pentium 4 CPU 的同时，推出了 Rambus DRAM 内存。Rambus DRAM 内存以高时钟频率来简化每个时钟周期的数据量，因此内存带宽相当出色，如 PC 1066，1066MHz 32 位带宽可达到 4.2GB/s，它曾一度被认为是 Pentium 4 的绝配。

尽管如此，Rambus RDRAM 内存并未在市场竞争中立足长久，很快被更高速度的 DDR 所取代。

5. DDR 时代

双倍速率 SDRAM(Double Date Rate SDRAM，DDR SDRAM)简称 DDR，它实际上是 SDRAM 的升级版本，采用在时钟信号的上升沿和下降沿都可以传输数据，因而时钟率可以加倍提高，传输速率和带宽也相应提高。

DDR SDRAM 内存有 184 个引脚，引脚部分有一个缺口，其作用是在安装内存条时，可以防止插反，还有就是可以用于区分不同类型的内存条。

第一代 DDR200 规范未得到普及，第二代 PC266 DDR SRAM(133MHz 时钟×2 倍数据传输=266MHz 带宽)是由 PC133 SDRAM 内存衍生而来，它将 DDR 内存带向第一个高潮，不少赛扬和 AMD K7 处理器都在采用 DDR266 规格的内存，其后来的 DDR333 内存也属于一种过渡，而 DDR400 内存曾是主流平台选配，双通道 DDR400 内存已经成为前端总线 800FSB 处理器搭配的基本标准，随后的 DDR533 规范则成为超频用户的选择对象。

6. DDR2 时代

随着 CPU 性能不断提高，对内存性能的要求也逐步升级。仅靠高频率提升带宽的 DDR 已力不从心，于是 JEDEC 组织很早就开始酝酿 DDR2 标准，加上 LGA775 接口的 915/925 以及 945 等新平台开始对 DDR2 内存的支持，DDR2 内存开始成为内存之星。

针对 PC 等市场的 DDR2 内存拥有 400、533、667MHz 等不同的时钟频率，高端的 DDR2 内存速度已经提升到 800MHz/1066MHz。DDR2 内存实现了在每个时钟周期处理多达 4b 的数据，比传统 DDR 内存可以处理的 2b 数据高了一倍。DDR2 内存采用 200/220/240 针脚的 FBGA 封装形式，它可以提供更良好的电气性能与散热性，为 DDR2 内存的稳定工作与未来频率的发展提供了坚实的基础。

7. DDR3 时代

DDR3 在 DDR2 基础上采用的新型设计，其工作电压更低，从 DDR2 的 1.8V 降落到 1.5V，性能更好更为省电；从 DDR2 的 4b 预读升级为 8b 预读；DDR3 最高能够达到 2000MHz 的速度。

面向 64 位构架的 DDR3 显然在频率和速度上拥有更多的优势，此外，由于 DDR3 所采用的根据温度自动自刷新、局部自刷新等其他一些功能，在功耗方面 DDR3 也要出色得多。在 CPU 外频提升迅速的 PC 台式机领域，DDR3 的应用将进一步扩大。市场对 DDR3 内存的需求顶点在 2012 年达成，其市占率约为 71%。

8. DDR4 时代

在 2012 年，DDR4 时代初步开启。DDR4 内存的有效运行频率初步设定在 2133～4266MHz 之间，运行电压则会进一步降低至 1.2V、1.1V，甚至还可能会有 1.05V 的超低压节能版，生产工艺预计首批采用 36nm 或者 32nm。有调查报告称，DDR4 内存的市场占有率从 2013 年的 5%提升到 2015 年的 50%以上。图 5.26 为内存的工作电压规格路线图，内存频率规格的发展示意图如图 5.27 所示。

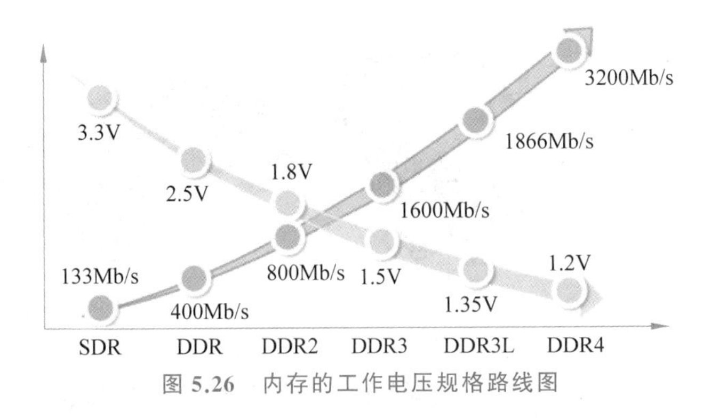

图 5.26　内存的工作电压规格路线图

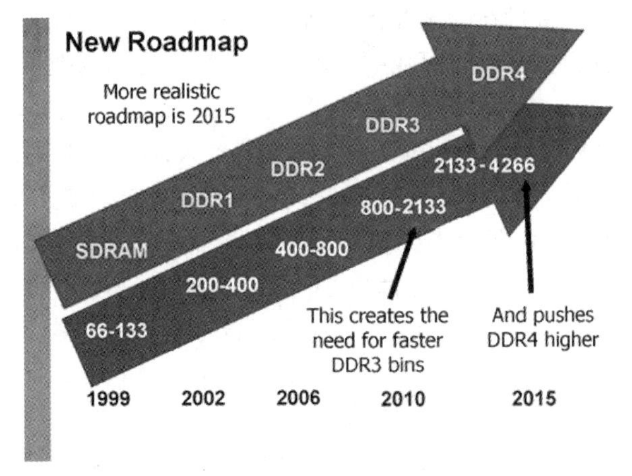

图 5.27　内存频率规格的发展示意图

5.6　外部存储器

随着信息量的不断增大,人们对存储介质容量的要求越来越大,对介质的存取速度要求也越来越高。作为外存储器的硬盘、CD-ROM 等为计算机提供了大容量、永久性存储功能。

硬盘(Hard Disk)是计算机最重要的外部存储设备,包括操作系统在内的各种软件、程序、数据都需要保存在硬盘上,其性能直接影响计算机的整体性能。随着硬盘技术的不断改进,它正朝着容量更大、体积更小、速度更快、性能更高、价格更便宜的方向发展。光盘存储技术是采用磁盘以来最重要的新型数据存储技术,它具有容量大、速度高、工作稳定可靠以及耐用性强等许多独特的优良性能,特别适合于多媒体应用技术发展的需要。

5.6.1　硬盘

硬盘是一种固定的存储设备,其存储介质是若干钢性磁盘片,其特点是速度快、容量大、可靠性高,几乎不存在磨损问题。常见的硬盘接口是 IDE 接口和 SATA 接口。主要厂商有迈拓(Maxtor)、希捷(Seagate)、IBM 等。图 5.28 给出了硬盘内部图解。

图 5.28 硬盘内部图解

硬盘内部的主要组成部件有记录数据的磁头、刚性磁片、马达及定位系统、电子线路、接口等。硬盘的核心部件被密封在净化腔体内，而控制电路及外围电路则布置在硬盘背面的一块电路板上，主要是控制硬盘读/写数据及硬盘与计算机之间的数据传输。这块电路板上有几颗较大的芯片，包括主控芯片、缓存芯片等。

硬盘作为一种重要的存储部件，其容量就决定着个人计算机的数据存储量大小的能力。现硬盘的容量是以 GB(千兆)为单位的。1956 年 9 月 IBM 公司制造的世界上第一台磁盘存储系统只有 5MB，而现今硬盘技术飞速的发展使其容量达到数百 GB。硬盘技术还在继续向前发展，更大容量的硬盘还将不断推出。

5.6.2 硬盘的接口

硬盘接口决定着硬盘与计算机之间数据的传输速度。这里，将简要介绍 IDE 硬盘和 SATA 硬盘。

1. IDE 硬盘

IDE(Integrated Device Electronics)硬盘曾在计算机中使用广泛，采用 PATA 接口。通过专用的数据线(40 芯 IDE 排线)与主板的 IDE 接口相连。人们也习惯用 IDE 称谓最早出现的 IDE 类型硬盘 ATA-1，而其后发展分支出更多类型的硬盘接口，例如 ATA、Ultra ATA、DMA、Ultra DMA 等接口都属于 IDE 硬盘。图 5.29 所示为 IDE 接口硬盘、数据线与主板上的 IDE 接口式样。

(a) IDE接口硬盘

(b) IDE数据线

(c) 主板上的IDE接口

图 5.29 IDE 接口硬盘、数据线与主板上的 IDE 接口样式

2. SATA 硬盘

SATA(Serial ATA)接口的硬盘又称串口硬盘，它是主流的硬盘接口。2001 年 8 月，正式确立了 Serial ATA 1.0 规范，SATA(串行 ATA)主要用于取代已经遇到瓶颈的 PATA

(并行 ATA)接口技术。在传输方式上,SATA 比 PATA 先进,提高了数据传输的可靠性,抗干扰能力更强。另外,串行接口还具有结构简单、支持热插拔的优点。

曾有 SATA 1.0 和 SATA 2.0 两种标准,对应的传输速度分别是 150MB/s 和 300MB/s。图 5.30 所示为 SATA 硬盘接口、数据线与主板上 SATA 接口的式样。

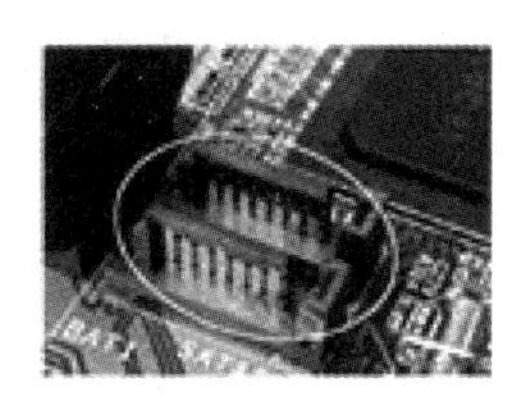

(a) SATA硬盘接口　　(b) 数据线　　(c) 主板上的SATA接口

图 5.30　SATA 硬盘接口、数据线与主板上 SATA 接口的式样

SATA -IO 这个制定维护 SATA 行业标准的巨头从 2011 年开始,就开始构建 SATA 3.0(SATA6Gb/s 接口的 600MB/s 传输速度)之后的 SATA 规范。作为 SATA 6Gb/s 的后继者,其被命名为 SATA Express,它的最大改变就在于实现了从传统 SATA 环境到 PCI-E 的转变。

5.6.3　硬盘的主要参数

1. 单碟容量

单碟容量是硬盘重要的参数之一,在一定程度上决定着硬盘的性能档次的高低。一块硬盘是由多个存储碟片组合而成,单碟容量就是一个存储碟片所能存储的最大数据量。

单碟容量越大技术越先进,而且更容易控制成本及提高硬盘工作稳定性。它的增加意味着在同样大小的盘片上建立更多的磁道数,盘片每转到一周,磁头所能读出的数据就越多,在相同转速的情况下,硬盘单碟容量越大其内部数据传输速度就越快。

2005 年 9 月,希捷(Seagate)发布了酷鱼 7200.9(Barracuda 7200.9)系列硬盘,单碟容量提高到 160GB,这几乎已经是传统的水平记录技术的技术极限;2006 年 4 月,希捷率先将垂直记录技术运用于桌面硬盘,发布了采用垂直记录技术的酷鱼 7200.10(Barracuda 7200.10)系列硬盘,最大单碟容量提高到 188GB,随着垂直记录技术的继续发展和磁记录密度的提高,硬盘的单碟容量还会继续提升。

2. 硬盘的转速

转速是指硬盘内主轴的转动速度。转速的快慢是决定硬盘内部传输率的关键因素之一,硬盘的转速越快,硬盘寻找文件的速度就越快,传输速度也就越快。

较高的转速可以缩短硬盘的平均寻道时间,但同时也会产生硬盘温度升高、电机主轴磨损加大、工作噪声增大等影响。

台式机硬盘有 5400RPM(转/分钟)和 7200RPM 两种转速。在容量价格都差不多的情况下,可首选转速快的 7200RPM 的硬盘产品。

3. 硬盘的传输速率

不同的硬盘接口,其传输速率不同,IDE 接口硬盘有 ATA/66、ATA/100、ATA/133 等多种规格,在理论上的外部最大传输速率分别为 66MB/s、100MB/s、133MB/s;SATA 1.0 的传输速率为 150MB/s,SATA 2.0 的传输速率为 300MB/s,SATA 3.0 的传输速率为 600MB/s。

4. 缓存容量

硬盘的缓存是集成在硬盘控制器上的一块内存芯片,用于缓存硬盘内部和外界接口之间的交换数据。缓存的大小与速度是直接关系到硬盘的传输速度的重要因素,较大的缓存可以大幅度地提高硬盘整体性能。

主流硬盘的缓存容量为 8MB、16MB 等,一些高端产品的缓存容量达到了 64MB。

5. 平均寻道时间

平均寻道时间(Average Seek Time)是指硬盘在收到系统指令后,硬盘磁头移动到数据所在磁道时所需要的平均时间,是影响硬盘内部数据传输率的重要参数,单位为毫秒(ms)。时间值越小,硬盘的性能就越高。

平均寻道时间是由转速、单碟容量等多个因素决定的,一般来说,硬盘的转速越高,单碟容量越大,其平均寻道时间就越小。

5.7 光盘驱动器

光盘存储技术是采用磁盘以来重要的新型数据存储技术,它具有容量大、速度高、工作稳定可靠以及耐用性强等许多独特的优良性能,特别适合于多媒体应用技术发展的需要。

5.7.1 光驱的分类

按照读取方式和读取光盘类型的不同,可以将光盘驱动器分为 CD-ROM、DVD-ROM 和刻录机 3 种。

1. CD-ROM

只读光盘驱动器(CD-ROM)曾是使用最广泛的光驱类型,可读取 CD 和 VCD 两种格式的光盘。随着 DVD-ROM 逐渐占据主流市场,CD-ROM 已逐渐停止生产。

2. DVD-ROM

DVD-ROM 既可以读 CD 光盘,也可读取容量更大的 DVD 光盘,是只读光盘驱动器。

3. 刻录机

刻录机可以分为 CD 刻录机、COMBO 刻录机以及 DVD 刻录机。其中,CD 刻录机和 COMBO 刻录机已逐渐淡出市场。

DVD 刻录机不仅可以读取 DVD 光盘,还可将数据刻录到 DVD 或 CD 光盘中,是市场上的主流产品。

5.7.2 光驱的倍速

通常我们是以多少倍速来描述光驱速度的。在制定 CD-ROM 标准时，把 150KB/s 的传输率定为标准，随着驱动器的传输速率越来越快，就出现了倍速、4 倍速、32 倍速、40 倍速或者更高。

1. 刻录速度

（1）CD 刻录速度

CD 刻录速度是指该光驱所支持的最大 CD-R 刻录倍速。主流内置式 CD-RW 产品最大能达到的是 52 倍速的刻录速度，还有部分 40 倍速、48 倍速的产品；外置式的 CD-RW 刻录机市场上的产品速度差异较大，有 24 倍速、40 倍速、48 倍速和 52 倍速等。

（2）DVD 刻录速度

市场中的 DVD 刻录机能达到的最高刻录速度为 24 倍速。常见的 DVD 刻录机，刻录一张 4.7GB 的 DVD 盘片，若采用 8 倍速刻录需 7～8 分钟。DVD 刻录速度和刻录品质是购买 DVD 刻录机的首要因素，购买时，尽可能选择高倍速且刻录品质较好的 DVD 刻录机。

2. 读取速度

（1）CD 读取速度

CD 读取速度是指光驱在读取 CD-ROM 光盘时，所能达到最大光驱倍速。CD-ROM 所能达到的 CD 读取速度是 56 倍速；DVD-ROM 读取 CD-ROM 速度方面要略低一点，达到 52 倍速的产品还较少，大部分为 48 倍速；COMBO 产品基本都达到了 52 倍速。

（2）DVD 读取速度

DVD 读取速度是指光驱在读取 DVD-ROM 光盘时，所能达到最大光驱倍速。常见的 DVD-ROM 驱动器，其 DVD 读取速度是 16 倍速；DVD 刻录机，其 DVD 读取速度是 12 倍速等。

3. 复写速度

CD/DVD 复写速度是指刻录机在刻录可复写的 CD-RW 或 DVD-RW 光盘时，对其进行数据擦除并刻录新数据的最大刻录速度。较快 CD-RW 刻录机在对 CD-RW 光盘复写操作时可以达到 32 倍速；主流 DVD 刻录机中能达到的 DVD 复写速度为 8 倍速。

5.7.3 DVD 光盘的类型

由于 CD 刻录盘性价比（容量/价格）上的劣势，一般都倾向于选择容量更大的 DVD 刻录盘。这里将重点讨论 DVD 刻录盘。

（1）DVD-R 与 DVD+R

DVD-R 与 DVD+R 是市面上较多的两种 DVD 刻录盘。“R”是 Recordable（可记录）的意思。DVD-R/DVD+R 代表光盘可以写入数据，但只能一次性写入，刻录上数据后不能再被删除或更改。

DVD-R 是先锋（Pioneer）主导研发的一种一次性 DVD 刻录规格（1997 年面世）。现在的

DVD-R 盘片都是后续的 Ver.2.0 版本，容量 4.7GB(12cm 光盘)/1.46GB(8cm 光盘)。

第一张 DVD+R 诞生于 2002 年，容量也是 4.7GB。从物理结构上 DVD+R 更优秀一些。图 5.31 是 SONY 的 8X DVD+R，图 5.32 是 Maxell 的 16X DVD-R。

(2) DVD±RW

"RW"是 Re-Writable(可覆写)的缩写，它可实现光盘的重复写入/删除数据。由于光盘的光感层上使用的有机染料的不同，DVD±RW 的可覆写次数从几百次到一千次不等。图 5.33 和图 5.34 是常用的 DVD±RW。

图 5.31　SONY DVD+R

图 5.32　Maxell DVD-R

图 5.33　SONY DVD-RW

图 5.34　Maxell DVD+RW

(3) DVD+R DL 与 DVD-R DL

DVD±R DL(Dual Layer)有两个数据层，容量是 8.5GB，而普通 DVD 只有一个数据层，容量是 4.7GB。常见 DVD 的格式有 DVD-5(单面单层)、DVD-9(单面双层)、DVD-10(双面单层)以及 DVD-18(双面双层)。常见光盘容量等参数的比较参见表 5.8 所示。

表 5.8　常见光盘的参数比较

盘片规格	标称容量	面数/层数	播放时间
CD-ROM	650MB	单面	最多 74min 音频
DVD-5	4.7GB	单面单层	超过 2h 视频
DVD-9	8.5GB	单面双层	约 4h 视频
DVD-10	9.4GB	双面单层	约 4.5h 视频
DVD-18	17GB	双面双层	超过 8h 视频

图 5.35　Panasonic 5X DVD-RAM

(4) 光盘随机存储器(DVD Random Access Memory，DVD-RAM)

DVD-RAM 是以日本的日立、松下、东芝为首的集团开发的一种可复写 DVD。DVD-RAM 盘片的最大优点是可以复写 10 万次以上，1999 年后改为单层 4.7GB，2000 年时，其双层容量为 9.4GB。不过 DVD-RAM 盘片易碎。图 5.35 为 Panasonic 5X DVD-RAM。

(5) 蓝光光盘

蓝光(Blue-Ray)是由索尼、松下、日立、先锋等 9 家公司共同推出的新一代 DVD 光盘标准，并以 SONY 为首于 2006 年开始全面推动相关产品。蓝光光盘可存储高品质的影音以及高容量的数据，由于采用波长 405nm 的蓝色激光光束来进行读写操作(DVD 采用 650nm 波长的红光读写器，CD 是采用 780nm 波长)而得名。它的最大优势是容量大，单面单层的就高达 23.3GB/25GB/27GB；蓝光光盘的直径是 120mm，厚度为 1.2mm(与现有 CD 或 DVD 相同)，有 3 个可用版本：只读(BD-ROM)、写入一次(BD-R)和可重复写入(BD-RE)。

5.8 存储器系统的分层结构

存储系统的性能在计算机中的地位日趋重要，主要原因是：①冯·诺依曼体系结构是构建在存储程序概念的基础上，访存操作约占中央处理器(CPU)时间的 70%左右；②存储管理与组织的好坏影响到整机效率；③现代的信息处理，如图像处理、数据库、知识库、语音识别、多媒体等对存储系统的要求很高。

在计算机系统中存储层次可分为高速缓冲存储器、主存储器、辅助存储器三级。高速缓冲存储器用来改善主存储器与中央处理器的速度匹配问题。辅助存储器用于扩大存储空间。

图 5.36 给出了存储器的分级结构示意图。从图中可以看出，最内层是 CPU 中的通用寄存器，很多运算可直接在其中进行，减少了 CPU 与主存的数据交换，很好地解决了速度匹配的问题，但通用寄存器的数量有限。高速缓冲存储器(cache)设置在 CPU 和主存之间，可以放在 CPU 内部或外部。其作用也是解决主存与 CPU 的速度匹配问题。cache 一般是由高速 SRAM 组成，有一级 cache 和二级 cache 等。

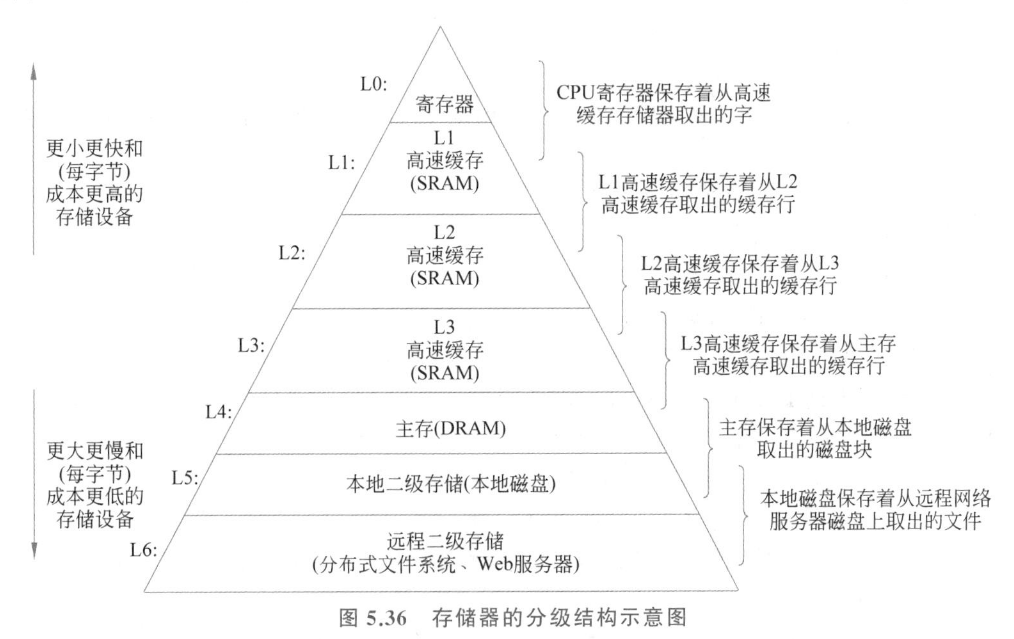

图 5.36 存储器的分级结构示意图

以上两层仅解决了速度匹配问题，存储器的容量仍受到内存容量的制约。因此，在多级存储结构中又增设了辅助存储器和大容量存储器(如硬盘、光盘等)。随着操作系统和硬件技术的完善，主存之间的信息传送均可由操作系统中的存储管理部件和相应的硬件自动完成，从而弥补了主存容量不足的问题。

采用由多级存储器组成的存储体系，可以把几种存储技术结合起来，较好地解决存储器大容量、高速度和低成本这三者之间的矛盾，满足了计算机系统的应用需要。

习　题　5

5.1　试简要说明半导体存储器有哪些分类，每类又包括哪些存储器。

5.2　在 RAM 类型存储器中，哪种类型速度最快？哪种类型功耗最低？哪种类型集成度最高？

5.3　常见的地址译码方式有几种？各有哪些特点？

5.4　某一 RAM 内部采用两个 32 选 1 的地址译码器，并且有一个数据输入端和一个数据输出端，试问该 RAM 的容量是多少？基本存储电路采用何种译码电路？存储阵列排列成怎样一种阵列格式？

5.5　设有一个具有 13 位地址和 8 位字长的存储器，试问：

(1) 存储器能存储多少字节信息？

(2) 如果存储器由 1K×4 位 RAM 芯片组成，共计需要多少片？

(3) 需要用哪几位高位地址做片选译码来产生芯片选择信号？

5.6　下列 RAM 各需要多少条地址线进行寻址？需要多少条数据 I/O 线？

(1) 512×4 位　　(2) 1K×4 位

(3) 1K×8 位　　(4) 2K×1 位

(5) 4K×1 位　　(6) 16K×4 位

(7) 64K×1 位　　(8) 256K×4 位

5.7　分别用 1024×4 位和 4K×2 位芯片构成 64K×8 位的随机存取存储器，各需多少片？

5.8　在有 16 根地址总线的微机系统中，根据下面两种情况设计存储器片选的译码电路及其与存储器芯片的连接电路。

(1) 采用 1K×4 位存储器芯片，形成 32KB 存储器。

(2) 采用 2K×8 位存储器芯片，形成 32KB 存储器。

5.9　何谓动态存储器？何谓静态存储器？试比较两者的不同点。

5.10　使用下列 RAM 芯片，组成所需的存储容量，问各需多少 RAM 芯片？各需多少 ROM 芯片组？共需多少条寻址线？每块片子需多少条寻址线？

(1) 512×2 位的芯片，组成 8KB 的存储容量。

(2) 1K×4 位的芯片，组成 64KB 的存储容量。

5.11　以下存储器件，若存有数据，那么当掉电时，哪种存储器件能保留原有数据？

A. 磁芯存储器　　B. RAM　　C. ROM

5.12　存储器与 CPU 之间的连接，有哪几种连接线？应考虑哪几方面的问题？

5.13　如果存储器的速度较慢，且与 CPU 不配合，则应采用什么措施？

5.14　用 1K×2 位的 RAM 芯片，组成 8KB 的存储容量，需多少 RAM 芯片？多少根地址线？多少芯片组？

5.15　256×4 位的 RAM 芯片，组成 4KB 存储容量，每片需多少地址线？共需多少地址线？多少块芯片？多少芯片组？

5.16　1K×4 位的 RAM 芯片，组成 4KB 的存储容量，若采用线选法进行片选，共需多少芯片？多少芯片组？每组需多少条地址线？

5.17　试为某 8 位微机系统设计一个具有 16KB ROM 和 48KB RAM 的存储器。

(1) 选用 EPROM 芯片 2716 组成只读存储器(ROM)，从 0000H 地址开始。

(2) 选用 SRAM 芯片 6264 组成随机存取存储器(RAM)。

(3) 分析每个存储芯片的地址范围。

5.18　已知某 RAM 芯片的引脚中有 12 根地址线，8 位数据线，该存储器的容量为多少字节？若该芯片所占存储空间的起始地址为 1000H，其结束地址是多少？

5.19　在 8088 系统中，地址线 20 根，数据线 8 根，设计 192K×8 位的存储系统，其中数据区为 128K×8 位，选用芯片 628128(128K×8 位)，置于 CPU 寻址空间的最底端，程序区为 64K×8 位，选用 27256(32K×8 位)，置于寻址空间的最高端，写出地址分配关系，画出所设计的原理电路图。

5.20　假设要用 2K×4 位的 RAM 存储芯片，组成 8KB 的存储容量，需多少芯片？多少芯片组？每块芯片需多少寻址线？总共需多少寻址线？若与 8088 CPU 连接，试画出连接原理图？(假定工作于最大组态下)，连接好后，写出地址分配情况。

5.21　CPU 有 16 根地址线，即 $A_{15}\sim A_0$，计算图 5.37 所示的片选信号 $\overline{CS_1}$ 和 $\overline{CS_2}$ 指定的基地址范围。

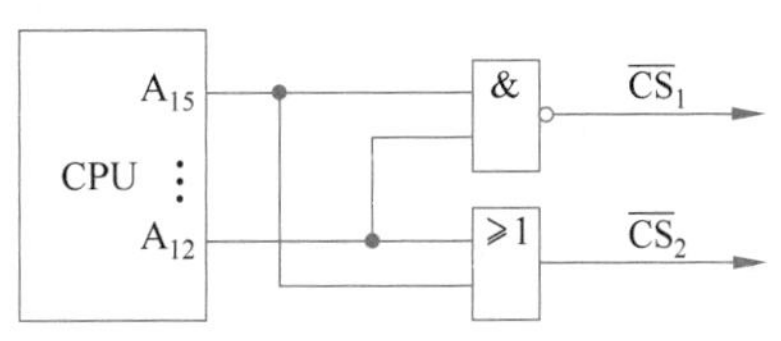

图 5.37　片选信号译码电路

5.22　编制一个简单的 RAM 检查程序，此程序能记录多少个 RAM 单元出错，并且把出错的 RAM 单元的地址记录下来。

5.23　已知某 16 位微机系统的 CPU 与 RAM 连接的部分示意图如图 5.38 所示，若 RAM 采用每片容量为 2K×2 位的芯片，试填空回答下列问题。

(1) 根据题意，本系统需该种芯片多少片？

(2) 如图 5.38 所示，设由 74LS138 的 $\overline{Y}_5$ 和 $\overline{Y}_6$ 端分别引出引线连至 RAM_1 和 RAM_2 两组芯片的端，则 RAM_1 与 RAM_2 的地址范围分别是多少？

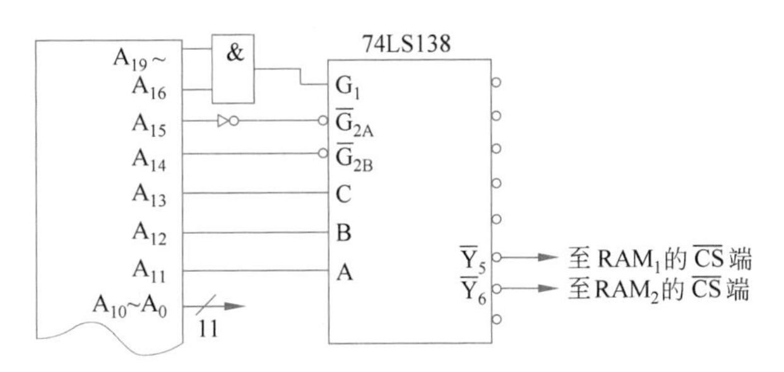

图 5.38　某 16 位 CPU 与 RAM 的连接示意图

5.24　常见的硬盘接口有哪几种？

5.25　简述存储器的分层结构及其特点。

第6章 输入/输出与中断

前面几章讨论了微型计算机的原理与程序设计以及存储器系统的相关内容，从这一章开始讨论微机系统的另一个重要组成部分——输入/输出(I/O)。由于输入/输出设备的多样性以及I/O接口电路的复杂性，因此，在后续的章节中将以较多的篇幅介绍CPU与外设间交换信息的有关内容。本章首先介绍输入/输出接口的基本概念、CPU与外设进行数据传送的方式。然后重点研究中断传送方式及相关的技术。

6.1 输入/输出接口概述

6.1.1 CPU与外设间的连接

计算机在应用中，必然同各种各样的外设打交道。当它被用于管理、生产过程的检测与控制以及科学计算时，都要求把控制程序和原始数据(或从现场采集到的信息)通过相应的输入设备送入计算机。CPU在程序的控制下，对这些信息进行加工处理，然后把结果以用户需要的方式通过输出设备予以输出。例如，显示、打印或发出控制信号来驱动有关的执行机构等。外设越丰富，即硬件资源越多，其功能也越强。

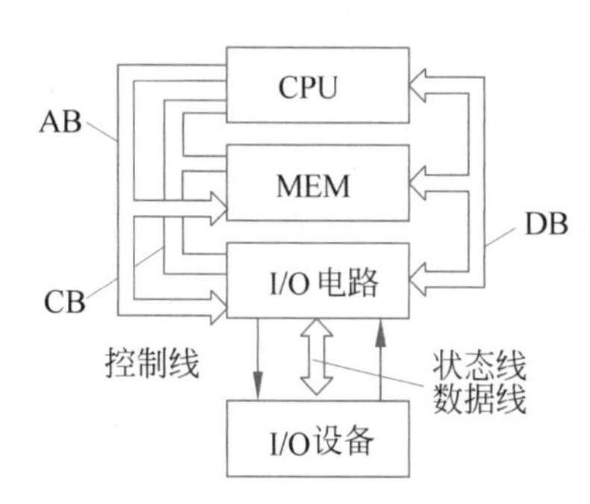

图6.1 CPU与I/O设备的连接示意图

外设与计算机的连接不能像存储器那样直接挂到总线(DB、AB、CB)上，而必须通过各自的专用接口电路(接口芯片)与主机连接。其连接示意图如图6.1所示。

CPU对外设的输入/输出操作类似于存储器的读/写操作，但存储器与外设有许多不同点，其比较如表6.1所示。

接口电路(即可编程接口芯片)种类很多，其显著特点是可编程性，即可以通过编程来规定其功能及操作参数。

表 6.1 存储器与外设的比较

	存 储 器	I/O 设备
不同点	品种有限	品种繁多
	功能单一	功能多样
	传送一个字节	传送规律不同
	与 CPU 速度匹配	与 CPU 速度不匹配
	易于控制	难于控制
结论	可与 CPU 直接连接	需经过 I/O 电路与 CPU 连接

6.1.2 接口电路的基本结构

接口电路的基本结构同它传送的信息种类有关。信息可分为 3 类，即数据信息、状态信息、控制信息。

1. 数据信息

数据信息是最基本的一种信息。它包括以下 3 种量。

(1) 数字量：通常为 8 位或 16 位的二进制数或 ASCII 代码。

(2) 模拟量：是一些连续变化的电压、电流或非电量。其中，非电量如检测、数据采集与控制现场的温度、压力、流量、位移、速度、语音等模拟量，需经传感器把它们转换成连续变化的电量，再经放大得到模拟电流或电压，这些模拟量计算机不能直接接收和处理，还必须经过 A/D(模/数)转换变成数字量，才能输入计算机；而计算机输出的数字量也必须经 D/A(数/模)转换后变成模拟量才能送到现场去控制执行机构。

(3) 开关量：是一些具有两个状态的量，用一位"0"或"1"二进制数表示。例如，开关的闭合与断开、电机的启动与停止等。

数据信息是通过数据通道传送的。

2. 状态信息

状态信息是反映外设当前所处工作状态的信息，以作为 CPU 与外设间可靠交换数据的条件。当输入时，它告知 CPU 有关输入设备的数据是否准备好(Ready=1?)；当输出时，它告知 CPU 输出设备是否空闲(Busy=0?)。CPU 通过接口电路来掌握输入/输出设备的状态，以决定可否输入或输出数据。

3. 控制信息

控制信息用于控制外设的启动或停止。

接口电路的基本结构及其连接如图 6.2 所示。接口电路根据传送不同信息的需要，其基本结构安排有以下一些特点：

(1) 3 种信息(数据、状态、控制)的性质不同，应通过不同的端口分别传送。例如，数据输入/输出寄存器(缓冲器)、状态寄存器与命令控制寄存器各占一个端口，每个端口都有自己的端口地址，故能用不同的端口地址来区分不同性质的信息。

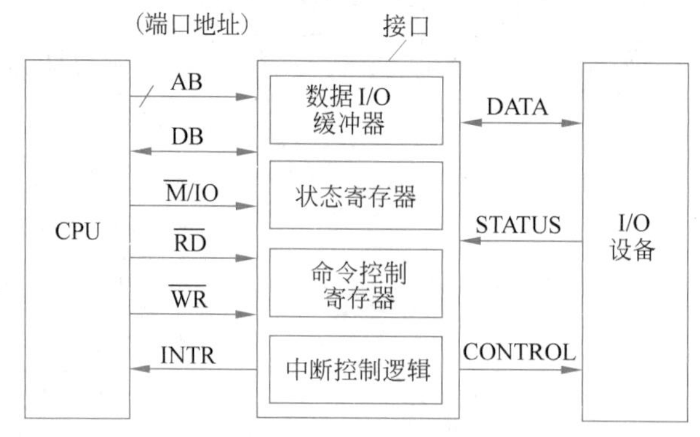

图 6.2　接口电路的基本结构及其连接

(2) 在用输入/输出指令来寻址外设(实际寻址端口)的 CPU(如 8086/8088)中,外设的状态作为一种输入数据,而 CPU 的控制命令则作为一种输出数据,从而可通过数据总线来分别传送。

(3) 端口地址由 CPU 地址总线的低 8 位或低 16 位(如在 8086 用 DX 间接寻址外设端口时)地址信息来确定,CPU 根据 I/O 指令提供的端口地址来寻址端口,然后同外设交换信息。

6.2　CPU 与外设之间数据传送的方式

本节将以 8086/8088 为例,说明 CPU 与外设之间数据传送的方式。为了实现 CPU 与外设之间的数据传送,通常采用以下 3 种 I/O 传送方式。

6.2.1　程序传送

程序传送是指 CPU 与外设间的数据交换是在程序控制(即 IN 指令或 OUT 指令控制)下进行的。

6.2.1.1　无条件传送

无条件传送方式(又称同步传送)只对固定的外设(如开关、继电器、七段显示器、机械式传感器等简单外设)在规定的时间用 IN 或 OUT 指令来进行信息的输入或输出,其实质是用程序来定时同步传送数据。对少量数据传送来说,它是最省时间的一种传送方法,适用于各类巡回检测和过程控制。一般这些外设随时做好了数据传送的准备,而无须检测其状态。

这里先要了解有关输入缓冲与输出锁存的基本概念。

输入数据时,因简单外设输入数据的保持时间相对于 CPU 的接收速度来说较长,故输入数据通常不用加锁存器来锁存,而直接使用三态缓冲器与 CPU 数据总线相连。

输出数据时,一般都需要锁存器将要输出的数据保持一段时间,时间长短和外设的动作相适应。锁存时,在锁存允许端$\overline{CE}$=1(为无效电平)时,数据总线上的新数据不能进入锁存器。只有当确知外设已取走 CPU 上次送入锁存器的数据，方能在$\overline{CE}=0$（为有效电平）时将新数据再送入锁存器保留。

无条件程序传送的输入/输出方式如图 6.3 所示。

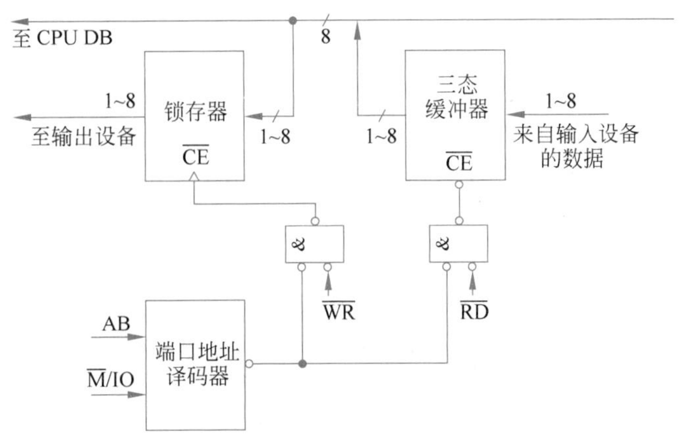

图 6.3　无条件程序传送的输入/输出方式

在输入时，假定来自外设的数据已输入至三态缓冲器，于是当 CPU 执行 IN 指令时，所指定的端口地址经地址总线的低 16 位或低 8 位送至地址译码器，CPU 进入了输入周期，选中的地址信号和 $\overline{M}$/IO（以及$\overline{RD}$）相“与”后选通输入三态缓冲器，把外设的数据与数据总线连通并读入 CPU。显然，这样做的前提是当 CPU 执行 IN 指令时，外设的数据是已准备好的，否则就会读错。

在输出时，假定 CPU 的输出信息经数据总线已送到输出锁存器的输入端；当 CPU 执行 OUT 指令时，端口的地址由地址总线的低 8 位地址送至地址译码器，CPU 进入了输出周期，所选中的地址信号和 $\overline{M}$/IO（以及$\overline{WR}$信号）相“与”后选通锁存器，把输出信息送至锁存器保留，由它再把信息通过外设输出。显然，在 CPU 执行 OUT 指令时，必须确信所选外设的锁存器是空的。

一个采用无条件输入的数据采集系统接口框图如图 6.4 所示。

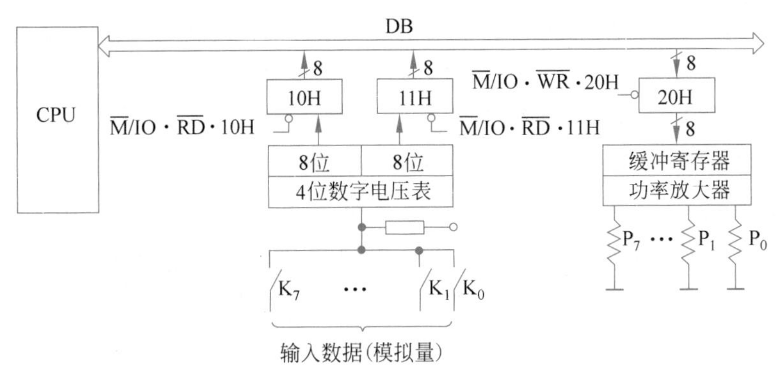

图 6.4　无条件输入的数据采集系统接口框图

这是一个 16 位精度的数据采集系统，被采集的数据是 8 个模拟量，由继电器绕组 P_0、P_1、…、P_7 分别控制触点 K_0、K_1、…、K_7 逐个接通。每次采样用一个 4 位（每位为一个十进制数)数字电压表测量,把被采样的模拟量转换成16位BCD码(即对应4位十进制数的4个BCD码),高8位和低8位通过两个不同的端口(其地址分别为10H和11H)输入。CPU通过端口20H输出控制信号,以控制某个继电器的吸合,实现采集不同通道的模拟量。采集过程要求如下:

(1) 先断开所有的继电器线圈及触头,不采集数据。

(2) 延迟一段时间后,使 K_0 闭合,采集第1个通道的模拟量,并保持一段时间,以使数字电压表能将模拟电压转换为16位BCD码。

(3) 分别将高8位与低8位BCD码存入内存,完成第1个模拟量的输入与转存。

(4) 利用移位与循环实现8个模拟量的依次采集、输入与转存。

数据采集程序如下:

```
START:  MOV     DX,0100H        ;01H→DH,置吸合第1个继电器代码
                                ;00H→DL,置断开所有继电器代码
        LEA     BX,DSTOR        ;置输入数据缓冲器的地址指针
        XOR     AL,AL           ;清AL及进位位CF和
AGAIN:  MOV     AL,DL
        OUT     20H,AL          ;断开所有继电器线圈
        CALL    NEAR DELAY1     ;模拟继电器触点的释放时间
        MOV     AL,DH
        OUT     20H,AL          ;先使P0吸合
        CALL    NEAR DELAY2     ;模拟触点闭合及数字电压表的转换时间
        IN      AX,10H          ;输入
        MOV     [BX],AX         ;存入内存
        INC     BX
        INC     BX
        RCL     DH,1            ;DH左移(大循环)1位,为下一个触点吸合做准备
        JNC     AGAIN           ;8位都输入完了吗?没有则循环
DONE:   ↘                       ;输入已完,则执行别的程序段
```

注意:此程序执行I/O指令时,没有其他约束条件,而只是按程序安排,让CPU与外设实现同步操作。这就是CPU定时输入/输出操作,而非条件操作。

6.2.1.2 程序查询传送(条件传送——异步传送)

程序查询传送也是一种程序传送,但与前述无条件的同步传送不同,是有条件的异步传送。此条件是:在执行输入(IN指令)或输出(OUT指令)前,要先查询接口中状态寄存器的状态。输入时,由该状态信息指示要输入的数据是否已“准备就绪”;而输出时,又由它指示输出设备是否“空闲”,由此条件来决定执行输入或输出。

1. 程序查询输入

当输入装置的数据已准备好后发出一个$\overline{STB}$选通信号,一边把数据送入锁存器,一边使D触发器为1,给出“准备好”(READY)的状态信号。而数据与状态必须由不同的端口分别输入至CPU数据总线。当CPU要由外设输入数据时,CPU先输入状态信息,检查数据是否已准备好;当数据已准备好后,才输入数据。读入数据的命令,使状态信息清0(通过先使D触发器复位),以便为下次输入一个新数据做准备,其方框图如图6.5所示。

读入的数据是8位,而读入的状态信息往往是1位,如图6.6所示。所以,不同的外设其状态信息可以使用同一个端口,但只要使用不同的位即可。

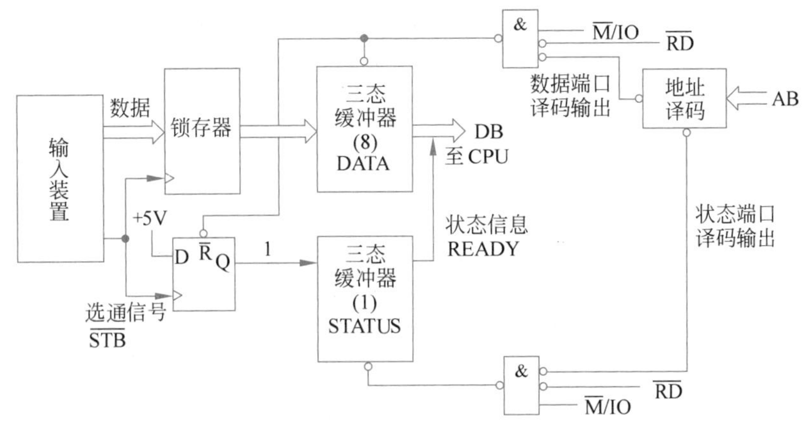

图 6.5 查询式输入的接口电路

这种查询输入方式的程序流程图如图 6.7 所示。

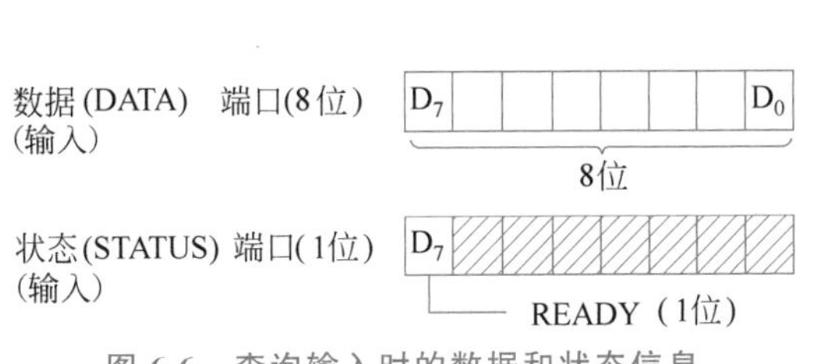

图 6.6 查询输入时的数据和状态信息

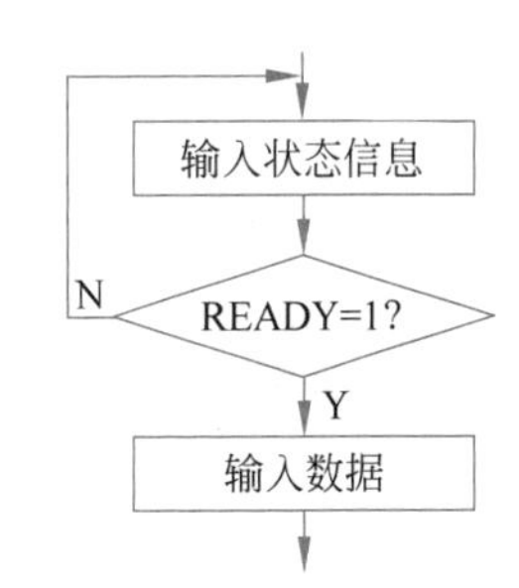

图 6.7 查询式输入程序流程图

查询输入部分的程序如下：

```
POLL:   IN AL,STATUS_PORT          ;读状态端口的信息
        TEST AL,80H                ;设"准备就绪"(READY)信息在 D7 位
        JE POLL                    ;未"准备就绪",则循环再查
        IN AL,DATA_PORT            ;已"准备就绪"(READY=1),则读入数据
```

这种 CPU 与外设的状态信息的交换方式，称为应答式，状态信息称为“联络”。

2. 程序查询输出

同样的，在输出时 CPU 也必须了解外设的状态，看外设是否“空闲”(即外设的数据锁存器已空，或未处于输出状态)，若有“空闲”，则 CPU 执行输出指令；否则，就等待再查。因此，查询式输出接口电路中也必须有状态信息的端口，其方框图如图 6.8 所示。

输出过程：当输出装置把 CPU 输出的数据输出以后，发出一个$\overline{\text{ACK}}$(Acknowledge)信号，使 D 触发器置 0，即使 BUSY 线为 0(Empty=$\overline{\text{BUSY}}$)，当 CPU 输入这个状态信息后(经 G_3 至 D_7)，知道外设为“空”，于是执行输出指令。待执行输出指令后，由地址信号和 $\overline{\text{M}}$/IO 及$\overline{\text{WR}}$相“与”，经 G_1 发出选通信号，把在数据总线上的输出数据送至锁存器；同时，触发 D 触发器为“1”状态，它一方面通知外设输出数据已准备好，可以执行输出操作，另一方面在数据由输出装置输出以前，一直保持为 1，告知 CPU(CPU 通过读状态端口知道)外设 BUSY，阻止 CPU 输出新的数据。

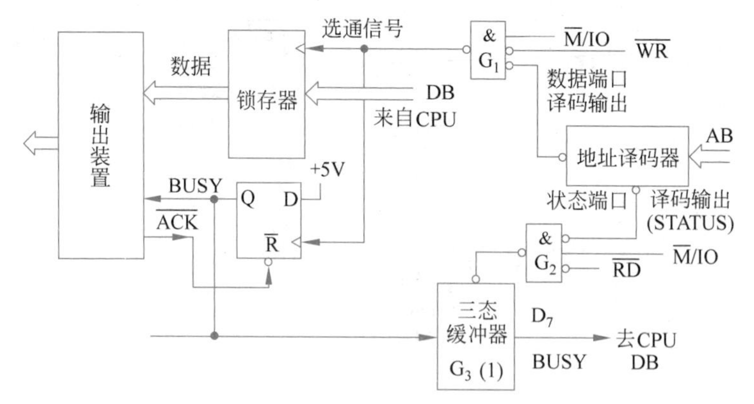

图 6.8　查询式输出接口电路的方框图

查询式输出的端口信息与程序流程图分别如图 6.9 和图 6.10 所示。

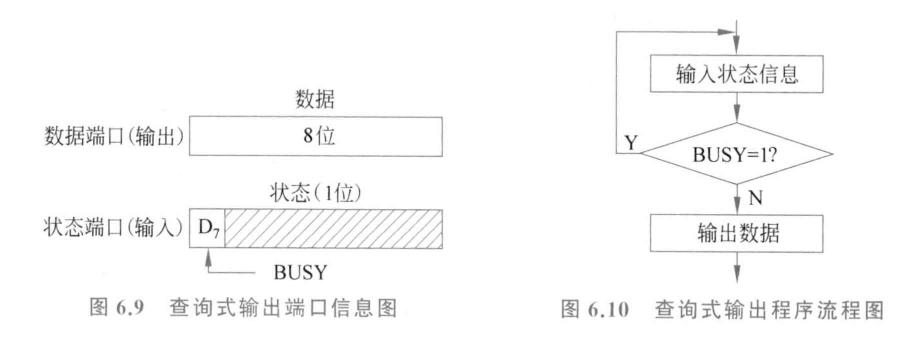

图 6.9　查询式输出端口信息图

图 6.10　查询式输出程序流程图

查询输出部分的程序如下：

```
POLL:   IN AL,STATUS_PORT       ;查状态端口中的状态信息 D7
        TEST AL,80H
        JNE POLL                ;D7=1 即忙线=1,则循环再查
        MOV AL,STORE            ;若外设空闲,则由内存读取数据
        OUT DATA_PORT,AL        ;输出到 DATA 地址端口单元
```

其中，STATUS 和 DATA 分别为状态端口和数据端口的符号地址；STORE 为待输出数据的内存单元的符号地址。

3. 一个采用查询方式的数据采集系统

一个有 8 个模拟量输入的数据采集系统，用查询方式与 CPU 传送信息，电路如图 6.11 所示。

8 个输入模拟量，经过多路开关——它由端口 4 输出的 3 位二进制码（D_2、D_1、D_0）控制（000 相应于 UA_0 输入……111 相应于 UA_7 输入），每次送出一个模拟量至 A/D 转换器；同时，A/D 转换器由端口 4 输出的 D_4 位控制启动与停止。A/D 转换器的 READY 信号由端口 2 的 D_0 输至 CPU 数据总线；经 A/D 转换后的数据由端口 3 输入至数据总线。所以，该数据采集系统需要用到 3 个端口，它们有各自的地址。

采集过程要求如下：

（1）初始化。

（2）先停止 A/D 转换。

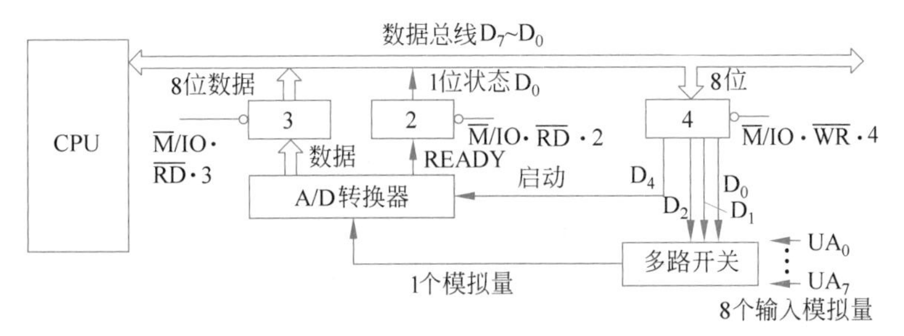

图 6.11　查询式数据采集系统的电路图

(3) 启动 A/D 转换,查输入状态信息 READY。

(4) 当输入数据已转换完(READY=1,即准备就绪),则经由端口 3 输入至 CPU 的累加器 AL 中,并转送内存。

(5) 设置下一个内存单元与下一个输入通道,循环 8 次。

数据采集过程的程序如下:

```
START:  MOV  DL,0F8H          ;设置启动 A/D 转换信号,且低 3 位选通多路开关通道
        MOV  AX,SEG DSTOR     ;设置输入数据的内存单元地址指针
        MOV  ES,AX
        LEA  DI,DSTOR
AGAIN:  MOV  AL,DL
        AND  AL,0EFH          ;使 D4=0
        OUT  04,AL            ;停止 A/D 转换
        CALL DELAY            ;等待停止 A/D 转换操作的完成
        MOV  AL,DL
        OUT  04,AL            ;选输入通道并启动 A/D 转换
POLL:   IN   AL,02            ;输入状态信息
        SHR  AL,1             ;查 AL 的 D0
        JNC  POLL             ;判 READY=1?若 D0=0,未准备好,则循环再查
        IN   AL,03            ;若已准备就绪,则经端口 3 将采样数据输入至 AL
        STOSB                 ;输入数据转送内存单元
        INC  DL               ;输入模拟量通道增 1
        JNE  AGAIN            ;8 个模拟量未输入完,则循环
        ↘                     ;输入完毕,则执行别的程序
```

总结上述程序查询输入/输出传送方式的执行过程,其步骤如下:

(1) CPU 从 I/O 接口的状态端口中读入所寻址的外设的状态信息 READY 或 BUSY。

(2) 根据读入的状态信息进行判断。程序查询输入时,若状态信息 READY=0,则外设数据未准备好,CPU 继续等待查询,直至 READY=1,外设已准备好数据,执行下一步操作;当程序查询输出时,若状态信息 BUSY=1,则外设正在"忙",CPU 继续等待查询,直至外设"空闲",BUSY=0 时,执行下一步操作。

(3) 执行输入/输出指令,进行 I/O 传送。完成数据的输入/输出,同时将外设的状态信息复位,一个 8 位的数据传送结束。

当计算机工作任务较少或 CPU 不太忙时,可以应用程序查询输入/输出传送方式,它能较好地协调外设与 CPU 之间定时的差别;程序和接口电路比较简单。其主要缺点是 CPU 必须编制程序等待循环,不断测试外设的状态,直至外设为交换数据准备就绪时为止。这种循环等待方式很花费时间,降低了 CPU 的运行效率。

6.2.2 中断传送

上述程序查询传送方式不仅会降低 CPU 的运行效率，而且在一般实时控制系统中，往往有数十乃至数百个外设，由于它们的工作速度不同，要求 CPU 为它们提供服务是随机的，有些要求很急迫，若用查询方式除浪费大量等待查询时间外，还很难使每一个外设都能工作在最佳工作状态。

为了提高 CPU 执行有效程序的工作效率和提高系统中多台外设的工作效率，可以让外设处于能主动申请中断的工作方式，这在有多个外设及速度不匹配时，尤为重要。

所谓中断，是指外设或其他中断源中止 CPU 当前正在执行的程序，而转向为该外设服务(如完成它与 CPU 之间传送一个数据)的程序，一旦服务结束，又返回原程序继续工作。这样，外设处理数据期间，CPU 就不必浪费大量时间去查询它们的状态，只待外设处理完毕主动向 CPU 提出请求(向 CPU 发中断请求信号)，而 CPU 在每一条指令执行的结尾阶段，均查询是否有中断请求信号(这种查询是由硬件完成的，不占用 CPU 的工作时间)，若有，则暂停执行现行的程序，转去为申请中断的某个外设服务，以完成数据传送。

中断传送方式的好处是提高了 CPU 的工作效率。

关于中断的详细内容将在本章后两节专门进行讨论。

6.2.3 直接存储器存取传送

利用程序中断传送方式，虽然可以提高 CPU 的工作效率，但它仍需由 CPU 通过程序来传送数据，并在处理中断时，还要“保护现场”和“恢复现场”，而这两部分操作的程序段又与数据传送没有直接关系，却要占用一定时间，使每传送一个字节大约需要几十微秒到几百微秒。这对于高速外设以及成组交换数据的场合，速度就显得太慢了。

DMA(Direct Memory Access)方式又称为数据通道方式，是一种由专门的硬件电路执行 I/O 交换的传送方式，它让外设接口直接与内存进行高速的数据传送，而不必经过 CPU，这样就不必进行保护现场之类的额外操作，可实现对存储器的直接存取。这种专门的硬件电路就是 DMA 控制器，简称为 DMAC。该集成电路产品有 Zilog 公司的 Z80-DMA，Intel 公司的 8257，8237A 和 Motorola 公司的 MC6844 等。图 6.12 所示为 8086 用 DMA 方式传送单个数据(输出数据)的示意图。

如图 6.12 所示，当接口准备就绪，便向 DMA 控制器发 DMA 请求①；接着，CPU 通过 HOLD 引脚接收 DMA 控制器发出的总线请求②。通常，CPU 在完成当前总线操作以后，就会在 HLDA 引脚上向 DMA 控制器发出允许信号③而响应总线请求，DMA 控制器接收到此信号后就接管了对总线的控制权。它先把地址送上地址总线④，DMA 请求得到确认⑤，内存直接把数据送数据总线⑥，并经由数据总线由接口锁存该输出数据⑦。此后，当 DMA 传送结束，DMA 控制器就将 HOLD 信号变为低电平，并撤销总线请求⑧，放弃对总线的控制。8086 检测到 HOLD 信号变为低电平后，也将 HLDA 信号变为低电平，于是，CPU 又恢复对系统总线的控制权⑨。至于 DMA 控制器什么时候交还对总线的控制权，取决于是进行单个数据传输，还是进行数据块传输，它总是在传输完单个数据或数据块后才交

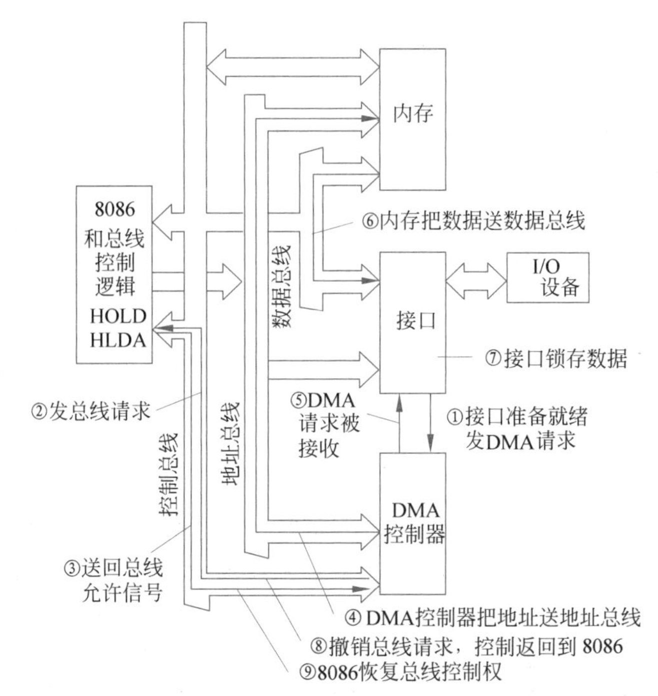

图 6.12　8086 用 DMA 方式传送单个数据(输出数据)的示意图

出总线控制权。

6.3　中断技术

中断是一种十分重要而复杂的软、硬件相结合的技术，它的出现给计算机结构与应用带来了新的突破。本节将介绍中断的基本概念、中断的响应与处理过程、优先权的安排等有关问题。

6.3.1　中断概述

1. 中断与中断源

如前所述，使 CPU 暂停运行原来的程序而应更为急迫事件的需要转向去执行为中断源服务的程序(称为中断服务程序)，待该程序处理完后，再返回运行原程序，此即中断(或中断技术)。所谓中断源，即引起中断的事件或原因，或发出中断申请的来源。通常有以下几种中断源。

(1) 外部设备：一般中、慢速外设，如键盘、行式打印机、A/D 转换器等，在完成自身的操作后，向 CPU 发出中断请求，要求 CPU 为它服务。对于高速的外设，如磁盘或磁带，它可以向 CPU 提出总线请求，进行 DMA 传送。

(2) 实时时钟：在自动控制中，常遇到定时检测与控制，这时可采用外部时钟电路，并可编程控制其定时间隔。当需要定时的时刻，则 CPU 发出命令，启动时钟电路开始计时，待定时已到，时钟电路就发中断申请，由 CPU 转向去执行服务程序。

(3) 故障源：计算机内设有故障自动检测装置，如发生运算出错（溢出）、存储器读出出错、外部设备故障、电源掉电以及越限报警等意外事件时，这些装置都能使 CPU 中断，并进行相应的中断处理。

以上 3 种属于随机中断源。由随机引起的中断，称为强迫中断。

(4) 为调试程序设置的中断源：这是 CPU 执行了特殊指令（自陷指令）或由硬件电路引起的中断，主要是在用户调试程序时采取的检查手段，如断点设置、单步调试等。这些都要由中断系统实现，一般称这种中断为自愿中断。

2. 中断系统及其功能

中断系统是指为实现中断而设置的各种硬件与软件，包括中断控制逻辑及相应管理中断的指令。

中断系统应具有下列功能。

1）响应中断、处理中断与返回

当某个中断源发出中断请求时，CPU 能根据条件决定是否响应该中断请求。若允许响应，则 CPU 必须在执行完现行指令后，保护断点和现场（即把断点处的断点地址和各寄存器的内容与标志位的状态压入堆栈），然后再转到需要处理的中断服务程序的入口，同时，清除中断请求触发器。当处理完中断服务程序后，再恢复现场和断点地址，使 CPU 返回断点继续执行主程序。中断的简单过程示意图如图 6.13 所示。

2）实现优先权排队

通常，在系统中有多个中断源时，有可能出现两个或两个以上中断源同时提出中断请求的情况。这时，要求 CPU 能根据中断源被事先确定的优先权由高到低依次处理。

3）高级中断源能中断低级的中断处理

中断嵌套示意图如图 6.14 所示。假定有两个中断源 A 和 B，CPU 正在对中断源 B 进行中断处理。若 A 的优先权高于 B，当 A 发出中断请求时，则 CPU 应能中断对 B 的中断服务，即允许 A 能中断（或嵌套）B 的中断处理；在高级中断处理完以后，再继续处理被中断的服务程序，它处理完毕，最后返回主程序。反之，若 A 的优先权同于或低于 B 时，则 A 不能嵌套于 B，这是两重中断（或两级嵌套），还可以进行多重中断（或多级嵌套）。

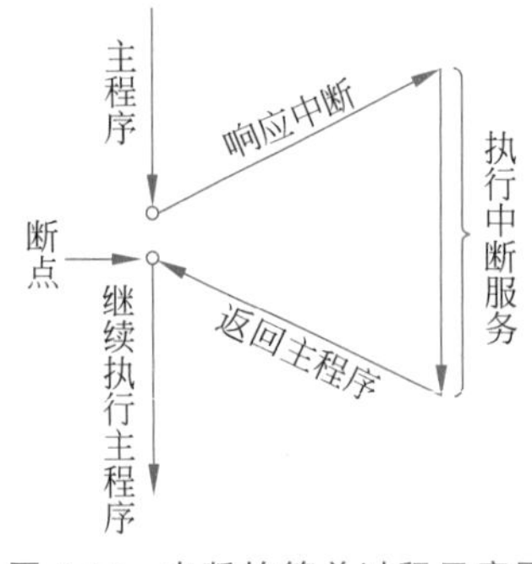

图 6.13　中断的简单过程示意图

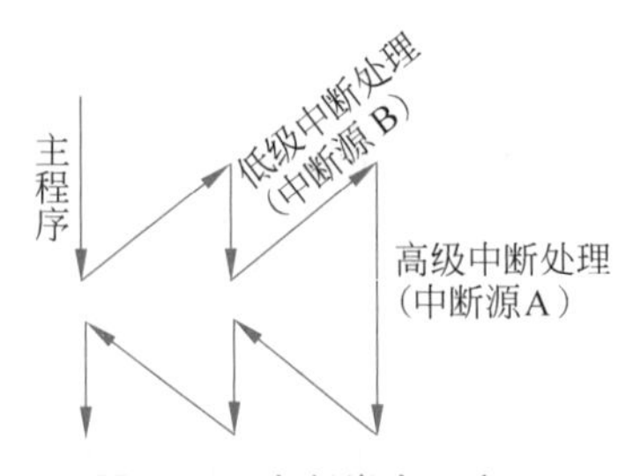

图 6.14　中断嵌套示意图

3. 中断的应用

中断除了能解决快速 CPU 与中、慢速外设速度不匹配的矛盾以提高主机的工作效率之外，在实现分时操作、实时处理、故障处理、多机连接以及人机交互等方面均有广泛的应用。

6.3.2 单个中断源的中断

先研究只有一个中断源的简单中断情况。简单的中断过程应包括中断请求、中断响应、中断处理和中断返回等环节。

6.3.2.1 中断源向 CPU 发中断请求信号的条件

中断源是通过其接口电路向 CPU 发中断请求信号的,该信号能否发给 CPU,应满足下列两个条件。

1. 设置中断请求触发器

每一个中断源,要能向 CPU 发中断请求信号,首先应能由其接口电路提出中断请求,且该请求能一直保持,直至 CPU 接受并响应该中断请求后才能清除它。为此,要求在每个中断源的接口电路中设置一个中断请求触发器 A,由它产生中断请求,即 $Q_A=1$,如图 6.15 所示。

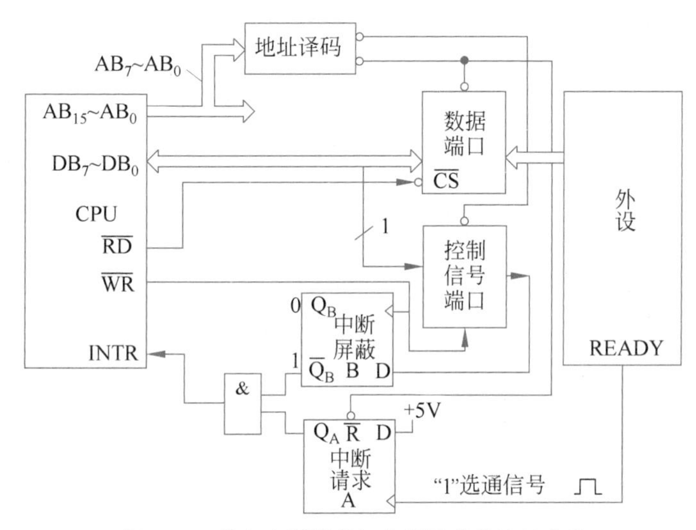

图 6.15 具有中断请求与中断屏蔽的接口电路

2. 设置中断屏蔽触发器

中断源的中断请求能否允许以中断请求信号(如 INTR)发向 CPU,应能受 CPU 的控制,以增加处理中断的灵活性,为此,在接口电路中,还要增设一个中断屏蔽触发器 B。当允许中断时,由 CPU 控制使其 Q_B 端为 0(不屏蔽),$\overline{Q}_B$ 端为 1,于是与门开启,中断请求(Q_A)被允许并经过与门以中断请求信号 INTR 发向 CPU;反之,当禁止中断时,由 CPU 控制其 Q_B 端置 1(屏蔽),$\overline{Q}_B$ 端为 0,与门关闭,即使有中断请求产生,但并不能以 INTR 发向 CPU。

若有多个中断源,如 8 个外设,则可将 8 个外设的中断屏蔽触发器组成一个端口,用输出指令(即利用 $\overline{WR}$ 有效信号)来控制它们的状态。

6.3.2.2 CPU 响应中断的条件

当中断源向 CPU 发出 INTR 信号后,CPU 若要响应它,还应满足下列条件。

1. CPU 开放中断

CPU 采样到 INTR 信号后是否响应它,由 CPU 内设置的中断允许触发器(如 IFF)的状态决定,如图 6.16 所示。当 IFF=1(即开放中断,简称开中)时,CPU 才能响应中断;若 IFF=0(即关闭中断,简称关中)时,即使有 INTR 信号,因与门 1 被 IFF 的 Q 端关闭,CPU 也不响应它。而 IFF 的状态可以由专门设置的开中与关中指令来改变,即执行开中指令时,使 IFF=1,即 CPU 开中,于是与门 1 的输出端置 1(即允许中断);而执行关中指令时,经或门 2 使 IFF=0,即 CPU 关中,于是禁止中断。此外,当 CPU 复位或响应中断后,也能使 CPU 关中。

2. CPU 在现行指令结束后响应中断

在 CPU 开中时,若有中断请求信号发至 CPU,它也并不立即响应。而只有当现行指令运行到最后一个机器周期的最后一个 T 状态时,CPU 才采样 INTR 信号;若有此信号,则把与门 1 的允许中断输出端置 1,于是 CPU 进入中断响应周期。其时序流程如图 6.17 所示。

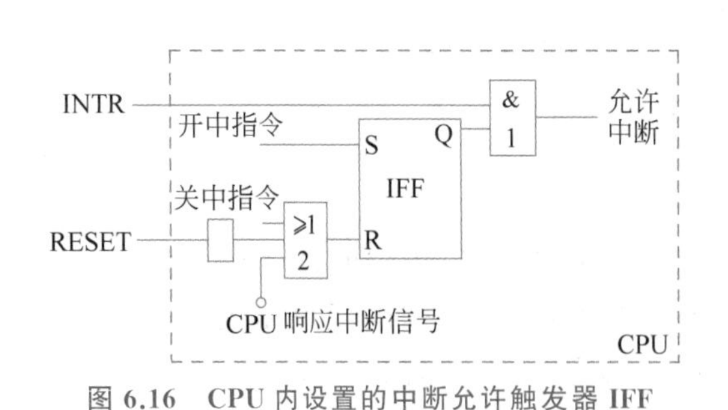

图 6.16 CPU 内设置的中断允许触发器 IFF

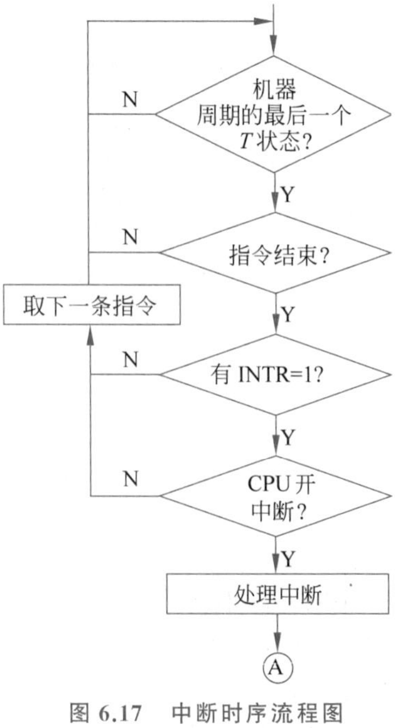

机器周期的最后一个 T 状态?
指令结束?
取下一条指令
有 INTR=1?
CPU 开中断?
处理中断
N
Y
A

图 6.17 中断时序流程图

6.3.2.3 CPU 响应中断及处理过程

当满足上述条件后,CPU 就响应中断,转入中断周期,完成下列几步操作。

1. 关中断

CPU 响应中断后,在发出中断响应信号(在 8086/8088 中为 $\overline{\text{INTA}}$)的同时,内部自动地由硬件实现关中断，以免在响应中断后处理当前中断时又被新的中断源中断，以至破坏当前中断服务的现场。

2. 保留断点

CPU 响应中断后，立即封锁断点地址，且把断点地址值压栈保护，以备在中断处理完毕后，CPU 能返回断点处继续运行主程序。对 8086 来说，就是封锁 IP+1，并将 IP 和 CS 值压栈保护。

3. 保护现场

在 CPU 处理中断服务程序时，有可能用到各个寄存器，从而改变它们在运行主程序时所暂存的中间结果，这就破坏了原主程序中的现场信息。为使中断服务程序不影响主程序的正常运行，故要把主程序运行到断点处时的有关寄存器的内容和标志位的状态压栈（在 8086 系统中用 PUSH 指令）保护起来。

4. 给出中断入口（地址），转入相应的中断服务程序

8086/8088 是由中断源提供中断类型号，并根据中断类型号在中断向量表中取得中断服务程序的起始地址。

在中断服务程序完成后，还要执行下述的两步操作。

5. 恢复现场

把被保留在堆栈中的各有关寄存器的内容和标志位的状态从堆栈中弹出，送回 CPU 中它们原来的位置。这个操作是在中断服务程序中用 POP 指令来完成的。

6. 开中断与返回

在中断服务程序的最后，要开中断（以便 CPU 能响应新的中断请求）和安排一条返回指令，将堆栈内保存的断点值（对 8086 来说，从堆栈内弹出的是 IP 和 CS 值）弹出，CPU 就恢复到断点处继续运行。上述单个中断源中断处理流程图如图 6.18 所示。

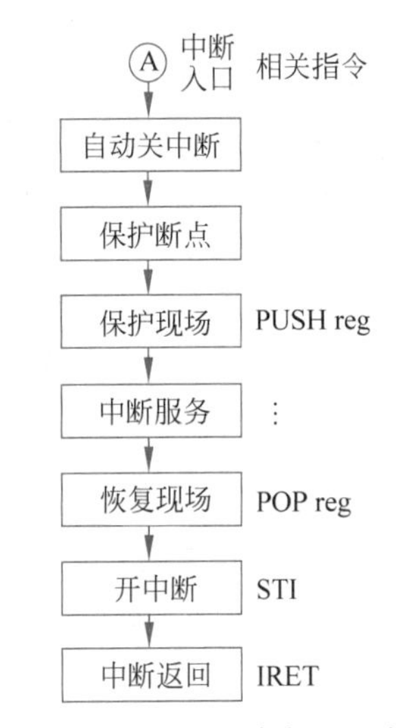

图 6.18　单个中断源中断处理流程图

6.3.3　向量中断

所谓向量中断（Vectored Interrupt），是指通过中断向量进入中断服务程序的一种方法；而中断向量则是用来提供中断入口地址的一个地址指针（即 CS：IP）。例如，8086/8088 CPU 的中断系统就是采用这种向量中断，其详细过程将在 6.4 节讨论。

6.3.4　中断优先权

以上讨论了只有一个中断源的、最简单的情况。实际的系统中，具有多个中断源，而

CPU 的可屏蔽中断请求线往往也只有一条。如何解决多个中断源同时请求中断而只有一根中断请求线的矛盾呢？这就要求 CPU 能够按多个中断源的优先权由高至低依次来响应中断申请。同时，当 CPU 正在处理中断时，还要能响应更高级的中断申请，而屏蔽同级或低级的中断申请。CPU 可以通过软件查询技术或硬件排队电路两种方法来实现按中断优先权对多个中断源的管理，也有专门用于协助 CPU 按中断优先权处理多个中断源的中断控制芯片，如后面第 7 章中介绍的 8259A 芯片。

6.4 8086/8088 的中断系统和中断处理

本节将主要阐述 8086/8088 的中断系统及其中断处理的全过程。

6.4.1 8086/8088 的中断系统

8086/8088 有一个简要、灵活而多用的中断系统，它采用中断向量结构，使每个不同的中断都可以通过给定一个特定的中断类型号(或中断类型码)供 CPU 识别，来处理多达 256 种类型的中断。这些中断可以来自外部，即由硬件产生，也可以来自内部，即由软件(中断指令)产生，或者满足某些特定条件(陷阱)后引发 CPU 中断。

8086/8088 的中断系统结构如图 6.19 所示，图中给出了各主要的中断源。

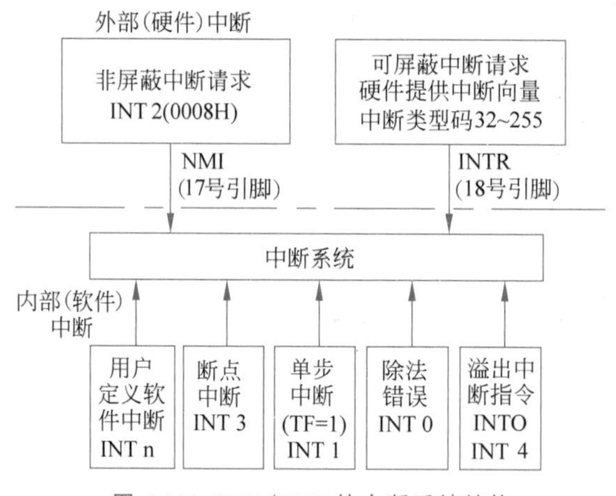

图 6.19 8086/8088 的中断系统结构

6.4.1.1 外部中断

8086/8088 CPU 有两条引脚供外部中断源请求中断：一条是高电平有效的可屏蔽中断 INTR；另一条是正跳变有效的非屏蔽中断 NMI。

1. 可屏蔽中断

可屏蔽中断是由用户定义的外部硬件中断。当 8086/8088 CPU 的 INTR 引脚上出现一高电平有效请求信号时，它必须保持到当前指令的结束。这是因为 CPU 只在每条指令的最后一个时钟周期才对 INTR 引脚的状态进行采样，如果 CPU 采样到有可屏蔽中断请求信号 INTR 产生，它是否响应此中断请求信号还要取决于标志寄存器的中断允许标志位(IF)的状态。若 IF=0，此时 CPU 是处于关中断状态，则不响应 INTR；若IF=1，此时 CPU 是处于开中断状态，则响应 INTR，并通过$\overline{\text{INTA}}$引脚向产生 INTR 的设备接口(中断源)发回响应信号，启动中断过程。

8086/8088 CPU 在发回第 2 个中断响应信号$\overline{\text{INTA}}$时，将使发出中断请求信号的接口把 1 字节的中断类型号通过数据总线传送给 CPU。由该中断类型号指定中断服务程序入口地址在中断向量表中的位置。

中断允许标志(IF)位的状态可用指令 STI 使其置位，即开中断；也可用 CLI 指令使其复位，即关中断。由于 8086/8088 CPU 在系统复位以后或任一种中断被响应以后，IF=0，因此，根据实际需要，在执行程序的过程中要用 STI 指令开中断，以便 CPU 有可能响应新的可屏蔽中断请求。

2. 非屏蔽中断

当 8086/8088 CPU 的 NMI 引脚上出现一上升沿的边沿触发有效请求信号时，它将由 CPU 内部的锁存器将其锁存起来。8086/8088 要求 NMI 上的请求脉冲的有效宽度(高电平的持续时间)大于两个时钟周期。一旦此中断请求信号产生，不管标志位 IF 的状态如何，即使在关中断(IF=0)的情况下，CPU 也能响应它。

在 IBM PC 中的非屏蔽中断源有 3 种，即主板上 RAM 的奇偶校验错，扩展槽中的 I/O 通道错以及浮点运算协处理器 8087 的中断请求，3 个中断源均可独立申请中断，能否形成 NMI 信号，还必须将接口地址为 0AH 的寄存器的 D_7 位置 1 后，方能允许产生 NMI 信号。

由于 NMI 比 INTR 引脚上产生的任何中断请求的级别都高，因此，若在指令执行过程中，INTR 和 NMI 引脚上同时都有中断请求信号，则 CPU 将首先响应 NMI 引脚上的中断请求。Intel 公司在设计 8086/8088 芯片时，已将 NMI 的中断类型号预先定义为类型 2，所以，CPU 响应非屏蔽中断时，不要求外部向 CPU 提供中断类型号，CPU 在总线上也不发$\overline{\text{INTA}}$信号。

6.4.1.2　内部中断

8086/8088 的内部中断又称软件中断，它包括以下几种内部中断。

1. 除法错误中断——类型 0

当执行 DIV s(除法)或 IDIV s(整数除法)指令时，若发现除数为 0 或商数超过了寄存器所能表达的范围，则立即产生一个类型为 0 的内部中断，CPU 转向除法错误的中断服务程序。它是优先级最高的一种内部中断。

2. 溢出中断——类型 4

若上一条指令执行的结果使溢出标志位置 1(OF=1)，则在执行溢出中断(INTO)指令时，将引起类型 4 的内部中断，CPU 就可以转入对溢出错误进行处理的中断服务程序。若 OF=0，则本指令执行空操作，即此指令不起作用，程序执行下一条指令。

INTO 指令常常紧跟在算术运算指令之后，以便在该指令执行产生溢出时由 INTO 指令进行特殊的处理。与除法出错中断不同，出现溢出状态时不会由上一条指令自动产生中断，必须由 INTO 指令明确地规定溢出中断。应当说明的是，在溢出中断服务程序中，不需要保存状态标志寄存器的内容(PSW)，因为 CPU 在中断响应时序中能自动完成这一操作。

3. 单步中断——类型 1

8086/8088 CPU 的状态标志寄存器中有一个跟踪(陷阱)标志位(TF)。当 TF 被置位(TF=1)时，8086/8088 处于单步工作方式，即 CPU 每执行完一条指令后就自动地产生一个类型 1 的内部中断，程序控制将转入单步中断服务程序。CPU 响应单步中断后将自动把状态标志压入堆栈，然后清除 TF 和 IF 标志位，使 CPU 在单步中断服务程序引入以后退出单步工作方式，在正常运行方式下执行单步中断服务程序。单步中断服务程序结束时，再通过执行一条 IRET 中断返回指令，将 CS 与 IP 的内容退栈，并恢复状态标志寄存器的内容，使程序返回到断点处。由于在中断时 TF 位被保护起来了，中断返回时 TF 位又被重新恢复(TF=1)，因此，CPU 在中断返回以后仍然处于单步工作方式。

在 8086/8088 指令集中，没有直接用来设置或清除 TF 状态位的指令，但可以借助入栈指令 PUSH 和出栈指令 POP 通过改变堆栈中的值来设置或清除 TF 位。例如，先用 PUSH 指令将标志寄存器的内容(PSW)压入堆栈，再将堆栈栈顶的值(即 PSW)和 0100H 相“或”(OR)，或和 FEFFH 相“与”(AND)，然后用 POP 指令将上述操作的结果从堆栈中弹出，达到设置或清除 TF 位的目的。

单步中断方式是一种很有用的调试手段，通过它可以逐条观察指令执行的结果，做到精确跟踪指令流程，并确定程序出错的位置。

4. 断点中断——类型 3

8086/8088 指令系统中有一条设置程序断点的单字节中断指令(INT 3)，执行该指令以后就会产生一个中断类型为 3 的内部中断，CPU 将转向执行一个断点中断服务程序，以便进行一些特殊的处理。

断点中断指令主要用于软件调试中，程序员可用它在程序中设置一个程序断点。一般断点可以设置在程序的任何位置，但在实际调试程序时，只需在一些关键性的地方设置断点。例如，可以用这种方法显示寄存器或存储器的内容，检查程序运行的结果是否正确。由于断点指令 INT 是一个单字节指令，因此，借助该指令可以很容易地在程序的任何地方设置断点。

5. 用户定义的软件中断——类型 *n*

在 8086/8088 的内部中断中，有一个可由用户定义的双字节的中断指令 INT *n*，其第 1 个字节为 INT 的操作码，第 2 个字节 *n* 是它的中断类型号。中断类型号 *n* 由程序员编程时给定，用于指出相应的中断向量及其中断服务程序的入口地址。

6.4.1.3 内部中断的特点

内部中断的特点如下：

(1) 内部中断由一条 INT *n* 指令直接产生。

(2) 除单步中断以外，所有内部中断都不能被屏蔽。

(3) 由于内部中断不必通过查询外设来获得中断类型号，因此，没有中断响应$\overline{\text{INTA}}$机器总线周期。

(4) 硬、软中断的优先级排队如表 6.2 所示。除了单步中断以外，所有内部中断的优先权都比外部中断的优先权高。

(5) 在使用断点中断(INT 3)来逐段地调试程序时，可用中断服务程序在屏幕上显示有关的各种信息。如果所有断点处要求打印的信息都相同，就可以一律使用单字节的断点中断 INT 3 指令；但若要打印的信息不同，则指令中就需使用其他中断类型号。图 6.20 说明了在用双字节的 INT *n* 指令调试程序时，通过分别设置了 5、6、7 这 3 个中断类型号，使之转向不同的中断服务入口地址，分别打印出不同的信息。

表 6.2　8086/8088 的中断

优先级	中断名	中断类型	说明
高	除法错误	类型 0	商大于被除数(软件中断)
↑	INT *n*	类型 *n*	内部检查用中断(软件中断)
	INTO	类型 4	溢出用(软件中断)
	NMI	类型 2	非屏蔽中断(硬件中断)
	INTR	由外设送入	可屏蔽中断(硬件中断)
低	单步	类型 1	调试用(软件中断)

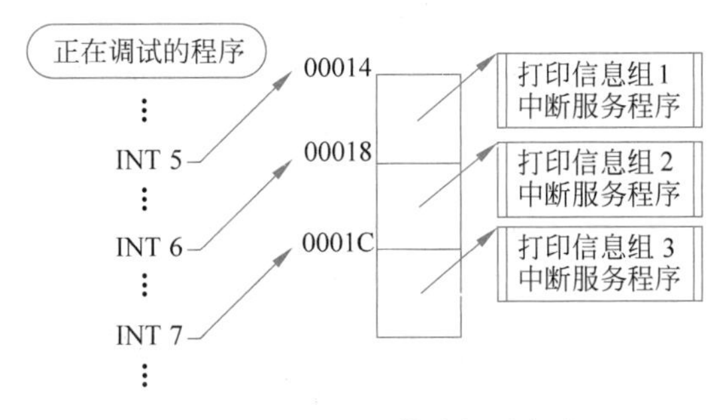

图 6.20　用 INT *n* 指令调试程序

(6) 为避免由外设硬件产生 INTR 中断请求信号和提供中断类型号的麻烦，可以用软件中断指令 INT *nn* 来模拟外设提供的硬件中断，方法是使 *nn* 类型号与该外设的类型号相同，从而可控制程序转入该外设的中断服务程序。

6.4.1.4　中断向量表

8086/8088 的中断系统为了管理中断的方便，将 256 个中断向量制成了一张中断向量表，中断向量表如图 6.21 所示。图 6.21 所示为与中断类型对应的 256 个中断向量，每个向量应包含 4 个字节，2 个低地址字节是 IP 偏移量，2 个高地址字节是 CS 段地址，因此，用来存放 256 个向量的中断向量表需要占用 1KB 的存储空间，且设置在存储器的最低端，即 000H～3FFH。这样，每个中断都可转到 1MB 空间的任何地方。

当 CPU 响应中断访问中断向量表时，外设应通过接口将一个 8 位的中断类型编码 n 放在数据总线上，CPU 对编号 n 乘以 4 得到 $4n$ 指向该中断向量的首字节；$4n$ 和 $4n+1$ 单元中存放的是中断向量的偏移地址值，其低字节存放在 $4n$ 地址中，高字节存放在 $4n+1$ 地址中；$4n+2$ 和 $4n+3$ 单元中存放的是中断向量的段地址值，也是低字节在前，高字节在后。

实现中断转移时,CPU 将把有关的标志位和断点地址的 CS 和 IP 值入栈,然后通过中断向量间接转入中断服务程序。中断处理结束,用返回指令弹出断点地址的 IP 与 CS 值以及标志位,然后返回被中断的程序。

应当注意,图 6.21 所示的中断向量表可分为 3 部分。第 1 部分是类型 0 到类型 4,共 5 种类型已定义为专用中断,它们占表中的 000H～013H,共 20 字节,这 5 种中断的入口已由系统定义,不允许用户修改。第 2 部分是类型 5 到类型 31 为系统备用中断,占用表中 014H～07FH,共 108 字节。这是 Intel 公司为软、硬件开发保留的中断类型,一般不允许用户作其他用途,其中许多中断已被系统开发使用,例如,类型 21 已用作系统功能调用的软中断。第 3 部分是类型 32 到类型 255,占用表中的 080H～3FFH,共 896 字节,可供用户使用。这些中断可由用户定义为软中断,由 INT n 指令引入,也可以是通过 INTR 端直接引入或者通过中断控制器 8259A 引入的可屏蔽中断(即硬件中断),使用时用户要自行置入相应的中断向量。

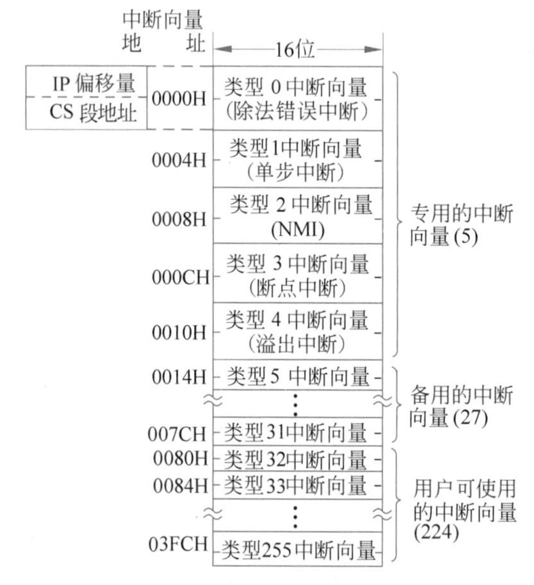

图 6.21　8086/8088 的中断向量表

为了进一步说明 8086/8088 中断系统的中断机制,理解从中断类型号取得中断程序入口地址的过程,请看图 6.22 所示的例子。

图 6.22 中,设中断类型号为 8,则由此类型号可计算出对应的中断向量表地址是:

$$8\times4=32=00100000B=20H$$

根据中断向量表地址可得到对应的 4 字节中断向量在表中的位置为 00020H、00021H、00022H、00023H。

假定中断类型 8 指定的中断向量为 CS＝1000H,IP＝0200H;即(00020H)＝IP_L＝00H、(00021H)＝IP_H＝02H、(00022H)＝CS_L＝00H、(00023H)＝CS_H＝10H,则由该中断向量形成的服务程序的入口地址将为 CS×16＋IP＝1000H×16＋0200H＝10200H。CPU 一旦响应中断类型 8,则将转向执行从地址 10200H 开始的、类型号为 8 的中断服务程序,如图 6.22 所示。

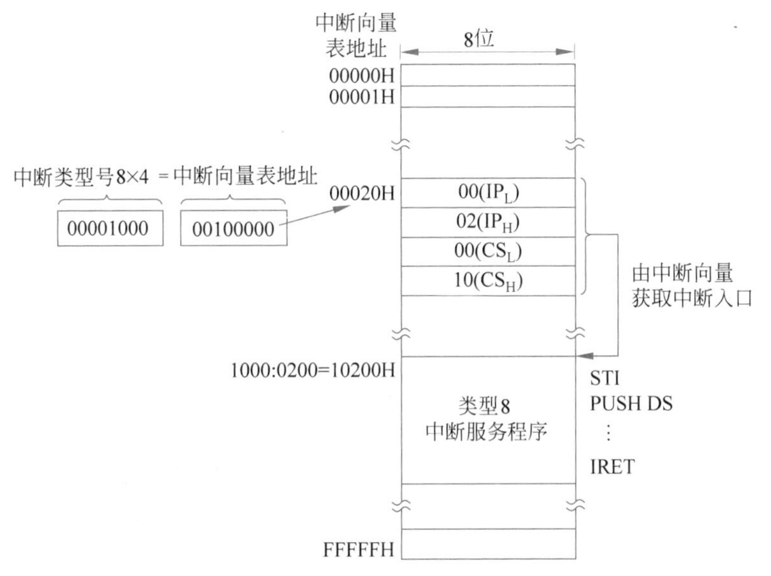

图 6.22 从中断类型号取得中断入口地址

6.4.2 8086/8088 CPU 的中断处理过程

8086/8088 CPU 中断处理的基本过程流程图如图 6.23 所示。对该流程图的结构特点与功能说明如下：

(1) 所有中断处理都包括中断请求、中断响应、中断处理和中断返回 4 个基本过程。

(2) 对各中断源中断请求的响应顺序均按预先设计的中断优先权来响应。优先权由高到低依次为内部中断、NMI 中断、INTR 中断、单步中断。

(3) CPU 开始响应中断的时刻，在一般情况下，都要待当前指令执行完后方可响应中断申请。但有少数情况是在下一条指令完成之后才响应中断请求。例如，REP(重复前缀)、LOCK(封锁前缀)和段超越前缀等指令都应当将前缀看作指令的一部分，在执行前缀和指令间不允许中断。段寄存器的传送指令(MOV)和段寄存器的弹出指令(POP)也是一样的，即在执行下条指令之前都不能响应中断。

(4) 在 WAIT 指令和重复数据串操作指令执行的过程中间可以响应中断请求，但必须要等一个基本操作或一个等待检测周期完成后才能响应中断。

(5) 由于 NMI 引脚上的中断请求是需要立即处理的，因此，在进入执行任何中断(包括内部中断)服务程序之前，都要测试 NMI 引脚上是否有中断请求，以保证它实际上有最高的优先权。这时要为转入执行 NMI 中断服务程序而再次保护现场和断点，并在执行完 NMI 中断服务程序后返回到所中断的服务程序，如内部中断或 INTR 中断的中断服务程序。

(6) 若在执行某个中断服务时无 NMI 中断发生，则接着去查看暂存寄存器 TEMP 的状态。若 TEMP＝1，则在中断前 CPU 已处于单步工作方式，就和 NMI 一样重新保护现场和断点，转入单步中断服务程序；若 TEMP＝0，也就是在中断前 CPU 处于非单步工作方式，则这时 CPU 将转去执行最先引起中断的中断服务程序。

(7) 待中断处理程序结束时，由中断返回指令将堆栈中存放的 IP、CS 及 PSW 值还原给

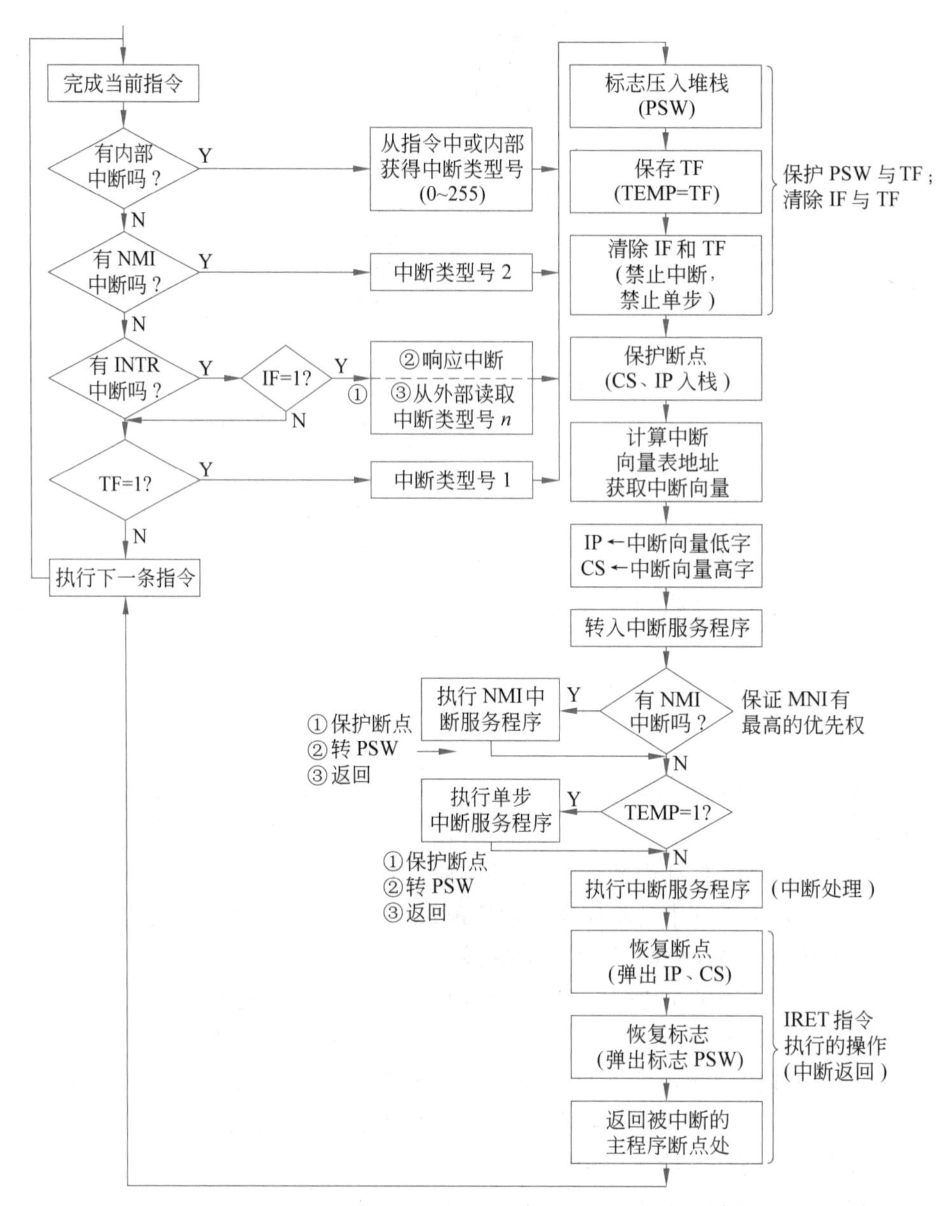

图 6.23　8086/8088 CPU 中断处理的基本过程流程图

指令指针(IP)、代码段寄存器(CS)及程序状态字(PSW)。

注意：当有多个中断请求同时产生时，8086/8088 CPU 将根据各中断源优先权的高低来处理，首先响应优先权较高的中断请求，等具有较高优先权的中断请求处理完以后，再依次响应和处理其他中断申请。

6.4.3　可屏蔽中断的过程

1. INTR 中断的全过程

图 6.24 所示为可屏蔽中断从中断发生到中断服务结束并返回的整个操作过程的示意

图。其具体步骤如下：

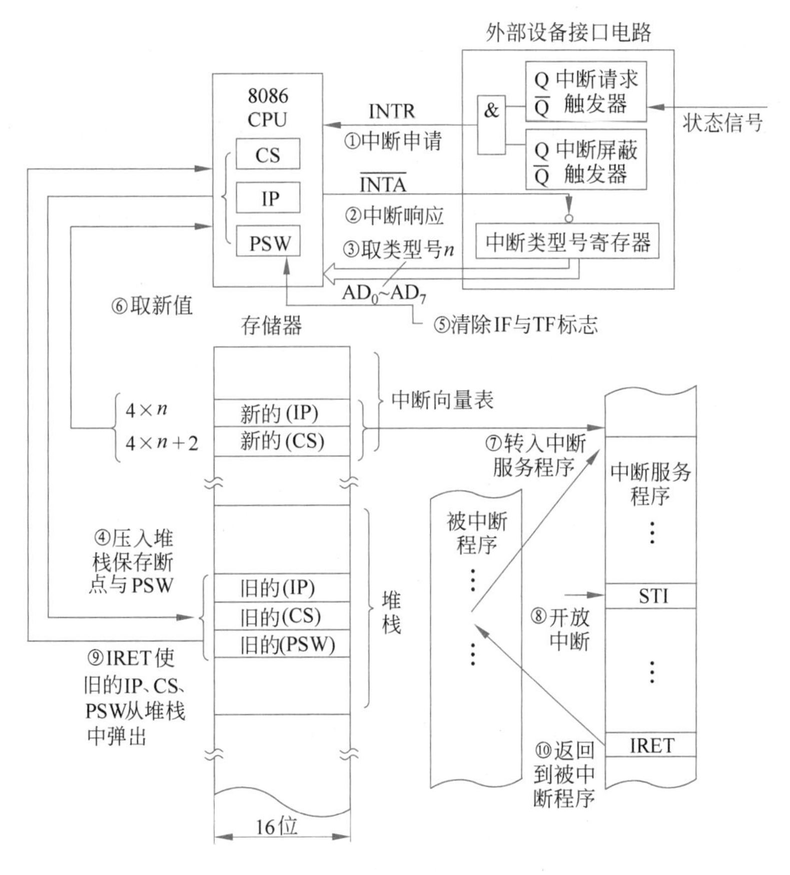

图 6.24　可屏蔽中断全过程的示意图

① 由外部设备产生的中断请求信号 INTR 送至 8086 的 INTR 引脚上。

② 若 CPU 内部的中断允许标志 IF=1，当 CPU 检测到 INTR 请求信号时，则它在完成当前执行的指令后，便开始响应中断，CPU 将通过其 $\overline{\text{INTA}}$ 引脚向中断接口电路发响应信号，并启动中断过程。

③ CPU 执行两个中断响应总线周期，中断接口电路在第 2 个中断响应总线周期内送出一个单字节数据作为中断类型号 n 送给 CPU，这个数据字节左移两位(即乘以 4)后，得到中断向量在中断向量表中的起始地址 $4\times n$。

④ CPU 按先后顺序把 PSW、CS 和 IP 的当前内容压入堆栈。

⑤ 清除 CPU 内部标志寄存器中的 IF 和 TF 标志。

⑥ 从中断向量表中把 $4\times n+2$ 的字存储单元中的内容读入 CS，把 $4\times n$ 的字存储单元中的内容读入 IP。

⑦ CPU 从新的 CS:IP 值转入中断服务程序。

⑧ 若允许中断嵌套，则一般在中断服务程序保存各寄存器内容之后要安排一条 STI 开放中断指令，这是因为 CPU 响应中断后便自动清除了 IF 位与 TF 位，只有执行了 STI 指令后，IF=1，开放中断，才能使优先权较高的中断源获得中断响应。

⑨ 在中断服务程序结尾安排一条 IRET 中断返回指令，使旧的 IP、CS、PSW 从堆栈中弹出。

⑩ 最后，根据被弹出的断点地址和处理器状态字控制 CPU 返回到发生中断的断点处并恢复现场。

至于 CPU 响应 NMI 或内部中断请求时的操作顺序，基本上与上述过程相同，只是不需要前 3 步操作和读取中断类型码，因为它们的中断类型码是直接从指令中获得或由 CPU 内部自动产生的。一旦 CPU 接到 NMI 引脚上的中断请求或内部中断请求，CPU 就会自动地转向它们各自的中断服务程序。

2. 中断类型号的获得

(1) 除法错误中断、单步中断、非屏蔽中断、断点中断和溢出中断分别由 CPU 芯片内的硬件自动提供类型号 0～4。

(2) 软件中断则是从指令流中，即在 INT n 的第 2 个字节中读得中断类型号。

(3) 外部可屏蔽中断(INTR)可以用不同的方法获得中断类型号。例如，在 PC 系列微机中，可以由 Intel 8259A 芯片或集成了 8259A 的超大规模集成外围芯片来提供中断类型号。

6.4.4 中断响应时序

下面以 8086 CPU 的最小方式以及用户定义的硬件中断为例，讨论中断响应的时序，如图 6.25 所示。

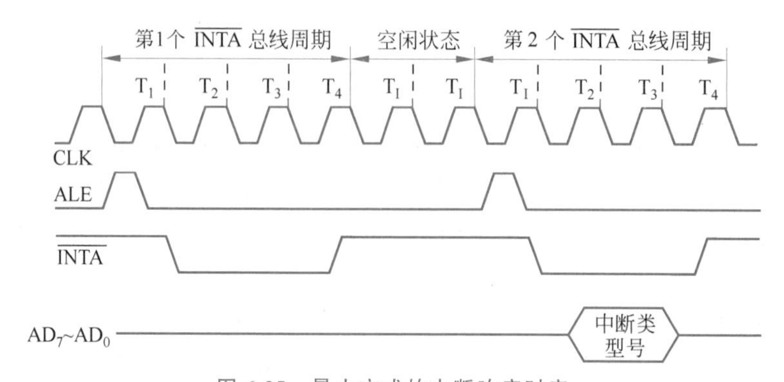

图 6.25 最小方式的中断响应时序

8086 的中断响应时序由两个连续的 $\overline{INTA}$ 中断响应总线周期组成，中间由两个空闲时钟周期 T_I 隔开。在两个总线周期中，$\overline{INTA}$ 输出为低电平，以响应这个中断。

第 1 个 $\overline{INTA}$ 总线周期表示有一个中断响应正在进行，这样可以使申请中断的设备有时间去准备在第 2 个 $\overline{INTA}$ 总线周期内发出中断类型号。在第 2 个 $\overline{INTA}$ 总线周期中，中断类型号必须在 16 位数据总线的低半部分(AD_0～AD_7)上传送给 8086。因此，提供中断类型号的中断接口电路(如 8259A)的 8 位数据线是接在 16 位数据总线的低半部上。在中断响应总线周期期间，经 DT/$\overline{R}$ 和 $\overline{DEN}$ 的配合作用，使得 8086 可以从申请中断的接口电路中取得一个单字节的中断类型号。

从图 6.25 中可以看到，在两个中断响应周期之间插入了两个空闲状态，这是 8086 执行中断响应过程的情况，也有插入 3 个空闲状态的情况。但是，在 8088 CPU 的两个中断响应周期之间并没有插入空闲状态。

对于由软件产生的中断，除了没有执行中断响应总线周期外，其余的则执行同样序列的总线周期。

6.4.5 中断服务子程序设计

在第 4 章中介绍过如何调用 DOS 的中断子程序及调用 ROM BIOS 的中断服务子程序。在中断向量表中，40H～7FH 中断向量是留给用户增加中断服务程序时使用的。为此，可以将某些通用性强的子程序功能用中断子程序来实现。一旦设置好这样的中断子程序，在其他应用程序中就可以调用这个中断子程序。

设计中断子程序的步骤如下：

(1) 选择一个中断向量。如果采用硬件中断，则要使用硬件决定的中断向量；如果采用软件中断，即用执行 INT n 指令的方式来执行中断服务程序，则可以在系统预留给用户的中断向量号中选某一个中断向量，如选 50H 号向量。

(2) 将中断子程序的入口地址置入中断向量表的相应表项中。设选择的向量号为 n，其置入方法有两种：一是用数据传送指令将中断服务子程序入口相对地址存放在物理地址为 $4\times n$ 的字单元中，将中断服务子程序入口段地址存放在物理地址为 $4\times n+2$ 的字单元中；二是采用 DOS 置新中断向量的中断功能，即

向量号 21H

功能号 25H

入口参数：DS＝中断服务子程序入口段地址

DX＝中断服务子程序入口相对地址

AL＝新增的向量号

(3) 使中断服务子程序驻留内存。实现这一步骤的必要性在于：一旦中断服务子程序驻留内存后，一般程序员使用这一新增的中断调用就如同调用 DOS 或 BIOS 的中断子程序一样，只要了解其入口要求和返回参数就可调用。程序驻留在内存后，它占用的存储区就不会被其他软件覆盖。使程序驻留内存，要求该程序以.com（此种结构的程序要求入口定位于 100H 并且数据和代码均在同一个段内）形式运行，因为.com 程序将定位于低地址区，DOS 常在低地址区增加驻留程序，而 .exe 将定位于高地址区。使程序驻留内存的方法是采用 DOS 的中断调用，即

向量号 21H

功能号 31H

入口参数：DX＝驻留程序字节数

该功能使当前程序的 DX 个字节驻留内存并返回 DOS。

在微机中增加一中断服务子程序，其向量号为 50H，其功能是 BX 内容增 1。程序代码如下：

```
C     SEGMENT
      ASSUME   CS: C
      ORG      100H
  B:  MOV      AX, SEG SUBP
      MOV      DS, AX
      MOV      DX, OFFSET SUBP
      MOV      AH, 25H
      MOV      AL, 50H
      INT      21H              ;建立 50H 中断向量表项
      MOV      DX, N
      MOV      AH, 31H
      INT      21H              ;中断服务程序驻留内存并返回 DOS
SUBP PROC FAR
      INC      BX
      IRET
SUBP ENDP
N     EQU       $
C     ENDS
      END      B
```

设这一源程序名为 INCBX.asm，经汇编、连接后生成 INCBX.exe。然后可用 DEBUG 将其转换成.com 形式的执行文件。设文件名为 INC.com，操作步骤如下：

```
C>DEBUG INCBX.exe 回车
-N INC.com
-W 回车
-Q 回车
C>
```

这时可运行 INC.com 程序，即

```
C>INC 回车
```

一旦运行 INC.com 程序，在微机中就新增了一个中断子程序。在其后运行的程序中，就如同调用 DOS 或 BIOS 中断子程序一样调用 INT 50H，其功能是 BX 内容增 1。

习 题 6

6.1 为什么外设与计算机的连接不能像存储器那样直接挂到总线上？

6.2 接口电路的信息分为哪几类？接口电路的基本结构有哪些特点？

6.3 CPU 与外设交换数据的传送方式可分为哪几种？试简要说明它们各自的特点。

6.4 在 CPU 与外设之间的数据接口上一般加有三态缓冲器，其作用如何？

6.5 何谓中断？何谓中断源？有哪些中断源？

6.6 单个中断源的中断接口中为何要设置中断请求触发器和中断屏蔽触发器？

6.7 何谓中断系统？中断系统有哪些功能？微机的中断技术有什么优点？

6.8 CPU 响应中断有哪些条件？为什么需要这些条件？

6.9 CPU 在中断周期要完成哪些主要的操作？

6.10 用方框图形式说明查询式输入和查询式输出的程序流程。

6.11 在I/O控制方式中，中断和DMA有何主要异同？

6.12 向量中断与中断向量在概念上有何区别？中断向量与中断入口地址又有何区别？

6.13 什么是中断向量表？在8086/8088的中断向量表中有多少个不同的中断向量？若已知中断类型号，举例说明如何在中断向量表中查找中断向量。

6.14 8086/8088的内部中断有何特点？

6.15 试比较主程序与中断服务程序和主程序调用子程序的主要异同点。

6.16 试比较保护断点与保护现场的主要异同点。

6.17 对8086/8088 CPU的NMI引脚上的中断请求应当如何处理？

6.18 若8086从8259A中断控制器中读取的中断类型号为76H，其中断向量在中断向量表中的地址指针是什么？

6.19 简述8086中断系统响应可屏蔽中断的全过程。

6.20 8086/8088的中断系统具有哪些功能？判断中断优先权的方法有哪些？各自的优缺点如何？

6.21 8086/8088响应可屏蔽中断的主要操作有哪些？

6.22 试举例说明设计中断子程序的方法与步骤。

第7章 可编程接口芯片

微机与外设交换信息必须通过接口电路来实现。随着大规模集成电路技术的发展，已生产了各种各样通用的可编程接口芯片，不同系列的微处理器都有其标准化、系列化的接口芯片可供选用。因此，学会典型通用接口芯片的工作原理和使用方法，是掌握微机接口技术的重要基础。

本章主要介绍 Intel 系列的 8255A、8250、8253-5、8259A 等几种典型通用的接口芯片，以及常用的 DAC 0832 与 ADC 0809 转换接口芯片。最后简要介绍几种新型的通用 I/O 标准接口。

7.1 接口的分类及功能

7.1.1 接口的分类

按接口的功能可分为通用接口和专用接口两类。通用接口适用于大部分外设，例如，打印机和键盘等都可经通用接口与 CPU 相连。通用接口又可分为并行接口和串行接口。并行接口是按字节传送的；串行接口和 CPU 之间按并行传送，而和外设之间是按串行传送的，如图 7.1 所示。专用接口仅适用于某台外设或某种微处理器，用于增强 CPU 的功能。此外，在微机控制系统中专为某个被控制的对象而设计的接口，也是专用接口。

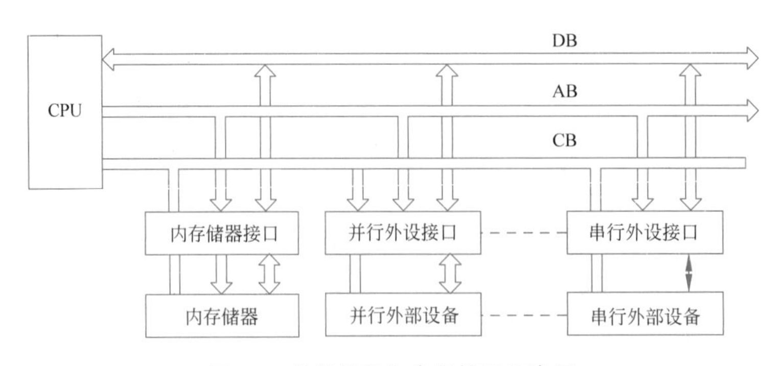

图 7.1 并行接口和串行接口示意图

如果按接口芯片功能选择的灵活性来分，接口又可分为硬布线逻辑接口芯片和可编程接口芯片。前者的功能选择是由引线的有效电平决定的，其适用范围有限；而后者的功能可由指令来控制，即用编程的方法可使接口选择不同的功能。

7.1.2 接口的功能

接口的功能很丰富，视具体的接口芯片而定，其主要的功能如下所示。

1. 缓冲锁存数据

通常 CPU 与外设的工作速度不可能完全匹配，在数据传送过程中难免有等待的时候。为此，需要把传输数据暂存在接口的缓冲寄存器或锁存器中，以便缓冲或等待；而且要为 CPU 提供有关外设的状态信息，例如，外设“准备好”或“忙”，或者缓冲器“满”或“空”等。

2. 地址译码

在微机系统中，每个外设都被赋予一个相应的地址编码，外设接口电路能进行地址译码，以选择设备。

3. 传送命令

外设与 CPU 之间有一些联络信号，例如，外设的中断请求、CPU 的响应回答等信号都需要通过接口来传送。

4. 码制转换

在一些通信设备中，其信号是以串行方式传输的，而计算机的代码是以并行方式输入/输出的，这就需要进行并行码与串行码的互相转换；在转换中，根据通信规程还要添加一些同步信号等，这些工作也是接口电路要完成的任务之一。

5. 电平转换

一般 CPU 输入/输出的信号都是 TTL 电平，而外设的信号就不一定是 TTL 电平。为此，在外设与 CPU 连接时，要进行电平转换，使 CPU 与外设的电压（或电流）相匹配。

除上述功能之外，一般接口电路都是可以编程控制的，能根据 CPU 的命令进行功能变换。以上的功能是相对于一般接口功能而言的，实际上接口的功能不只是这些，例如，定时、中断和中断管理、时序控制等。

7.2 可编程计数器/定时器 8253-5

8253-5 是可编程计数器/定时器。

7.2.1 8253-5 的引脚与功能结构

8253-5 是一种 24 脚封装的双列直插式芯片，其引脚和功能结构示意图如图 7.2 所示。

8253-5 各引脚的定义如下。

- $D_0 \sim D_7$：数据线。

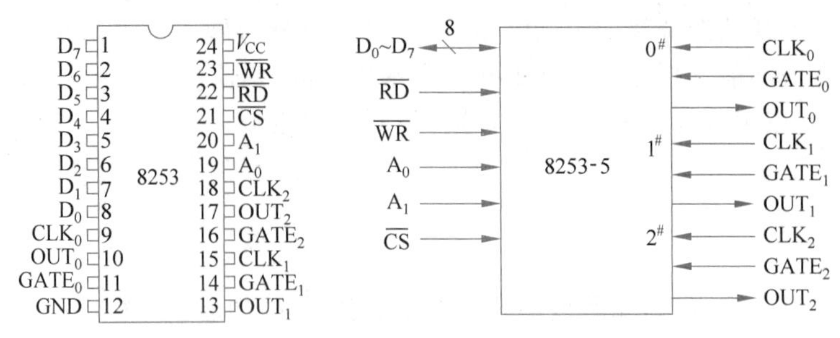

图 7.2 8253 引脚和功能结构示意图

- A_0、A_1：地址线，用于选择 3 个计数器中的一个及选择控制字寄存器。
- $\overline{RD}$：读控制信号，低电平有效。
- $\overline{WR}$：写控制信号，低电平有效。
- $\overline{CS}$：片选端，低电平有效。
- $CLK_{0\sim2}$：计数器 0#、1#、2# 的时钟输入端。
- $GATE_{0\sim2}$：计数器 0#、1#、2# 的门控制脉冲输入端，由外部设备送入门控脉冲。
- $OUT_{0\sim2}$：计数器 0#、1#、2# 的输出端，由它接至外部设备以控制其启停。

8253-5 的功能体现在两个方面，即计数与定时。两者的工作原理在实质上是一样的，都是利用计数器进行减 1 计数，减至 0 发信号；两者的差别只是用途不同。

7.2.2 8253-5 的内部结构和寻址方式

1. 内部结构

8253-5 的内部结构如图 7.3 所示。它有 3 个独立结构完全相同的 16 位计数器和 1 个 8 位控制字寄存器。

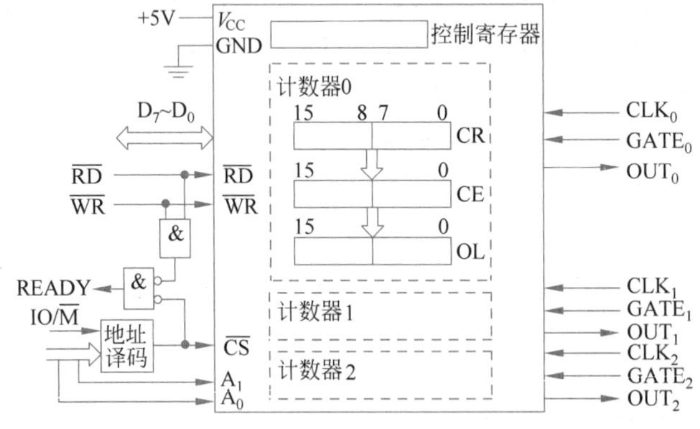

图 7.3 8253-5 的内部结构

在每个计数器内部，又可分为计数初值寄存器(CR)、计数执行部件(CE)和输出锁存器(OL)这 3 个部件，它们都是 16 位寄存器，也可以作 8 位寄存器来用。在计数器工作时，通过程序给初值寄存器(CR)送入初始值，该值再送入执行部件(CE)作减 1 计数；而输出锁存器(OL)则用来锁存 CE 的内容，该内容可以由 CPU 进行读出操作。

注意：8253-5 中的控制寄存器内容只能写入而不能读出。

2. 寻址方式

如上所述,8253-5 内部有 3 个计数器和 1 个控制字寄存器,可通过地址线 A_0、A_1,读/写控制线 $\overline{RD}$、$\overline{WR}$ 与选片 $\overline{CS}$ 进行寻址,并实现相应的操作。CPU 对 8253-5 的寻址与相应操作如表 7.1 所示。

表 7.1　8253-5 的寻址与相应操作

A_1	A_0	$\overline{RD}$	$\overline{WR}$	$\overline{CS}$	操　　作
0	0	0	1	0	读计数器 0
0	1	0	1	0	读计数器 1
1	0	0	1	0	读计数器 2
0	0	1	0	0	写入计数器 0
0	1	1	0	0	写入计数器 1
1	0	1	0	0	写计数器 2
1	1	1	0	0	写方式控制字
×	×	×	×	1	禁止(高阻抗)
1	1	0	1	0	无操作(高阻抗)
×	×	1	1	0	无操作(高阻抗)

7.2.3　8253-5 的 6 种工作方式及时序关系

8253-5 的方式控制字格式如图 7.4 所示,各计数器有 6 种可供选择的工作方式,以完成定时、计数或脉冲发生器等多种功能。

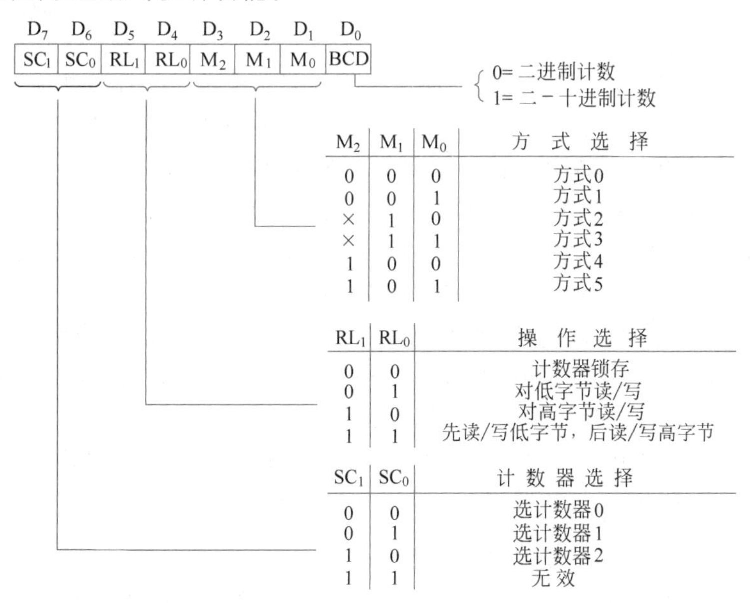

图 7.4　8253-5 的方式控制字格式

1. 方式 0——计数结束产生中断

8253-5 在方式 0(如图 7.5 所示)工作时,有以下特点:

(1) 当写入控制字后，OUT 端输出低电平作为起始电平。在有两个负脉冲宽度的$\overline{WR}$信号的上升沿将初值写入初值寄存器(CR)，待计数初值装入计数器后，输出仍保持低电平。若 GATE 端的门控信号(图 7.5 中有两组门控信号，但未画出上面的第 1 组高电平的 GATE 信号)为高电平，当 CLK 端每来一个计数脉冲，计数器就做减 1 计数，当计数值减到 0 时，OUT 端输出变为高电平；若要使用中断，则可利用此上跳的高电平信号向 CPU 发中断请求。

(2) GATE 为计数控制门。方式 0 的计数过程是由门控信号 GATE 来控制暂停，即当 GATE=1 时，允许计数；而 GATE=0 时，停止计数。如图 7.5 中第 2 组的 GATE 信号变为低电平期间，计数值 n 保持 4 而不做减 1 计数，只有当 GATE 信号再次变为高电平时，计数器才又恢复做减 1 计数。GATE 信号的变化并不影响输出 OUT 端的状态。

(3) 计数过程中可重新装入计数初值。如果在计数过程中，重新写入某一计数初值，则在写完新的计数值后，计数器将从该值重新开始做减 1 计数。

2. 方式 1——可编程单稳触发器

8253-5 按方式 1(如图 7.6 所示)工作时，有以下特点：

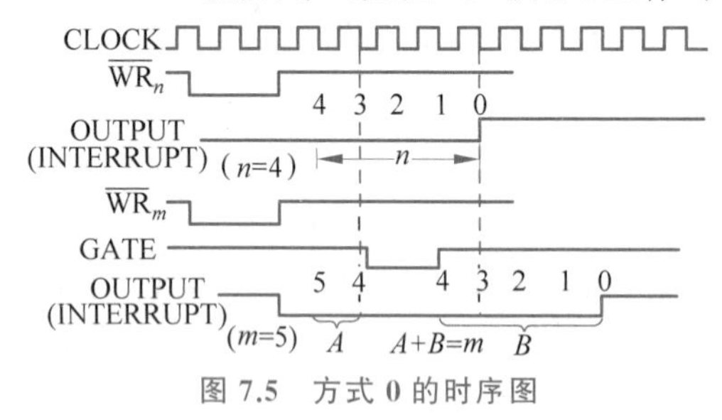

图 7.5　方式 0 的时序图

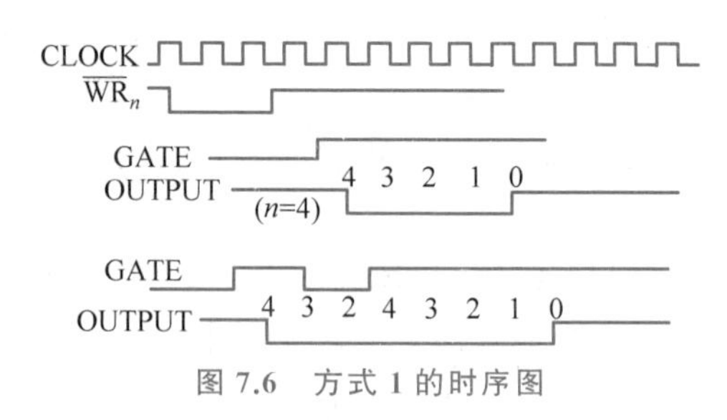

图 7.6　方式 1 的时序图

(1) 当写入控制字后，OUT 端输出高电平作为起始电平。当计数初值送到计数器后，若无 GATE 的上升沿，那么不管此时 GATE 输入的触发电平是高电平还是低电平，都不会开始减 1 计数；必须等到 GATE 端输入正跳变触发脉冲时，计数过程才会开始。

(2) 工作时，由 GATE 输入触发脉冲的上升沿使 OUT 变为低电平，每来一个计数脉冲，计数器做减 1 计数，当计数值减为 0 时，OUT 再变为高电平。OUT 端输出的单稳负脉冲的宽度为计数器的初值乘以 CLK 端输入脉冲周期。

(3) 如果在计数器未减到 0 时，门控端 GATE 又来一个触发脉冲，则由下一个时钟脉冲开始，计数器将从原有的初始值(如图 7.6 中的 $n=4$)重新做减 1 计数。当减到 0 时，输出端又变为高电平。这样便会使输出脉冲宽度延长。

(4) 若在计数过程中，又写入一个新的计数初值，它并不影响本次计数过程，输出也不变。只是在下一次触发时，计数器按新的输入初值重新计数。

3. 方式 2——分频器(又称分频脉冲产生器)

方式 2 是 n 分频计数器，n 是写入计数器的初值。图 7.7 所示为方式 2 的时序图。当计数器的控制寄存器写入控制字后，OUT 端输出高电平作为起始电平。当计数初值(图 7.7 中给出了两个初值，即 $n=4$ 或 $n=3$)在$\overline{WR}$信号的上升沿写入计数器后，从下一个时钟脉冲起，计数器开始做减 1 计数。当减到 1(而不是减到 0)时，OUT 端输出将变为低电平。当计数端 CLK 输入 n 个计数脉冲后，在输出端 OUT 输出一个 n 分频脉冲，其正脉冲宽度为

($n-1$)个输入脉冲时钟周期,而负脉冲宽度只是一个输入脉冲时钟周期。GATE用来控制计数,GATE=1,允许计数;GATE=0,停止计数。因此,可以用GATE来使计数器同步。要注意的是,在方式2下,不但高电平的门控信号有效,上升跳变的门控信号也是有效的。

4. 方式3——方波频率发生器

方式3类似于方式2,但输出为方波或者为近似对称的矩形波。图7.8所示为方式3的时序图。当计数器的控制寄存器写入控制字后,OUT端输出低电平作为起始电平。当计数器装入计数值n(图7.8中给出了两个初值,即$n=4$或$n=5$)后,OUT端输出变为高电平。如果当前门控信号GATE为高电平(图7.8中未画出高电平的GATE信号),则立即开始做减1计数。当计数值n为偶数(如$n=4$)时,每当计数值减到$n/2$(=2)时,则OUT端由高电平变为低电平,并一直保持计数到0,故输出的n分频波为方波(即上面的一条OUT输出线为方波);当n为奇数(如$n=5$)时,输出分频波的高电平宽度为$(n+1)/2$(=3)计数脉冲周期,低电平宽度为$(n-1)/2$(=2)计数脉冲周期(即下面的一条OUT输出线为近似对称的矩形波)。

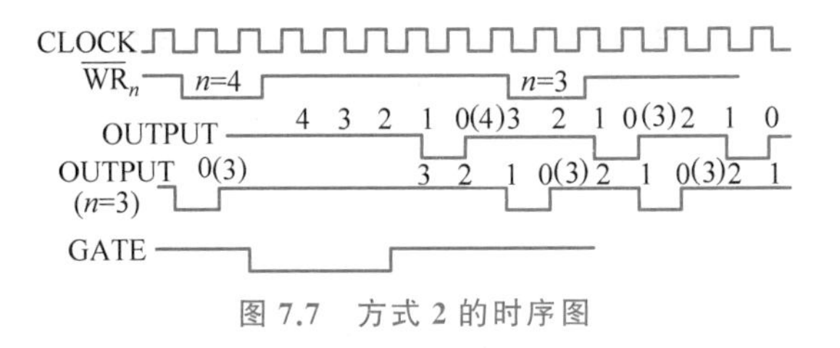

图7.7 方式2的时序图

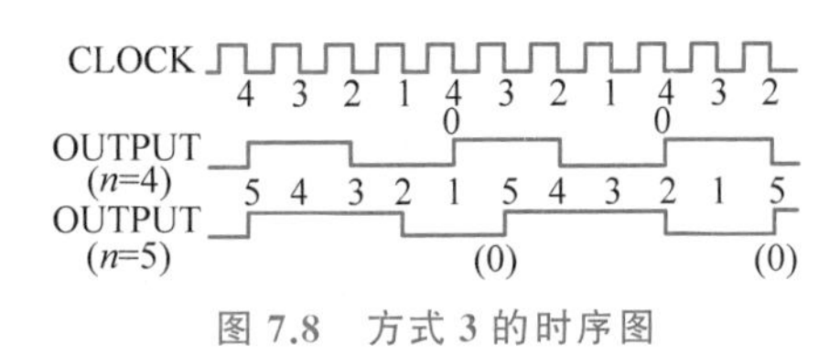

图7.8 方式3的时序图

5. 方式4——软件触发选通脉冲

图7.9所示为方式4的时序图。按方式4工作时,计数器写入控制字后,输出的OUT信号变为高电平。当由软件触发写入初始值n(此例$n=4$)经过1个时钟周期后,若GATE=1(如图7.9中上面第1组未画出的GATE信号即为高电平),允许计数,则计数器在一个时钟脉冲之后开始做减1计数,当计数器减到0时,在OUT端输出一个宽度等于一个计数脉冲周期的负脉冲。若GATE=0,则停止计数,n保持为4;只有在GATE恢复高电平之后才重新计数,即由$n=4$开始减1计数,直至减到0时才发出一个选通负脉冲。如图7.9中下面第2组的GATE输入线与OUT输出线波形所示。

注意:方式4是通过软件写入新的计数值来使计数器重新工作的,故称为软件触发选通脉冲方式。

6. 方式5——硬件触发选通脉冲

方式5类似于方式4,所不同的是GATE端输入信号的作用不同。图7.10所示为方式5的时序图。按方式5工作时,由GATE输入触发脉冲,从其上升沿开始,计数器做减1计数,计数结束时,在OUT端输出一个宽度等于一个计数脉冲周期的负脉冲。在此方式中,计数器可重新触发。在任何时刻,当GATE触发脉冲上升沿到来时,将把计数初值重新送入计数器,然后开始计数过程。

注意:方式5的选通负脉冲是通过硬件电路产生的门控信号GATE上升沿触发后得到的,故称为硬件触发选通脉冲方式。

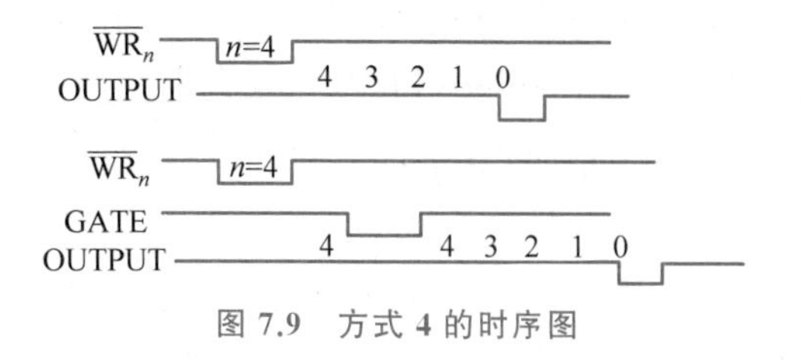

图 7.9　方式 4 的时序图

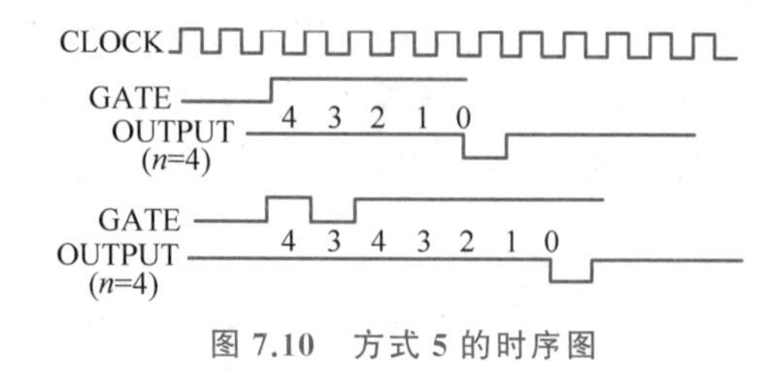

图 7.10　方式 5 的时序图

7.2.4　8253 应用举例

在 IBM PC/XT 中，8253-5 是 CPU 外围支持电路之一，提供系统日历时钟中断，动态存储器刷新定时及喇叭发声、音调控制等功能。下面从硬件结构和软件编程两方面予以简要分析。

1. 硬件结构

图 7.11 所示为 8253-5 在 IBM PC/XT 中的连线图。由该图可知，8253-5 芯片的 3 个计数器使用相同的时钟脉冲。CLK_0～CLK_2 的频率是 PCLK(2.38MHz)的 1/2，即1.19MHz，这由 U_{22} 分频实现。8253-5 的 3 个计数器端口地址为 40H、41H、42H。控制寄存器端口地址为 43H。

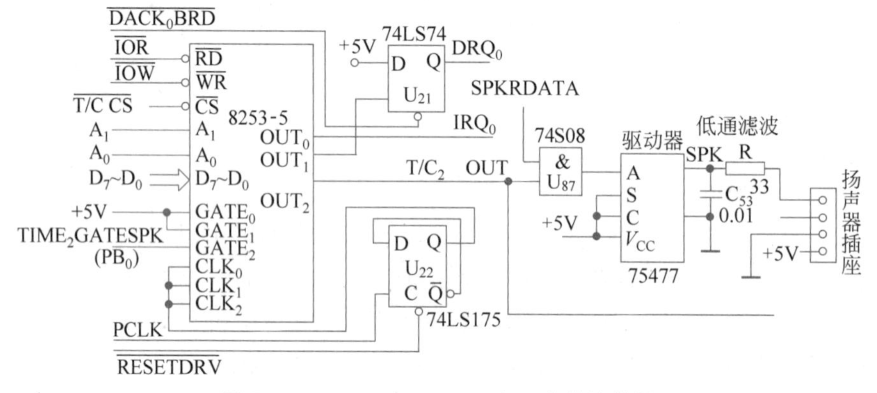

图 7.11　8253-5 在 IBM PC/XT 中的连接图

3 个计数器的用途如下所示。

1）计数器 0

计数器 0 为系统日历时钟提供定时中断，它选用方式 3 工作，设置的控制字为 36H。计数器值预置为 0(即 65536)，$GATE_0$ 接＋5V，允许计数。因此，OUT_0 输出时钟频率为 1.19MHz/65536＝18.21Hz。它直接接到中断控制器 8259A 的中断请求端 IR_0，即 0 级中断，每秒出现 18.2 次。因此，每间隔 55ms 产生一次 0 级中断请求，并且每一个输出脉冲均以其正跳变产生一次中断。

2）计数器 1

计数器 1 向 DMA 控制器定时发动态存储器刷新请求，它选用方式 2 工作，设置的控制字为 54H。计数器初始值为 18，$GATE_1$ 接＋5V，允许计数。因此，OUT_1 输出分频脉冲频率为 1.19MHz/18＝66.1kHz，相当于周期为 15.1μs。这样，计数器 1 每隔 15.1μs 经由 U_{21} 产生一个动态 RAM 刷新的请求信号 DRQ_0。

3）计数器 2

计数器 2 控制喇叭发声音调，用方式 3 工作，设置的控制字为 B6H，计数器的初值置 533H（即 1331），OUT_2 输出方波频率为 1.19MHz/1331＝894Hz。该计数器的工作由主板 8255A 的 PB_0 端控制。当 PB_0 输出的 $TIME_2GATESPK$ 为高电平时，计数器方能工作。OUT_2 的输出与 8255A PB_1 端产生的喇叭音响信号 SPKRDATA 在 U_{87} 相"与"后送到功放驱动芯片 75477 的输入端 A，其输出推动喇叭发音。

2. 计数器的预置程序

按上述功能，8253-5 的 3 个计数器的预置程序如下：

```
PR0:MOV   AL,36H       ;选择计数器 0,写双字节计数值,方式 3,二进制计数
    OUT   43H, AL      ;写控制字
    MOV   AL, 0        ;预置计数值 65536
    OUT   40H, AL      ;先送低字节计数值
    OUT   40H, AL      ;后送高字节计数值
PR1:MOV   AL, 54H      ;选择计数器 1,读/写低字节计数值,方式 2,二进制计数
    OUT   43H, AL
    MOV   AL, 12H      ;预置计数器初值 18
    OUT   41H, AL
PR2:MOV   AL, 0B6H     ;选择计数器 2,读/写双字节计数值,方式 3,二进制计数
    OUT   43H, AL
    MOV   AX, 533H     ;送分频数 1331
    OUT   42H, AL      ;先送低字节
    MOV   AL, AH
    OUT   42H, AL      ;后送高字节
```

7.3 可编程中断控制器 8259A

中断控制器是专门用来处理中断的控制芯片。Intel 8259A 就是一个可编程中断控制器（PIC），它是专门为 8086/8088 和其他 Intel 系列微处理器系列设计的。8259A 既可以用单片管理 8 级中断；也可以采用级联工作方式，用 9 片 8259A 构成 64 级主、从式中断系统。

7.3.1 8259A 的引脚与功能结构

8259A 是一个 28 引脚封装的双列直插式芯片。图 7.12 所示为 8259A 引脚和功能结构示意图。

芯片引脚定义如下。

- $D_7 \sim D_0$：8 根双向数据线。它们用来与 CPU 之间传送命令和数据。
- $\overline{WR}$：写控制信号，低电平有效。它与控制总线上的$\overline{IOW}$信号线相连。
- $\overline{RD}$：读控制信号，低电平有效。它与控制总线上的$\overline{IOR}$信号线相连。
- $\overline{CS}$：片选信号线，低电平有效。它一般由来自地址译码电路的输出，用于选通 8259A。
- A_0：地址选择信号线。它用来对 8259A 内部的两个可编程寄存器进行选择，即选择当前 8259A 的两个 I/O 端口中被访问的是奇地址（较高 8 位地址）还是偶地址（较

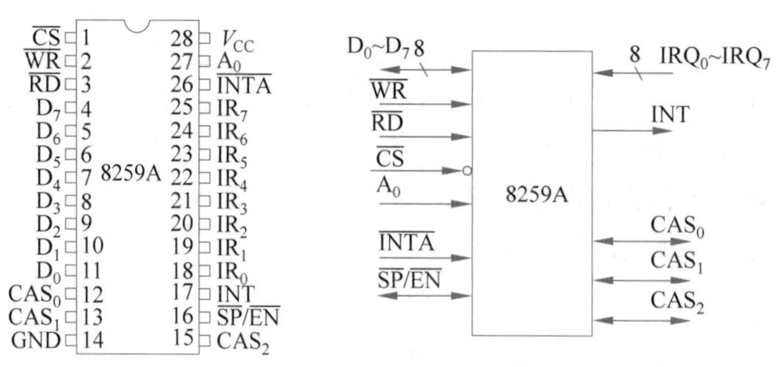

图 7.12　8259A 引脚和功能结构示意图

低 8 位地址)。

- $IR_0 \sim IR_7$：8 级中断请求输入线。它用于接收来自 I/O 设备的外部中断请求。在主、从级联方式的中断系统中,主片的 $IR_0 \sim IR_7$ 端分别与各从片的 INT 端相连,用来接收来自从片的中断请求。
- INT：中断请求信号线(输出)。它连至 CPU 的 INTR 端,用来向 CPU 发中断请求信号。
- $\overline{INTA}$：中断响应信号线(输入)。它连至 CPU 的$\overline{INTA}$端,用于接收来自 CPU 的中断响应信号。
- $\overline{SP}/\overline{EN}$：此引脚是一个双功能的双向信号线,分别表示两种工种方式：当 8259A 片采用缓冲方式时,则它作为输出信号线$\overline{EN}$;当 8259A 片采用主、从工作方式(即非缓冲方式)时,则它作为输入信号线$\overline{SP}$。在缓冲工作方式中,当$\overline{EN}$有效时,允许数据总线缓冲器选通,使数据由 8259A 读出至 CPU;当$\overline{EN}$无效时,表示 CPU 将使数据写入 8259A。在主、从工作方式中,作为输入信号$\overline{SP}$,由该输入引脚的电平来区分"主"或"从"8259A,若$\overline{SP}=1$,则为"主"8259A;若$\overline{SP}=0$,则为"从"8259A。
- $CAS_0 \sim CAS_2$：3 根级联控制信号线。它们用来构成 8259A 的主、从式级联控制结构。在主、从结构中,系统最多可以把 8 级中断请求扩展为 64 级主、从式中断请求,对于主 8259A,$CAS_0 \sim CAS_2$ 为输出信号;对于从 8259A,$CAS_0 \sim CAS_2$ 为输入信号。主片的 $CAS_0 \sim CAS_2$ 与从片的 $CAS_0 \sim CAS_2$ 对应相连。在主、从级联方式系统中,将根据主 8259A 的这 3 根引线上的信号编码来具体指明是哪一个 8259A 从片。

7.3.2　8259A 内部结构框图和中断工作过程

8259A 中断控制器包括 8 个主要功能部件,其内部结构框图如图 7.13 所示。

1. 数据总线缓冲器

数据总线缓冲器是一个双向的 8 位三态缓冲器,用作 CPU 与 8259A 之间的数据接口,由 CPU 写入 8259A 的控制命令字或由 8259A 读到 CPU 的数据都要经过它进行交换。

2. 读/写逻辑

读/写逻辑是读/写控制电路,用于接收来自 CPU 的读/写控制信号($\overline{RD}/\overline{WR}$)和片选控制信号($\overline{CS}$),还要接收一位地址信号($A_0$)。当 CPU 执行 IN 指令时,$\overline{RD}$信号与 A_0 配合,将 8259A 中内部寄存器的内容通过数据总线缓冲器读入 CPU 中;当 CPU 执行 OUT 指令时,

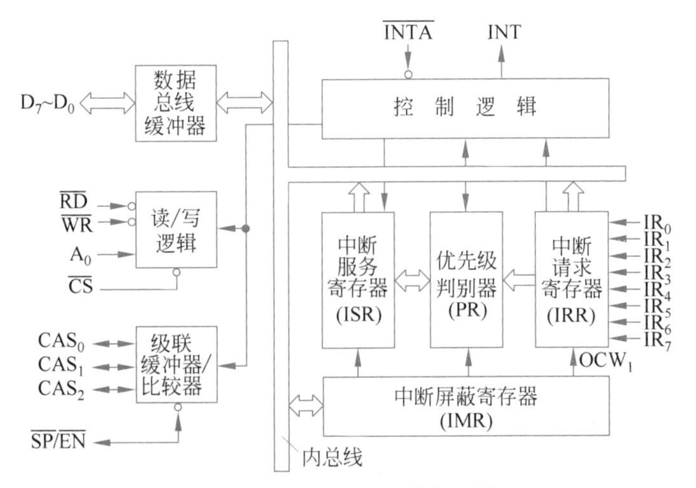

图 7.13　8259A 内部结构框图

$\overline{WR}$信号与 A_0 配合，将 CPU 中的控制命令字通过数据缓冲器写入 8259A 中某个指定的内部寄存器。由于一片 8259A 只有两个端口，因此，只需要将 CPU 地址总线的最低位 A_0 接到 8259A 的 A_0 端即可选定某个端口，而端口的其他高位地址将作为片选信号($\overline{CS}$)输入 8259A。

3. 级联缓冲器/比较器

级联缓冲器/比较器为 8259A 提供级联控制信号 $CAS_0 \sim CAS_2$ 与双向功能信号$\overline{SP}/\overline{EN}$，以满足 8259A 在缓冲工作与主、从工作方式(即非缓冲工作)两种方式下的功能需要。关于这些信号的功能如前面介绍 8259A 的引脚功能时所述。

4. 控制逻辑

控制逻辑是 8259A 的内部控制电路，用于向 CPU 发中断请求信号(INT)或接收来自 CPU 的中断应答信号($\overline{INTA}$)，并保持同 8259A 内部各功能部件之间的联系，以便协调它们完成全部中断处理功能。

5. 中断请求寄存器

中断请求寄存器(Interrupt Request Register，IRR)是一个用于接收外部中断请求的 8 位寄存器，其 8 根引脚 $IR_0 \sim IR_7$ 分别与接口的 8 个中断请求线相连接。当某一个 IR_i 端接收到高电平的中断请求信号时，则 IRR 的相应位将被置“1”(即锁存该中断请求)；显然，若最多有 8 个中断请求信号同时进入 $IR_0 \sim IR_7$ 端，则 IRR 将被置为全“1”。至于被置“1”的请求能否进入 IRR 的下一级判优电路即优先级判别器(Priority Resolver，PR)，还取决于控制 IRR 的中断屏蔽寄存器(Interrupt Mask Register，IMR)中相应位是否清“0”(即不屏蔽该位请求)。

6. 中断服务寄存器

中断服务寄存器(Interrupt Service Register，ISR)是一个 8 位寄存器，用来存放或记录正在服务中的所有中断请求(如在多重嵌套时)。当某一级中断请求被响应，CPU 正在执行其中断服务程序时，则 ISR 中的相应位被置“1”，并将一直保持到该级中断处理过程结束为止。在多重中断时，ISR 中可能有多位同时被置“1”。至于 ISR 某位被置“1”的过程为：若有一个或多个中断源同时请求中断，则它们将先由优先级判别器选出当前在 IRR 中置“1”的各种中断优先级别中的最高者，并用$\overline{\text{INTA}}$负脉冲选通送入 ISR 寄存器的对应位。显然，当有多重中断处于服务过程中时，ISR 中可同时记录多个中断请求。

7. 中断屏蔽寄存器

中断屏蔽寄存器(IMR)是一个 8 位寄存器，可用来屏蔽已被锁存在 IRR 中的任何一个中断请求级。对所有要屏蔽的中断请求线，将相应位置“1”即可。IMR 中置“1”的那些位表示与之对应的 IRR 中相应的请求不能进入系统的下一级，即优先级判别器 PR 去判优。

8. 优先级判别器

优先级判别器(PR)用来判别已进入 IRR 中的各中断请求的优先级别。当有多个中断请求同时产生并经 IMR 允许进入系统后，先由 PR 判定当前哪一个中断请求具有最高优先级，然后由系统首先响应这一级中断，并转去执行相应的中断服务程序。当出现多重中断时，则由 PR 判定是否允许所出现的新请求去打断当前正在处理的中断服务而被优先处理。这时，PR 将同时接收并比较来自 ISR 中正在处理的与 IRR 中新请求服务的两个中断请求优先级的高低，以决定是否向 CPU 发出新的中断请求。若 PR 判定出新进入的中断请求比当前锁存在 ISR 中的中断请求优先级高时，则通过相应的逻辑电路使 8259A 的输出端 INT 为“1”，从而向 CPU 发出一个新的中断请求。

8259A 具体的中断过程执行步骤如下：

(1) 当外部中断源使 8259A 的一条或几条中断请求线(IR_0～IR_7)变成高电平时，则先使 IRR 的相应位置“1”。

(2) 系统是否允许某个已锁定在 IRR 中的中断请求进入 ISR 寄存器的对应位，可用 IMR 对 IRR 设置屏蔽或不屏蔽来控制。如果已有几个未屏蔽的中断请求锁定在 ISR 的对应位，还需要通过优先级判别器即 PR 进行裁决，才能把当前未屏蔽的最高优先级的中断请求从 INT 输出，送至 CPU 的 INTR 端。

(3) 若 CPU 处于开中断状态，则它在执行完当前指令后，就用$\overline{\text{INTA}}$作为响应信号送至 8259A 的$\overline{\text{INTA}}$。8259A 在收到 CPU 的第 1 个中断应答$\overline{\text{INTA}}$信号后，先将 ISR 中的中断优先级最高的那一位置“1”，再将 IRR 中刚才置“1”的相应位复位成“0”。

(4) 8259A 在收到第 2 个$\overline{\text{INTA}}$信号后，将把与此中断相对应的一个字节的中断类型号 n 从一个名为中断类型寄存器的内部部件中送到数据线，CPU 读入该中断类型号 n，并根据它从中断向量表中取得相对于该中断类型号 n 的中断向量及其指定的中断入口地址，随即转入执行相应的中断服务子程序。

(5) 当 CPU 对某个中断请求做出的中断响应结束后，8259A 将根据一个名为方式控制器的结束方式位的不同设置，在不同时刻将 ISR 中置“1”的中断请求位复位成“0”。具体地说，在自动结束中断(AEOI)方式下，8259A 会将 ISR 中原来在第 1 个$\overline{\text{INTA}}$负脉冲到来时设置的“1”(即响应此中断请求位)在第 2 个$\overline{\text{INTA}}$脉冲结束时，自行复位成“0”。若是非自动结束中断方式(EOI)，则 ISR 中该位的“1”状态将一直保持到中断过程结束，由 CPU 发 EOI 命令才能复位成“0”。

8 级中断请求信号所对应的中断向量字节(即中断类型号)内容的前 5 位是可选择的，后 3 位是固定的，如表 7.2 所示。

表 7.2　中断向量字节内容

中断请求优先级（由高到低）	中断向量字节							
	D_7	D_6	D_5	D_4	D_3	D_2	D_1	D_0
IR_0	T_7	T_6	T_5	T_4	T_3	0	0	0
IR_1	T_7	T_6	T_5	T_4	T_3	0	0	1
IR_2	T_7	T_6	T_5	T_4	T_3	0	1	0
IR_3	T_7	T_6	T_5	T_4	T_3	0	1	1
IR_4	T_7	T_6	T_5	T_4	T_3	1	0	0
IR_5	T_7	T_6	T_5	T_4	T_3	1	0	1
IR_6	T_7	T_6	T_5	T_4	T_3	1	1	0
IR_7	T_7	T_6	T_5	T_4	T_3	1	1	1

7.3.3　8259A 的控制字格式

8259A 的中断处理功能和各种工作方式，都是通过编程来设置的。具体地说，是对 8259A 内部有关寄存器写入控制命令字来实现控制的。按照控制字功能及设置的要求不同，可分为以下两种类型的命令字。

(1) 初始化命令字(Initialization Command Word，ICW)：ICW_1～ICW_4。它们必须在初始化时分别写入 4 个相应的寄存器。并且一旦写入，一般在系统运行过程中就不再改变。

(2) 工作方式命令字或操作命令字(Operation Command Word，OCW)：OCW_1～OCW_3。它们必须在设置初始化命令后方能分别写入 3 个相应的寄存器。它们用来对中断处理过程进行动态的操作与控制。在一个系统运行过程中，操作命令字可以被多次设置。

上述控制命令字应按如图 7.14 所示的流程次序写入。

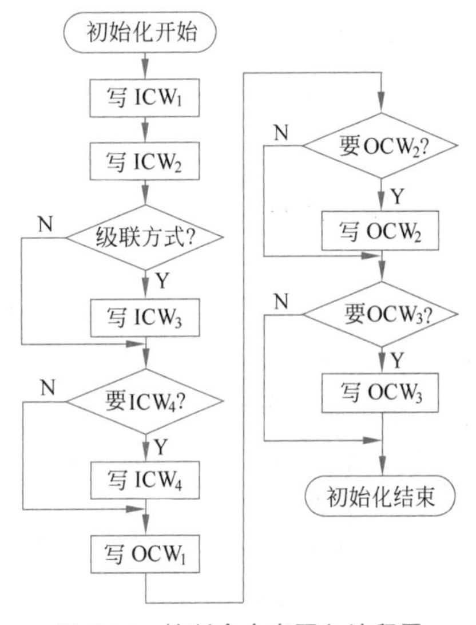

图 7.14　控制命令字写入流程图

1. 初始化命令字

1) ICW_1

ICW_1 是芯片控制初始化命令字。该字写入 8 位的芯片控制寄存器。写 ICW_1 的标记为 $A_0=0$，$D_4=1$。其控制字格式如图 7.15 所示。

ICW_1 控制字各位的具体含义如下所示。

- D_7～D_5：这 3 位在 8086/8088 系统中不用，只用于 8080/8085 系统中。
- D_4：此位始终设置为 1，它是指示 ICW_1 的标志位，表示现在设置的是 ICW_1，而不是别的命令字。
- D_3(LTIM)：LTIM 位设定中断请求信号触发的方式。如 LTIM 为 1，则表示中断请求为电平触发方式；如 LTIM 为 0，则表示中断请求为边沿触发方式，且为上升沿触发，并保持高电平。

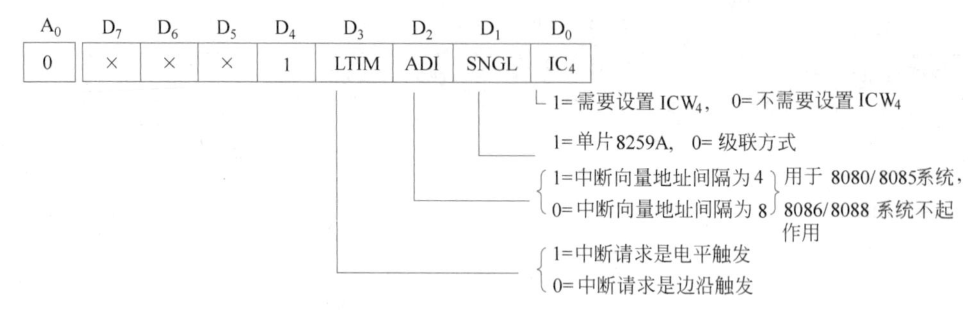

图 7.15 ICW_1 控制字格式

- D_2(ADI)：ADI 位在 8086/8088 系统中不起作用。
- D_1(SNGL)：SNGL 位用来指定系统中是用单片 8259A 方式($D_1=1$)，还是用多片 8259A 级联方式($D_1=0$)。
- D_0(IC_4)：IC_4 位用来指出后面是否将设置 ICW_4。若初始化程序中使用 ICW_4，则 IC_4 必须为 1，否则为 0。

2) ICW_2

ICW_2 是设置中断类型号的初始化命令字。该字写入 8 位的中断类型寄存器。

写 ICW_2 的标记为 $A_0=1$。其控制字格式如图 7.16 所示。

A_0	D_7	D_6	D_5	D_4	D_3	D_2	D_1	D_0
1	A_{15}/T_7	A_{14}/T_6	A_{13}/T_5	A_{12}/T_4	A_{11}/T_3	A_{10}	A_9	A_8

图 7.16 ICW_2 控制字格式

其中，$A_{15}\sim A_8$ 为中断向量的高 8 位，用于 MCS 8080/8085 系统；$T_7\sim T_3$ 为中断向量类型号，用于 8088/8086 系统。中断类型号的低 3 位是由引入中断请求的引脚 $IR_0\sim IR_7$ 决定的。例如，设 ICW_2 为 40H，则 8 个中断类型号分别为 40H、41H、42H、43H、44H、45H、46H 和 47H。中断类型号的数值与 ICW_2 的低 3 位无关。

3) ICW_3

ICW_3 是标志主片/从片的初始化命令字，该字写入 8 位的主/从标志寄存器，它只用于级联方式。写 ICW_3 的标记为 $A_0=1$。

(1) 对于主 8259A(输入端$\overline{SP}=1$)

ICW_3 控制字格式如图 7.17 所示。图中，$S_7\sim S_0$ 分别与 $IR_7\sim IR_0$ 各位对应。

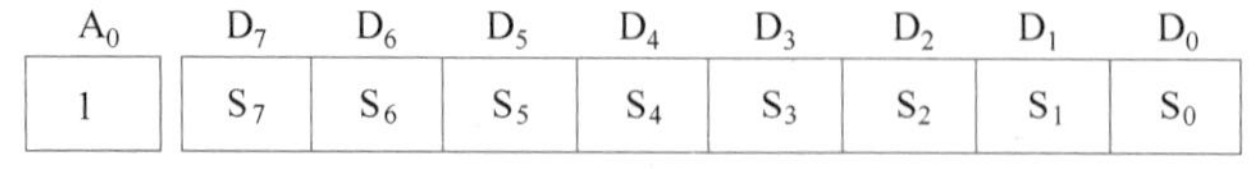

某位=1，表示该位与从片8259A级联
某位=0，表示该位没有与从片8259A级联

图 7.17 主 8259A 的 ICW_3 控制字格式

例如，当 ICW_3=F0H 时，则表示在 IR_7、IR_6、IR_5、IR_4 引脚上接有 8259A 从片，而 IR_3、IR_2、IR_1、IR_0 引脚上未接从片。

注意：置 0 的位，其对应的 IR_i 上可直接连接外设来的中断请求信号端。

(2) 对于从 8259A(输入端$\overline{SP}=0$)

ICW_3 控制字格式如图 7.18 所示。

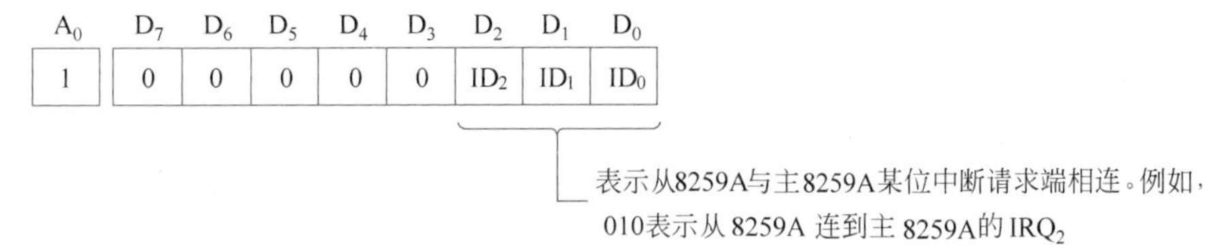

图 7.18　从 8259A 的 ICW_3 控制字格式

8259A 主、从级联方式如图 7.19 所示。

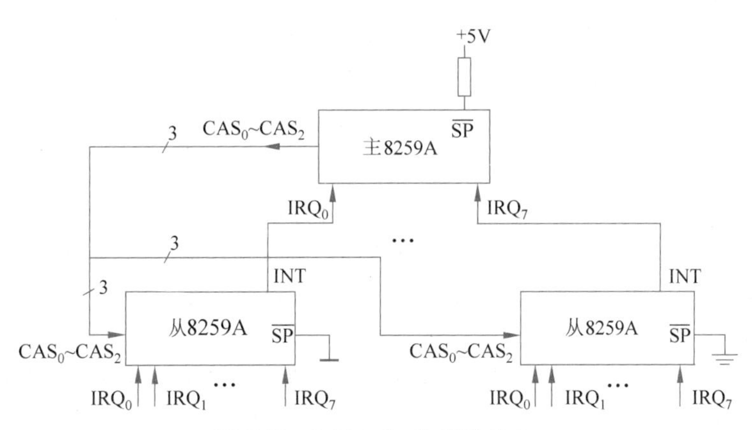

图 7.19　8259A 主、从级联方式

在 IBM PC/XT 中，仅用 1 片 8259A 能提供 8 级中断请求。在 IBM PC/AT 中用 2 片 8259A 组成级联方式，最多可以提供 15 级中断请求。

4) ICW_4

ICW_4 是中断结束方式初始化命令字。该字写入 8 位的方式控制寄存器。写 ICW_4 控制字标记为 $A_0=1$。其控制字格式如图 7.20 所示。

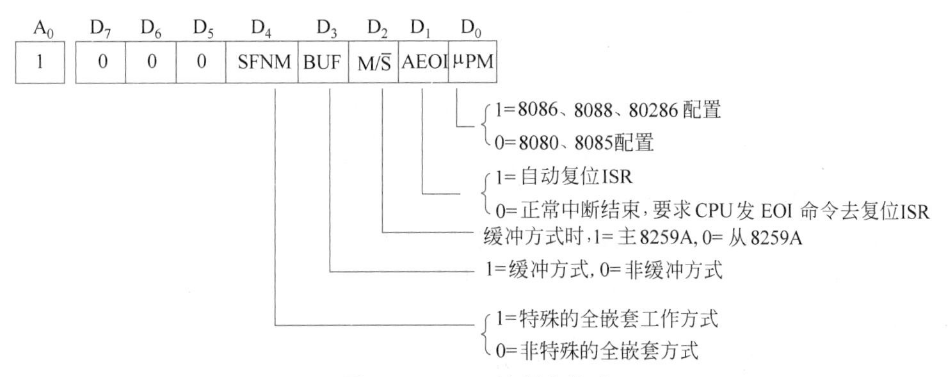

图 7.20　ICW_4 控制字格式

ICW_4 控制字各位的具体含义如下。

- $D_7 \sim D_5$：$D_7D_6D_5=000$ 是 ICW_4 的识别码。
- D_4(SFNM)：SFNM=1，为特殊的全嵌套工作方式；SFNM=0，为一般（或非特殊）全嵌套方式。特殊的全嵌套方式是相对于一般全嵌套方式而言的，两者基本相同，只不过在全嵌套方式中，中断请求按优先级 0～7 进行处理，0 级中断的优先级最高，7 级的优先级最低。在处理中断的过程中，只有当更高级的中断请求到来时才能进行嵌套，当同级中断请求到来时则不会予以响应；而特殊的嵌套方式则不然，它在处理某一级中断时，允许响应或嵌套同级的中断请求。故此才称为特殊的嵌套方式。通常，特殊的全嵌套方式用于多个 8259A 级联的系统。全嵌套方式是最常用的工作方式，如果对 8259A 进行初始化以后没有设置其他优先级方式，则 8259A 就按全嵌套方式工作。

- D_3(BUF)：BUF=1，为缓冲方式。在缓冲方式下，将 8259A 的$\overline{SP}/\overline{EN}$端和总线驱动器(即数据总线缓冲器)的允许端相连，利用从$\overline{SP}/\overline{EN}$端输出的低电平，可以作为总线驱动器的启动信号。BUF=0，则为非缓冲方式，8259A 将直接连接 CPU 的数据总线。
- D_2($M/\overline{S}$)：$M/\overline{S}$ 位在缓冲方式下用于区别本片是主片还是从片。当 BUF=1 时，若 $M/\overline{S}$=1，表示该片为主片，若 $M/\overline{S}$=0，表示该片为从片；当 BUF=0 时，$M/\overline{S}$ 位无意义。
- D_1(AEOI)：AEOI=1，则设置为自动结束中断方式。在 CPU 响应中断请求过程中，当它向 8259A 发出的第 2 个$\overline{INTA}$脉冲结束时，自动清除当前 ISR 中的对应位。在中断结束返回时，无须进行任何操作即自动结束中断。例如，AEOI=0，则为非自动结束中断方式，也称为中断正常结束方式，它要求 CPU 发 EOI 命令后才能消除 ISR 中的对应位。
- D_0(μPM)：在 8086/8088 系统中，μPM=1；在 8080/8085 系统中，μPM=0。

2. 操作命令字

当 8259A 经初始化预置 ICW_i 后，便可接收来自 IR_i 端的中断请求。然后 8259A 自动进入操作命令状态，准备接收由 CPU 写入的操作命令字 OCW_i。

1) OCW_1

写 OCW_1 的标记为 $A_0=1$。OCW_1 写入 IMR 寄存器，用来屏蔽中断请求，其控制字格式如图 7.21 所示。

A_0	D_7	D_6	D_5	D_4	D_3	D_2	D_1	D_0
1	M_7	M_6	M_5	M_4	M_3	M_2	M_1	M_0

$M_7\sim M_0$ 对应于 IMR 各位，$M_i=1$ 表示该位中断被屏蔽，$M_i=0$ 表示该位允许中断

图 7.21　OCW_1 的控制字格式

当 $M_7\sim M_0$ 中某一位 $M_i=1$，则表示该位对应的中断请求 IR_i 位被屏蔽；当 $M_i=0$，则表示该 IR_i 位的中断请求被允许。

例如，OCW_1=15H，则 IR_4、IR_2 和 IR_0 引脚上的中断请求被屏蔽，而 IR_7、IR_6、IR_5、IR_3 和 IR_1 引脚上的中断请求被允许进入 8259A 的下一级(即优先级判别器)。

2) OCW_2

OCW_2 是优先级循环方式和中断结束方式操作命令字。

写 OCW_2 的标记为 $A_0=0$、$D_3=D_4=0$。OCW_2 的控制字格式如图 7.22 所示。其中，R 位为优先级循环方式控制位。R=1，为优先级自动循环方式；R=0，为非自动循环方式。优先级自动循环方式用于多个中断源其优先级相等的场合，此时按 $IR_0\sim IR_7$ 为高低顺序自动排列。例如，IR_0 未来请求，则 IR_1 为最高优先权。又如，只有 IR_3 请求到来，则 IR_3 为最高。当对 IR_3 请求处理完后，则 IR_4 即为最高优先级，依次为 IR_5、IR_6、IR_7、IR_0、IR_1、IR_2 等，以此类推，构成了自动循环方式。

SL 位为特殊循环控制位。它决定 L_2、L_1、L_0 是否有效。当 SL=1，则 L_2、L_1、L_0 有效，

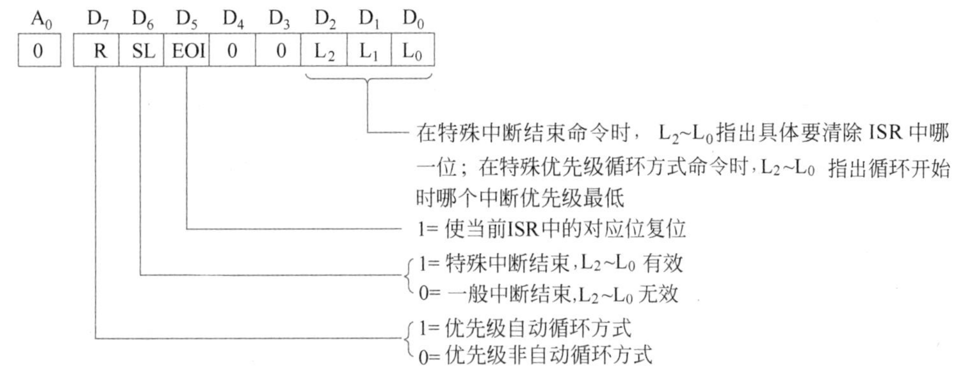

图 7.22　OCW_2 的控制字格式

其编码对应的某位 IR_i 为最低优先权；当 SL＝0，则 L_2、L_1、L_0 无效。

当 L_2、L_1、L_0 有效时它有两个功能，即在特殊优先级循环方式命令时，L_2、L_1、L_0 指出循环开始时哪个中断优先级最低；在特殊中断结束命令时，L_2、L_1、L_0 指出具体要清除 ISR 中哪一位。

如上所述，OCW_2 具有两方面的功能：一是它可以设置 8259A 采用优先级的循环方式；二是它可以组成中断结束命令(包括一般的中断结束命令与特殊的中断结束命令)。

EOI 为中断结束命令位。当 EOI 为 1 时，使当前 ISR 中的对应位 ISR_i 复位。如前所述，若 ICW_4 中的 AEOI 位为 1，则在第 2 个中断响应脉冲$\overline{INTA}$结束后，8259A 会自动清除当前 ISR 中的对应位 ISR_i，即采用自动结束中断方式。但如果 AEOI 为 0，则 ISR_i 位要用 EOI 命令位来清除。EOI 命令就是通过 OCW_2 中的 EOI 位设置的。

下面对 OCW_2 中的 R、SL 和 EOI 这 3 位不同编码的功能列表加以说明，如表 7.3 所示。

表 7.3　OCW_2 中的 R、SL 和 EOI 编码及功能说明

R SL EOI	功 能 说 明
001	定义普通 EOI 方式。一旦中断服务结束，将给 8259A 送出 EOI 结束命令，8259A 将使当前中断服务程序对应的 ISR_i 位清 0，并使系统仍工作在非循环的优先级方式下。此种编码一般用于系统预先被设置为全嵌套(包括特殊全嵌套)的工作情况
011	定义特殊 EOI 方式。当 L_2、L_1、L_0 这 3 位设置一定的值，便可以组成一个特殊的中断结束命令。例如，设 OCW_2＝64H，则 IR_4 在当前 ISR 中的对应位 ISR_4 被清除
101	定义普通 EOI 循环方式。一旦某中断服务结束，8259A 一方面将 ISR 中当前中断处理程序对应的 ISR_i 位清 0，另一方面将刚结束的中断请求 IR_i 降为最低优先级，而将最高优先级赋予中断请求 IR_{i+1}，其他中断请求的优先级则仍按循环方式顺序改变
111	定义特殊 EOI 循环方式。一旦某中断服务结束，8259A 将使 ISR 中由 L_2、L_1、L_0 字段给定最低级别的相应位 ISR_i 清 0，而最高优先级将赋予 ISR_{i+1}，其他级按循环方式顺序改变
100	定义自动 EOI 循环方式(置位)。它会使 8259A 工作在中断优先级自动循环方式，CPU 将在中断响应总线周期中第 2 个中断响应信号$\overline{INTA}$结束时，将 ISR 中的相应位 ISR_i 清 0，并将最低优先级赋予这一级，而最高优先级赋予 ISR_{i+1}，其他中断请求的优先级则按循环方式依次安排
000	定义取消自动 EOI 循环方式(复位)。在自动 EOI 循环方式下，一般通过 ICW_4 中的 AEOI 位置 1 使中断服务程序自动结束，所以，此方式无论是启动还是终止，都无须使 EOI 位为 1

续表

R SL EOI	功 能 说 明
110	置位优先级循环命令。它将使最低优先级赋予 L_2、L_1、L_0 字段所给定的中断请求 IR_i，而最高优先级赋予 IR_{i+1}，其他各级则依次类推，系统将按优先级特殊循环方式工作
010	OCW_2 无意义

3）OCW_3

OCW_3 是多功能操作命令字。

写 OCW_3 的标记为 $A_0=0$、$D_7=D_4=0$、$D_2=1$。该命令字用于控制中断屏蔽、设置查询方式和读 8259A 内部寄存器 3 项操作，其控制字格式如图 7.23 所示。

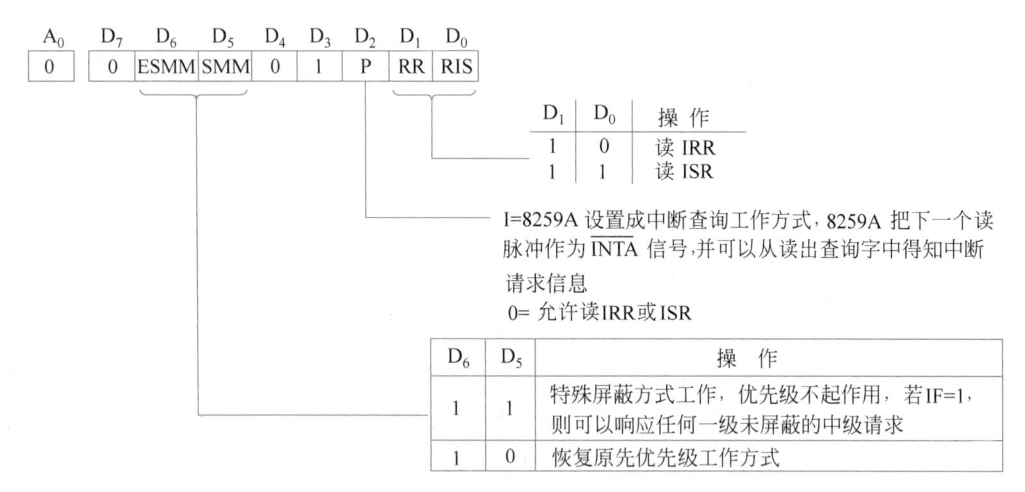

图 7.23　OCW_3 的控制字格式

在图 7.23 中，ESMM 位称为特殊的屏蔽模式允许位，SMM 为特殊的屏蔽模式位。若 $D_6D_5=11$，则可以使 8259A 脱离当前的优先级方式，而进入特殊屏蔽方式工作。这时，只要 CPU 内标志寄存器的 IF=1，则 8259A 可以响应任何一级未被屏蔽的中断请求。若使 ESMM=1，而 SMM=0，则系统将恢复原来的优先级工作方式。

P 位是查询方式位。P=1，将 8259A 设置成中断查询方式，8259A 可用软件查询方式即执行一条输入指令，把下一个读脉冲(即 $\overline{RD}$ 信号)作为中断响应 $\overline{INTA}$ 信号送 8259A，并可以从读出的查询字中得知中断请求信息。读出的中断状态查询字的低 3 位就是最高优先级的中断请求 IR 识别码。

RR 位是读寄存器位。RR=1，表示允许读 8259A 的状态(指 ISR 和 IRR 的内容)。

RIS 位是读 ISR 或 IRR 的选择位，它必须与 RR 位配合使用。在 RR=1 时，若RIS=0，表示读 IRR；若 RIS=1，表示读 ISR。

7.3.4　8259A 应用举例

在 IBM PC/XT 中，只用 1 片 8259A 中断控制器来提供 8 级中断请求，其中，IR_0 优先级最高，IR_7 优先级最低。它们分别用于日历时钟中断、键盘中断、保留、网络通信、异步通信中断、硬盘中断、软盘中断及打印机中断。8259A 片选地址为 20H、21H。8259A 使用步骤如下所示。

1. 初始化

```
MOV    AL,13H      ;写 ICW1,单片,边沿触发,要 ICW4
OUT    20H,AL
MOV    AL,8        ;写 ICW2,中断类型号从 8 开始
OUT    21H,AL
MOV    AL,0DH      ;写 ICW4,缓冲工作方式,8088/8086 配置
OUT    21H,AL
MOV    AL,0        ;写 OCW1,允许 IR0~IR7 全部 8 级中断请求
OUT    21H,AL
```

2. 送中断向量入口地址

例如,异步通信中断 IR_4,其中断向量类型号为 8+4=12(0CH),则中断入口地址的偏移量(IP 值)与段地址(CS)在入口地址表中的存放地址为 12×4=48(30H)、49(31H)、50(32H)、51(33H)。其中,30H、31H 存放指令指针(IP);32H、33H 存放指令段码(CS)。

3. 中断子程序结束

由于 8259A 采用中断工作方式,且 ICW_4 中的 D_1 位(即 AEOI)为 0,这意味着采用正常结束中断,因此,在中断子程序结束前必须发 EOI 命令和 IRET 命令。

```
MOV    AL,20H      ;写 OCW2 命令,使 ISR 相应位复位(即发 EOI 命令)
OUT    20H,AL
IRET               ;开放中断允许,并从中断返回
```

4. 中断嵌套

为了使中断嵌套,即在中断响应过程中,允许比当前中断优先级高的中断进入,只要在进入中断处理程序后,执行开中断指令(STI)即可达到此目的。

7.4 可编程并行通信接口芯片 8255A

8255A 是一种可编程并行通信接口芯片,其功能与通用性很强。

7.4.1 8255A 芯片引脚定义与功能

8255A 是一个 40 脚封装双列直插式芯片,图 7.24 所示为其引脚和功能示意图。

各个引脚的含义如下。

- $D_0 \sim D_7$:数据线,三态双向 8 位缓冲器。
- $A_0 \sim A_1$:地址线,用于选择端口。
- $\overline{RD}$:读控制线,低电平有效。
- $\overline{WR}$:写控制线,低电平有效。

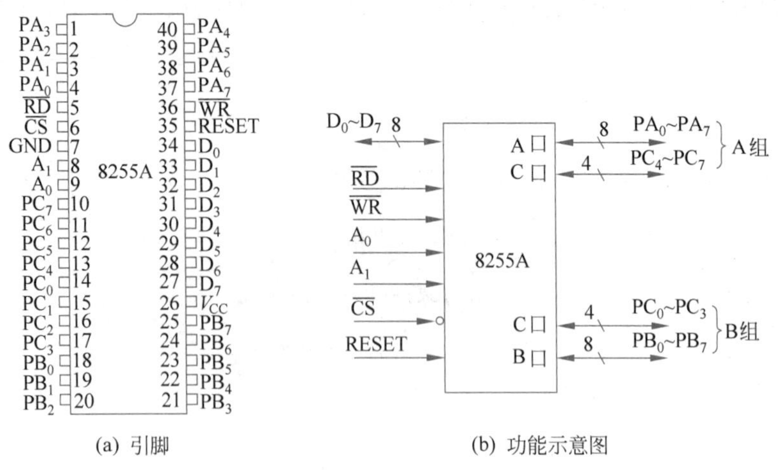

图 7.24　8255A 引脚和功能示意图

- $\overline{CS}$：片选端，低电平有效。
- RESET：复位信号，高电平有效。8255A 复位后，所有 I/O 均处于输入状态。
- A 口：8 位数据输入锁存器和 8 位数据输出锁存器/缓冲器。
- B 口：8 位数据输入缓冲器和 8 位数据输出锁存器/缓冲器。
- C 口：8 位数据输入缓冲器和 8 位数据输出锁存器/缓冲器。

实际使用时，可以把 A 口、B 口、C 口分成两个控制组，即 A 组和 B 组。A 组控制电路由端口 A 和端口 C 的高 4 位（$PC_4 \sim PC_7$）组成，B 组控制电路由端口 B 和端口 C 的低4 位（$PC_0 \sim PC_3$）组成。

8255A 的内部结构框图如图 7.25 所示。其中，各个部件的具体组成与功能如下所示。

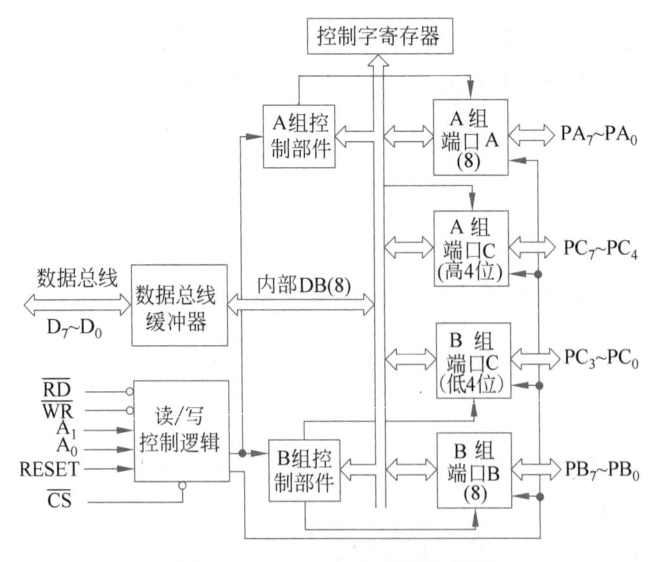

图 7.25　8255A 的内部结构框图

1. 数据端口 A、B、C

8255A 的 3 个 8 位数据端口 A、B、C 各有不同特点，可以由设计者用软件使它们分别作为输入端口或输出端口。

在实际使用中,A 口与 B 口常常作为独立的输入端口或者输出端口,C 口则配合 A 口和 B 口工作。具体地说,C 口常常通过控制命令分成为 2 个 4 位端口,每个 4 位端口包含 1 个 4 位的输入缓冲器和 1 个 4 位的输出锁存器/缓冲器,它们分别用来为 A 口和 B 口输出控制信号和输入状态信号。

2. A 组控制部件和 B 组控制部件

A 组和 B 组两组控制部件有两个功能:一是接收来自芯片内部数据总线上的控制字;二是接收来自读/写控制逻辑电路的读/写命令,以此来决定两组端口的工作方式和读/写操作。

3. 读/写控制逻辑电路

读/写控制逻辑电路的功能是负责管理 8255A 的数据传输过程。它接收$\overline{CS}$及来自地址总线的信号 A_1、A_0(在 8086 总线中为 A_2、A_1)和控制总线的信号 RESET、$\overline{WR}$、$\overline{RD}$,将它们组合后,得到对 A 组控制部件和 B 组控制部件的控制命令,并将命令送给这两个部件,再由它们完成对数据、状态信息和控制信息的传输。

4. 数据总线缓冲器

数据总线缓冲器是一个双向三态的 8 位数据缓冲器,8255A 正是通过它与系统数据总线相连,用于输入/输出数据以及传送由 CPU 发给 8255A 的控制字。

7.4.2 8255A 寻址方式

8255A 内部有 3 个 I/O 端口和一个控制字端口,通过地址线 A_0、A_1,读/写控制线$\overline{RD}$、$\overline{WR}$与片选端 $\overline{CS}$进行寻址并实现相应的操作。表 7.4 所示为 8255A 的寻址方式与相应操作。

表 7.4 8255A 的寻址方式与相应操作

A_1	A_0	$\overline{RD}$	$\overline{WR}$	$\overline{CS}$	操作
0	0	0	1	0	读端口 A
0	1	0	1	0	读端口 B
1	0	0	1	0	读端口 C
0	0	1	0	0	写端口 A
0	1	1	0	0	写端口 B
1	0	1	0	0	写端口 C
1	1	1	0	0	写控制寄存器:若 $D_7=1$,则写入的是工作方式控制字;若 $D_7=0$,则写入的是对 C 口某位的置位/复位控制字
×	×	×	×	1	无操作(D_7~D_0 处于高阻抗)
×	×	1	1	0	无操作(D_7~D_0 处于高阻抗)
1	1	0	1	0	非法操作

7.4.3 8255A 的 3 种工作方式

1. 方式 0

方式 0 是基本的输入/输出工作方式，其控制字格式如图 7.26 所示。

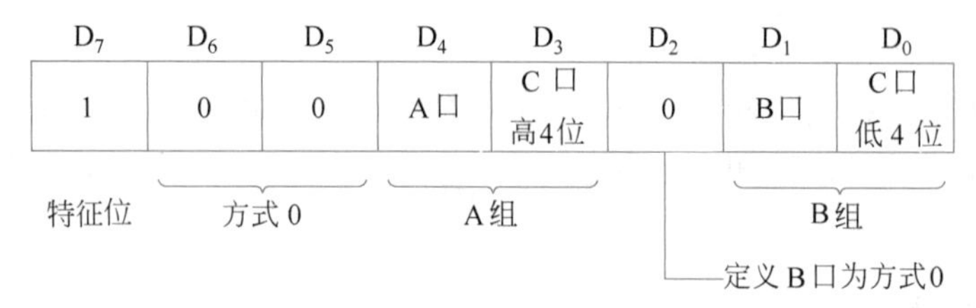

图 7.26 方式 0 的控制字格式

方式 0 有以下特点：

(1) 方式 0 是一种基本输入/输出工作方式，通常不用联络信号，只能用无条件传送或按查询方式传送，所以，任何一个数据端口都可用方式 0 进行简单的数据输入或输出。在输出时，3 个数据口都有锁存功能；而在输入时，只有 A 口有锁存功能，而 B 口和 C 口只有三态缓冲功能。

(2) 由 A 口、B 口、C 口高 4 位与 C 口低 4 位 4 组可组合成 16 种不同的输入/输出组态。

注意：在方式 0 下，这 4 个独立的并口只能按 8 位（对 A 口、B 口）或 4 位（对 C 口高 4 位、C 口低 4 位）作为一组同时输入或输出，而不能再把其中的一部分位作为输入，另一部分位作为输出。同时，它们也是一种单向的输入/输出传送，一次初始化只能使所指定的某个端口或者作为输入或者作为输出，而不能指定它既作为输入又作为输出。

(3) 8255A 在方式 0 下不设置专用联络信号线，若需要联络时，可由用户任意指定 C 口中的某一位完成联络功能，但这种联络功能与后面将要讨论的在方式 1、方式 2 下设置固定的专用联络信号线是不同的。

方式 0 的使用场合有两种，即同步传送和查询式传送。同步传送时，对接口的要求很简单，只要能传送数据即可。但查询传送时，需要有应答信号。通常将 A 口与 B 口作为数据端口，而将 C 口的 4 位规定为控制信号输出口，另外 4 位规定为状态输入口，这样用 C 口配合 A 口与 B 口工作。

2. 方式 1

方式 1 和方式 0 不同，它要利用端口 C 所提供的选通信号和应答信号，来控制输入/输出操作。所以，方式 1 又称为选通输入/输出方式。按方式 1 工作时，端口 A、端口 B 及端口 C 的两位（PC_4、PC_5 或 PC_6、PC_7）作为数据口用，端口 C 的其余 6 位将作为控制口用，方式 1 可以分为以下 3 种情况。

(1) 端口 A 和端口 B 均为输入方式，其控制字格式和连接图如图 7.27 所示。

从图 7.27 中可见，端口 C 的 $PC_0 \sim PC_5$ 作为端口 A 与端口 B 输入工作时的选通（$\overline{STB}$）、缓冲器（IBF）及中断请求信号（INTR），其含义说明如下。

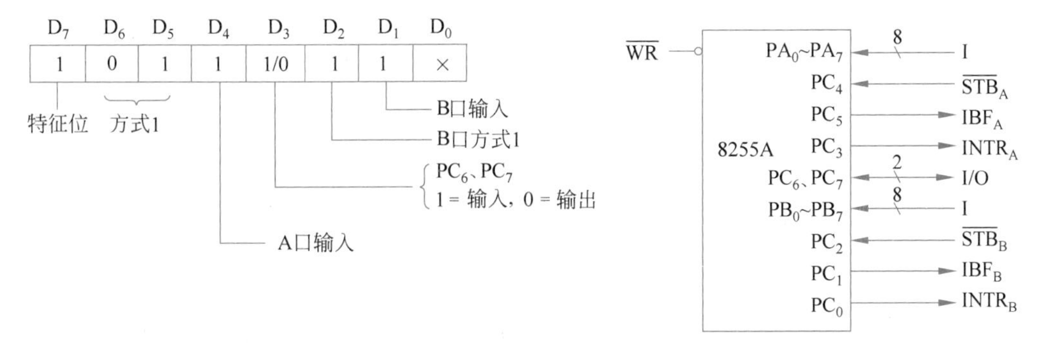

图 7.27 方式 1 下 A 口、B 口均为输入

- $\overline{\text{STB}}$(Strobe)：选通信号输入端，低电平有效。当$\overline{\text{STB}}$有效时，8255A 的端口 A 或 B 的输入缓冲器接收到一个来自外设的 8 位数据。
- IBF(Input Buffer Full)：输入缓冲器满信号的输出信号，高电平有效。当 IBF 有效时，表示当前已有一个新的数据进入端口 A 或端口 B 缓冲器。此信号是对$\overline{\text{STB}}$的响应信号，它可以由 CPU 通过查询 C 口的 PC_5 或 PC_1 位获得。当 CPU 查得 PC_5(或 PC_1)=1 时，便可以从 A 口(或 B 口)读入输入数据，一旦完成读入操作后，IBF 复位(变为低电平)。
- INTR(Interrupt Request)：中断请求信号，高电平有效。当$\overline{\text{STB}}$结束(回到高电平时)和 IBF 为高电平且有相应的中断允许信号时，INTR 变为有效，向 CPU 发中断请求。它表示数据端口已输入一个新的数据。若 CPU 响应此中断请求，则读入数据端口的数据，并由$\overline{\text{RD}}$信号的下降沿使 INTR 复位(变为低电平)。
- INTE(Interrupt Enable)：中断允许信号。它是在 8255A 内部的控制发中断请求信号允许或禁止的控制信号，没有向片外输入/输出的功能。这是由软件通过对 C 口的置位或复位来实现对中断请求的允许或禁止的。端口 A 的中断请求($INTR_A$)可以通过对 PC_4 的置位或复位加以控制，PC_4 置 1，允许 $INTR_A$ 工作，PC_4 置 0，则屏蔽 $INTR_A$。端口 B 的中断请求($INTR_B$)可通过对 PC_2 的置位或复位加以控制。端口 C 的数位常常作为控制位来使用，故应使 C 口中的各位可以用置 1/复 0 控制字来单独设置。

当 8255A 接收到写入控制口的控制字时，就会对 D_7 位标志位进行测试。若 $D_7=1$，则为方式选择字；若 $D_7=0$，则为 C 口的置 1/复 0 控制字。图 7.28 所示为对 C 口直接置位或复位的控制命令字格式。

(2) 端口 A 与 B 均为输出方式，其控制字格式和连线图如图 7.29 所示。

从图 7.29 可见，端口 C 的 PC_0～PC_3 及 PC_6～PC_7 作为端口 A 与 B 输出时的缓冲器满($\overline{\text{OBF}}$)、应答($\overline{\text{ACK}}$)信号和中断请求信号(INTR)。其含义如下。

- $\overline{\text{OBF}}$(Output Buffer Full)：输出缓冲器满信号，输出信号，低电平有效。当 CPU 把数据写入端口 A 或 B 的输出缓冲器时，写信号$\overline{\text{WR}}$的上升沿把$\overline{\text{OBF}}$信号置成低电平，通知外设到端口 A 或 B 取走数据，当外设取走数据时，向 8255A 发应答信号$\overline{\text{ACK}}$，$\overline{\text{ACK}}$使$\overline{\text{OBF}}$复位为高电平。
- $\overline{\text{ACK}}$(Acknowledge)：外设应答信号，低电平有效。当$\overline{\text{ACK}}$有效时，表示 CPU 输出

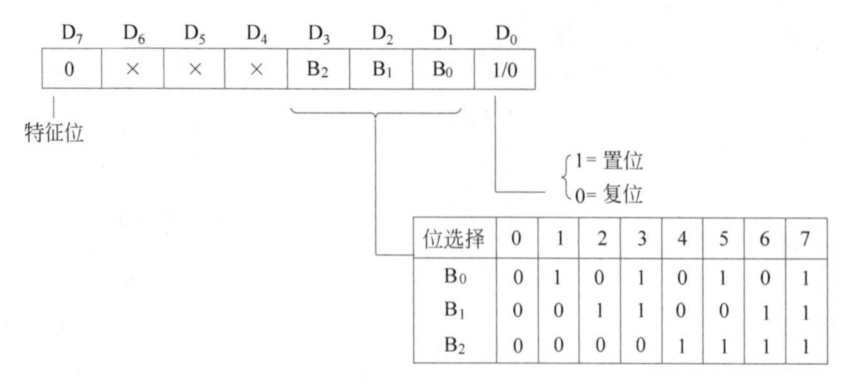

图 7.28 端口 C 置位或复位的控制命令字

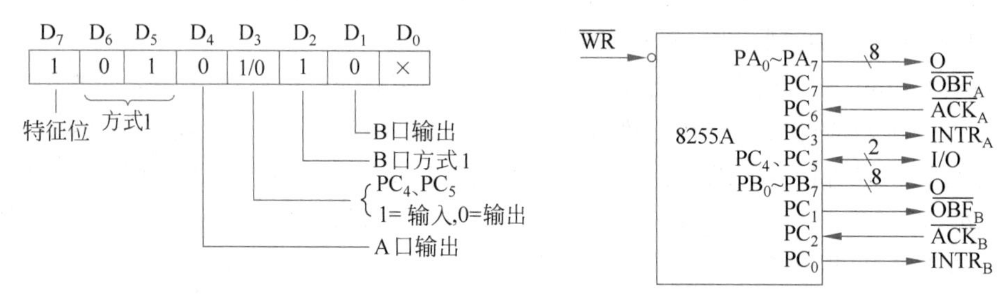

图 7.29 方式 1 下 A 口、B 口均为输出

到 8255A 的数据已被外设取走。

- INTR(Interrupt Request):中断请求信号,高电平有效。当外设向 8255A 发回的应答信号$\overline{ACK}$结束(回到高电平),8255A 便向 CPU 发中断请求信号(INTR),表示 CPU 可以对 8255A 写入一个新的数据。若 CPU 响应此中断请求,向数据口写入一新的数据,则由写信号($\overline{WR}$)上升沿(后沿)使 INTR 复位,变为低电平。
- INTE(Interrupt Enable):中断允许信号,与方式 1 输入类似,端口 A 的输出中断请求($INTR_A$)可以通过对 PC_6 的置位或复位来加以允许或禁止。端口 B 的输出中断请求($INTR_B$)可以通过对 PC_2 的置位或复位来允许或禁止。

(3) 混合输入与输出

端口 A 为输入,端口 B 为输出,其控制字格式和连线图如图 7.30 所示。

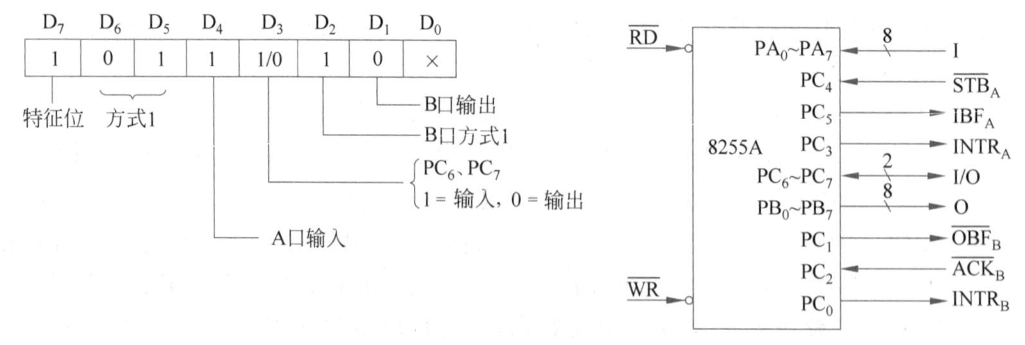

图 7.30 方式 1 下端口 A 输入、端口 B 输出

端口 A 为输出，端口 B 为输入，其控制字格式和连线图如图 7.31 所示。

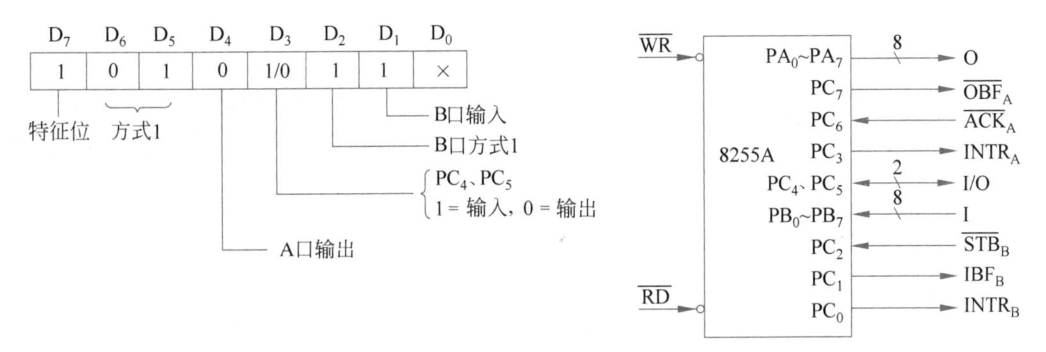

图 7.31　方式 1 下端口 A 输出、端口 B 输入

3. 方式 2

方式 2 称为选通双向传输方式，仅适用于端口 A。图 7.32 所示为方式 2 的控制字格式和连线图。

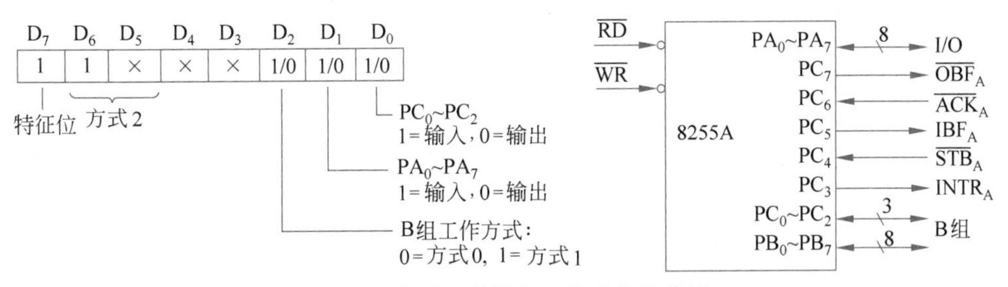

图 7.32　方式 2 的控制字格式和连线图

其控制信号含义如下。

- $INTR_A$：中断请求信号，高电平有效。端口 A 完成一次输入或输出数据操作后，可通过 $INTR_A$ 向 CPU 发中断请求。
- $\overline{STB_A}$：输入选通信号，低电平有效。当 $\overline{STB_A}$ 有效时，把外设输入的数据信号锁存入端口 A。
- IBF_A：输入缓冲器满，高电平有效。当 IBF_A 有效时，表示已有一个数据送入端口 A，等待 CPU 读取。此信号可供 CPU 作输入查询用。
- $\overline{OBF_A}$：输出缓冲器满，低电平有效。当 $\overline{OBF_A}$ 有效时，表示 CPU 已将一个数据写入端口 A，通知外设，可以将其取走。
- $\overline{ACK_A}$：外设应答信号，低电平有效。当 $\overline{ACK_A}$ 有效时，表示端口 A 输出的数据已送到外设。
- $INTE_1$：A 口输出中断允许信号（在片内）。可以由软件通过对 PC_6 的置位或复位来加以允许或禁止。
- $INTE_2$：A 口输入中断允许信号（在片内）。可以由软件对 PC_4 的置位或复位来加以允许或禁止。

7.4.4 时序关系

按方式 0 工作时，因为外设与 8255A 之间的数据交换没有时序控制，所以只能作为简单的输入/输出和用于低速并行数据通信。而按方式 1 工作时，外设与 CPU 可以进行实时数据通信。

方式 1 的工作时序如图 7.33 和图 7.34 所示。

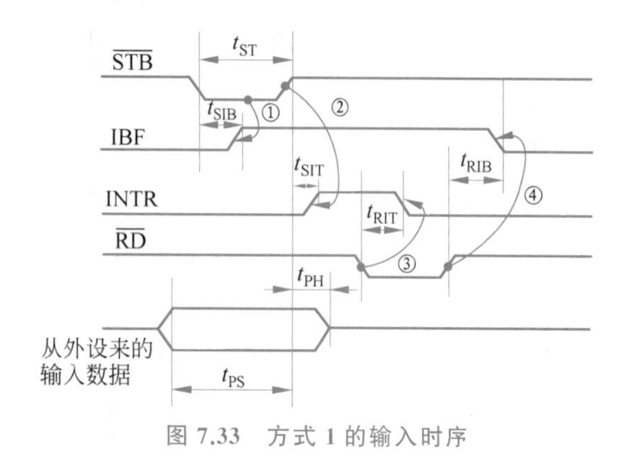

图 7.33 方式 1 的输入时序

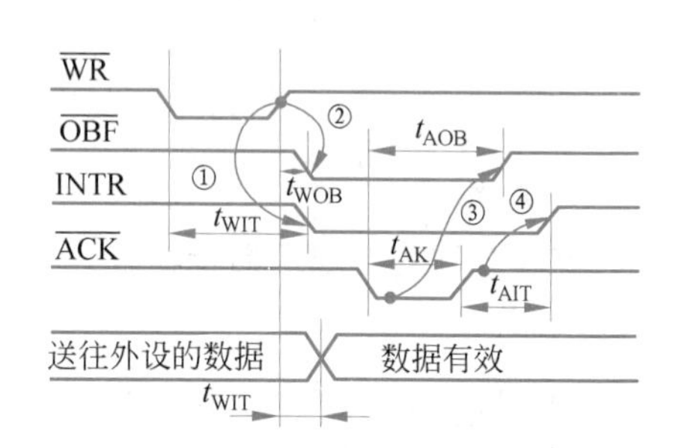

图 7.34 方式 1 的输出时序

方式 2 的工作时序如图 7.35 所示。

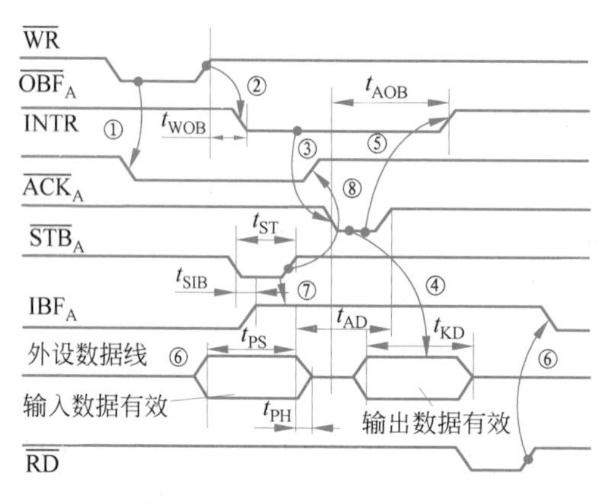

图 7.35 方式 2 的工作时序

从时序图上，可以把它们的工作过程归纳如下：

(1) 当数据端口作为输入工作时，在$\overline{\text{STB}}$有效时，外设输入数据存入端口，并发出 IBF 有效信号，该信号可供外设作为通信联络信号，也可以由 CPU 查询 C 口相应位获得。当 CPU 对该数据口进行读入操作后，由$\overline{\text{RD}}$上升沿使 IBF 复位，为下一次输入数据做好准备。如果该数据端口中断允许 INTE 置位，则在$\overline{\text{STB}}$信号恢复到高电平时，8255A 通过 INTR 向 CPU 发中断请求。若 CPU 响应该中断请求，即读取该数据端口的输入数据，则由$\overline{\text{RD}}$下降沿使 INTR 复位，为下一次数据输入请求中断做好准备。

(2) 当数据端口作为输出口时，在 CPU 把数据写入端口后，由$\overline{\text{WR}}$的上升沿使$\overline{\text{OBF}}$有效并使 INTR 复位。$\overline{\text{OBF}}$输出通知外设可以取走端口的输出数据。当外设取走一个数据时，应向 8255A 发回应答信号($\overline{ACK}$)。$\overline{ACK}$的有效低电平可以使$\overline{OBF}$复位,为下一次输出做好准备。如果该端口输出中断允许 INTE 位置位,则当$\overline{ACK}$回到高电平时,8255A 可以通过 INTR 发输出中断请求。若 CPU 响应该中断请求,则又可以把下一次输出数据写入数据端口。

(3) 当数据端口既作输入、又作输出选通双向传送时,其时序图上所表示的工作过程将是以上输入时序与输出时序的综合,故不再详述。

7.4.5 8255A 应用举例

8255A 常用于在 CPU 与外设之间作为并行输入/输出接口芯片使用,CPU 可以通过它将数字量送往外设,也可以通过它将数字量从外设读入 CPU。当 8255A 用作矩阵键盘接口时,既有输入操作,又有输出操作,用一片 8255A 构成 4 行 4 列的非编码键盘电路如图 7.36 所示。

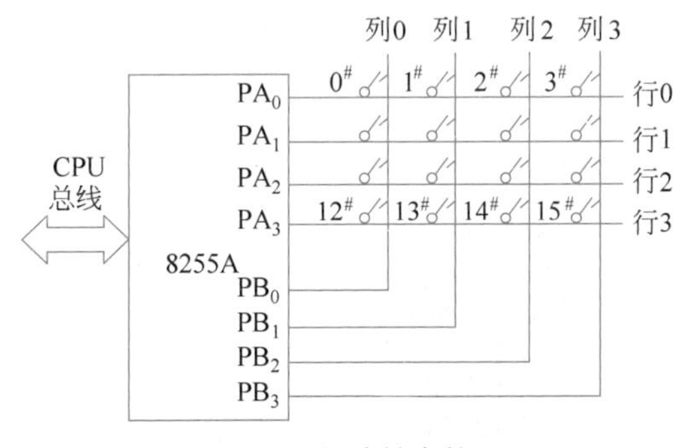

图 7.36 矩阵键盘接口

非编码键盘通常有线性排列和 M 行×N 列的矩阵排列两种。通过程序查询来判断是哪一个键有效,其硬件电路较编码键盘要简单。线性键盘的每一个按键均有一根输入线,每根输入线接到微机输入端口的一根输入线上,若为 16 个按键,则需要 16 根输入线,因此,线性键盘不适合较多的按键应用场合。非编码矩阵键盘应用较广,输入/输出引线数量等于行数加列数。

图 7.36 所示为 4 行 4 列矩阵键盘接口,输入/输出共 8 根线实现 16 个按键,按键越多,矩阵键盘优点越明显。

该矩阵键盘接口由 8255A 的 $PA_3 \sim PA_0$ 作输出线,$PB_3 \sim PB_0$ 作输入线,且 $PB_3 \sim PB_0$ 均通过电阻接到+5V(本图略)。其工作过程如下。

计算机对其实现两次扫描,第 1 次扫描,将 $PA_3 \sim PA_0$ 输出均为低电平,由 $PB_3 \sim PB_0$ 读入,判断是否有一个低电平,若没有任一低电平,则继续实现第 1 次扫描;若有低电平,则应用软件消除抖动。延时 10～20ms 后,再去判别是否有低电平,若低电平消失,则可能是干扰或按键的抖动,必须重新实现第 1 次扫描;否则,经 10～20ms 后,仍然判别出有低电平,则确认有键按下。接着,实现第 2 次扫描,即逐行扫描法,例如,先扫描 0 行,计算机从 A 口输出,使 $PA_3=1$,$PA_2=1$,$PA_1=1$,$PA_0=0$,然后从 B 口读入,判别是否有低电平,如果有,则可识别出 0 行哪一列上有键按下,如果没有,则计算机从 PA 口重新输出,使 $PA_3=1$,

$PA_2=1$,$PA_1=0$,$PA_0=1$,从 B 口输入。依上述方法判别,直至扫描完所有4 行,总可以找到某一个按下的按键,并识别出其在矩阵中的位置,因而可根据键号去执行对该键所设计的子程序。

设图 7.36 中 8255A 的 A 口作输出,端口地址为 80H,B 口作输入,端口地址为 81H,控制口地址为 83H,其键盘扫描程序如下:

```
        ;判别是否有键按下
        MOV   AL,82H     ;初始化 8255A,A 口输出,B 口输入,均工作在方式 0
        OUT   83H,AL
        MOV   AL,00H
        OUT   80H,AL     ;使 PA3= PA2= PA1= PA0= 0
LOOA:   IN    AL,81H     ;读 B 口
        AND   AL,0FH     ;屏蔽高 4 位
        CMP   AL,0FH
        JZ    LOOA       ;结果为 0,无键按下,转 LOOA
        CALL  D20ms      ;B 口输入有低电平,调用延时子程序 D20ms(略)
        IN    AL,81H     ;第 2 次读 B 口
        AND   AL,0FH
        CMP   AL,0FH
        JZ    LOOA       ;如果为 0,由于干扰或抖动,转 LOOA,否则确有键按下,执行下面
                         ;程序
        ;判断哪一个键按下
START:  MOV   BL,4       ;行数送 BL
        MOV   BH,4       ;列数送 BH
        MOV   AL,0FEH    ;D0=0,准备先扫描 0 行
        MOV   CL,0FH     ;键盘屏蔽码送 CL
        MOV   CH,0FFH    ;CH 中存放起始键号
LOP1:   OUT   80H,AL     ;A 口输出,扫描一行
        ROL   AL         ;修改扫描码,准备扫描下一行
        MOV   AH,AL      ;暂时保存
        IN    AL,81H     ;B 口输入,读列值
        AND   AL,CL      ;屏蔽高 4 位
        CMP   AL,CL      ;比较
        JNZ   LOP2       ;有列线为 0,转 LOP2,找列线
        ADD   CH,BH      ;无键按下,修改键号,使下一行找键号
        MOV   AL,AH      ;恢复扫描码
        DEC   BL         ;行数减 1
        JNZ   LOP1       ;未扫描完转 LOP1
        JMP   START      ;重新扫描
LOP2:   INC   CH         ;键号增 1
        ROR   AL         ;右移 1 位
        JC    LOP2       ;无键按下,查下一列线
        MOV   AL,CH      ;已找到,键号送 AL
        CMP   AL,0
        JZ    KEY0       ;是 0 号键按下,转 KEY0
        CMP   AL,1       ;否则,判是否为 1 号键
        JZ    KEY1       ;是 1 号键按下,转 KEY1
         ⋮                ⋮
        CMP   AL,0EH     ;判断是否为 14 号键
        JZ    KEY14      ;是,转 KEY14
        JMP   KEY15      ;不是 0~14 号键,一定是 15 号键
```

该 4 行 4 列矩阵键盘接口易于扩展,无论是增加行还是增加列,均可扩充键的数量,只需对以上程序稍做更改即可。

7.5 可编程串行异步通信接口芯片 8250

8250 芯片是一种可编程的串行异步通信接口芯片，作为串行通信电路的核心，其在微机系统中得到普遍应用。8250 芯片支持异步通信规程；芯片内部设置时钟发生电路，并可以通过编程改变传送数据的波特率；它提供 Modem 所需的控制信号和接收来自 Modem 的状态信息，极易通过 Modem 实现远程通信；它具有数据回送功能，为调试自检提供方便。

7.5.1 串行异步通信规程

在详细介绍 8250 芯片之前，先要了解串行异步通信规程(Protocol)。串行异步通信规程是把一个字符看作一个独立的信息单元，每一个字符中的各位以固定的时间传送。因此，这种传送方式在同一字符内部是同步的，而字符间是异步的。在异步通信中，收发双方取得同步的方法是：采用在字符格式中设置起始位和停止位的办法。在一个有效字符正式发送之前，先发送一个起始位，而在字符结束时发送一至两个停止位。当接收器检测到起始位时，便能知道接着是有效的字符位，于是开始接收字符，检测到停止位时，就将接收到的有效字符装载到接收缓冲器中。串行异步通信的数据传输格式如图 7.37 所示。

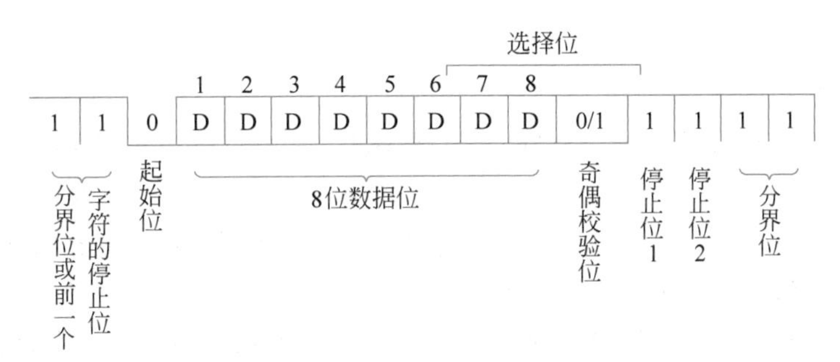

图 7.37 串行异步通信的数据传输格式

从图 7.37 中可见，串行异步通信的数据传输格式如下：

(1) 起始位。它一定是逻辑 0 电平。

(2) 数据位(5～8 位)。它紧跟在起始位后，是要被传送的数据。传送时，先传送低位，后传送高位。

(3) 奇偶校验位。占 1 位，奇校验或偶校验。

(4) 停止位。可以是 1 位、1.5 位或 2 位，它一定是逻辑“1”电平。

7.5.2 8250 芯片引脚定义与功能

8250 芯片是一个 40 脚封装的双列直插式芯片，图 7.38 所示为其引脚功能示意图。除电源线(V_{CC})和地线(GND)外，其引脚线可分为两大类，即与 CPU 接口的信号线和与通信设备接口的信号线。

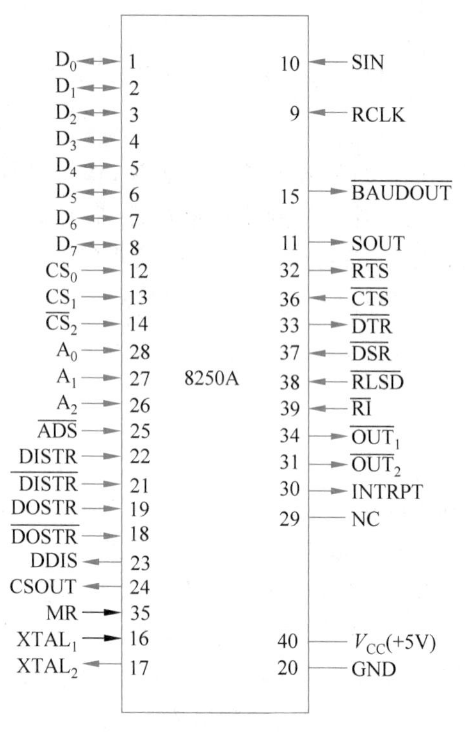

图 7.38　8250A 引脚功能示意图

1. 与 CPU 接口的信号线

与 CPU 接口的信号线共分为 5 组，即数据线、读/写控制信号线、总线驱动器控制线、中断信号线和复位信号输入线。

(1) 数据线：$D_7 \sim D_0$，CPU 和 8250 通过此 8 位双向数据线传送数据或命令。

(2) 读/写控制信号线包括以下几个。

- CS_0、CS_1、$\overline{CS_2}$：片选输入引脚。当 CS_0、CS_1 为高电平，$\overline{CS_2}$ 为低电平时，则选中 8250。
- DISTR、$\overline{\text{DISTR}}$：数据输入选通引脚。当 DISTR 为高电平或$\overline{\text{DISTR}}$为低电平时，CPU 就能从选中的 8250 寄存器中读出状态字或数据信息。$\overline{\text{DISTR}}$接系统总线上的$\overline{\text{IOR}}$。
- DOSTR、$\overline{\text{DOSTR}}$：数据输出选通的输入引脚。当 DOSTR 为高电平或$\overline{\text{DOSTR}}$为低电平时，CPU 就能将数据或命令写入 8250。$\overline{\text{DOSTR}}$接系统总线上的$\overline{\text{IOW}}$。
- A_2、A_1、A_0：地址选择线，用来选择 8250 内部寄存器。它们通常接地址线 A_2、A_1、A_0。
- $\overline{\text{ADS}}$：地址锁存输入引脚，当$\overline{\text{ADS}}$=0 时，选通地址 A_2、A_1、A_0 和片选信号，当$\overline{\text{ADS}}$=1 时，便锁存 A_2、A_1、A_0 和片选信号。$\overline{\text{ADS}}$接地即可。

(3) 总线驱动器控制线包括以下几个。

- CSOUT：片选中输出信号。当 CSOUT 为高电平时，表示 CS_0、CS_1、$\overline{CS_2}$ 信号均有效，即 8250 被选中。

- DDIS：禁止驱动器输出引脚。当 CPU 读 8250 时 DDIS 输出低电平，非读时，输出高电平。该信号用来控制 8250 与系统总线之间的“总线驱动器”方向选择。在 PC/XT 异步适配器上，DDIS 悬空不用。

（4）中断信号线：INTRPT，中断请求输出引脚，高电平有效。当 8250 允许中断时，接收出错、接收数据寄存器满、发送数据寄存器空以及 Modem 的状态均能够产生有效的 INTRPT 信号。

（5）复位信号输入线：MR，高电平有效。复位后，8250 回到初始状态。一般它接系统复位信号线 RESET。

2. 与通信设备接口的信号线

与通信设备接口的信号线分为 4 组，即串行数据 I/O 线、联络控制线、用户编程端口和时钟信号线。

1）串行数据 I/O 线

- SIN：串行数据输入引脚。外设或其他系统送来的串行数据由此端进入 8250。
- SOUT：串行数据输出引脚。

2）联络控制线

- $\overline{CTS}$：清除发送（即允许发送）信号线的输入引脚。当$\overline{CTS}$为低电平时，表示 8250 本次发送数据结束，而允许 8250 向外设（Modem 或数据装置）发送新的数据。它是外设对$\overline{RTS}$信号的应答信号。
- $\overline{RTS}$：请求发送输出引脚。当$\overline{RTS}$为低电平时，通知 Modem 或数据装置，8250 已准备发送数据。
- $\overline{DTR}$：数据终端准备就绪输出引脚。当$\overline{DTR}$为低电平时，就通知 Modem 或数据装置，8250 已准备好，可以通信。
- $\overline{DSR}$：数据装置准备好输入引脚。当$\overline{DSR}$为低电平时，表示 Modem 或数据装置与 8250 已建立通信联系，传送数据已准备就绪。
- $\overline{RLSD}$：载波检测输入引脚。当$\overline{RLSD}$为低电平时，表示 Modem 或数据装置已检测到通信线路上送来的信息，指示应开始接收。
- $\overline{RI}$：振铃指示输入引脚。当$\overline{RI}$为低电平时，表示 Modem 或数据装置已接收到电话线上的振铃信号。

3）用户编程端口

- $\overline{OUT_1}$：用户指定的输出引脚。可以通过对 8250 的编程使$\overline{OUT_1}$为低电平或高电平。若用户在 Modem 控制寄存器第 2 位（OUT_1）写入 1，则输出端$\overline{OUT_1}$变为低电平。
- $\overline{OUT_2}$：用户指定的另一输出引脚。也可以通过对 8250 的编程使$\overline{OUT_2}$为低电平或高电平。若用户在 Modem 控制寄存器第 3 位（OUT_2）写入 1，则输出端$\overline{OUT_2}$变为低电平。

4）时钟信号线

- $\overline{BAUDOUT}$：波特率信号输出引脚。由 8250 内部时钟发生器分频后输出，频率是发送数据波特率的 16 倍。若此信号接到 RCLK 上，可以同时作为接收时钟使用。

- RCLK：接收时钟输入引脚。通常直接连到$\overline{BAUDOUT}$输出引脚，保证接收与发送的波特率相同。
- $XTAL_1$、$XTAL_2$：时钟信号输入和输出引脚。如果外部时钟从 $XTAL_1$ 输入，则 $XTAL_2$ 可悬空不用；也可在 $XTAL_1$ 和 $XTAL_2$ 之间接晶体振荡器。

7.5.3 8250 芯片的内部结构和寻址方式

图 7.39 所示为 8250 芯片内部结构框图。由图 7.39 中可以看出，它由 10 个内部寄存器、数据缓冲器和寄存器选择与 I/O 控制逻辑组成。通过微处理器的输入/输出指令可以对 10 个内部寄存器进行操作，以实现各种异步通信的要求。表 7.5 所示为各种寄存器的名称及相应的 I/O 口地址。

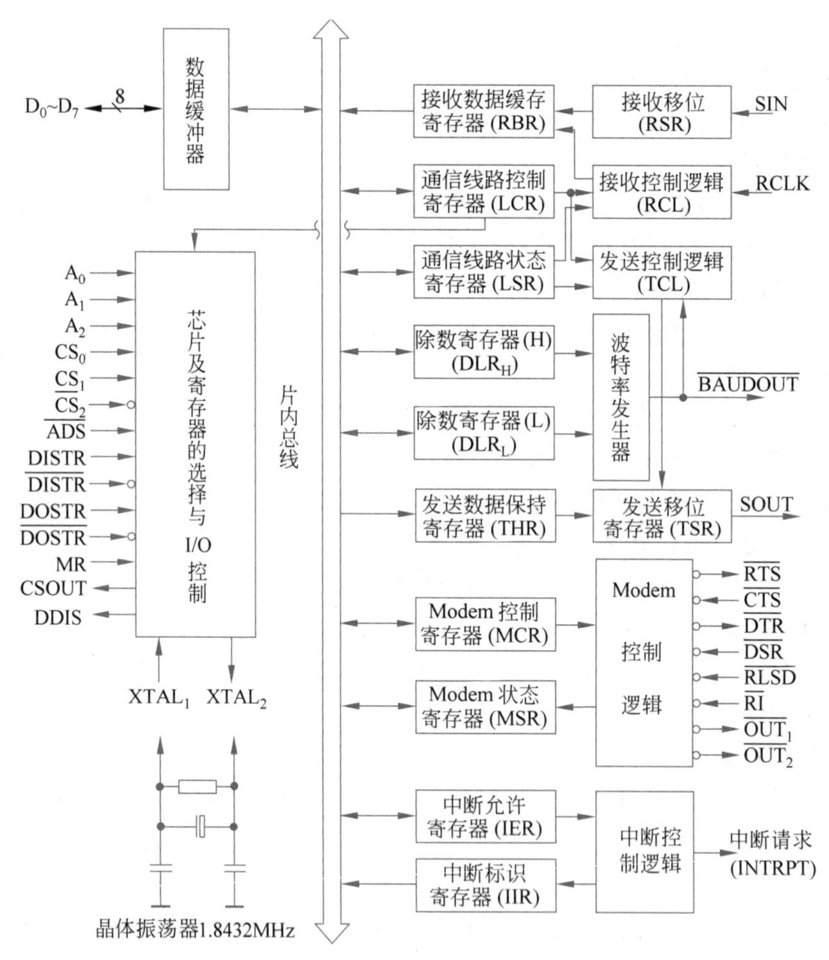

图 7.39　8250 异步通信接口芯片内部结构框图

需要说明的是，表 7.5 中 I/O 口地址(3F8H～3FEH)是由 IBM PC/XT 的地址译码器提供的(串行口 1)。当 8250 用于其他场合时，表中 I/O 口地址应由 8250 所在电路的地址译码器决定。

表 7.5　8250 寄存器的 I/O 口地址

I/O 口	IN/OUT	寄存器名称
3F8H	OUT	发送数据保持寄存器(THR)
3F8H	IN	接收数据缓存寄存器(RBR)
3F8H	OUT	低字节波特率因子寄存器(设置工作方式时控制字 $D_7=1$)(DLR_L)
3F9H	OUT	高字节波特率因子寄存器(设置工作方式时控制字 $D_7=1$)(DLR_H)
3F9H	OUT	中断允许寄存器(IER)
3FAH	IN	中断标识寄存器(IIR)
3FBH	OUT	通信线路控制寄存器(LCR)
3FCH	OUT	Modem 控制寄存器(MCR)
3FDH	IN	通信线路状态寄存器(LSR)
3FEH	IN	Modem 状态寄存器(MSR)

7.5.4　8250 内部控制状态寄存器的功能及其工作过程

8250 内部有 9 个控制状态寄存器,其功能分述如下。

1. 发送数据保持寄存器

发送数据时,CPU 将待发送的字符写入发送数据保持寄存器(THR)中,其中,第0 位是串行发送的第 1 位数据。先由 8250 的硬件送入发送移位寄存器 TSR 中,在发送时钟驱动下逐位将数据由 SOUT 引脚输出。

2. 接收数据缓冲寄存器

接收数据缓冲寄存器(RBR)用于存放接收到的 1 个字符。当 8250 从 SIN 端接收到一个完整的字符后,会把该字符从接收移位寄存器送入 RBR 中。在 RBR 存放接收到的一个字符后,可由 CPU 将它读出,读出的数据只是一个字符帧中的数据部分,而起始位、奇偶校验位、停止位均被 8250 过滤掉。

3. 通信线路控制寄存器

通信线路控制寄存器(LCR)设定了异步串行通信的数据格式,其数据位的含义如图 7.40 所示。

4. 波特率因子寄存器

8250 芯片规定当通信线路控制寄存器(LCR)写入 $D_7=1$ 时,接着对 I/O 口地址 3F8H、3F9H 可分别写入波特率因子的低字节和高字节,即写入除数寄存器(L)和除数寄存器(H)中。而波特率为 1.8432MHz/(波特率因子×16)。

波特率和除数对照值如表 7.6 所示。例如,要求发送波特率为 1200 波特,则波特率因子为:

$$波特率因子=1.8432MHz/1200\times16=1843200Hz/1200\times16=96$$

因此,3F8H 的 I/O 口地址应写入 96(60H),3F9H 的 I/O 口地址应写入 0。

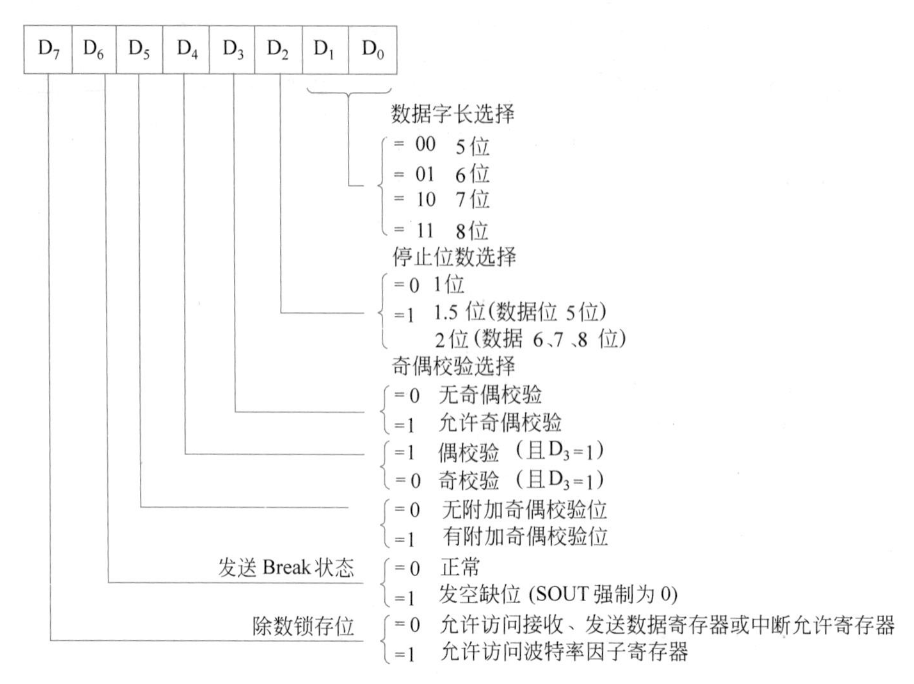

图 7.40　通信线路控制寄存器数据位的含义

表 7.6　波特率和除数对照值

十进制	十六进制	波特率	十进制	十六进制	波特率
1047	417	110	96	60	1200
768	300	150	48	30	2400
384	180	300	24	18	4800
192	C0	600	12	0C	9600

5. 中断允许寄存器

中断允许寄存器(IER)的低 4 位允许 8250 设置 4 种类型的中断(将相应位置 1 即可)，并通过 IRQ_4 向 CPU 发中断请求，其低 4 位含义如图 7.41 所示。

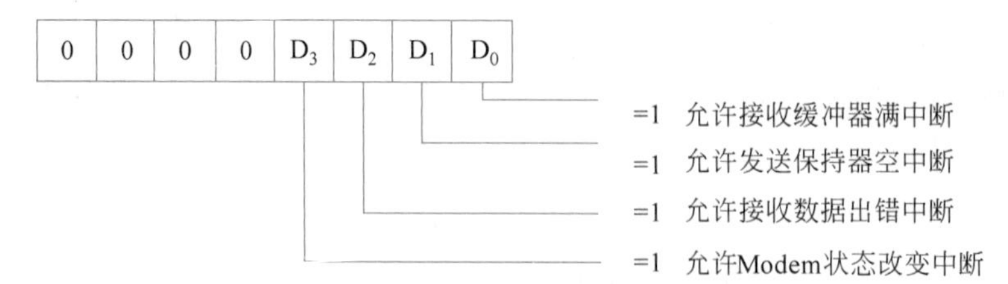

图 7.41　中断允许寄存器低 4 位的含义

6. 中断标识寄存器

中断标识寄存器(IIR)可以用来判断有无中断并判断是哪一类中断请求。IIR 的高 5 位恒为 0，只使用低 3 位作为 8250 的中断标识位，其低 3 位的含义如图 7.42 所示。

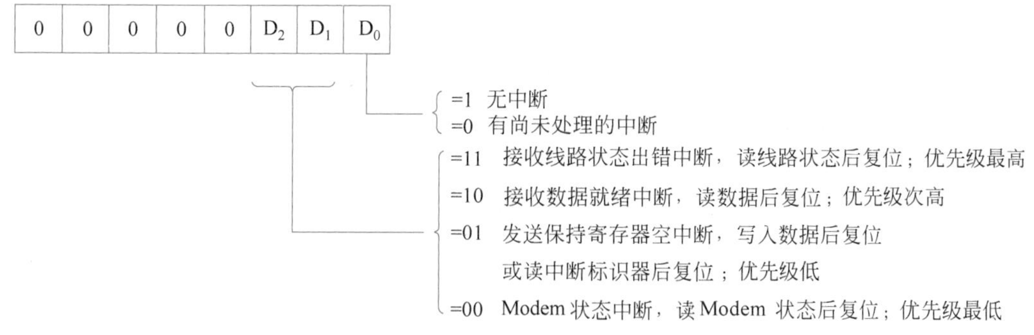

图 7.42　中断标识寄存器低 3 位的含义

7. 通信线路状态寄存器

通信线路状态寄存器(LSR)用于向 CPU 提供有关 8250 数据传输的状态信息，各数据位含义如图 7.43 所示。

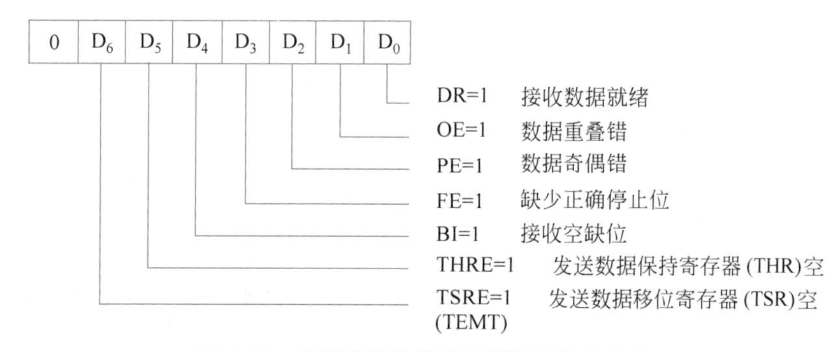

图 7.43　通信线路状态寄存器数据位的含义

下面详细介绍各个数据位的含义。

- D_7：未用，其值为 0。
- D_6：为 1 时，表示发送数据移位寄存器(TSR)为空。当 THR 的数据移入 TSR 后，此位清 0。该位常记为 TSRE 或 TEMT。
- D_5：为 1 时，表示发送数据保持寄存器(THR)为空。当 CPU 将数据写入 THR 后，此位清 0。该位常记为 THRE。
- D_4：为线路 break(间断)标志。在接收数据过程中，若出现结构错、奇偶校验错、越限或者在一个完整的字符传送时间周期里收到的均为空闲状态，则此位置 1，表示线路信号间断，这时接收的数据可能不正常。该位常记为 BI。
- D_3：结构错标志。当接收到的数据停止位个数不正确时，此位置 1。该位常记为 FE。
- D_2：奇偶校验错标志。在对接收字符进行奇偶校验时，若发现其值与规定的奇偶校验不同，则此位为 1，表示数据可能出错。该位常记为 PE。
- D_1：越限状态标志。接收数据寄存器中的前一个数据还未被 CPU 读走，而下一个数据已经到来，产生数据重叠出错时，此位为 1。该位常记为 OE。
- D_0：此位为 1 时，表示 8250 已接收到一个有效的字符并将它放在接收数据缓冲器中，CPU 可以从 8250 的接收数据寄存器中读取。一旦读取后，此位自动清 0。如果 D_0=1 时 8250 又接收到一个新数据，就会替换前一个未取走的数据，8250 将产生一个重叠错误。该位常记为 DR。

执行读入操作时，各数据位等于 1 有效，读入操作后各位均复位。除 D_6 位外，其他各位还可被 CPU 写入，同样可以产生中断请求。

当要发送一个数据时，必须先读 LSR 并检其 D_0 位，若为 1，则表示发送数据缓冲器空，可以接收 CPU 新送来的数据。数据输入到 8250 后，LSR 的 D_5 位将自动清 0，表示缓冲器已满，该状态一直持续到数据发送完毕、发送数据缓冲器变空为止。

LSR 也可以用来检测任一接收数据错或接收间断错。如果对应位中有一个是 1，就表示接收数据缓冲器的内容无效。

注意：一旦读过 LSR 的内容，则 8250 中所有错误位都将自动复位。

8. Modem 控制寄存器

Modem 控制寄存器(MCR)用于设置联络线，以控制与调制解调器或数传机的接口信号。其中，高 3 位恒为 0，低 5 位的含义如图 7.44 所示。

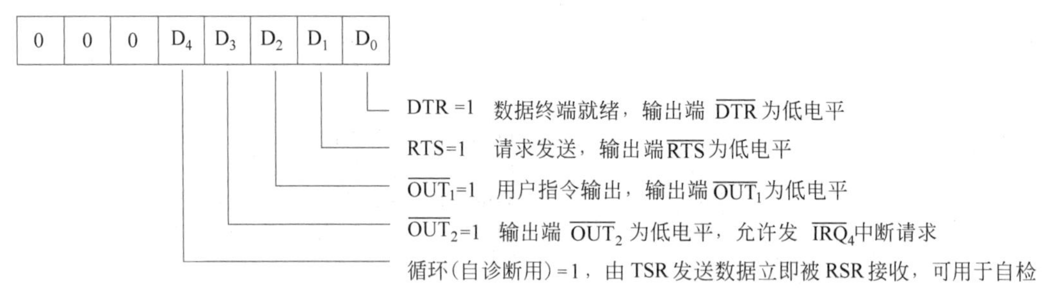

图 7.44 Modem 控制寄存器低 5 位的含义

下面详细介绍低 5 位的含义。

- D_4：用于"本地环"检测控制。D_4 通常置为 0，当 D_4=0 时，8250 正常工作。当 D_4=1 时，则 8250 串行输出被回送。此时 SOUT 为高电平状态，SIN 将与外设分离，TSR 的数据由 8250 内部直接回送到 RSR 的输入端，形成"本地环"；同时，CTS、DSR、RI 和 RLSD 与外设相应线断开，而在 8250 内部分别与 $\overline{RTS}$、$\overline{DTR}$、$\overline{OUT_1}$ 和 $\overline{OUT_2}$ 连接，实现数据在 8250 芯片内部的自发自收，实现 8250 自检。利用这个特点，可以编程测试 8250 工作是否正常。从环回测试转到正常工作状态，必须对 8250 重新初始化。
- D_3、D_2：是用户指定的输入与输出。当它们为 1 时，对应的 OUT 端输出为 0；而当它们为 0 时，对应的 OUT 端输出为 1。D_2($\overline{OUT_1}$)是用户指定的输出，不用；D_3($\overline{OUT_2}$)是用户指定的输入，为了把 8250 产生的中断信号经系统总线送到中断控制器的 IRQ_4 上，此位须置 1。
- D_1：当 D_1=1 时，8250 的$\overline{RTS}$输出为低电平，表示 8250 准备发送数据。
- D_0：当 D_0=1 时，使 8250 的$\overline{DTR}$输出为低电平，表示 8250 准备接收数据。

9. Modem 状态寄存器

Modem 状态寄存器(MSR)主要用在有 Modem 的系统中了解 Modem 控制线的当前状态,它提供了低 4 位来记录输入信号变化的状态信息。当 CPU 读取 MSR 时把这些位清 0。若 CPU 读取 MSR 后输入信号发生了变化,则将对应的位置 1,各数据等于 1 为有效;高 4 位以相反的形式记录对应的输入引脚的电平。MSR 各数据位的含义如图 7.45 所示。

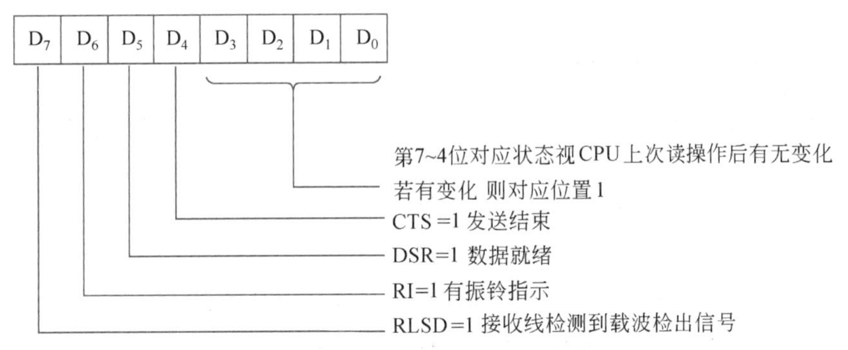

图 7.45 Modem 状态寄存器各数据位的含义

8250 在发送和接收数据时,各个功能寄存器相互配合工作。其数据发送与接收工作过程分述如下。

1) 发送数据过程

8250 的发送器由发送数据保持寄存器(THR)、发送数据移位寄存器(TSR)和发送控制逻辑(TCL)组成,TSR 是一个并入串出的移位寄存器,THR 空和 TSR 空由通信线路状态寄存器(LSR)中的 THRE、TSRE(或 TEMT)两个位来标识。在发送数据保持器(THR)空出时,THRE=1,CPU 把要发送的数据写入 THR,清除 TSRE(或 TEMT)标志。当 TSR 中的数据发送完毕,TSRE(或 TEMT)=1,这时 TCL 会把 THR 中的数据自转移到 TSR 中,并清除 TSRE(或 TEMT)标志,同时使标志 THRE=1。然后,发送时钟驱动 TSR,将数据按顺序一位接一位地移出,从 SOUT 端发送出去。发送时钟频率取决于波特率寄存器。起始位、奇偶校验位和停止位是自动插入到发送信号的位序列中的,用户可通过通信线路控制寄存器(LCR)来设定其具体格式。

2) 数据接收

8250 的接收器由接收数据缓冲寄存器(RBR)、接收数据移位寄存器(RSR)和接收控制逻辑(RCL)组成,RSR 是一个串入并出的移位寄存器。外部通信设备的串行数据线接至 SIN 端,线路空闲时为高电平,当起始位检测电路监测到线路上外设发送来的起始位时,计数器复位确认同步,在接收时钟(RCLK)驱动下,线路串行数据逐位进入 RSR。当确定接收到一个完整的数据后,RSR 会自动将数据送到 RBR,在 LSR 中建立 DR 接收数据就绪标志,这时若中断允许寄存器 IER 的 $D_0=1$,允许 RBR 满中断,则 DR (IER 的 D_0)=1 时将触发中断。

7.5.5 8250 通信编程

对 8250 编制通信软件时,首先应对芯片初始化,然后按程序查询或中断方式实现通信。

1. 8250 初始化

8250 的初始化需完成以下几个工作。

1）设置波特率

例如，设波特率为 9600，则波特率因子 N＝12，程序代码如下：

```
MOV     DX,3FBH      ;LCR 的地址
MOV     AL,80H       ;设置波特率，使 LCR 的 D7 位=1
OUT     DX,AL
MOV     DX,3F8H      ;DLRL 的地址
MOV     AL,12        ;分频系数为 12
OUT     DX,AL        ;写分频系数低 8 位
INC     DX           ;DLRH 的地址
MOV     AL,0
OUT     DX,AL        ;3F9H 送 0，写分频系数高 8 位
```

2）设置串行通信数据格式

例如，数据格式为 8 位，1 位停止位，奇校验。程序代码如下：

```
MOV     AL,0BH       ;送通信数据格式：8 位数据位，1 位停止位，奇校验
MOV     DX,3FBH      ;LCR 的地址
OUT     DX,AL
```

3）设置工作方式

无中断代码如下：

```
MOV     AL,3          ;/OUT1、/OUT2 均为 1，Modem 控制器准备好正常收发
MOV     DX,3FCH       ;MCR 的地址
OUT     DX ,AL
```

有中断代码如下：

```
MOV     AL,0BH       ;/OUT2=0，允许 INTRT 申请中断
MOV     DX,3FCH
OUT     DX,AL
```

循环测试代码如下：

```
MOV     AL,13H
MOV     DX,3FCH
OUT     DX,AL
```

2. 程序查询方式通信编程

采用程序查询方式工作时，CPU 可以通过读线路状态寄存器（3FDH）查相应状态位（D_0 与 D_5 位），来检查接收数据寄存器是否就绪（$D_0=1$）与发送保持器是否空（$D_5=1$）。

发送程序代码如下：

```
TR:     MOV   DX,3FDH
        IN    AL,DX
        TEST  AL,20H
        JZ    TR
        MOV   AL,[SI]      ;从[SI]中取出发送数据
        MOV   DX,3F8H
        OUT   DX,AL
```

接收程序代码如下：

```
RE:     MOV     DX,3FDH
        IN      AL,DX
        TEST    AL,1
        JZ      RE
        MOV     DX,3F8H
        IN      AL,DX
        MOV     [DI],AL     ;读入数据存入[DI]中
```

3. 用中断方式编程

在 IBM PC 中使用 8250 中断方式进行通信编程要完成以下几个步骤。

(1) 对 8259A 中断控制器进行初始化，允许中断优先级 4。程序代码如下：

```
MOV     AL,13H          ;单片使用,需要 ICW4
MOV     DX,20H
OUT     DX,AL           ;ICW1
MOV     AL,8            ;中断类型号为 08H~0FH
INC     DX
OUT     DX,AL           ;ICW2
INC     AL              ;缓冲方式,8088/8086
OUT     DX,AL           ;ICW4
MOV     AL,8CH          ;允许 0,1,4,5,6 级中断
OUT     DX,AL           ;送中断屏蔽字 OCW1
```

(2) 设置中断向量 IRQ_4。IRQ_4 中断类型号为 0CH，0CH×4=30H。因此，应在 30H、31H 存放 IP 值，32H、33H 存放 CS 值。

设中断服务程序入口地址为 2000:100，则程序代码如下：

```
XOR     AX,AX
MOV     DS,AX
MOV     AX,100H
MOV     WORD PTR[0030H],AX      ;送 100H 到 00030H 和 00031H 内存单元中
MOV     AX,2000H
MOV     WORD PTR[0032H],AX      ;送 2000H 到 00032H 和 00033H 内存单元中
```

(3) 对 8250 送中断允许寄存器(3F9H)设置允许/屏蔽位。例如，允许发送与接收中断请求。程序代码如下：

```
MOV     AL,3
MOV     DX,3F9H
OUT     DX,AL
```

(4) 在中断结束返回时，需要对 8259A 发 EOI 命令，保证 8250 可以重新响应中断请求。程序代码如下：

```
MOV     AL, 20H
MOV     DX,20H
OUT     DX,AL       ;发 EOI 命令,OCW2
IRET                ;开中断允许,并从中断返回
```

7.6 数/模与模/数转换接口芯片

数字电子计算机只能识别与加工处理数字量，而在生产现场上，除了数字量以外，还必然涉及模拟量。因此，在一个微型机的应用系统中，可能既需要数/模(Digit to Analog，D/A)转换，又需要模/数(Analog to Digit，A/D)转换。实现 D/A 或 A/D 转换的部件称为 D/A 或 A/D 转换器。

常用的 D/A 转换器有 8 位的 DAC 0832 与 12 位的 DAC 1210 等芯片；A/D 转换器有 8 位的 ADC 0809、ADC 0804、AD 570，还有 12 位高精度、高速的 AD 574、AD 578、AD 1210 以及 16 位的 AD 1140 等芯片。

本节将选取常用的 DAC 0832 以及 ADC 0809 为例来介绍模拟量的转换接口技术。

7.6.1 DAC 0832 数/模转换器

DAC 0832 是一个 8 位的电流输出型 D/A 转换器，其内部包含 T 型电阻网络，输出为差动电流信号。当需要输出模拟电压时，应外接运算放大器。

1. DAC 0832 的引脚功能与内部结构

DAC 0832 的外部引脚如图 7.46 所示。共有 20 根引脚，引脚功能如下。

信号	引脚	引脚	信号
$\overline{CS}$	1	20	V_{CC}
$\overline{WR_1}$	2	19	ILE
AGND	3	18	$\overline{WR_2}$
D_3	4	17	$\overline{XFER}$
D_2	5	16	D_4
D_1	6	15	D_5
D_0	7	14	D_6
V_{REF}	8	13	D_7
R_{fb}	9	12	I_{OUT2}
DGND	10	11	I_{OUT1}

图 7.46　DAC 0832 的外部引脚

- $D_7 \sim D_0$：8 位输入数据线。
- $\overline{CS}$：片选信号，低电平有效。
- $\overline{WR_1}$：输入寄存器的写入控制，低电平有效。
- $\overline{WR_2}$：数据变换(DAC)寄存器写入控制，低电平有效。
- ILE：输入锁存允许(输入锁存器选通命令)，它与 $\overline{CS}$、$\overline{WR}$ 信号一起把要转换的数据写入到输入锁存器。
- $\overline{XFER}$：传送控制信号，低电平有效。它与 $\overline{WR_2}$ 一起把输入锁存器的数据传送到 DAC 寄存器。
- I_{OUT1}：模拟电流输出端，当 DAC 寄存器中内容为 FFH 时，I_{OUT1} 电流最大；当 DAC 寄存器中内容为 00H 时，I_{OUT1} 电流最小。
- I_{OUT2}：模拟电流输出端。DAC 0832 为差动电流输出，接运放的输入，一般情况下 $I_{OUT1}+I_{OUT2}=$常数。
- V_{REF}：参考电压，$-10V \sim +10V$，一般为 $+5V$ 或 $+10V$。
- R_{fb}：内部反馈电阻引脚，接运算放大器的输出。
- AGND、DGND：模拟地和数字地。

DAC 0832 的内部结构如图 7.47 所示。0832 内部有两级锁存器，第一级锁存器是一个 8 位输入寄存器，由锁存控制信号 ILE 控制(高电平有效)。当 ILE＝1，$\overline{CS}=\overline{WR_1}=0$(由

OUT 指令产生)时,$\overline{LE_1}=1$,输入寄存器的输出随输入而变化。接着,$\overline{WR_1}$ 由低电平变为高电平时,$\overline{LE_1}=0$,则数据被锁存到输入寄存器,其输出端不再随外部数据而变;第二级锁存器是一个 8 位 DAC 寄存器,它的锁存控制信号为$\overline{XFER}$,当$\overline{XFER}=\overline{WR_2}=0$(由 OUT 指令产生)时,$\overline{LE_2}=1$,这时 8 位 DAC 输出随输入而变,接着$\overline{WR_2}$ 由低电平变高电平,$\overline{LE_2}=0$,于是输入寄存器的信息被锁存到 DAC 寄存器中。同时,转换器开始工作,I_{OUT1} 和 I_{OUT2} 端输出电流。

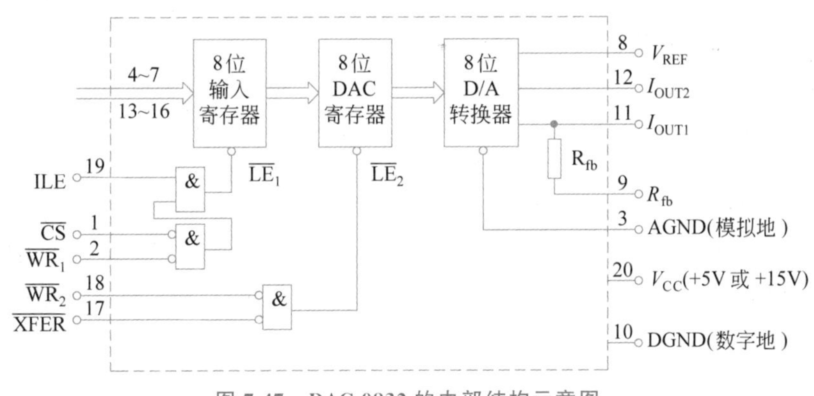

图 7.47 DAC 0832 的内部结构示意图

2. DAC 0832 的工作时序

0832 的工作时序如图 7.48 所示。由图可知,D/A 转换可分为两个阶段,即当$\overline{CS}=0$,$\overline{WR_1}=0$,ILE=1 时,使输入数据先传送到输入寄存器;当$\overline{WR_2}=0$,$\overline{XFER}=0$ 时,数据传送到 DAC 寄存器,并开始转换。待转换结束,0832 将输出一个模拟信号。

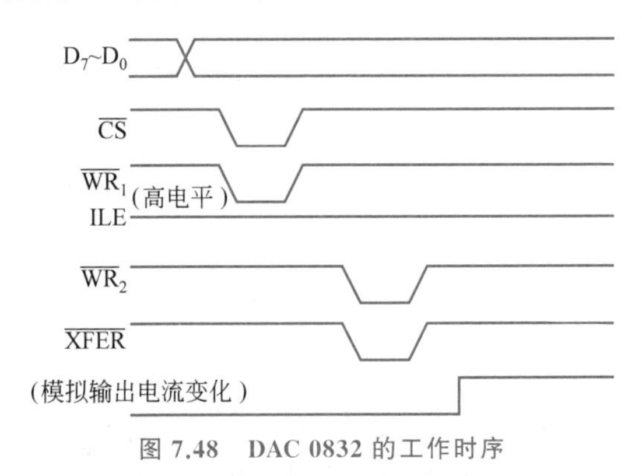

图 7.48 DAC 0832 的工作时序

3. DAC 0832 的工作方式

DAC 0832 的内部有两级锁存器:第一级是 0832 的 8 位数据输入寄存器;第二级是 8 位的 DAC 寄存器。根据这两个寄存器使用的方法不同,可将 0832 分为以下 3 种工作方式。

(1) 单缓冲方式:使输入寄存器或 DAC 寄存器二者之一处于直通,这时,CPU 只需一次写入 DAC 0832 即开始转换。其控制比较简单。

采用单缓冲方式时,通常是将$\overline{WR_2}$ 和$\overline{XFER}$接地,使 DAC 寄存器处于直通方式,另外把 ILE 接+5V,$\overline{CS}$接端口地址译码信号,$\overline{WR_1}$ 接系统总线的$\overline{IOW}$信号,这样,当 CPU 执行一条 OUT 指令时,选中该端口,使$\overline{CS}$和$\overline{WR_1}$ 有效便可以启动 D/A 转换。

(2) 双缓冲方式(标准方式)：转换有两个步骤，即当$\overline{CS}=0$，$\overline{WR_1}=0$，ILE=1 时，输入寄存器输出随输入而变，$\overline{WR_1}$ 由低电平变高电平时，将数据锁入 8 位数据寄存器；当$\overline{XFER}=0$，$\overline{WR_2}=0$ 时，DAC 寄存器输出随输入而变，而在$\overline{WR_2}$ 由低电平变高电平时，将输入寄存器的内容锁入 DAC 寄存器，并实现 D/A 转换。

双缓冲方式的优点是数据接收和 D/A 启动转换可以异步进行，即在 D/A 转换的同时，可以接收下一个数据，提高了 D/A 转换的速率。此外，它还可以实现多个 DAC 同步转换输出——分时写入、同步转换。

(3) 直通方式：使内部的两个寄存器都处于直通状态，此时，模拟输出始终跟随输入变化。由于这种方式不能直接将 0832 与 CPU 的数据总线相连接，需外加并行接口(如 74LS373、8255 等)，故这种方式在实际上很少采用。

下面是双缓冲工作方式的同步转换示例。

假设图 7.49 所示的系统中有两个 DAC 0832 按双缓冲方式工作，其 3 个端口地址的用途分别是：$PORT_1$ 选择 0832-1 的输入寄存器；$PORT_2$ 选择 0832-2 的输入寄存器；$PORT_3$ 选择 0832-1 和 0832-2 的 DAC 寄存器。

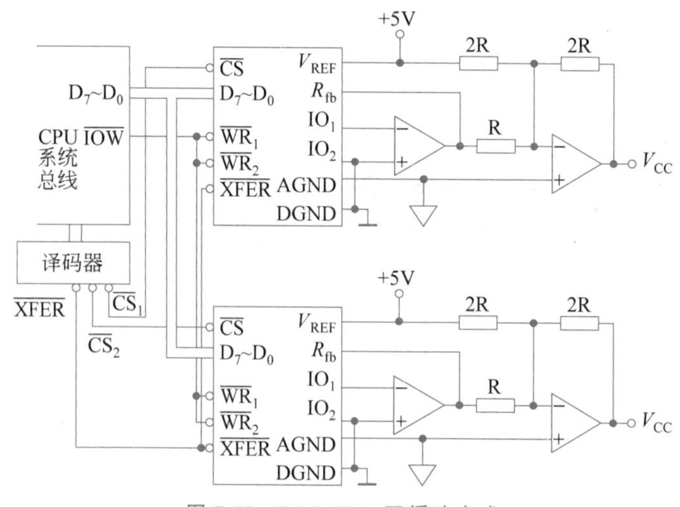

图 7.49　DAC 0832 双缓冲方式

此例双缓冲方式的程序段如下：

```
MOV   AL,DATA1     ;要转换的数据送 AL
MOV   DX,PORT1     ;0832-1 的输入寄存器地址送 DX
OUT   DX,AL        ;数据送 0832-1 的输入寄存器
MOV   AL,DATA2
MOV   DX,PORT2     ;0832-2 输入寄存器地址送 DX
OUT   DX,AL        ;数据送 0832-2 的输入寄存器
MOV   DX,PORT3     ;DAC 寄存器端口地址送 DX
OUT   DX,AL        ;DATA1 与 DATA2 数据分别送两个 DAC 寄存器,并同时启动实现同步转换
HLT
```

4. D/A 转换器的应用

由于 D/A 转换器能够将一定规律的数字量转换为相应成比例的模拟量，因此，常将它作为函数发生器——只要往 D/A 转换器写入按规律变化的数据，即可在输出端获得三角

波、锯齿波、方波、阶梯波、梯形波、正弦波等函数波形。现以 DAC 0832 为例进行说明。

试编写利用 DAC 0832 产生一个正向锯齿波电压的程序，周期任意，DAC 0832 工作在单缓冲方式，端口地址为 $PORT_A$，则程序代码如下：

```
        MOV     DX,PORTA        ;DAC 0832 端口地址号送 DX
        MOV     AL,0FFH         ;设转换初值
NEXT:   INC     AL
        OUT     DX,AL           ;往 DAC 0832 输出数据
        JMP     NEXT
```

试编写一段程序，要求利用 DAC 0832 产生一个可以通过延时子程序 DELAY 控制锯齿波周期的电压。程序代码如下：

```
        MOV     DX,PORTA        ;PORTA为 DAC 0832 端口地址号
        MOV     AL,0FFH         ;设转换初值
NEXT:   INC     AL
        OUT     DX,AL           ;往 DAC 0832 输出数据
        CALL    DELAY           ;调用延时子程序
        JMP     NEXT
        MOV     CX,DATA         ;设延迟常数
DELAY:  LOOP    DELAY
        RET
```

试编写一段程序，利用 DAC 0832 产生一个三角波电压，波形下限的电压为 0.5V，上限的电压为 2.5V。

由于 8 位的 DAC 0832 在 5V 电压时对应的数字量为 256，故每一个最低有效位对应的电压为 1LSB＝5V/256＝0.019V。

下限电压对应的数据为 0.5V/0.019V＝26＝1AH。

上限电压对应的数据为 2.5V/0.019V＝131＝83H。

程序段如下：

```
BEGIN:   MOV    AL,1AH      ;下限值
UP:      OUT    PORT,AL     ;D/A 转换
         INC    AL          ;数值增 1
         CMP    AL,84H      ;是否超过上限
         JNZ    UP          ;未超过，继续转换
         DEC    AL          ;已超过，则数值减量
DOWN:    OUT    PORT,AL     ;D/A 转换
         DEC    AL          ;数值减 1
         CMP    AL,19H      ;是否低于下限
         JNZ    DOWN        ;没有，继续转换
         JMP    BEGIN       ;低于，转下一个周期
```

参照以上示例，可以利用 D/A 转换器产生各种波形。例如，产生方波时，只需要向 DAC 0832 交替输出两个不同大小的数字量，控制每个数字量保持的时间，即可得到所需占空比的方波波形。又如，产生正弦波时，只需根据正弦函数在程序中给出一个周期的正弦波对应的数字量表（如 32 个或 37 个数据均可），然后顺序将表中各值送至 DAC 0832，即可产生正弦波的波形。

在调速系统和位置伺服控制系统中，常用 D/A 转换器输出来控制直流电动机的转速。此外，D/A 转换器在电子测量中也得到了广泛的应用，它可用来作为程控电源、可控增益放

大器以及峰值保持器等。高速 D/A 转换器还用于高分辨率彩色图形接口中。

7.6.2 ADC 0809 模/数转换器

ADC 0809 是一个基于逐位逼近型原理的 8 位单片 A/D 转换器。片内含有 8 路模拟输入通道，其转换时间为 100μs，并内置三态输出缓冲器，可直接与系统总线相连。

1. ADC 0809 的引脚功能与内部结构

ADC 0809 的外部引脚如图 7.50 所示。共有28 根引脚，引脚功能如下。

- $D_7 \sim D_0$：输出数据线(三态)。
- $IN_0 \sim IN_7$：8 通道模拟电压输入端，可连接 8 路模拟量输入。
- ADDA、ADDB、ADDC：通道地址选择，用于选择 8 路中的一路输入。ADDA 为最低位(LSB)，ADDC 为最高位，这 3 个引脚上所加电平的编码为 000～111，分别对应于选通通道 $IN_0 \sim IN_7$。
- ALE：通道地址锁存信号，用于锁存 ADDA～ADDC 端的地址输入，上升沿有效。
- START：启动转换信号输入端，下降沿有效。在启动信号的下降沿，启动变换。

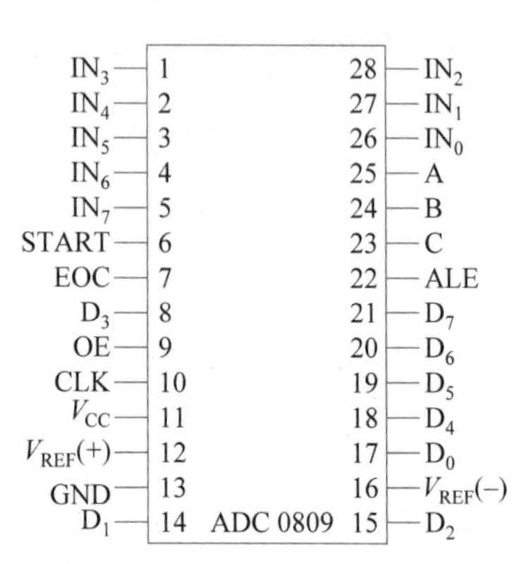

图 7.50 ADC 0809 的外部引脚

- EOC：转换结束状态信号。一般它为高电平，当其正在转换时为低电平，转换结束时，它又变为高电平。此信号可用于查询或作为中断申请。
- OE：输出(读)允许(打开输出三态门)信号，高电平有效。在其有效期间，即打开输出缓冲器三态门，CPU 将转换后的数字量读入。
- CLK：时钟输入(外接时钟频率为 10kHz～1.2MHz)。ADC 0809 典型的时钟频率为 640kHz，转换时间是 100μs。
- $V_{REF}(+)$、$V_{REF}(-)$：基准参考电压输入端。通常将 $V_{REF}(-)$接模拟地，参考电压从 $V_{REF}(+)$接入。

ADC 0809 的内部结构框图如图 7.51 所示，它由以下 3 部分组成。

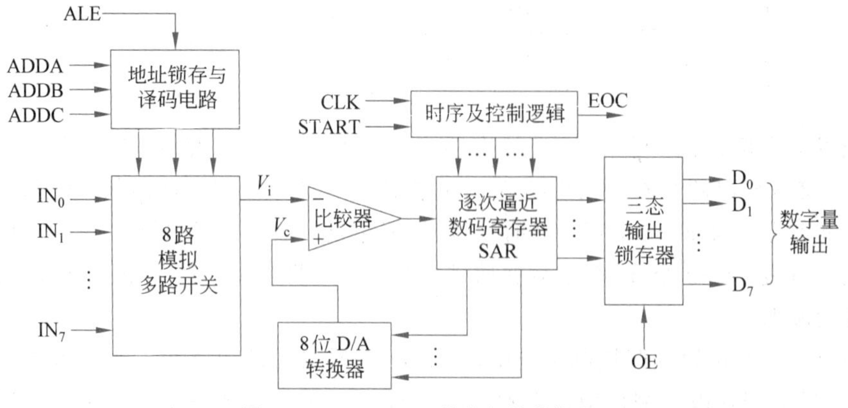

图 7.51 ADC 0809 的内部结构框图

(1) 模拟输入选择部分——包括一个 8 路模拟开关和地址锁存与译码电路。输入的 3 位通道地址信号由锁存器锁存,经译码电路译码后控制模拟开关选择相应的模拟输入。地址译码与输入通道的关系如表 7.7 所示。

表 7.7　通道地址与对应模拟输入通道

对应模拟输入通道	ADDC	ADDB	ADDA
IN_0	0	0	0
IN_1	0	0	1
IN_2	0	1	0
IN_3	0	1	1
IN_4	1	0	0
IN_5	1	0	1
IN_6	1	1	0
IN_7	1	1	1

(2) 转换器部分——主要包括比较器、8 位 D/A 转换器、逐位逼近寄存器以及控制逻辑电路等。

(3) 输出部分——包括一个 8 位三态输出锁存器。

2. ADC 0809 的工作时序

ADC 0809 的工作时序如图 7.52 所示。外部时钟信号通过 CLK 端进入其内部控制逻辑电路,作为转换时的时间基准。由时序图可以看出 ADC 0809 的工作过程如下:

(1) 由 CPU 首先把 3 位通道地址信号送到 ADDC、ADDB、ADDA 上,选择模拟输入。

(2) 在通道地址信号有效期间,由 ALE 引脚上的一个脉冲上升沿信号,将输入的 3 位通道地址锁存到内部地址锁存器。

(3) START 引脚上的上升沿脉冲清除 ADC 寄存器的内容,被选通的输入信号在 START 的下降沿到来时就开始 A/D 转换。

(4) 转换开始后,EOC 引脚呈现低电平,一旦 A/D 转换结束,EOC 又重新变为高电平,表示转换结束。

(5) 当 CPU 检测到 EOC 变为高电平后,则执行指令输出一个正脉冲到 OE 端,由它打开三态门,将转换的数据读取到 CPU。

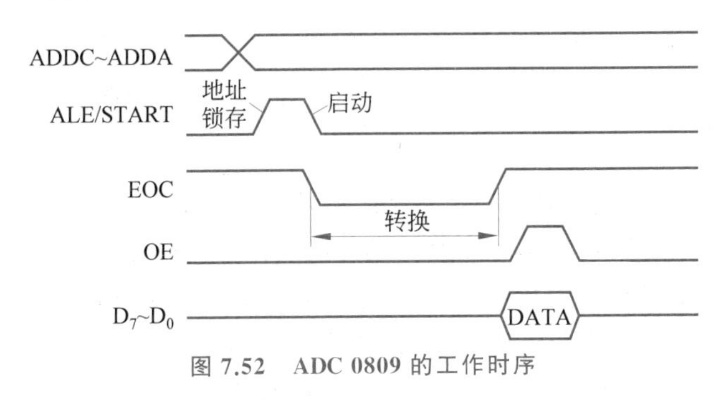

图 7.52　ADC 0809 的工作时序

3. ADC 0809 与系统的连接方法

1）模拟信号输入端 IN_i

模拟信号分别连接到 IN_7～IN_0。当前若要转换哪一路，则通过 ADDC～ADDA 的不同编码来选择。

在单路输入时，模拟信号可固定连接到任何一个输入端，相应地，地址线 ADDA～ADDC 将根据输入线编号固定连接（高电平或低电平）。若输入端为 IN_4，则 ADDC 接高电平，ADDB 与 ADDA 均接低电平。

在多路输入时，模拟信号按顺序分别连接到输入端，要转换哪一路输入，就要将其编号送到地址线上（动态选择）。

2）地址线 ADDA～ADDC 的连接

多路输入时，地址线不能固定连接，而是要通过一个接口芯片与数据总线连接。接口芯片可以选用锁存器 74LS273、74LS373 等（要占用一个 I/O 地址），或选用可编程并行接口 8255（要占用 4 个 I/O 地址）。ADC 0809 内部有地址锁存器，CPU 可通过接口芯片用一条 OUT 指令把通道地址编码送给 0809。地址线 ADDA～ADDC 的连接方法如图 7.53 所示。

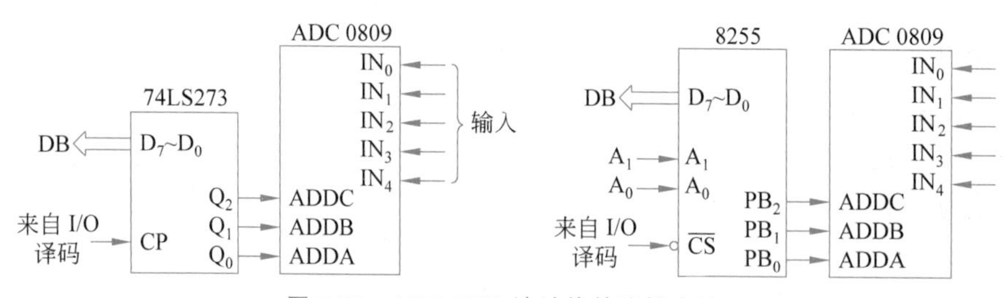

图 7.53　ADC 0809 地址线的连接方法

3）数据输出线 D_7～D_0 的连接

ADC 0809 内部已有三态门，故可直接连到 DB 上；另外，也可通过一个输入接口与 DB 相连。这两种方法均需占用一个 I/O 地址。ADC 0809 数据输出线的连接如图 7.54 所示。

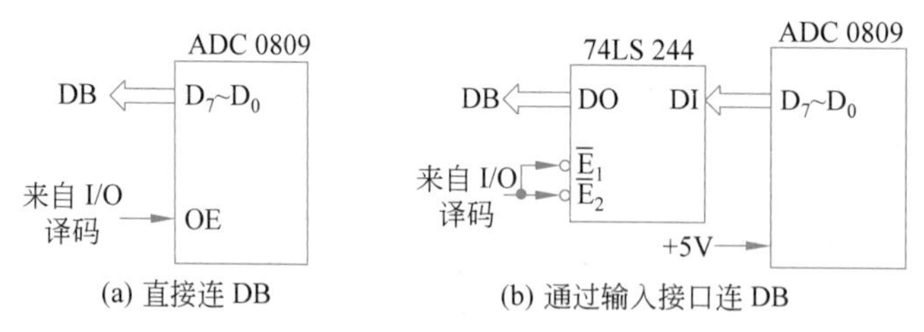

(a) 直接连 DB　　(b) 通过输入接口连 DB

图 7.54　ADC 0809 数据输出线的连接

4）地址锁存（ALE）和启动转换（START）信号的连接

地址锁存（ALE）和启动转换（START）信号线有以下两种连接方法：①独立连接，用两个信号分别进行控制，这时需占用两个 I/O 端口或两条 I/O 线（用 8255 时）；②统一连接，由于 ALE 是上升沿有效，而 START 是下降沿有效，因此 ADC 0809 通常可采用脉冲启动方式，将 START 和 ALE 连接在一起作为一个端口看待，先用一个脉冲信号的上升沿进行地址锁存，再用下降沿实现启动转换，这时只需占用一个 I/O 端口或一条 I/O 线（用 8255 时），其连接方法如图 7.55 所示。

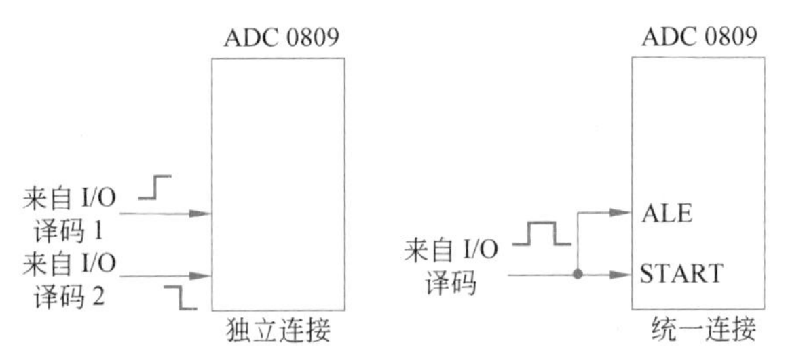

图 7.55　地址锁存(ALE)和 START 信号线的连接方法

5）转换结束 EOC 端的连接

判断一次 A/D 转换是否结束有以下几种方式。

(1) 第一种是延时方式：采用软件延时等待(如延时 1ms)时，要预先精确地知道完成一次 A/D 转换所需要的时间，这样，在 CPU 发出启动命令之后，执行一个固定的延迟程序，使延时时间大于或等于 A/D 转换时间。当延时时间一到，A/D 转换也正好结束，则 CPU 读取转换的数据。这种方式不用 EOC 信号，实时性较差，CPU 的效率最低。

(2) 第二种是软件查询方式：把 0809 的 EOC 端通过一个三态门连到数据总线的 D_0(其他数据线也可以)，三态门要占用一个 I/O 端口地址。在 A/D 转换过程中，CPU 通过程序不断查询 EOC 端的状态，当读到其状态为“1”时，则表示一次转换结束，于是 CPU 用输入指令读取转换数据。这种方式的实时性也较差。

(3) 第三种是 CPU 等待方式：这种方式利用 CPU 的 READY 引脚功能，设法在 A/D 转换期间使 READY 处于低电平，以使 CPU 停止工作，而在转换结束时，则使 READY 成为高电平，CPU 读取转换数据。

(4) 第四种是中断方式：用中断方式时，把转换结束信号(ADC 0809 的 EOC 端)作为中断请求信号接到中断控制器 8259A 的中断请求输入端 IR_i，当 EOC 端由低电平变为高电平时(转换结束)，即产生中断请求。CPU 在收到该中断请求信号后，读取转换结果。这种方式由于避免了占用 CPU 运行软件延时等待或查询时间，故 CPU 效率最高。

4. ADC 0809 的一个连接实例

图 7.56 所示为 ADC 0809 与系统的一个连接实例。

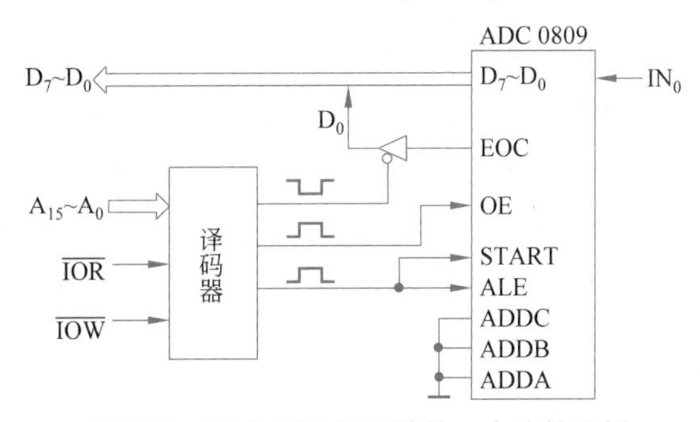

图 7.56　ADC 0809 与系统的一个连接实例

在图 7.56 中，检测 ADC 0809 转换结束的程序举例如下。

1）用延时等待的方法

```
⋮
```

```
    MOV     DX,START_PORT
    OUT     DX,AL             ;启动转换
    CALL    DELAY_1MS         ;延时 1ms
    MOV     DX,OUT_PORT
    IN      AL,DX             ;读入结果
    ⋮
```

2）用查询 EOC 状态的方法

图 7.57 所示为一个用 8255A 控制 ADC 0809 完成数据采集的系统方案设计图，它能方便地将 ADC 接口到 8086 的系统总线，并采用查询法检测转换结束标志。

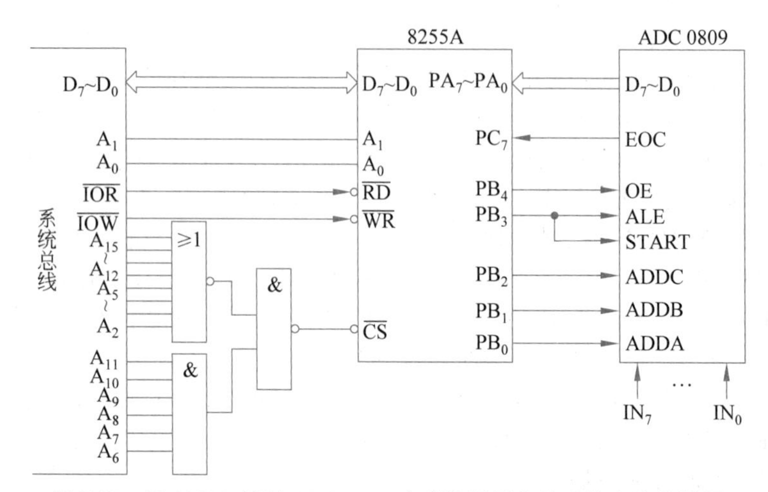

图 7.57　用 8255A 控制 ADC 0809 完成数据采集的系统方案设计图

在图 7.57 中，将 ADC 0809 的数据线 $D_7 \sim D_0$ 接到 8255A 的 PA 口，而将 ADC 的 EOC 端接 8255A 的 PC_7，用来检测 ADC 0809 是否转换结束。ADC 的 OE 端接 PB_4，保证当 $PB_4=1$ 时将转换后的数字信号送上数据线 $D_7 \sim D_0$ 并读入 CPU。START 和 ALE 与 PB_3 相连，由 CPU 控制 PB_3 发通道号锁存信号(ALE)和启动信号(START)，$PB_2 \sim PB_0$ 输出 3 位通道号地址信号 ADDC、ADDB、ADDA。EOC 输出信号和 PC_7 相连，CPU 通过查询 PC_7 的状态，控制数据的输入过程。在启动脉冲结束后，先要查到 EOC 为低电平，表示转换已开始，然后继续查询，当发现 EOC 变高，说明转换已结束。当转换结束时使 OE 也变高，将 ADC 的输出缓冲器打开，数据出现在 A 口上，可由 IN 指令读入 CPU。

假设 8255A 的端口地址为 0FC0H～0FC3H。编程使 A、B、C 这 3 个端口均工作在方式 0，A 口作为输入口，输入转换后的结果；B 口作为输出口，用来输出通道地址、发出地址锁存信号和启动转换信号；C 口高 4 位作为输入口，用来读取转换状态，低 4 位没有使用。转换模拟量从 IN_0 通道开始，然后采样下一个模拟通道 IN_1，如此循环，直至采样完 IN_7 通道。采样后的数据存放在数据段中以 2000H 开始的数据区中。

8 路模拟量的循环数据采集程序如下：

```
DATA    SEGMENT
        ORG     2000H
AREA    DB 10 DUP(?)
DATA    ENDS
STACK   SEGMENT
```

```
        DB     20 DUP(?)
STACK   ENDS
CODE    SEGMENT
        ASSUME DS: DATA,SS: STACK,CS: CODE
ATART:  MOV    AL, 98H        ;设 8255A 的 A、B、C 口均为方式 0,A 口输入,B 口输出,C 口高 4 位
                              输入
        MOV    DX,0FC3H
        OUT    DX,AL
        MOV    AX,DATA        ;数据寄存器赋值
        MOV    DS,AX
        MOV    SI,2000H       ;地址指针指向缓冲区
        MOV    BL,0           ;通道号,初始指向第 0 路通道
        MOV    CX,8           ;共采集 8 路,每路采集一次
AGAIN:  MOV    AL,BL
        MOV    DX,0FC1H       ;设 B 口
        OUT    DX,AL          ;送通道地址
        OR     AL,08H         ;使 PB3=1
        OUT    DX,AL          ;送 ALE 信号(上升沿),锁存通道号
        AND    AL,0F7H        ;使 PB3=0,形成负脉冲 START 启动信号
        OUT    DX,AL          ;输出 START 启动信号(下降沿)
        NOP                   ;空操作等待转换
        MOV    DX,0FC2H       ;选 C 端口
WAIT:   IN     AL,DX          ;读 C 口的 PC7(即 EOC)状态
        AND    AL,80H         ;保留 EOC 的状态值
        JZ     WAIT           ;若 EOC=0,则等待
        MOV    DX,0FC1H       ;若 EOC=1,则转换结束,选 B 口
        MOV    AL,BL          ;选通道
        OR     AL,10H         ;使 PB4=1
        OUT    DX,AL          ;当检测 EOC=1 时,则输出读允许信号 OE(=1)
        MOV    DX,0FC0H       ;选 A 口
        IN     AL,DX          ;由 A 口读入转换数据
        MOV    [SI],AL        ;将转换后的数字量送内存数据区
        INC    SI             ;修改数据区指针
        INC    BL             ;修改通道号
        LOOP   AGAIN          ;若未采集完,则再采集下一路模拟量输入
        MOV    DX,0FC1H       ;若 8 路数据已采集完毕,再选 B 口
        MOV    AL,0           ;重新设通道 0
        OUT    DX,AL          ;送通道号后返回初始化状态
        HLT
```

习 题 7

7.1 外部设备为什么要通过接口电路和主机系统相连?

7.2 接口按功能可分为哪两类? 试举例说明。接口电路的主要功能有哪些?

7.3 在外设与微处理器接口时,为什么要进行电平转换? 试举例说明。

7.4 为什么接口需要有地址译码的功能?

7.5 计数与定时技术在微机系统中有什么作用? 试举例说明。

7.6 可编程计数器/定时器 8253 选用二进制与十进制计数的区别是什么? 每种计数方式的最大计数值分别为多少?

7.7 可编程计数器/定时器8253的方式4与方式5有什么区别?

7.8 若已有一个频率发生器,其频率为1MHz,若要求通过8253芯片产生每秒一次的信号,试问8253芯片应如何连接?并编写初始化程序。

7.9 试述8253工作在方式3时是如何产生输出波形的。

7.10 假定有一片8253接在系统中,其端口地址分配如下所示。

0#计数器:220H

1#计数器:221H

2#计数器:222H

控制口:223H

试完成:

(1) 利用0#计数器高8位计数,计数值为256,二进制方式,选用方式3工作,试编程初始化。

(2) 利用1#计数器高、低8位计数,计数值为1000,BCD计数,选用方式2工作,试编程初始化。

7.11 设计数器/定时器8253在微机系统中的端口地址分配如下所示。

0#计数器:340H

1#计数器:341H

2#计数器:342H

控制口:343H

设已有信号源频率为1MHz,现要求用一片8253定时1s,设计出硬件连接图并编程初始化。

7.12 8259A中断控制器的主要功能是什么?它有哪几种优先级控制方式?

7.13 8259A中断控制器上的$IR_0 \sim IR_7$的主要用途是什么?如何使用8259A上的$CAS_0 \sim CAS_2$引脚?

7.14 8259A中断控制器的初始化命令字(ICW)和操作命令字(OCW)有什么差别?

7.15 8259A中断控制器的全嵌套方式与特殊的全嵌套方式有何区别?它们在应用上有什么不同?

7.16 8259A中断控制器的中断屏蔽寄存器(IMR)和8086/8088 CPU的中断允许标志IF有什么差别?在中断响应过程中它们如何配合工作?

7.17 当用8259A中断控制器时,其中断服务程序为什么要用EOI命令来结束中断服务?

7.18 简述8259A中断控制器的中断请求寄存器(IRR)和中断服务寄存器(ISR)的功能。

7.19 试编写8259A的初始化程序:系统中仅有一片8259A,允许8个中断源边沿触发,不需要缓冲,一般全嵌套工作方式,中断向量为40H。

7.20 试按照如下要求对8259A中断控制器设置命令字,系统中有一片8259A,中断请求信号用电平触发方式,下面要用ICW_4,中断类型码为80H~87H,用特殊全嵌套方式,不用缓冲方式,采用中断自动结束方式,8259A中的端口地址为77H、78H。

7.21 试说明8255A的A口、B口和C口在使用上的区别。

7.22　设8255A在微机系统中，A口、B口、C口以及控制口的地址分别为200H、201H、202H及203H，试实现：

(1) A组与B组均设为方式0，A口、B口均为输入，C口为输出，编程初始化。

(2) 在上述情况下，设查询信号从B口输入，如何实现查询式输入(输入信号由A口输入)与查询式输出(输出信号由C口输出)。

7.23　8255A在复位(RESET)有效后，各端口均处于什么状态？为什么这样设计？

7.24　如果需要8255A的PC_3输出连续方波，那么如何用C口的置位与复位控制命令字编程实现它？

7.25　设8250串行接口芯片外部的时钟频率为1.8432MHz，试完成：

(1) 8250工作的波特率为19200，计算出波特因子的高、低8位分别是多少。

(2) 设线路控制寄存器高、低8位波特因子寄存器的端口地址分别为3FBH、3F9H和3F8H，试编写初始化波特因子的程序段。

7.26　设线路控制寄存器、Modem控制寄存器的端口地址分别为3FBH和3FCH，数据格式是8位数据位，1位半停止位，偶校验，编写出设置串行通信数据格式以及循环自测试的初始化程序段。

7.27　串行异步通信规定传送数据的格式为：1位起始位、8位数据位、无校验位、2位停止位。试画出传送数据25H的波形。

7.28　A/D和D/A转换器在微机应用中的作用是什么？

7.29　ADC中的转换结束信号(EOC)起什么作用？

7.30　如果0809与微机接口采用中断方式，试问EOC应如何与微处理器连接？程序又应做什么改进？

7.31　DAC 0832有哪几种工作方式？每种工作方式适用于什么场合？每种方式是用什么方法产生的？

第8章 Intel 80x86 到 Pentium 4 微处理器的技术发展

Intel 公司自从 1971 年推出第一个微处理器芯片以来，在计算机发展的各个重要阶段不断推出微处理器的最新技术和产品。尽管 Intel 系列微处理器的种类很多，但它们都有很紧密的相似性和继承性，一旦掌握了基本的 8086/8088 微处理器，就能很容易地通过进一步学习掌握后续高档微处理器技术。

本章简要介绍最具代表性的 Intel 主流 CPU 系列的技术发展方向，重点介绍 80286 首次引入的虚拟存储管理，80386 的存储器分段与分页管理，80486 对 80386 的增强点，Pentium 的体系结构特点以及 Pentium Ⅱ、Pentium Ⅲ与 Pentium 4 CPU 的技术特征。最后，简要介绍微机新技术及应用。

8.1 80286 微处理器

80286 是继 8086 之后与 80186 几乎同时推出的产品，它们都是 8086 的改进型微处理器，不过，80286 是一种更先进的超级 16 位微处理器，它和 80186 一样，也采用 68 引线的 4 列直插式封装。它具有独立的 16 条数据线 $D_{15}\sim D_0$ 和 24 条地址线 $A_{23}\sim A_0$。芯片上集成有 13.5 万个晶体管，其内部结构与外部引线如图 8.1 所示。

80286 除了能与 8086/8088 相兼容外，还具有许多 iAPX 86/88 所不具有的新的特性和功能，例如，芯片内集成了存储器管理和虚地址保护机构，时钟频率提高到 8MHz 到 10MHz，因此，其整体功能比 5MHz 的 8086 提高了 6 倍。这样，使 iAPX 86/88 系列机的性能得到纵向大幅度的提升。80286 具有很大的地址空间，并能以两种不同的方式——实地址方式和保护虚地址方式运行。在实地址方式下，其寻址能力为 1MB，相当于 8086 的最大方式系统，但执行速度更快。实地址方式在片内硬件支持下，能方便地转换为保护虚地址方式，从而使它与以前的 Intel 产品有很好的兼容性。在保护虚地址方式下（简称保护方式），80286 能寻址 16MB（2^{24}字节）物理地址空间，能支持多任务操作，并能为每个任务提供多达 1GB（2^{30}字节）的虚拟地址空间。

80286 的内部框图和 8086 相比，主要是总线接口单元 BIU 细分成了 AU（地址部件）、IU（指令部件）和 BU（总线部件）。这样，CPU 内部的 4 个处理部件并行地进行操作，提高了吞吐率。硬件电路设在地址部件框内的存储器管理机构（Memory Management Unit，MMU），能用 4 个分离的特权层支持 iAPX 286 中的每一个任务的服务和应用程序。这 4 层特权是操作系统核、系统

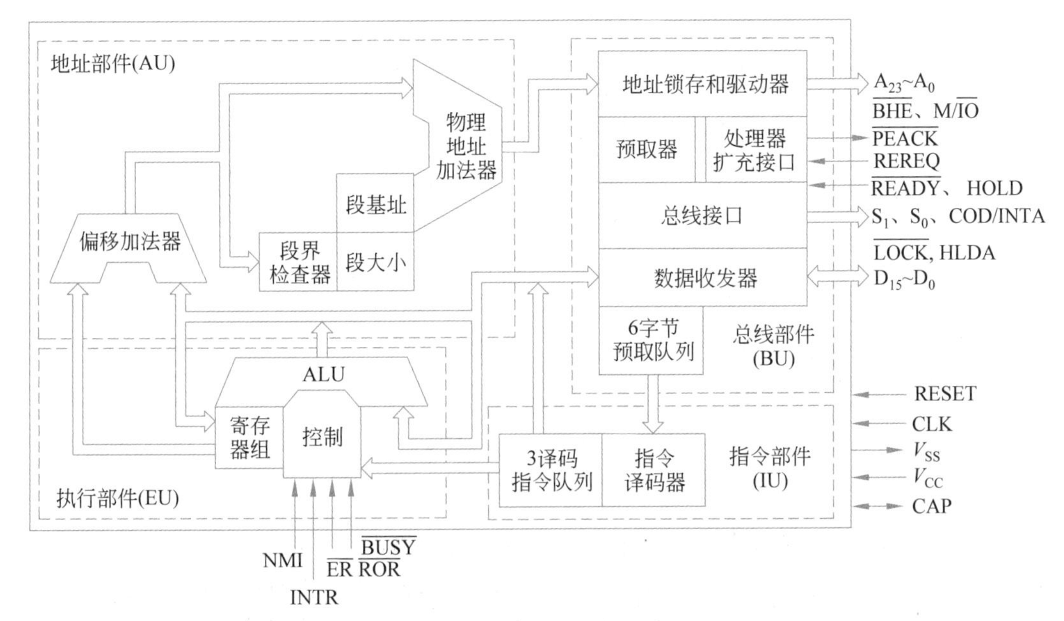

图 8.1　80286 的内部框图

服务程序、应用服务程序和应用程序。这样,可实现任务和操作系统、任务与任务之间的隔离。

8.1.1　80286 与 8086/8088 相比的特点

与 8086/80286 相比,80286 具有以下特点:

(1) 与 8086/8088 具有软件兼容性,在汇编源代码一级兼容。

(2) 能运行实时多任务操作系统,支持存储器管理和保护功能。存储器管理功能可以实现在实地址与保护虚地址两种方式下访问存储器;保护功能包括对存储器进行合法操作与对任务实现特权级的保护两个方面。

(3) 80286 CPU 内部 4 个处理部件可并行操作,提高了吞吐量,加快了处理速度。

80286 内部功能部件连接示意图如图 8.2 所示。由该图可知,总线部件通过系统总线同外部联系,它从地址部件接受已被选中的地址,而当其中 6 字节的指令预取队列空出两个字节时,总线部件就会去访问存储器从中读出后续指令并填充指令队列。预取队列中的指令代码送入指令部件,经指令译码器译码后,可按指令的执行顺序进入已译码指令队列,其中可存放 3 条已译码的指令,等待进入执行部件去执行。执行部件所需要的原始数据来自总线部件中的数据缓冲器,而经过运算所得到的结果将送回给它。由执行部件运算所求得的有关寻址信息将送入地址部件,在地址部件中设置了两个地址加法器,一个用来计算 16 位的偏移地址值,另一个用来计算 24 位的物理地址,这些地址信息将送入总线部件中的地址驱动器,然后再经系统总线送至存储器寻址。

(4) 实现虚拟存储管理。

80286 最大的特点是其片内的存储器管理机构首次实现虚拟存储管理功能(也称为虚拟内存管理),这是一个十分重要的技术与特性。在 8086/8088 系统中,程序占有的存储器和 CPU 可以访问的存储器是一致的,只有物理存储器的概念,其大小为 1MB。而从 80286

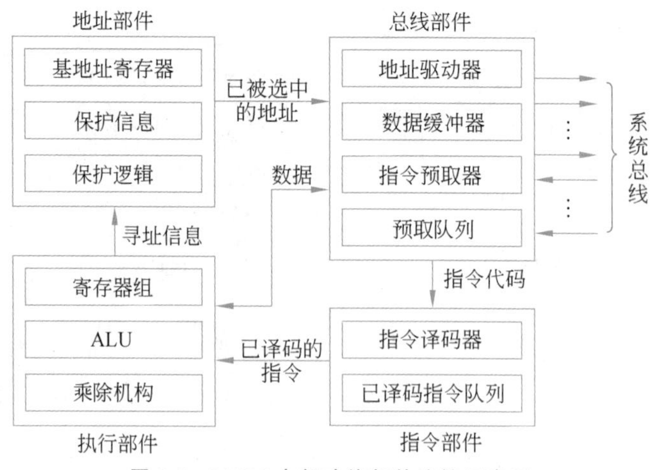

图 8.2 80286 内部功能部件连接示意图

开始,CPU 内的 MMU 在保护方式下将支持对虚拟存储器的访问。虚拟存储器和物理存储器是有区别的,其空间大小也不相同。虚拟存储器是指程序可以占有的空间,并不是由内存芯片所提供的物理地址空间,而是由大型的外部存储器(如硬盘等)提供的所谓虚拟地址空间;物理存储器是指由内存芯片所提供的物理地址空间,是 CPU 可以直接访问的存储器(即真正的内存)。操作系统和用户编写的应用程序放在虚拟存储器中,当机器执行命令时,必须要把即将执行的程序或存取的数据从虚拟存储器加载到物理存储器中,也就是把程序和数据从虚拟地址空间转换到物理地址空间。从虚拟地址空间到物理地址空间的转换被称为映射。在 80286 中,虚拟存储器(虚拟空间)的大小可达 2^{30} 字节(1GB),而物理存储器(实存空间)的大小只可达 2^{24} B(16MB)。80286 虚拟地址对物理地址的映射示意图如图 8.3 所示。

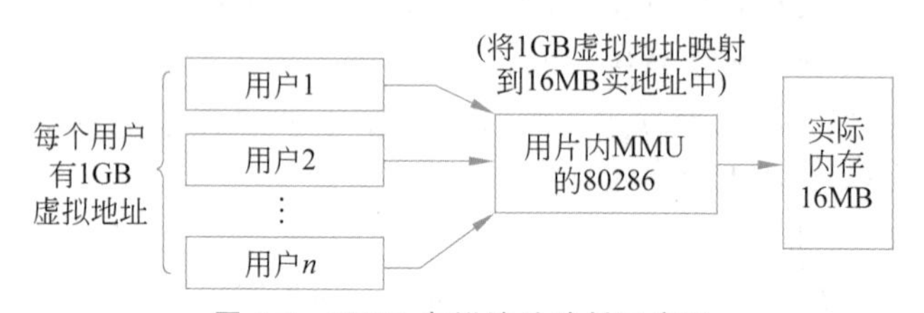

图 8.3 80286 虚拟地址映射示意图

采用虚拟存储管理,就是要解决如何把较小的物理存储器空间分配给具有较大虚拟存储器空间的多用户/多任务的问题。换句话说,在执行多用户/多任务程序时将通过存储器管理机构把程序所占有的虚拟存储器空间分次映射(即转换)到实际内存中来,以便 CPU 能与较小容量的内存交换数据从而正确地执行程序,这就是虚拟存储管理的基本概念。

8.1.2 80286 在体系结构上与 8086/8088 的主要异同点

1. 寄存器结构

80286 为了能与以前的 8086/8088 系列产品相兼容,其寄存器结构和指令集必须是原系列产品的母集,如图 8.4 所示。

(1) 通用寄存器和段寄存器与 8086/8088 完全相同,它们是 AX、BX、CX、DX、SP、BP、

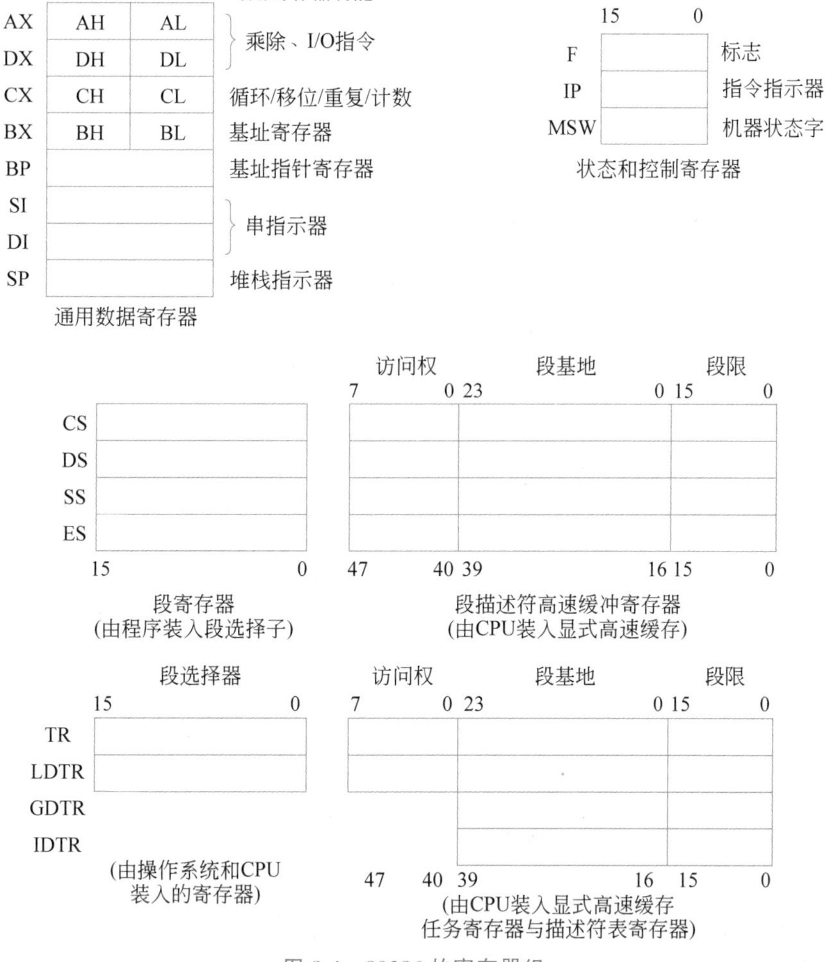

图 8.4 80286 的寄存器组

SI、DI、CS、DS、SS、ES。

(2) 在状态与控制寄存器组中,80286 不仅在 8086/8088 原有的标志寄存器(FLAGS)和指令指针寄存器(IP)的基础上增加了一个机器状态寄存器,而且对 FLAGS 寄存器中原作保留的 12、13、14 位也定义了新的内容。第 12 位和第 13 位被用作 IOPL,即 I/O 特权级,用来表示 I/O 操作处于 0～3 级特权中的哪一级。这两位字段仅适用于保护方式。第 14 位为嵌套任务标志(NT),当 NT 被置 1,则表示当前执行的任务正嵌套在另一任务中;否则,把 NT 复 0。该位的置 1 或复 0 都是通过向其他任务的控制转移实现的,该标志也适用于保护方式。

(3) 80286 新增加了几个寄存器。

① 一个 16 位的机器状态寄存器(MSW)。用于表示 80286 当前所处的工作方式与状态,目前只用到该寄存器的低 4 位,其他 12 位为内部保留。MSW 各位的含义如图 8.5 所示。

- PE(实方式与保护方式转换位):当 PE=1 时,表示 80286 已从实方式转换为保护方式,且除复位外,不能被清除;当 PE=0 时,表示 80286 当前在实方式下操作。PE

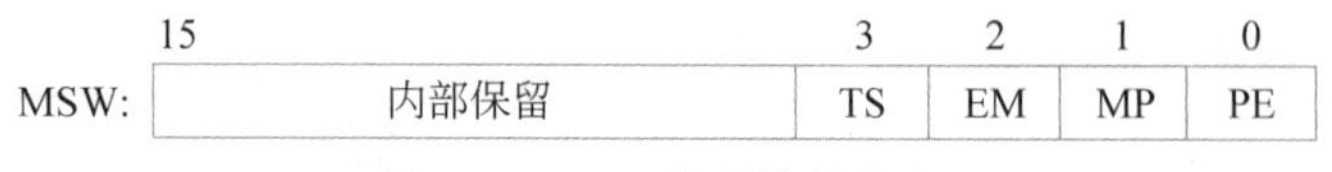

图 8.5 MSW 数据位的含义

是一个十分重要的状态标志。

- MP(监控协处理器位)：当 MP=1 时，表示协处理器 80287 在工作；否则，协处理器未工作。
- EM(协处理器仿真状态位)：当 MP=0，而 EM=1 时，表示没有协处理器可供使用，系统要用软件仿真协处理器的功能。
- TS(任务转换位)：每当在两个任务之间进行转换时就把 TS 置 1；一旦任务转换完成，则 TS=0。在 TS 置 1 时，即在任务转换过程中，不允许协处理器工作。只有在任务转换完成后，协处理器方可在下一任务中工作。

② 任务寄存器(TR)：它包含一个 16 位的段选择器和一个 48 位的描述符高速缓存器，只能在保护方式下使用。当进行任务切换时，它的 16 位段选择器字段由 CPU 运行程序来装入 16 位段选择子，再由段选择子选择 48 位的段描述符装入相应的描述符高速缓存器即 Cache。描述符包含了当前任务状态段的容量、基地址与访问权等信息。至于任务状态段则是一个具有 104 字节的复杂的信息集合，它包含了为启动和停止一个任务所需的全部信息。

③ 描述符表寄存器(GDTR、LDTR 和 IDTR)：描述符表寄存器共有 3 个。64 位的局部描述符表寄存器 LDTR，包含 16 位的段选择器字段和 48 位的局部描述符高速缓存器字段；40 位的全局描述符表寄存器 GDTR，包含 24 位段基地址与 16 位段限；40 位的中断描述符表寄存器 IDTR，包含 24 位段基地址与 16 位段限。它们总是存放包含各种段描述符的描述符表的地址信息，用于保护方式下的寻址。

2. 寻址方式

80286 微处理器支持两种工作方式：实地址方式和保护虚地址方式。在这两种方式下的寄存器功能和指令功能完全一致。80286 在其实地址方式下与 8086/8088 的目标码完全兼容，所以任何一个 8086/8088 的软件，不经修改都可以在 80286 上运行。80286 在实地址方式的寻址方式与 8086 相同，但是在虚地址方式的寻址方式则大不相同。

3. 80286 的存储管理系统

1）实地址方式

80286 在通电以后就以实地址方式(简称实方式)工作，其物理存储器的最大容量为 1MB。遍访 1MB 的地址需要 20 位地址码，80286 物理地址的计算方式与 8086/8088 一样。

2）保护虚地址方式

在实方式下工作的 80286 只相当于一个快速的 8086，并没有真正发挥 80286 的功能。80286 的主要特点是在保护方式下，增强了对存储器的管理以及对地址空间的分段保护功能。

最后需要着重指出：80286 在实际运行时并没有很好地实现多任务处理特性，尤其是在其实方式和保护方式之间进行转换时，这个问题暴露得比较明显。本来，DOS 程序应该在实方式下运行，但当 80286 CPU 在 DOS 程序之间进行转换时就必须在保护方式下进行，并因此而可能导致 DOS 程序运行失败。设计人员也曾希望通过针对硬件任务的转换编制某些专用程序来满足多任务的需要，但效果不佳，这促使设计人员很快推出了性能更加优良的 80386 微处理器。

8.2 80386 微处理器

Intel 系列的 32 位微处理器同 16 位微处理器相比，在体系结构设计上有了很大变革。本节将以 80386 为例，重点介绍 32 位微处理器的一些重要技术。

80386 是第一个全 32 位微处理器，简称 I-32 系统结构。它的数据总线和内部数据通道，包括寄存器、ALU 和内部总线都是 32 位，能灵活处理 8 位、16 位或 32 位 3 种数据类型，能提供 32 位的指令寻址能力和 32 位的外部总线接口单元。其 32 条地址总线，能寻址 2^{32} 字节（即 4GB）的物理存储空间；而在保护方式下利用虚拟存储器，将能寻址 2^{46} 字节（即 64TB）虚拟存储空间。80386 的逻辑存储器采用分段结构，一个段最大可达 4KMB。其运算速度比 80286 快 3 倍以上。

8.2.1 80386 的特点

80386 除了和 80286 一样可以工作在实地址方式和保护方式以外，它在保护方式下还可转换到第 3 种方式运行，即虚拟 8086 方式。

80386 芯片在硬件结构上由 6 个逻辑单元组成。它们按流水线方式工作，运行速度可达到 4MIPS。

硬件支持多任务，一条指令可以完成任务转换，转换时间在 17μs 以内。

硬件支持段式管理和页式管理，易于实现虚拟存储系统。

硬件支持 DEBUG 功能，并可设置数据断点和 ROM 断点。

4 级特权级：0 级最优先，其次为 1、2 和 3 级。0、1 和 2 级用于操作系统程序，3 级用于用户程序。

除特权级检查外，每条指令执行期间，CPU 还要进行类型、内存越限等保护特性检查。80386 具有很强的抑制病毒感染的能力，在用户之间、用户和操作系统之间形成严格的隔离保护。

8.2.2 80386 的内部结构

80386 在结构上实现了“一分为六”的体系，其内部结构图如图 8.6 所示，进一步简化的内部结构图如图 8.7 所示。

80386 CPU 内部由 6 个单元所组成：①总线接口单元（bus interface unit，BIU）；②指令预取单元（instruction prefetch unit，IPU）；③指令译码单元（instruction decode unit，IDU）；④执行单元（execution unit，EU）；⑤段管理单元（segment unit，SU）；⑥页管理单元（paging unit，PU）。

总线接口单元使 CPU 和外界系统总线相连接，并控制进出 CPU 的所有地址总线、数

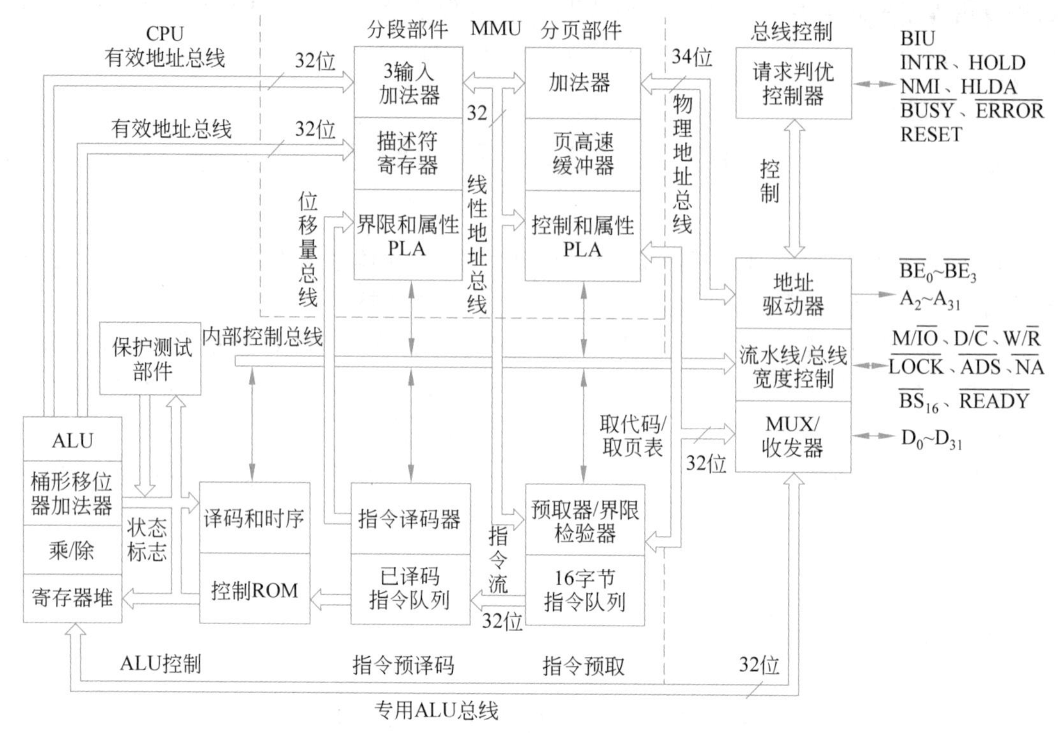

图 8.6　80386 的内部结构图

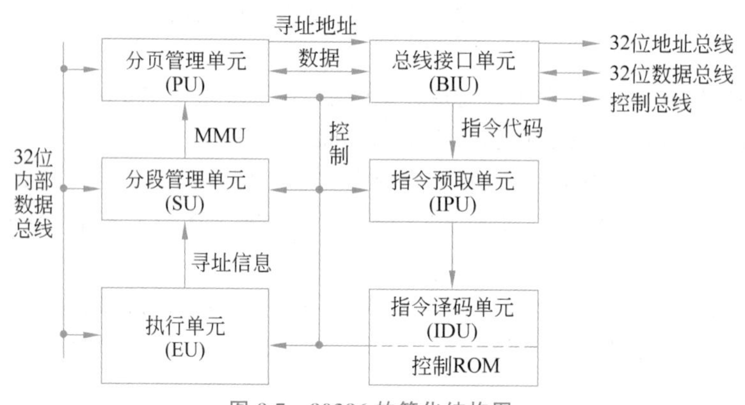

图 8.7　80386 的简化结构图

据总线和控制总线，负责访问存储器和访问 I/O 端口以及完成其他的功能。

中央处理单元由指令预取单元、指令译码单元和执行单元组成。其中，预取单元是一个 16 字节的指令预取队列寄存器，当总线空闲时，从存储器中读取的待执行的指令代码暂时存放到指令预取队列。80386 的指令平均长度为 3.5 字节(24～28 位)，所以，指令预取队列大约可以存放 5 条指令。

指令译码器将译码后的指令代码送入已译码指令队列等待执行部单元执行，此队列可容纳 3 条已经译码的指令，只要队列中还有剩余空间，译码单元就会从预取队列中取下一条指令译码。

执行单元主要包括 32 位算术逻辑运算单元，8 个 32 位通用寄存器。为了加速移位、循环以及乘、除法操作，还设置了一个 64 位的桶形(即多位)移位器和乘/除硬件。

80386 在设计时所引入的一个重要技术，就是它具有比 80286 更加完善的虚拟存储机制和更大容量的虚拟存储空间。80386 的虚拟存储容量可多达 2^{46} 字节(即 64TB，64 太字节)，因此，从理论上来讲，程序员可编写最大容量为 2^{46} 字节的程序。当机器执行命令时，必须先把即将执行的程序或存取的数据从虚拟存储器加载到物理存储器上，也就是把程序和数据从虚拟地址空间转换到物理地址空间，程序才能运行。而这种转换或映射正是由存储器管理部件来完成的。

80386 的存储器管理部件由分段单元和分页单元组成，实现存储器的段、页式管理。其中，分段单元实现对逻辑地址空间的管理，即把由指令指定的逻辑地址变换成线性地址。80386 在运行时，可以同时执行多任务操作。对每个任务来说，可以拥有多达 16K 段(即 16384 段)，因为每一段的最大空间可达 4GB(即 4KMB)(此值由 32 位的偏移地址值决定)，所以 80386 可为每个任务提供 64TB 的虚拟存储空间。而分页单元提供了对物理地址空间的管理，它把由分段单元所产生的线性地址再换算成物理地址，并实现程序的重定位。有了物理地址后，总线接口单元就可以访问存储器或输入/输出端口。因此，80386 正是通过存储管理部件分段单元和分页单元实现了对存储器的段、页式管理。在实现段、页式管理的过程中，就能将虚拟地址最终转换为物理地址。

分页单元在将一个段转换为多个页面时，其页面大小可定义为 1B 到 4KB。但为了页定位的方便起见，将每一页的容量固定设为 4KB，它正好是磁盘按 4KB 大小来划分的一个扇区。通常，在内存和磁盘之间进行地址映射时，系统都是以页为单位把磁盘的程序和数据转存到内存中的一个相对应的地址区间的。

分页机制是 80386 的一个特点；同时，页单元又是可选择的，如果不使用它，80386 的线性地址就是物理地址。

以上 6 个单元都能各自独立操作，也能与其他部件并行工作。这样，既可以同时对不同指令进行操作，又可以同时对同一指令的不同部分并行操作。80386 这种能对指令流并行操作和使多条指令重叠执行的性能，实现了 CPU 高效的流水线化作业，进一步提高了处理器和总线的利用效率。例如，当总线接口部件完成一条指令写数据周期的同时，指令部件可能正在对另一条指令译码，而执行部件却可能正在处理第 3 条指令。

8.2.3 80386 的寄存器结构

80386 共有 7 类寄存器：①通用寄存器；②段寄存器和段描述符高速缓存器；③指令指针和标志寄存器；④系统地址寄存器和系统段寄存器；⑤控制寄存器；⑥调试寄存器组；⑦测试寄存器组。80386 包含了 8086、80186、80286 所有的寄存器。新增的寄存器，例如控制、系统地址寄存器，主要用于对系统进行调试和简化设计等。

1. 通用寄存器

如图 8.8 所示，80386 有 8 个 32 位的通用寄存器，分别命名为 EAX、EBX、ECX、EDX、ESI、EDI、EBP 和 ESP。每个寄存器可用于存放数据或地址值。AX、BX、CX、DX、SI、DI、BP、SP 可作 16 位寄存器单独使用，AH、AL、BH、BL、CH、CL、DH、DL 可作 8 位寄存器单独使用。其用法与 8086 和 80286 相应的 8 个通用寄存器相似，只是这些寄存器现在是 32

位宽，它们能够支持1位、8位、16位和32位的数据操作数，也能支持16位和32位的地址操作数。

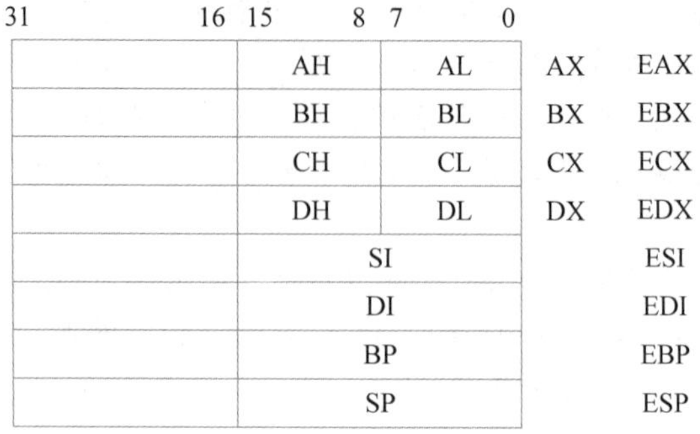

31　　　16	15　　8	7　　0		
	AH	AL	AX	EAX
	BH	BL	BX	EBX
	CH	CL	CX	ECX
	DH	DL	DX	EDX
	SI			ESI
	DI			EDI
	BP			EBP
	SP			ESP

图8.8　80386的通用寄存器

2. 段寄存器和段描述符高速缓存器

如图8.9所示，80386设置了6个16位的段寄存器，其中除了有和8086相同的CS、SS、DS、ES这4个段寄存器之外，增加了FS和GS两个新的数据段寄存器。这6个16位段寄存器是面向程序员的可见寄存器。

	段寄存器	描述符高速缓存器(64位，自动装入)		
CS	选择子(16位)	段基地址(32位)	段限值(20位)	属性(12位)
SS	选择子(16位)	段基地址(32位)	段限值(20位)	属性(12位)
DS	选择子(16位)	段基地址(32位)	段限值(20位)	属性(12位)
ES	选择子(16位)	段基地址(32位)	段限值(20位)	属性(12位)
FS	选择子(16位)	段基地址(32位)	段限值(20位)	属性(12位)
GS	选择子(16位)	段基地址(32位)	段限值(20位)	属性(12位)

图8.9　80386的段寄存器和段描述符高速缓存器

需要注意的是，在实方式下，80386中的段寄存器与8086中的CS、SS、DS、ES段寄存器的使用是类似的。但在保护方式下，操作系统对80386中的段寄存器与8086中的段寄存器在解释和使用上都是不同的。为了使80386微处理器得到更大的、具有保护功能的存储器寻址空间，设计者采用了比8086更加巧妙的办法来获得段基地址和段内偏移量。在保护方式下，80386的段寄存器所装载的值不再像8086那样是一个16位的段地址，而是一个新的数据结构，称为选择子(Selector，又称选择字)，它作为进入存储器中的一张表的变址值，根据这个变址值可以从这张表中找到一个项。这张表是由操作系统建立的，称为描述符表，表内的每一项称为描述符，每个描述符对应一个段。描述符中含有对应段的基地址、段界线和段的属性等信息。

80386分段空间的大小因其寻址的不同机制而异。在实方式下，80386分段的空间与8086一样，段的大小是从1B到64KB(由16位偏移地址的具体设置决定)；而在保护方式下，80386可允许的段的大小是从1字节到4GB(由32位偏移地址的具体设置决定)。和8086类似，在80386中，寻址存储单元的地址虽然最终也是由段基地址和段内偏移量组合而成的，但它所采用的段加偏移地址的寻址机制与过程同8086相比有了质的变化与发展。

在实方式时，80386的6个段寄存器的内容是由指令设置的16位段地址，它将直接指定该段中所要寻址存储单元的 20 位基地址。

在保护方式时，80386 的 6 个段寄存器的内容不再是段地址，而是选择子，它将指定存储器内一个描述符表（全局描述符表或局部描述符表）中的某个描述符项，寻址时所需要的实际基地址就隐含在该描述符中。

比较这两种不同的寻址机制可知，80386 在保护方式下的段寻址，由于引入了选择子和描述符的新概念以及新的寻址机制，使其寻址虚拟空间的大小和保护功能都得到了很大增强。

注意：每个段寄存器都有一个与它相联系的但程序员不可见的段描述符高速缓存器（如图 8.9 所示），它用于描述该段的物理基地址、段的大小和段的属性。当 80386 的段寄存器设定具体的选择子之后，系统会自动将存储器中由选择子所指定的 8 字节的描述符装入 64 位的段描述符高速缓存器中。

3. 指令指针和标志寄存器

80386 中设置了一个 32 位的指令指针（EIP）和一个 32 位的标志寄存器，如图 8.10 所示，它们分别是 8086 微处理器中 IP 和 FLAGS 的扩充。按照使用需要，CPU 也可以只使用它们的低 16 位（即 FLAGS 和 IP）。

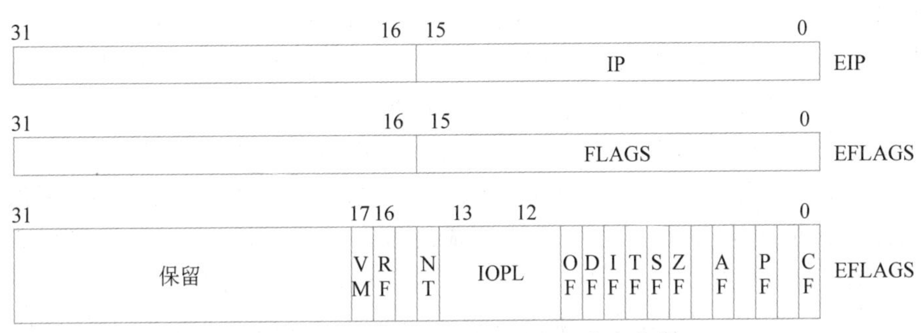

图 8.10 80386 的指令指针和标志寄存器

80386 工作在实方式时采用 16 位的指令指针 IP。EFLAGS 的低 12 位与 8086 标志寄存器 FLAGS 完全相同。高 20 位中只设置了 4 个新的标志，其中：

IOPL 标志占有第 12、13 位，称为 I/O 特权级，取值为 0～3，用来表示 I/O 操作处于 0 级～3 级特权中的哪一级。0 级为最高，3 级为最低。

NT：嵌套标志位。当 NT＝1 时，则表示当前任务正嵌套在另一任务中，遇到 IRET 指令将返回主任务；当 NT＝0 时，则表示无任务嵌套，遇到 IRET 指令进行通常的中断返回。

VM：虚拟 8086 方式标志位。若 VM＝1，则表示本任务工作于虚拟 8086 方式；若 VM＝0，则表示工作于实方式。

RF：恢复标志位。它用于 DEBUG 调试，和调试寄存器的断点一起使用。每成功地执行完一条指令它都将自动复位。若 RF＝1，则所有调试故障会被处理器忽略；若 RF＝0，则所有调试故障需排除。

4. 系统地址寄存器和系统段寄存器

在 80386 中设置了两个系统地址寄存器和两个系统段寄存器。前者是全局描述符表寄存器（Global Descriptor Table Register，GDTR）与中断描述符表寄存器（Interrupt

Descriptor Table Register,IDTR),由于它们不需要选择段,而只是用于确定系统中唯一的一张全局描述符表或唯一的一张中断描述符表中的描述符项,最后寻址存储器系统地址,故它们称为系统地址寄存器;后者是局部描述符表寄存器(Local Descriptor Table Register,LDTR)与任务寄存器(Task Register,TR),由于它们需要通过段选择子来选择存储器系统中的段,再在段中选择描述符,最后寻址存储器系统地址,故它们称为系统段寄存器。有时,也将这 4 个寄存器都统称为系统地址寄存器,如图 8.11 所示。

图 8.11　80386 的系统地址寄存器和系统段寄存器

GDTR 是 48 位的全局描述符表寄存器,用于存放全局描述符表(GDT)的 32 位线性基地址和 16 位的 GDT 界限值。因为存储器系统中只有一个全局描述符表,无须通过选择子来选择描述符表,所以它只有起高速缓冲作用的全局描述符表寄存器,而没有段寄存器。80386 系统中的每个描述符(程序员不可见)由 8 字节组成,而一个全局描述符表的大小为 2^{16}B=64KB,所以全局描述符表最多包含 8192 个全局描述符。

IDTR 是 48 位的中断描述符表寄存器,用于存放中断描述符表(IDT)的 32 位线性基地址和 16 位的 IDT 界限值。同样地,因为存储器系统中只有一个中断描述符表,无须通过选择子来选择中断描述符表,所以它只有中断描述符高速缓存器,而没有段寄存器。由于 80386 的系统中最多只有 256 个中断,故 IDT 中最多只有 256 个中断。

LDTR 是 16 位的局部描述符表寄存器,用于存放选择局部描述符表 LDT 的 16 位段选择子。该寄存器对应一个局部描述符高速缓存器。在保护方式下,由于每一个任务都有一个属于自己的局部描述符表 LDT,所以在多任务系统中,就有多个局部描述符表。

TR 是一个 16 位的任务寄存器,用于存放选择当前任务所对应的任务状态段 TSS 的 16 位选择子。在多任务机制中,为了完成任务间的快速切换,系统为每个任务设置了一个任务状态段 TSS。TR 对应一个任务状态段 TSS 的描述符高速缓存器,它含有 32 位线性基地址、20 位的界限值和 12 位属性共 64 位信息。当进行任务初始化和任务切换时,就用它来自动地保存和恢复机器的状态。

注意:LDTR 和 TR 中的选择子都是访问全局描述符表的。同时,在任务切换时,LDTR 和 TR 中的选择子是由操作系统自动同步更新的。

5. 控制寄存器

80386 中有 3 个 32 位的控制寄存器 CR_0、CR_2 和 CR_3,用于保存影响所有任务运行的机器状态。CR_1 未定义,留作备用;CR_2 和 CR_3 用于页式管理。

1) CR_0——控制寄存器 0

80386 中的 CR_0(包括 80286 的机器状态字)是最常用的一个控制寄存器。它只定义了 6 个控制和状态标志,其低 16 位和 80286 的机器状态字 MSW 的定义完全相同,如

图 8.12 所示。

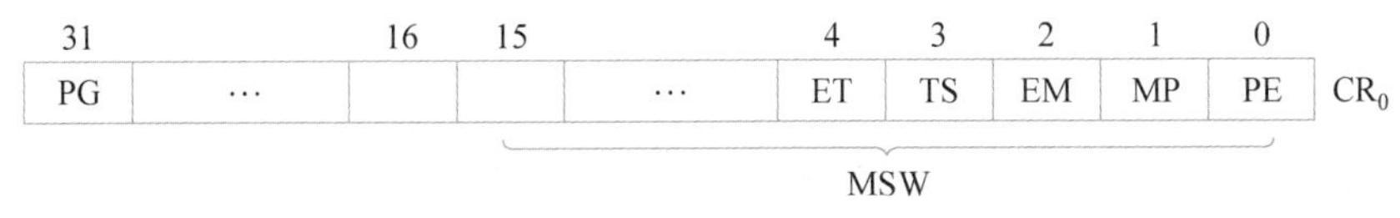

图 8.12　控制寄存器 CR_0

PE(位 0)和 PG(位 31)是对保护方式和存储管理至关重要的两位,二者合称保护控制位。其中,PE(Protection Enable)是保护方式允许位,控制存储器分段管理机制。当 PE=0 时,CPU 工作在实方式;当 PE=1 时,CPU 进入保护方式。PE 位可以通过指令来设置。

PG(Paging Enable)是允许分页控制位,控制存储器分页管理机制。当 PG=1 时,启动 80386 CPU 片内的分页部件工作,选择页表转换机制,完成将线性地址转换为物理地址;当 PG=0 时,禁止分页部件工作。

TS、EM、MP 及 ET 位控制协处理器的操作。

TS(Task Switched)是任务切换位。每当任务切换时, TS=1。

EM(Emulate Coprocessor)是仿真协处理器控制位。当 EM=1 时,表示需要用软件仿真协处理器;当 EM=0 时,表示不需要软件仿真协处理器。

MP(Monitor Coprocessor)是监控协处理器位。当 MP=1 时,表示有协处理器在工作;当 MP=0 时,表示无协处理器。

ET(Processor Extension Type)是处理器类型位。上电时 80386 将检测 ERROR 输入脚,用其逻辑电平来设置 ET,也可用软件设置 ET。如果 ET=1 表示系统接有 80387 协处理器, 则使用 32 位数据类型;如果 ET=0 表示接有 80287 协处理器,则使用 16 位数据类型。

TS、EM 和 MP 3 位组合使用时的意义如下:

TS、EM、MP=000,80386 处于实地址方式,当前是复位后的初始状态。

TS、EM、MP=001,有协处理器 80387,不需要软件仿真。

TS、EM、MP=010,无协处理器 80387,需要用软件仿真。

TS、EM、MP=101,产生任务切换,有协处理器 80387,不需要软件仿真。

TS、EM、MP=100,产生任务切换,无协处理器 80387,需要软件仿真。

2) CR_2——控制寄存器 2

CR_2 称为页面故障线性地址寄存器,用于发生页面访问异常时报告出错信息。当发生页异常时,CPU 就把引起页异常的一个 32 位的线性地址保持于 CR_2 中。操作系统中的页异常处理程序可以通过检查 CR_2 的内容,得知线性地址空间中的哪一页引起页故障。

3) CR_3——控制寄存器 3

CR_3 称为页目录基址寄存器,用于存放页目录表的物理基地址。它由分页硬件使用,其低 12 位总为 0,所以,80386 的页目录表总是按页对齐,即每页均为 4KB。

6. 调试寄存器组

80386 设置了 8 个 32 位的调试寄存器 DR_0～DR_7。其中,DR_4 与 DR_5 保留使用,另有 6 个可供程序员使用,DR_0～DR_3 用来各存放一个断点线性地址,可以是代码断点,也可以是数据断点的线性地址;DR_6 是断点状态寄存器(说明哪一种性质的断点是否已发生),用来协助断点调试；DR_7 是断点控制寄存器（指定断点发生的条件和类型），用于显示与设置断点的现行状态是允许或禁止断点调试。

7. 测试寄存器组

80386 复位后要进行 30ms 左右的自测试。如果正常，EAX 和 EDX 清零；否则不为零。设置了两个可供程序员使用的 32 位测试寄存器 TR_6 和 TR_7。其中，TR_6 为测试命令寄存器，用于控制对转换后备缓冲器中 RAM 和 CAM（内容可寻址存储器）的测试；而 TR_7 为数据寄存器，用于保留在后备缓冲器中测试后所获得的数据。

8.2.4 80386 的 3 种工作方式及其相互转换

80386 CPU 有 3 种工作方式，即实方式、保护方式和虚拟 86（V86）方式。当处理器从 8086 升级到 80386，工作方式也从实方式升级到保护方式，为了兼容 8086 又设置了虚拟 86 方式。常用的 Windows 与 Linux 操作系统工作在保护方式。下面先简要介绍 80386 的 3 种工作方式及其特点。

1. 实方式

80386 的实方式是一个基础方式。其主要特点如下：

(1) 当 80386 被复位或加电时，即以实方式启动。这时，80386 中的各寄存器以实方式的初始化值工作。

(2) 存储器寻址方式和 8086 一样，即由段寄存器内容左移 4 位作为段基地址，再加上段内偏移地址即可形成最终的 20 位物理地址，每个段的最大长度是 64KB。这时，它的 32 位地址线只使用了 $A_0 \sim A_{19}$ 低 20 位，所以寻址空间为 1MB。

(3) 不能对内存进行分页管理，其指令寻址的地址就是内存中实际的物理地址。在实方式下，所有的段都可以读、写和执行。

(4) 不支持优先级，所有的指令相当于工作在特权级（优先级 0）。80386 就是通过在实方式下初始化控制寄存器、GDTR、LDTR、IDTR 与 TR 等管理寄存器以及页表，然后再通过加载 CR_0 使其中的保护方式使能位置位后而进入保护方式的。

(5) 不支持硬件上多任务的切换，只能作为单操作系统运行。

(6) 实方式下的 80386 中断处理方式和 8086 处理器相同，也用中断向量表来定位中断服务程序入口地址。中断向量表的结构也和 8086 处理器一样。

(7) 首先，从编程角度看，80386 除了可以访问新增的一些寄存器外，在实方式下它最大的好处是可以使用 32 位寄存器组，用 32 位寄存器进行编程，这可以使计算程序更加简捷，加快了执行速度。其次，80386 中增加的两个辅助段寄存器 FS 和 GS 在实方式下也可以使用，这样，同时可以访问的段就达到 6 个。最后，很多 80386 的新增指令也使一些原来不很方便的操作得以简化。

2. 保护方式

保护方式是 80386 的一个最重要的方式。其主要特点如下：

(1) 80386 在保护方式下，其逻辑地址由段寄存器和偏移地址组成，但获得物理地址的方法与实方式却不相同。首先，段寄存器中存放的不再是段地址，而是选择子，系统必须通过选择子来选择描述符表中的描述符，才能从中得到真正的段基地址，通过分段机制将段基地址和偏移地址相加即可得到线性地址；然后，再通过分页机制就可以把线性地址转化成物理地址。

(2) 在保护方式下，80386 的 32 条地址线全部有效，其最大寻址空间达 4GB，支持多任务处理，使用一条指令或者一个中断就可以在任务内或任务间切换。80386 提供了 0～3 共 4 个特权级，操作系统运行在最高级即 0 级上，应用程序运行在 2、3 级上，这不但实现了资源共享，而且实现了数据和代码的隔离保护。

(3) 80386 不再使用中断向量表来实现中断功能，而是通过各种控制描述符和特权级检查来实现多任务的中断功能。

(4) 当 80386 工作在保护方式时，它的所有功能都是可用的。例如，32 根地址线可提供的寻址空间高达 4GB；虽然 80386 可寻址的物理地址空间很大，但实际的微机系统不可能安装如此大的物理内存。为了运行大型程序和真正实现多任务，采用了虚拟内存技术。而增加内存分页机制，就提供了对虚拟内存的良好支持。

(5) 在保护方式下 80386 支持多任务，可以依靠硬件仅在 1 条指令中就能实现任务切换。任务环境的保护工作由处理器自动完成。

(6) 在保护方式下，80386 处理器还支持优先级机制，不同的程序可以运行在不同的优先级上。配合良好的检查机制后，既可以在任务间实现数据的安全共享，也可以很好地隔离各个任务。

注意：DOS 操作系统运行于实方式下，而 Windows 操作系统运行于保护方式下。

3. 虚拟 86 方式

虚拟 86 方式是为了在保护方式下能执行 8086 程序而设置的一种中间层方式。由于它是在保护方式下工作的，故称为虚拟 8086 方式。其主要特点如下：

(1) 虚拟 86 方式以保护方式为基础，它实际上是实方式和保护方式的混合。在保护方式的多任务条件下，它使有的任务能运行 32 位程序，而有的任务能运行 MS-DOS 程序。

(2) 为了和 8086 的寻址方式兼容，它采用和 8086 一样的寻址方式，但 20 位地址不是真实的物理地址，而是线性地址，寻址空间为 1MB。显然，多个虚拟 86 任务不能同时使用同一位置的 1MB 地址空间，否则会引起冲突。为了使多个虚拟 86 任务不使用同一个位置的 1MB 地址空间，系统通过使用分页机制将不同的虚拟 86 任务映射到不同的物理空间，使每个虚拟 86 任务看起来认为自己是在 0～1MB 的空间上运行。

(3) 能支持任务切换、内存分页管理和按优先级保护等功能。

(4) 8086 下的程序虽然可以在 80386 的虚拟 86 方式下运行，但它的一部分指令是受到保护的，如果执行将发生异常，V86 方式受到 V86 监控程序的控制。在 Windows 操作系统中，有一部分程序专门用来管理虚拟 86 方式的任务，称为虚拟 86 管理程序。

(5) 8086 代码中有相当一部分指令在保护方式下属于特权指令，如屏蔽中断的指令 CLI 和中断返回指令 IRET 等。这些指令在 8086 程序中是合法的，虚拟 86 管理程序将采用模拟的方法来执行这些特权指令，使 8086 程序既可以正常地运行下去，而在执行这些指令时又觉察不到已经被虚拟 86 管理程序做了处理。MS-DOS 应用程序在 Windows 操作系统中就是这样工作的。

上述 80386 的 3 种工作方式是靠 80386 的存储管理机制来实现的，下面简要介绍

3 种工作方式之间的相互转换方法。

80386 CPU 3 种工作方式的相互转换如图 8.13 所示。当 CPU 被复位后就进入实地址方式,通过修改控制寄存器 CR_0 或 MSW 中的控制位 PE(位 0),可以使 CPU 从实地址方式转变到保护方式,或者向反方向转变,从保护方式转变到实地址方式。通过执行 IRETD 指令,或者进行任务转换,可从保护方式转变到虚拟的 8086 方式,任务转换功能是 80386 和 80486 微处理器的主要特点之一。采用中断操作,可以从虚拟的 8086 方式转变到保护方式。

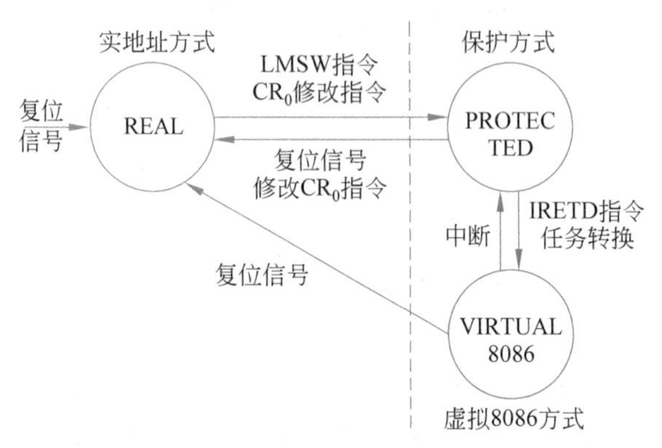

图 8.13　80386 CPU 3 种工作方式的相互转换

80386 在实地址方式下的工作原理和 8086 相同。主要区别是 8086 没有 32 位的工作寄存器,因而不能处理 32 位的数据,而 80386 在实地址方式可以使用新增加的 2 个段寄存器 FS 和 GS。

在保护方式下,80386 CPU 可以访问 2^{32} 字节的物理存储器空间,段的长度在启动页功能时是 2^{32} 字节,不启动页功能时是 2^{20} 字节。分页功能可以任选。这种方式可以引入虚拟存储器的概念,以扩充所占有的存储器空间。

在 V86 方式,既支持保护机制,也支持分页式内存管理,并可进行任务切换,同时还能与 8086 兼容,内存寻址空间为 1MB,段地址计算仍然和 8086 相同。

需要指出的是,以上有关 80386 微处理器各项技术概念的论述要点和基本原理,都适应于 80486 微处理器。

8.2.5　80386 的存储器管理

80386 的存储器系统管理是利用片内的存储管理单元来实现的。同 80286 CPU 只有分段管理功能的不同之处,是它首次引入了分页管理,从而形成段式与页式两级管理。

下面分别针对 80386 的 3 种工作方式来讨论存储管理的有关技术。重点是讨论保护方式的存储管理。

8.2.5.1　实方式

80386 的实方式是一种为建立保护方式做准备的方式。当 80386 系统机复位或上电复位时,就工作在实方式。在实方式环境下,先对 80386 进行初始化,为其进入保护方式所需要的数据结构做好各种配置和准备。在实方式下，80386 的所有指令都有效。其物理地址的形成与 8086 相同，可寻址的实地址空间只有 1MB，所有的段其最大容量为 64KB。而且，中断向量表仍设置在 00000H～003FFH 共计 1KB 的存储区内；系统初始化区在 FFFFFFF0H～FFFFFFFFH 存储区内。设置实方式不仅可以使 80386 保持和 8086 兼容，还可以使其方便地从实方式转变到保护方式。

8.2.5.2 保护方式

80386 的保护方式与 80286 相类似，但它增加了可选的页式管理机构，能提供 4GB 的实地址空间，并具有更加完善的保护机制。

80386 的存储器管理系统包含地址转换与保护两个关键功能以及分段与分页等重要机制，理解这些概念是掌握 80386 段、页式结构寻址过程的基础。

1. 地址流水线及其转换

设计 80386 的存储管理系统时，最基本的要求是使它可以很好地实现地址流水线操作。而地址流水线的操作原理和过程，涉及逻辑地址、线性地址和物理地址三者之间的关系及其转换方法。

下面先简要介绍 3 种地址之间的关系及其如何实现从逻辑地址到物理地址的转换方法。

逻辑地址又称虚拟地址，它是程序员在编程的指令中使用的地址。在 80386 中，逻辑地址是由 16 位的所谓选择子和 32 位的偏移地址指出的。选择子用于选择位于内存描述符表中的某个对应的描述符，描述符中包含有段基地址等信息，该段基地址指向一个段逻辑地址空间的首地址，而偏移地址则指向此段逻辑空间中的一个待寻址的存储单元地址。在 80386 的指令中，偏移地址由基址、变址、位移量等多个因素构成。通常，将最后计算出的一个偏移地址(即偏移量)称为有效地址。由于段基地址并不需要程序员确定，所以，程序员在编程时只需要关注有效地址。

线性地址(Linear Address)又称虚拟地址，它是从逻辑地址到物理地址变换之间的中间地址。在 80386 的分段部件中，逻辑地址是段中的偏移地址，当 80386 寻址时，由分段部件将偏移地址加上基地址就成为线性地址。线性地址是一个 32 位无符号整数，可以用来表示多达 4GB(即 4294967296 个内存单元)的地址。线性地址通常用十六进制数字表示，其值的范围从 0X0000000H 到 0XFFFFFFFH。

分页部件是可选的，它的功能是将线性地址转换为物理地址，并且负责向总线接口部件请求总线服务。如果启用了分页机制，则线性地址再经过一次变换就可以产生对应的物理地址。当采用 4KB 分页大小时，线性地址的高 10 位为页目录项在页目录表中的编号，中间 10 位为页表中的页号，低 12 位则为偏移地址。当采用 4MB 分页机制时，则高 10 位为页号，低 22 位为偏移地址。如果没有启用分页机制，则线性地址直接就是物理地址。实际上，物理地址就是内存芯片可以实际寻址的地址，它的具体地址单元号和芯片引脚上的地址信号相对应，指出存储单元在存储体中的具体位置。

80386 地址转换的示意图如图 8.14 所示。在 80386 执行每条指令期间，硬件将自动地进行复杂的地址计算：寻址机构计算出有效地址；分段部件(段式管理机构)计算出线性地址；分页部件(页式管理机构)计算出物理地址。

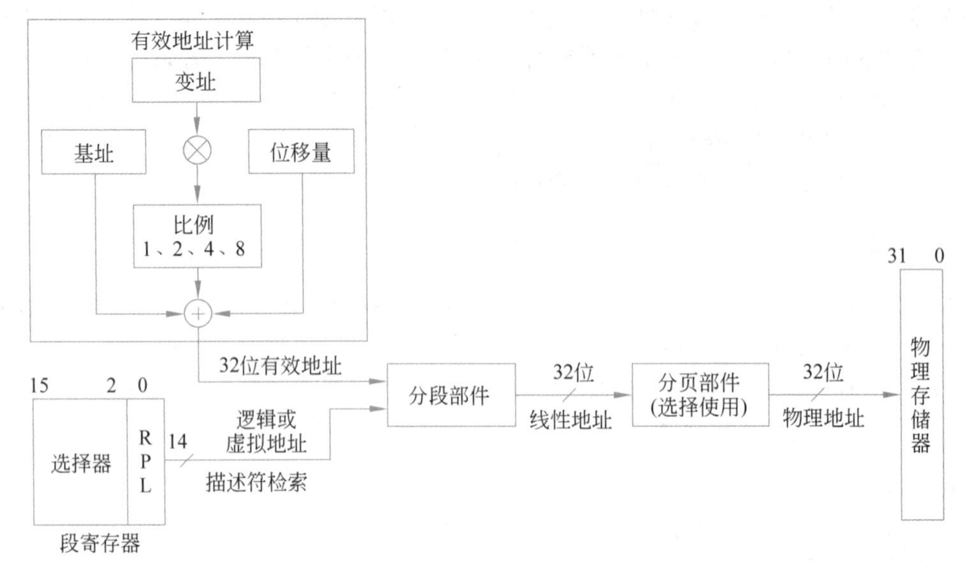

图 8.14　80386 地址转换的示意图

80386 的地址流水线就是由分段部件、分页部件和总线接口部件 3 个部分组成的。地址流水线的执行过程就体现在有效地址的形成、逻辑地址到线性地址的转换、线性地址到物理地址的转换 3 个操作的重叠执行。一般，80386 实现从逻辑地址到物理地址的转换，只需用 1.5 个时钟周期即可完成。

80386 的 3 种类型地址的具体计算如下。

1）有效地址

除立即数外，有效地址均按下式运算：

$$有效地址 = 基址 + 变址 \times 比例因子 + 位移量 \quad (8.1)$$

其中，基址可用任何一个 32 位通用寄存器来存储。变址可用除了 ESP 外的任何一个变址寄存器来存储。比例因子可以为 1、2、4 或 8。位移量可以为 8 位、16 位或 32 位。

式(8.1)概括了 80386 有效地址在各种寻址方式下的计算通式。

2）线性地址

线性地址是在虚拟存储空间内的可定位的地址，它可由存储器段式管理机构按式(8.2)来计算：

$$线性地址 = 段基地址 + 有效地址 \quad (8.2)$$

3）物理地址

物理地址是从虚拟存储空间映射到物理存储空间的一个实际地址，也就是加在地址线($A_{31} \sim A_0$)上的可直接寻址的内存单元地址。

当存储器页式管理机构不工作时，物理地址就等于由段式管理机构处理后得到的线性地址。当页式管理机构工作时，则物理地址是线性地址的一个函数式：

$$物理地址 = F(线性地址)$$

从线性地址到物理地址的 F 运算称为页变换。在 80386 中，线性地址和物理地址有各自不同的定义，不能混为一谈。

2. 保护

80386 有以下两种主要的保护类型。

(1) 不同任务之间的保护。它是通过给每一任务分配不同的虚拟地址空间,而每一任务有各自不同的虚拟—物理地址转换映射,因而可实现任务之间的完全隔离。在 80386 中,每个任务都有各自的段表及页表,即具有不同的地址转换函数。根据新任务切换的转换表实现任务的切换(详见后述)。操作系统应与所有的应用程序相隔离,因此,操作系统可以存储在一个单独的任务中。

(2) 同一任务内的保护。在一个任务之内定义 4 种执行特权的级别:

特权级别 0　最高(最里层)
特权级别 1
特权级别 2
特权级别 3　最低(最外层)

每个段都与一个描述符特权级别(简称特权级)(descriptor privilege level,DPL)相联系,每当一个程序试图访问某一个段时,就把该程序所拥有的特权级与它所要访问的段的特权级进行比较,以便决定能否访问。系统约定,CPU 只能访问同一特权级别或外层级别的数据段,如果试图访问里层的数据段,则将产生一般保护异常中断(简称异常中断)。图 8.15 表示特权级 1 的代码可访问特权级 2、3 的代码,而不能访问特权级 0 的代码。

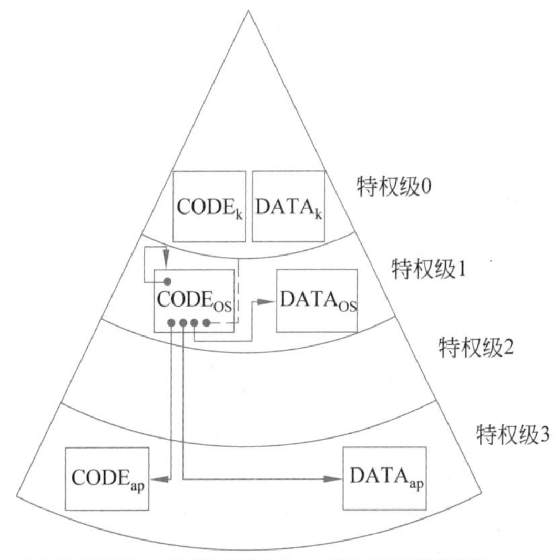

图 8.15　特权级 1 的代码可访问特权级 2、3 的代码

特权级的典型用法是把操作系统的核心放在 0 级,操作系统的其余部分放在 1 级,应用程序放在第 3 级,第 2 级供中间软件使用。这样安排的目的是使操作系统的核心受到保护而不致被操作系统的其余部分以及用户程序所访问,从而实现了同一任务内的保护。

3. 分段管理

对多任务的 80386 来说,为了实现对存储器的有效管理,首先要通过分段管理部件将海量的虚拟存储器组织成其容量大小可变的若干段,每个任务最多可拥有 16384(2^{14})个段,每个段可长达4GB。通常，由于内存容量有限，不可能将所有的段都放在内存中，大部分的段只能放在海量的外存上。当80386运行时，先要在内存中访问当前段，若未能从内存中访问到当前段，则将立即转到外存中去访问，并通过系统把从外存中访问得到的当前段调入内存才能继续运行。

为了实现分段管理，80386把每个段的信息用3个参数来确定：

(1) 段基地址(Base Address)。规定了线性地址空间中段的起始地址。也可以把基地址看成段内偏移量为0的线性地址。

(2) 段的界限(Limit)。表示在虚拟地址中，段内可使用的最大偏移量。

(3) 段的属性(Attributes)。包括该段是否可读出、写入以及段的特权级等保护信息。

每个段的这些参数都存放在一个称为段描述符(简称描述符)的8字节长的数据结构中，并把系统中所有的描述符编成一张表(称为描述符表)，以便硬件查找和识别。

下面简要说明段描述符的数据结构。

由于80386有两种类型的段，即非系统段和系统段，所以也就相应地有两种段描述符，即非系统段描述符(简称段描述符)和系统段描述符(简称系统描述符)。它们之间有一些细小的差别，现分别讨论如下。

1) 非系统段描述符

非系统段是指一般的存储器代码段和数据段，堆栈段被包括在数据段中，有时也将非系统段简称为程序段。非系统段描述符的格式和含义如图8.16所示(注：字母O改为数字0)。

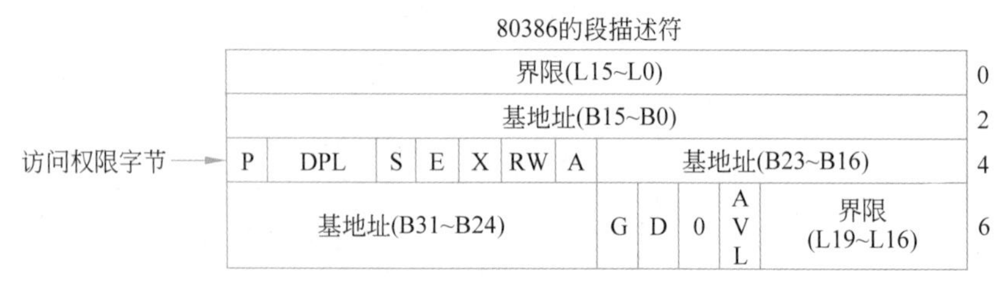

图8.16 80386非系统段描述符的格式和含义

由图8.16可知，80386的非系统段描述符也是8字节，其前6字节格式与80286的段描述符格式相同，这使80286的软件与80386保持兼容，只是将80286的后两个保留字节做了新的定义。其中，段限值(即界限)占最低2字节以及+6字节的低4位，构成20位的段限值，使逻辑段的最大容量由64KB增大为1MB；段基址共占4字节，在段描述符中分3处存放，占+2、+3、+4和+7共4字节，它们构成32位的段基地址，可寻址的实存空间为4KMB；+6字节的高4位(即G、D、0、AVL位)称为语义控制段。+5字节为访问权限字节，用来确定特权级与段的其他信息(如代码段、数据段与堆栈段是如何工作的)，并且不同类型的描述符对应的访问权限字节各不相同，较为复杂。

其中各位的含义简要介绍如下。

(1) G：为粒度位，也就是段的界限长度属性位，用来为界限域选择1或4096倍的倍数。若G=0时，则倍数为1，表示该段的段界限长度以字节为单位；若G=1时，则倍数为4096，表示该段的段界限长度以4KB的页面为单位。

(2) D：用来选择默认寄存器宽度，即操作数的长度。它只对代码段有效，用来区别本次寻址的操作数的位数。一般情况下，若 D=0，则寄存器为 16 位宽度，如同 80286，默认值为16 位地址及 16 位或 8 位操作数；若 D=1，则寄存器为 32 位宽度，如同 80386，默认值为32 位地址及 32 位或 8 位操作数。在汇编语言中，如果在 SEGMENT 语句后附加 U16 和 U32 伪指令，则可以控制设置 D 位。在实方式下，总是假定寄存器为 16 位宽，因此，当引用32 位寄存器或指针的指令时必须加前缀，DOS 的当前版本假定 D=0。

(3) AVL：由操作系统以适当的方式使用，通常用来表示描述符所描述的段是可用的。

访问权限字节共有 7 个不同的定义位，其功能分别介绍如下。

(1) P(present)：为存在位。若 P=1 时，表示对应段存在，即已装入内存；若 P=0 时，表示对应段目前在内存中不存在，而需要从磁盘上调入内存，如果这时要通过描述符访问该段，系统就会产生 11 号中断。

(2) DPL(Descriptor Privilege Level)：是描述符特权级，用来设置对应段的特权级(或优先级)。共有 0 级～3 级：00 为最高特权级，11 为最低特权级。如果要用一个比 DPL 低(数字大)的特权级去访问该段，就会产生越权中断。特权级用来防止一般用户任意访问操作系统的对应段。

(3) S(segment)：为段位，用来指示描述符的类型。若 S=1，则表示是非系统段(即数据段或代码段)描述符；若 S=0，则表示是系统段描述符。

(4) E(executable)：为可执行位，用来区分是数据段(或堆栈段)还是代码段。若 E=0，且 S=1，则对应段为数据段(包括堆栈段)，不能被当前任务调用，即不可执行；若 E=1，且 S=1，则对应段为代码段，本代码段可以被当前任务调用并执行。其他情况无意义。E 位还用来定义接下来将要介绍的 X 和 RW 两位的功能。

(5) X(extend)：为扩展位，它与 E 的取值有关。若 E=0，则 X 位用来指示数据段(或堆栈段)的扩展方向：当 X=0，该段像数据段一样向上扩展的方向扩展，即界限值为最大值，使用时，段的偏移量必须小于界限值，这种段一般为真正的数据段；当 X=1，该段和数据段一样向下扩展的方向扩展，即界限值为最小值，段的偏移量必须大于界限值，这种段实际上是堆栈段。因为，堆栈底部的地址最大，随着堆栈数据的增多，栈顶的地址越来越小，这就是"向下扩展"的含义。为此，要规定一个界限，使栈顶的偏移量不能小于这个值，这样，当X=1 时，规定了在使用中偏移量必须大于界限值。

(6) RW：为可读或可写位，此位用来定义代码段的可读性和数据段的可写性。若 E=0，则 RW 位指示数据段允许写(RW=1)或不允许写(RW=0)；若 E=1，则 RW 位指示代码段允许读(RW=1)或不允许读(RW=0)。

(7) A(accessed)：为已访问位。当微处理器每次访问给定段时，该位就被置 1。若 A=0，则表示该段未被访问过。操作系统有时用该位来跟踪哪些段已经被访问了，并统计给定段的访问率。

2) 系统段描述符

系统段描述符也称为特殊段描述符，又分为特种数据段描述符和控制描述符两类。

当描述符中的 S 位为 0 时，此描述符对应一个系统段。在系统段中，有任务状态段 TSS 和局部描述符表 LDT 这两类特种数据段，对应地有 TSS 描述符和 LDT 描述符。此外，系统段中，还包括有多种类型的控制门。

任务状态段 TSS 是多任务系统中的一个特殊段，构成了一种特殊而复杂的数据结构，最小为 94 字节，包含了一个任务的多种状态信息。

80386 中的“门”实际上是一种转换开关，用于在多任务系统中控制转移到不同特权级。根据控制转移到入口地址的类型的不同，门的类型有调用门、任务门、中断门和陷阱门 4 种。由于所有的门都是由操作系统管理的，这就保证了用户只能使用被授权的门。一个门是否被允许接受数据访问或转移到更高的特权级，取决于门描述符是否遵循特权级规则。特权级规则规定：只有某个任务的有效特权级 EPL 等于或高于门描述符的特权级 DPL(即 EPL ≤DPL)，则允许访问，或控制转移到更高的特权级。

调用门中的内容是程序的首地址，用来进行间接控制转移，改变任务或者程序的特权级别，在程序中调用过程与函数等；任务门相当于一个控制开关，它保存的内容是 TSS 的描述符的选择子，用来执行任务转换；中断门用来处理由外部事件引起的中断；陷阱门用来处理异常中断。各种不同类型的门由类型 TYPE 字段来区分，它们将分别对应不同的目的段及其入口地址。

系统段描述符的一般格式如图 8.17 所示。系统段描述符的大多数字段和非系统段描述符的相同，只是在系统段描述符中，A 位已不再存在，访问权字节的低 4 位作为类型值(TYPE)。这 4 位类型值决定了 16 种类型，如表 8.1 所示。

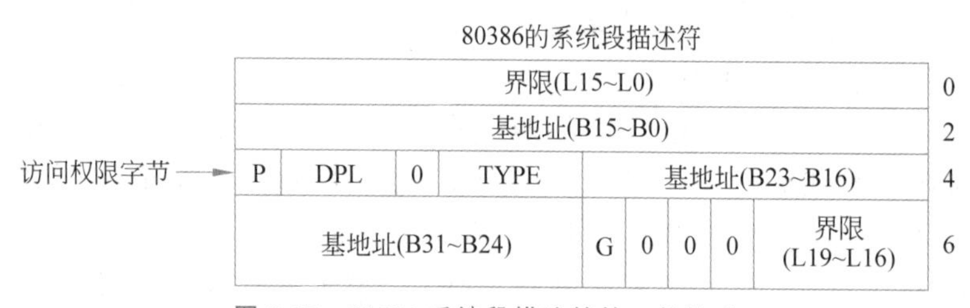

图 8.17　80386 系统段描述符的一般格式

表 8.1　80386 系统段描述符类型

类型值	段的类型(用途)	类型值	段的类型(用途)
0000	未定义(无效)	1000	未定义(无效)
0001	作为 80286 的有效任务状态段 TSS	1001	作为 80386 的有效任务状态段 TSS
0010	LDT 描述符，对应一个 LDT	1010	为以后的 Intel 产品保留
0011	正在执行的 80286TSS	1011	正在执行的 80386TSS
0100	80286 的调用门	1100	80386 的调用门
0101	80286 或 80386 的任务门	1101	为以后的 Intel 产品保留
0110	80286 的中断门	1110	80386 的中断门
0111	80286 的陷阱门	1111	80386 的陷阱门

上述表中有关段的类型涉及一些比较专业的名词和技术概念，下面给予简要说明。

(1) TSS(Task State Segment)：是任务状态段，它是指在操作系统进程管理的过程中，任务(进程)切换时的任务现场信息。TSS 在任务切换过程中起着重要作用，通过它实现任务的挂起和恢复。所谓任务切换，是指挂起当前正在执行的任务，恢复或启动另一任务的执行。任务切换过程：首先，处理器中各寄存器的当前值被自动保存到 TR(任务寄存器)所指定的 TSS 中；然后，下一任务的 TSS 的选择子被装入 TR；最后，从 TR 所指定的 TSS 中取出各寄存器的值送到处理器的各寄存器中。由此可见，通过在 TSS 中保存任务现场各寄存器状态的完整映像，实现任务的切换。

当描述符中的 S=0 且 Type 为 0001、0011、1001、1011 这 4 种情况时，即为 TSS 描述符。它和其他描述符一样，包含了任务状态段的位置、大小和特权级。但它们之间也有区别，即 TSS 描述符所描述的 TSS 段不包含数据和代码，而是包含了任务的状态和联系，以使某个任务可以被其他任务所嵌套。TSS 描述符是由任务寄存器(TR)来寻址的，而 TR 的内容则由一条加载任务寄存器 LTR 指令或保护方式下运行的程序中的远程无条件转移 JMP 指令或过程调用 CALL 指令来改变。LTR 指令用来在系统初始化过程中首次访问一项任务。在初始化之后，CALL 或 JMP 指令通常对任务进行切换。TSS 是一种特殊的有着 104 字节固定格式的段，它包含了一个任务的全部信息以及和允许嵌套任务联系的信息。对应的 TSS 描述符中的类型一栏指出了本任务当前是否处于忙碌状态。

忙碌则表示本任务就是当前正在运行着的任务；不忙碌则指出是否有效。此外，类型字段还将指出所对应的段是 80286 的任务状态段还是 80386 的任务状态段。

(2) LDT(Local Descriptor Table)：是局部描述符表，每一个局部描述符对应于一个局部描述符表 LDT。对于每一个特定的任务来说，都有一个与之相对应的 LDT，因此，在多任务系统中，会有多个 LDT。

(3) 门描述符也是系统段描述符，当描述符中的 S 位为 0 且 Type 为 0100、0101、0110、0111、1100、1110 和 1111 时，均为门描述符。

门描述符的格式和普通的系统段描述符稍有差别，如图 8.18 所示。它包含一个32 位的入口点的偏移地址，一个字计数和一个目标段的选择子，还有一个+5 字节的访问权限字节。

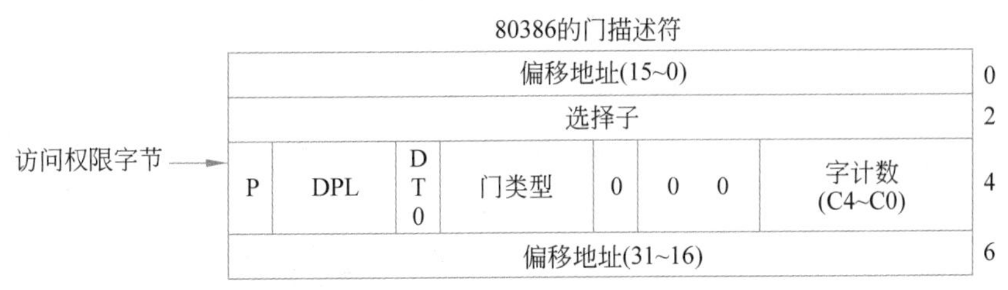

图 8.18 80386 中的门描述符

调用门用于间接控制转移，按特权级来控制转移和进行保护。其描述符由选择子、偏移地址和字计数 3 个字段构成。选择子和偏移地址指出某个被调用子程序的首地址，字计数指出需要传送到堆栈中的参数的个数，这些参数将从主程序的堆栈传送到被调用门所调用的子程序的堆栈。字计数值字段只适用于调用门，对其他门无意义。

任务门用于间接任务转移，由中断/异常来进行转移，并按新任务的特权级来保护。其描述符中只有选择子字段，偏移地址不起作用。

中断门和陷阱门用于中断/异常发生时如何控制转移到目的程序的入口地址，它们在进行控制转移时，只有一点不同，当进入中断门时标志寄存器 IF 自动清零，即关中断，而进入陷阱门时不会关中断。当中断门与陷阱门控制转移时，其入口地址由描述符中的选择子和偏移地址来决定。

这两种描述符中的选择子和偏移地址，将构成中断处理子程序或陷阱处理子程序的入口地址。

标志位 P 和 DPL 对所有门的定义都相同。若 P=1，则表示本描述符有效；若 P=0，则表示本描述符无效，如果这时访问该门就会引起故障。DPL 是访问该门的任务具有的特权级。

通过以上对 80386 分段和各种段描述符的描述可知，每个任务最多可以定义 16 384 段，再与 32 位的偏移地址组合，则每个任务可以提供 64TB 的虚拟地址空间；每一个段只能对应一个段描述符；每一个任务在运行时，也只能使用系统中的两个当前描述符表，即为所有任务公用的 GDT 和专为此任务设置的 LDT。并且在任务运行过程中，由选择子来选择 GDT 或 LDT 中的对应项是一个复杂的地址转换过程。下面对地址转换作简要说明。

首先，要充分理解 80386 是通过分段管理来完成从逻辑地址到线性地址的转换的。参见图 8.19，指令用到的是由 16 位段选择子和 32 位偏移地址构成的逻辑地址。在16 位段选择子中，位 0 和位 1 是定义此段使用特权级别的 RPL 字段；位 2 是一个指示符 TI，用来指出此描述符是在 GDT 中(TI=0)还是在 LDT 中(TI=1)；而高 13 位则是段描述符的一个索引值，用此值来指定所选描述符在描述符表中的位置，显然，这 13 位可以确定一个描述符表最多能含有 8K 个描述符，而每个描述符有 8 字节，故一个描述符表的长度最大可达 64KB。有了段描述符，从中便可得到一个 32 位的段基地址，用此段基地址再加上偏移地址就是所要得到的线性地址。

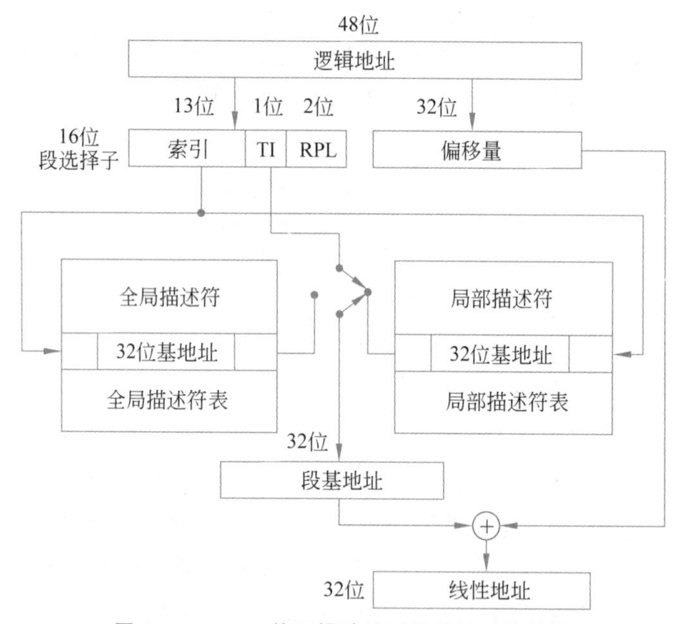

图 8.19　80386 从逻辑地址到线性地址的转换

然后，通过分页管理就可以进一步完成从线性地址到物理地址的转换，如果禁止分页，则线性地址就是物理地址，如图 8.20 所示。

4. 分页管理

存储器的分段虽然带来了隔离与保护等优点，但仅有分段仍有局限性。例如，分段过大则在转载程序和数据时，容易产生较大空间的内存碎片，造成浪费；分段过小则在处理较大的程序和数据时，需要多次以段为单位来调入与调出。为了改善分段的局限性，就引入了分

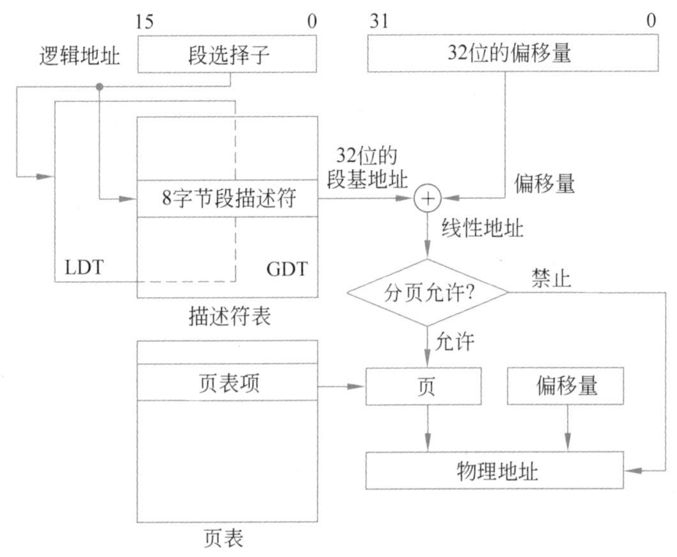

图 8.20　80386 从逻辑地址到物理地址的转换

页部件和分页机制。

在 80386 多任务系统中增加了分页部件,就引入了分页管理功能,它的优点是只需把每个活动任务当前所需要的少量页面放在存储器中,就可以大大提高存取效率。如前所述,分段管理可以把逻辑地址转换为线性地址,而分页机制则可以进一步把线性地址转换为物理地址。当 CR_0 中的 PG=1 时,系统就启动分页机制;当 PG=0 时,则禁止使用分页机制,而且把分段机制产生的线性地址直接当作物理地址使用。

80386 在分页时,是以固定大小为 4KB 的存储块为 1 页的。分页机制把整个线性地址空间和物理地址空间都看成是以页为单位来组成的,线性地址中的任何一页都可以映射到物理地址空间中的任何一页。

由于 80386 使用 4KB 为 1 页,并在 4KB 的边界上对齐,即每页的开始地址都能被 4096 整除,这样就可以把 4GB(2^{32})线性地址空间划分成 2^{20} 个页面,并且线性地址的低 12 位经过分页机制能直接处理为物理地址的低 12 位,而线性地址的高 20 位可视为将它转换成对应物理地址高 20 位的转换函数,于是可得到页变换公式,如式(8.3)所示。

$$\begin{aligned}&\text{物理地址低 12 位} = \text{线性地址低 12 位}\\&\text{物理地址高 20 位} = F_1\quad(\text{线性地址高 20 位})\end{aligned}\tag{8.3}$$

由于 4KB 为 1 页,并且边界按 4KB 对齐,因此,地址高 20 位可称为页号,地址低 12 位可称为页内的偏移值。于是式(8.3)可写成式(8.4)。

$$\begin{aligned}&\text{物理页内偏移值} = \text{线性页内偏移值}\\&\text{物理页号} = F_1\quad(\text{线性页号})\end{aligned}\tag{8.4}$$

综上所述,分页机制主要是由 CPU 内部的控制寄存器 CR 和分页管理部件来控制与实现的。

5. 页表结构、页目录描述符以及页描述符

为了优化存储管理功能和扩大保护方式下的虚拟存储空间,80386 采用了两级表结构,即以存储器为基础的页目录表和页表。当允许分页时,分页机制将实现两级地址转换,在低一级，由页表映射页；在较高一级，由页目录表中的一个页目录项映射页表。页表总是存储在物理地址空间中，可以把页表中的内容看成一个简单的具有 2^{20} 个物理地址的数组，线性—物理地址映射函数就是一个简单的数组查询。线性地址的高 20 位形成对数组进行查询的索引。这高 20 位线性地址分别化为 2 个 10 位的索引，即页目录表索引（Page Directory Table Index）与页表索引（Page Table Index），它们都要左移 2 位后才能形成入口指针，以分别查询 4KB 的页目录表和 4KB 的页表。每个页目录表包含 1024 个页目录描述符，每个页表包含 1024 个页描述符，显然，页目录表中的一个项即页目录描述符和页表中的一个项即页描述符均由 4 字节构成，如图 8.21 所示。

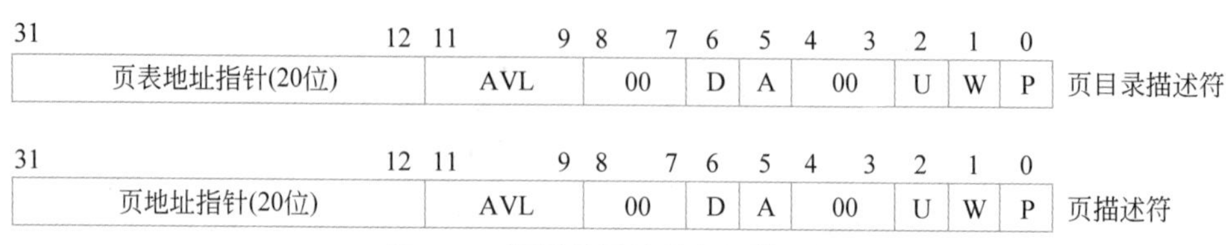

图 8.21　页目录描述符和页描述符

两者格式基本相同，区别只在于前 20 位是页表地址指针还是被访问页的地址指针。其他对应特征位定义如下：

P——存在位。P=1，表示所指定的该页/页表存在于内存中；P=0，表示不存在于内存中，而存在于磁盘中。

W——写允许位。W=1，表示该页/页表可以写；W=0，表示不可以写。

U——用户位。U=1，表示用户可以使用程序访问指定的该页；U=0，表示只允许监控系统使用。

A——访问位。A=1，表示该页/页表已被微处理器访问过；A=0，表示未被微处理器访问。

D——出错位。D=1，表示出错；D=0，表示未出错。

D 位又称改写位，对页目录表无定义。对页表用来指明所对应的页是否修改过，若某一项从磁盘调入内存时，则操作系统将 D 位置 0；当以后对此页进行写操作时，则将此 D 位置 1。若需要将某页调往磁盘时，检测到该页的 D 位仍为 0，则表明该页一直未被改写过，即该页未出错，不需要往磁盘重写。这样，调出过程就变得十分简单。可见，设置 D 位可协调页面在内存和磁盘之间的调动过程。

AVL——可使用位。AVL=1，表示描述符所描述的段是可用的；AVL=0，表示该段不可用。

6. 段页式结构的寻址过程

80386 段页式存储器管理机构的寻址过程如图 8.22 所示，其具体寻址步骤如下：

（1）由指令中的虚地址指针提供 48 位的地址指针，如图 8.23 所示，其中高 16 位提供 16 位段选择子，低 32 位提供 32 位的偏移量，从段选择子的高 13 位得到描述符的偏移值（又称变址值或索引值），再由段选择子的第 2 位 TI 值是 1 或 0 选择从 GDTR 或 LDTR 中去取描述符地址的段基地址，将段基地址和偏移值二者相加得到段描述符在描述符表中的位置。

（2）从段描述符表中找到 32 位的段基地址，与 32 位的偏移地址相加产生了 32 位的线

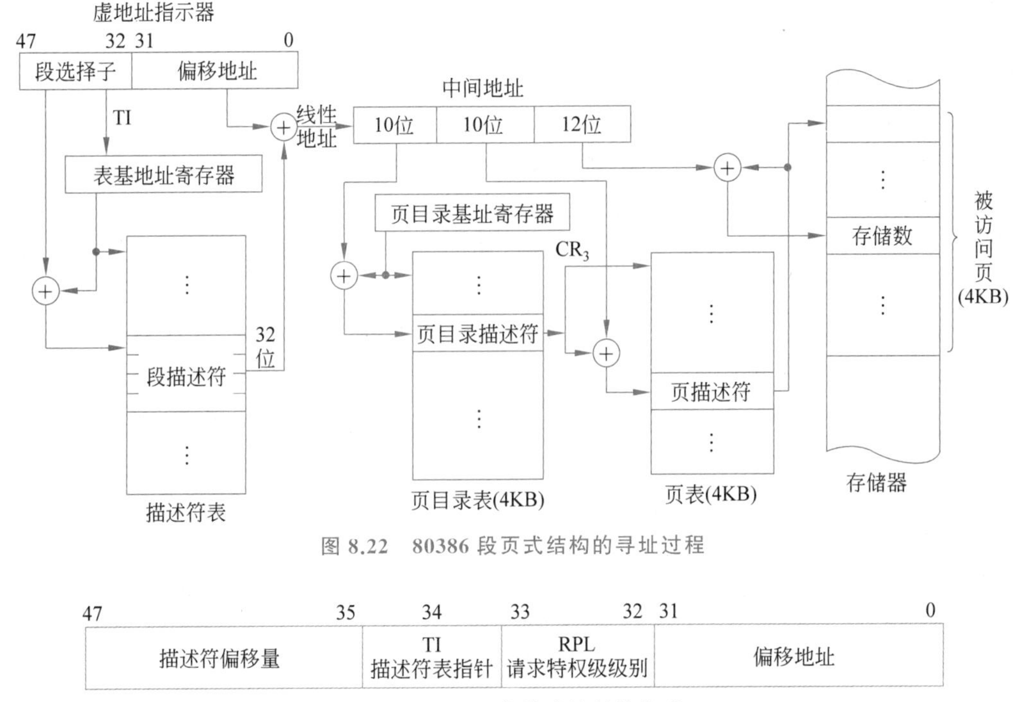

图 8.22 80386 段页式结构的寻址过程

图 8.23 80386 保护虚地址的格式

性地址。

(3) 由页目录基地址寄存器 CR_3 的内容(事先由系统装入)与线性地址的高 10 位乘以 4 相加得到页目录描述符在页目录表中的物理地址。

(4) 由页目录描述符中的 20 位页表地址指针与线性地址的中间 10 位乘以 4 相加,则产生页描述符在页表中的物理地址。

(5) 由所选中的页描述符中的页地址指针(20 位)与线性地址的低 12 位即页的偏移量相加得到最终所要寻址的页的物理地址。

最后需要指出,在段页式结构寻址过程中,页目录表常驻内存,而页表和页可以在内存也可以在外设(如磁盘)上,这由页目录描述符和页描述符中 P 位决定,P=1 表示在内存,P=0 表示不在内存,并产生异常 14 即 FAULT 错误,使得操作系统把缺少的页从磁盘上读入内存;同时,将读入页所处的物理地址存入页表项中,然后将 P 位置为 1,使得引起异常的程序恢复运行,因此,程序员看来其存储空间比实际的 RAM 空间大得多,此即所谓页请求虚拟存储操作。实际上,它是实现把虚拟存储空间的程序转换到实存空间来运行的一种操作机制。

8.2.5.3 虚拟 8086 方式(V86 方式)

为了解决 80286 中不能在保护方式下运行 8086/8088 应用程序的问题,从 80386 开始,在保护方式中引入了虚拟 8086 工作方式(简称 V86 方式)。80386 的 V86 方式是一种特殊的工作方式,具有许多新的特点,它使得多个 8086 实方式的应用软件可以同时运行。例如,PC 上的 DOS 应用程序就允许在这种方式下。特别是在这种方式下,操作系统可以并行执行 8086、80286 和 80386 的程序。80386 虚拟方式是让 80386 模拟 1MB 空间的寻址环境，但它并不仅限于 1MB 的存储空间，因为它可以同时支持几个虚拟 86 环境。在多用户系统中，每一个虚拟 86 环境都可以有它自己的 DOS 拷贝和应用程序。例如，如果有 3 个任务在执行，操作系统为每个任务分配一定的时间片(如 1ms)，这就意味着每过 1ms 就会发生从一个任务到另一个任务的切换。在这种方式下，每个任务都得到一部分微处理器的运行时间，使得系统看上去就好像在同时执行多个任务。这就是操作系统利用称为时间片的技术允许多个应用程序同时执行的基本原理。当然，时间片的大小或者每个任务占用微处理器的时间比例是可以任意调整的。

在 V86 方式下运行的 V86 任务只是系统中运行的多任务中的一个，对 V86 任务的管理与控制和其他任务相同。V86 方式是在保护方式下模拟实现的 8086 方式，但是它并不完全等同于 8086 方式。通过 V86 方式，既能运行大量的 8086/8088 应用程序，又能充分发挥 80386 保护方式的优点。

在一般的保护方式下，在 8386 的 EFLAGS 寄存器中的 VM 位为 0，若使 VM=1，则进入 V86 方式。该方式是面向任务的，它允许 80386 生成多个模拟的 8086 微处理器，假如一台 80386 计算机的操作系统是 UNIX 任务(实用程序和应用程序)外，同时用户可以在 V86 窗口下执行 8086 的操作系统和用户程序，使得每个 V86 任务认为它正在一台独立的 8086 计算机上运行。

8.3　80486 微处理器

80486 是第二代 32 位微处理器。其主要结构与性能特点如下：

(1) 80486 是第一个采用 RISC(Reduced Instruction Set Computer，缩减指令系统计算机)技术的 80x86 系列微处理器，它通过减少不规则的控制部分，缩短了指令的执行周期，以及将有关基本指令的微代码控制改为硬件逻辑直接控制，缩短了指令的译码时间，从而使得微处理器的处理速度达到 12 条指令/时钟。

(2) 内含 8KB 的高速缓存，用于对频繁访问的指令和数据实现快速的混合存放，使高速缓存系统能截取 80486 对内存的访问。由于高速缓存的"命中"率很高，使得插入的等状态趋向于零，同时高"命中"率必将降低外部总线的使用频率，从而提高了系统的性能。

(3) 80486 芯片内包含有与片外 80387 功能完全兼容且功能又有扩充的片内 80387 协处理器，称为浮点运算部件(FPU)。80387 专门用作浮点运算。由于 80486 CPU 和 FPU 之间的数据通道是 64 位，80486 内部数据总线宽度也为 64 位，而且 CPU 和 cache 之间以及 cache 与 cache 之间的数据通道均为 128 位，因此 80486 比 80386 处理数据的速度大为提高。

(4) 80486 采用了猝发式总线的总线技术，当系统取得一个地址后，与该地址相关的一组数据都可以进行输入/输出，有效地提高了 CPU 与存储器之间的数据交换速度。

(5) 从程序人员看，80486 与 80386 的体系结构几乎一样。80486 CPU 与 Intel 现已提供的 86 系列微处理器(8086/8088，80186/80188，80286，80386)在目标代码一级完全保持了向上的兼容性。

(6) 80486 CPU 的开发目标是实现高速化,并支持多处理器系统,因此,可以使用 N 个 80486 构成多处理器的结构。

80486 和 80386 一样,特别适合于多任务处理的操作系统。以它们组成的微机可以运行 UNIX、XENIX、OS/2、PC-DOS、MS-DOS 以及 Windows 等不同的操作系统。

相对于 80386,80486 在内部结构上与 80386 基本相似,它在保留了 80386 的 6 个功能单元的基础上,新增加了高速缓存单元和浮点运算单元两部分,即所谓由"一分为六"变成"一分为八"。其中,预取指令、指令译码、内存管理单元(即段单元和页单元)以及 ALU 单元都可以独立并行工作,如图 8.24 所示。

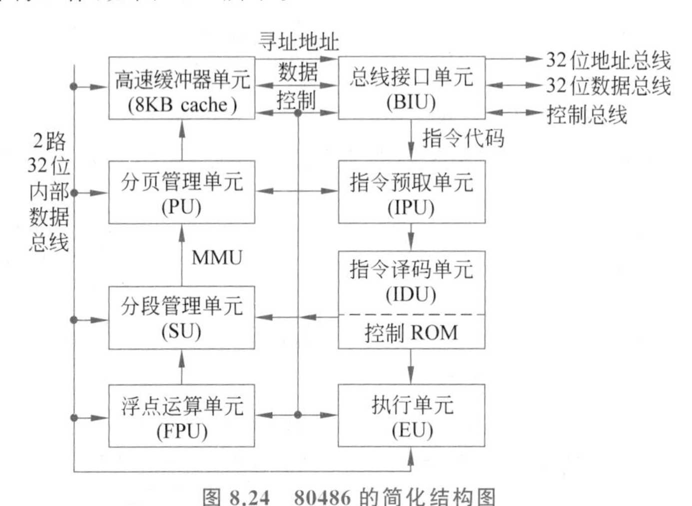

图 8.24　80486 的简化结构图

80486 采取的主要技术改进使它实现了 5 级指令流水线操作功能,如图 8.25 所示。

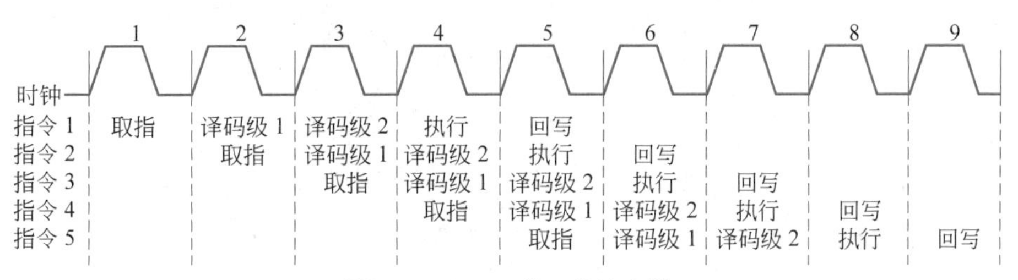

图 8.25　80486 的 5 级流水线

5 个指令执行阶段是:指令预取、指令解码 1、指令解码 2、执行和回写。具体地说,在第 1 个指令执行阶段为提取指令,在此阶段里,当前要执行的指令将被放入指令预取队列;在第 2 以及第 3 阶段是指令解码阶段,其主要目的是计算出操作数在内存中的地址;第 4 阶段则是执行阶段,而第 5 阶段则是将执行结果存回内存或寄存器中。这样,当第1 条指令在执行完第 1 阶段的提取过程后,在下一个时钟来临进行解码阶段时,这时提取指令的处理单元就可以对第 2 条指令进行提取,而解码单元便对当前的指令进行解码。以此类推,当 5 条指令按 5 级流水线并行操作时,虽然每一条指令仍需要占用 5 个时钟周期,但 5 条指令重叠并行操作却总共才占有了 9 个时钟周期。可见,80486 的 5 级流水线操作带来了速度的大提升。

总之,80486 从功能结构设计的角度来说,已形成了 IA-32 结构微处理器的基础。在

Intel 系列的后续微处理器结构中，都汲取了 IA-32 结构微处理器的设计思想，主要是在指令的流水线、Cache 的设置与容量以及指令的扩展等方面做了一些改进和发展。

8.4 Pentium 微处理器

8.4.1 Pentium 的体系结构

Pentium 是继 80486 之后的一代新产品，简称为 P5 或 80586，也称为奔腾。虽然 Pentium 采用了许多新的设计方法，但仍与过去的 80x86 系列 CPU 兼容。

为了更大地提高 CPU 的整体性能，单靠增加芯片的集成度在技术上会受到很大限制。为此，Intel 在 Pentium 的设计中采用了新的体系结构，如图 8.26 所示。

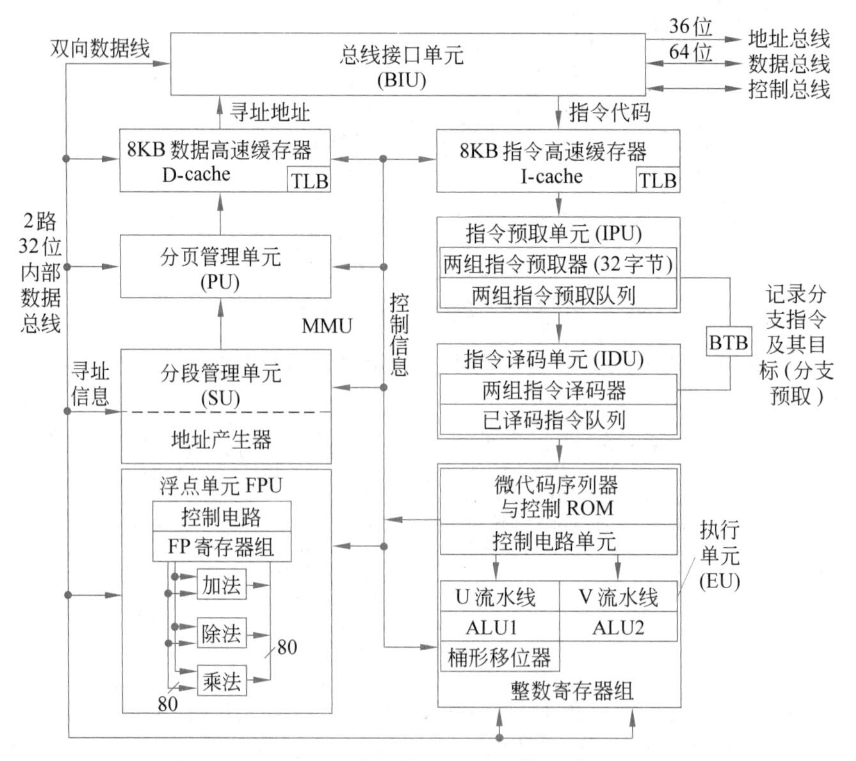

图 8.26　Pentium 首次引入 U、V 双流水线的结构图

从图 8.26 可以看出，Pentium 外部有 64 位的数据总线和 36 位的地址总线，同时该结构也支持 64 位的物理地址空间。Pentium 内部有两条指令流水线，即 U 流水线和 V 流水线。U、V 流水线都可以执行整数指令，但只有 U 流水线才能执行浮点指令，而在 V 流水线中只可以执行一条异常的 FXCH 浮点指令。因此，Pentium 能够在每个时钟内执行两条整数指令，或在每个时钟内执行一条浮点指令；如果两条浮点指令中有一条为 FXCH 指令，那么在一个时钟内可以执行两条浮点指令。每条流水线都有自己独立的地址生成逻辑、算术逻辑部件和数据超高速缓存接口。

此外，Pentium 有两个独立的超高速缓存，即一个指令超高速缓存和一个数据超高速缓存。数据超高速缓存有两个端口，分别用于 U、V 两条流水线和浮点单元保存最常用数据备份；此外，它还有一个专用的转换后援缓冲器(TLB)，用来把线性地址转换成数据超高速缓存所用的物理地址。指令超高速缓存、转移目标缓冲器(BTB)和预取缓冲器负责将原始指令送入 Pentium 的执行单元。指令取自指令超高速缓存或外部总线。转移地址由转移目标缓冲器予以记录，指令超高速缓存的 TLB 将线性地址转换成指令超高速缓存器所用的物理地址，译码部件将预取的指令译码成 Pentium 可以执行的指令。控制 ROM 含有控制实现 P5 体系结构所必须执行的运算顺序和微代码。控制 ROM 单元直接控制两条流水线。

8.4.2 Pentium 体系结构的技术特点

1. 超标量流水线

超标量流水线(Superscalar)设计是 Pentium 处理器技术的核心。它由 U 与 V 两条指令流水线构成，如图 8.27 所示。每条流水线都拥有自己的 ALU、地址生成电路和数据 cache 的接口。这种流水线结构允许 Pentium 在单个时钟周期内执行两条整数指令，比相同频率的 80486DX CPU 性能提高了一倍。

与 80486 流水线相类似，Pentium 的每一条流水线也分为 5 个步骤：指令预取、指令译码、地址生成、指令执行、回写。但与 80486 不同的是，Pentium 是双流水线结构，可以一次执行两条指令，每条流水线中执行一条。这个过程称为“指令并行”。在这种情况下，要求指令必须是简单指令，且 V 流水线总是接受 U 流水线的下一条指令。但如果两条指令同时操作产生的结果发生冲突时，则要求 Pentium 还必须借助于适用的编译工具能产生尽量不冲突的指令序列，以保证其有效使用。

2. 独立的指令 cache 和数据 cache

80486 片内有 8KB cache，而 Pentium 片内则有两个 8KB cache，一个作为指令 cache，另一个作为数据 cache，即双路 cache 结构，如图 8.28 所示。

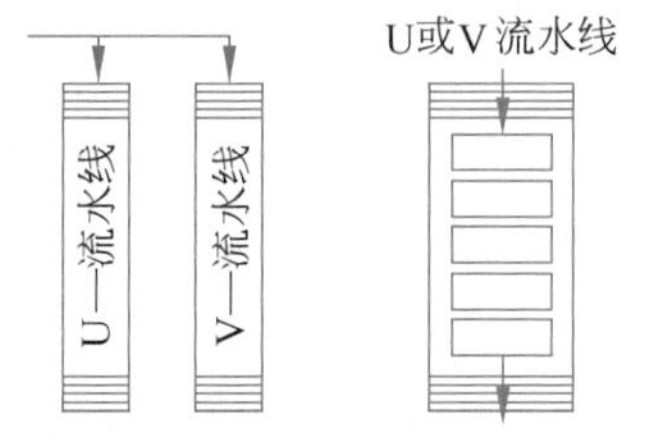

图 8.27 Pentium 超标量流水线结构

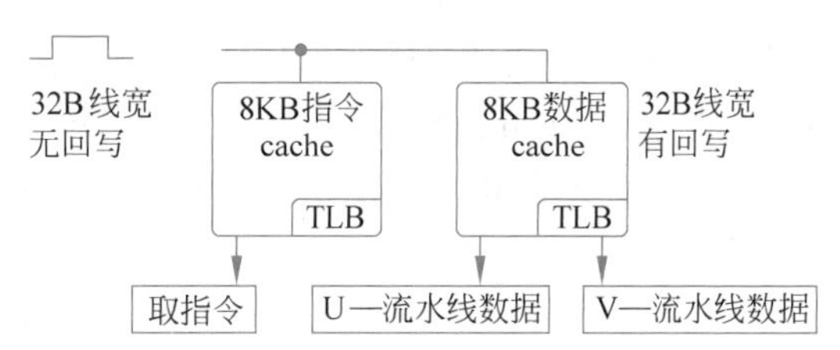

图 8.28 Pentium 的双路 cache 结构

图中，TLB 的作用是将线性地址翻译成物理地址。指令 cache 和数据 cache 采用 32×8 线宽，是对 Pentium 64 位总线的有力支持。Pentium 的数据 cache 中有两个端口分别通向 U 和 V 两条流水线，以便能在相同时刻向两个独立工作的流水线进行数据交换。当向已被占满的数据 cache 写数据时(也只有在这种情况下)，将移走一部分当前使用频率最低的数据，并同时将其写回主存。这个技术称为 cache 回写技术。由于处理器向 cache 写数据和将 cache 释放的数据写回主存是同时进行的，所以采用 cache 回写技术节省了处理时间。

指令和数据分别使用不同的 cache，使 Pentium 的性能大大超过 80486 微处理器。例如，流水线的第 1 步骤为指令预取，在这一步中，指令从指令 cache 中取出来，如果指令和数据合用一个 cache，则指令预取和数据操作之间将很可能发生冲突。而提供两个独立的 cache，将可避免这种冲突并允许两个同时操作。

3. 重新设计的浮点单元

Pentium 的浮点单元在 80486 的基础上进行了改进，它由数据 cache 中的一个专门端口提供数据通道。其浮点运算的执行过程分为 8 级流水，使每个时钟周期能完成一个浮点操作(某些情况下可以完成两个)。

浮点单元流水线的前 4 个步骤与整数流水线相同，后 4 个步骤的前两步为二级浮点操作，后两步为四舍五入以及写结果、出错报告。Pentium 的 CPU 对一些常用指令(如 ADD、MUL 和 LOAD)采用了新的算法，同时用电路进行了固化，用硬件来实现，使速度明显提高。

在运行浮点密集型程序时，66MHz Pentium 运算速度为 33MHz 的 80486DX 的 5～6 倍。

4. 分支预测

循环操作在软件设计中使用十分普遍，而每次在循环当中对循环条件的判断占用了大量的 CPU 时间。为此，Pentium 提供一个称为分支(或转移)目标缓冲器(Branch Target Buffer，BTB)的小 cache 来动态地预测程序分支，当一条指令导致程序分支时，BTB 记忆下这条指令和分支目标的地址，并用这些信息预测这条指令再次产生分支时的路径，预先从此处预取，保证流水线的指令预取步骤不会空置，BTB 机制如图 8.29 所示。

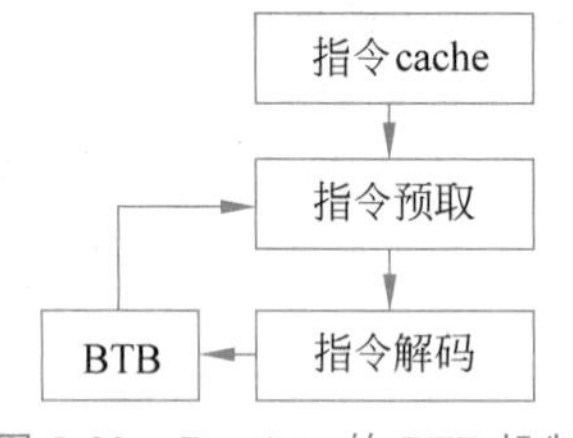

图 8.29　Pentium 的 BTB 机制

当 BTB 判断正确时，分支程序即刻得到解码，从循环程序来看，在进入循环和退出循环时，BTB 可能会发生判断错误，需重新计算分支地址。例如，循环 10 次，2 次错误，8 次正确；而循环 100 次，2 次错误，98 次正确。因此，循环越多，BTB 的效益越明显。

由于 Pentium 微处理器在体系结构和个人计算机性能方面引入了一些新的技术概念，为后续微处理器和个人计算机的发展开辟了一个新的技术方向。

8.5　Pentium 微处理器系列及相关技术的发展

Intel 自推出第 5 代微处理器 Pentium 和增强型 Pentium Pro 之后，于 1996 年底推出了具有多媒体专用指令集的 MMX CPU，接着于 1997 年 5 月推出了更高性能的 Pentium Ⅱ CPU，1999 年又推出 Pentium Ⅲ CPU，并于 2000 年以后相继推出了 Pentium 4 及 Pentium 4 后系列 CPU 产品。这样，它以领先的技术将个人计算机推向一个新的发展阶段。本节主要介绍 Pentium 系列微处理器及其相关技术。

8.5.1 Pentium Ⅱ微处理器

Pentium Ⅱ是Pentium Pro的改进型产品，在核心结构上并没有什么变化，它汇集了Pentium Pro与MMX的优点。

Pentium Ⅱ采用了一种称为双独立总线(Dual Independent Bus，DIB)结构(即二级高速缓存总线和处理器-主内存系统总线)的技术。这种结构使微机的总体性能比单总线结构的处理器提高了2倍，在带宽处理上性能大约提高了3倍。此外，双独立总线架构还支持66MHz的系统存储总线在速度提升方面的发展。高带宽总线技术和高处理性能是Pentium Ⅱ处理器的两个重要特点。同时，它还保留了原有Pentium Pro处理器优秀的32位性能，并融合了MMX技术。由于Pentium Ⅱ增加了加速MMX指令的功能和对16位代码优化的特性，使得它能够同时处理两条MMX指令。

Pentium Ⅱ还采用了一种称为动态执行的随机推测设计来增强其功能；其虚拟地址空间达到64TB，而物理地址空间达到64GB；其片内还集成了协处理器，并采用了超标量流水线结构。此外，为了克服其片外L2高速缓存较慢的不足，Intel将它的片内L1高速缓存从16KB加倍到32KB(16KB指令＋16KB数据)，从而减少了对片外L2高速缓存的调用频率，提高了CPU的运行性能。

Pentium Ⅱ处理器与主板的连接首次采用了Slot 1接口标准，不再用陶瓷封装，而是采用了一块带金属外壳的印刷电路板(PCB)，该印刷电路板集成了处理器的核心部件，以及32KB的一级高速缓存。它与一个称为单边接触卡(Single-Edge Contact，SEC)的底座相连，再套上塑料封装外壳，形成完整的CPU部件。它的二级缓存可扩展为256DKB、512KB和1MB 3种。

8.5.2 Pentium Ⅲ微处理器

Pentium Ⅲ(简称P Ⅲ或奔腾Ⅲ)微处理器仍采用了同Pentium Ⅱ一样的P6内核，制造工艺为0.25μm或0.18μm的CMOS技术，有950万个晶体管，主频从450MHz和500MHz开始，最高达850MHz以上。

Pentium Ⅲ处理器具有片内32KB非锁定一级高速缓存和512KB非锁定二级高速缓存，可访问4～64GB内存(双处理器)。它使处理器对高速缓存和主存的存取操作以及内存管理更趋合理，能有效地对大于L2缓存的数据进行处理。在执行视频回放和访问大型数据库时，高效率的高速缓存管理使Pentium Ⅲ避免了对L2高速缓存的不必要的存取。由于消除了缓冲失败，多媒体和其他对时间敏感的操作性能得以提高。对于可缓存的内容，Pentium Ⅲ通过预先读取期望的数据到高速缓存里来提高速度，从而提高了高速缓存的命中率。

为了进一步提高CPU处理数据的功能，Pentium Ⅲ增加了SSE新指令集。所谓SSE，就是指流式单指令多数据扩展(Streaming SIMD Extention)。新增加的70条SSE指令分成3组不同类型的指令：8条内存连续数据流优化处理指令，通过采用新的数据预存取技术，减少CPU处理连续数据流的中间环节，大大提高CPU处理连续数据流的效率；50条单指令多数据浮点运算指令，每条指令一次可以处理多组浮点运算数据，原来的指令一次只能处理一对浮点运算数据，现在可以处理4对数据，因此，大大提高了浮点数据处理的速度；12条新的多媒体指令：采用改进的算法，进一步提升视频处理、图片处理的质量。

Pentium Ⅲ处理器另一个特点是它具有处理器序列号。处理器序列号共有128位，使每一块 Pentium Ⅲ都有自己唯一的ID号即序列号，它可以对使用该处理器的PC进行标识。

由于 Pentium Ⅲ所具有的各种优越性能，它的应用领域十分广阔，特别是在多媒体与因特网技术应用方面，更有其突出的优势。与 Pentium Ⅱ相比，Pentium Ⅲ的识别速度提高了37%，图形处理速度提高64%，视频压缩速度提高41%，三维图形处理能力提高74%。

8.5.3 Pentium 4 CPU 简介

Intel公司最初于2000年8月推出的 Pentium 4(简称P 4或奔腾4)是IA-32结构微处理器的增强版，也是第1个基于 Intel NetBurst 微结构的处理器。这种新结构的 Pentium 4，在数据加密、视频压缩和对等网络等方面的性能都有较大幅度的提高，因此，它可以更好地处理互联网用户的需求。

1. Pentium 4 的分类

Pentium 4 的原始代号为 willamette，是一个具有超级深层次管线化架构的微处理器。

早期的 Pentium 4 主要分为两个版本，2000年8月，Intel公司展示了第一台1.4GHz的Pentium 4系统，其 Pentium 4 芯片即是属于第一代版本，而第二代 Pentium 4 于2000年底才正式宣布。第一代 Pentium 4 与第二代 Pentium 4 有相当大的差别，首先，第一代 Pentium 4 采用的是 socket 423 的插座，其内部拥有3400万个晶体管，晶体管的总面积约为171mm^2。而第二代 Pentium 4 改为 MPGA 478 封装设计。此外，其内部晶体管的数目也增加到4200万个，而晶体管的面积则为271mm^2。

Intel公司于2001年2月26日发布了新的 Pentium 4，这款新 Pentium 4 采用较小的封装技术和0.13μm的制程工艺，其代号为 northwood，与原来的 Pentium 4 相比，虽然体积有所减小，但CPU的插脚数却增加为478针，它可以满足2GHz的电压需求。

2. Pentium 4 的内部功能结构框图

Intel公司为 Pentium 4 CPU 设计了多种类型的内部结构。图8.30出了其中一种由Intel公司公布的 Pentium 4 CPU 的内部功能结构框图。

在图8.30中，包含影响 Pentium 4 性能的所有重要单元。下面简要介绍 Pentium 4 主要功能部件，以及内部执行环境可以使用的一些主要资源。

(1) BTB：分支目标缓冲区(Branch Target Buffer)。为分支目标缓冲区，用来存放所预测分支的所有可能生成的目标地址记录(通常为256或512条目标地址)。当一条分支指令导致程序分支时，BTB就记下这条指令的目标地址，并用这条信息预测这一指令再次引起分支时的路径，并预先从该处预取。

(2) μOP：微操作运算码(Micro-Operation/Operand)。它是Intel赋予微处理器的执行部件能直接理解和执行的指令集名称，简称微指令集。这种微指令集是一组非常简单而

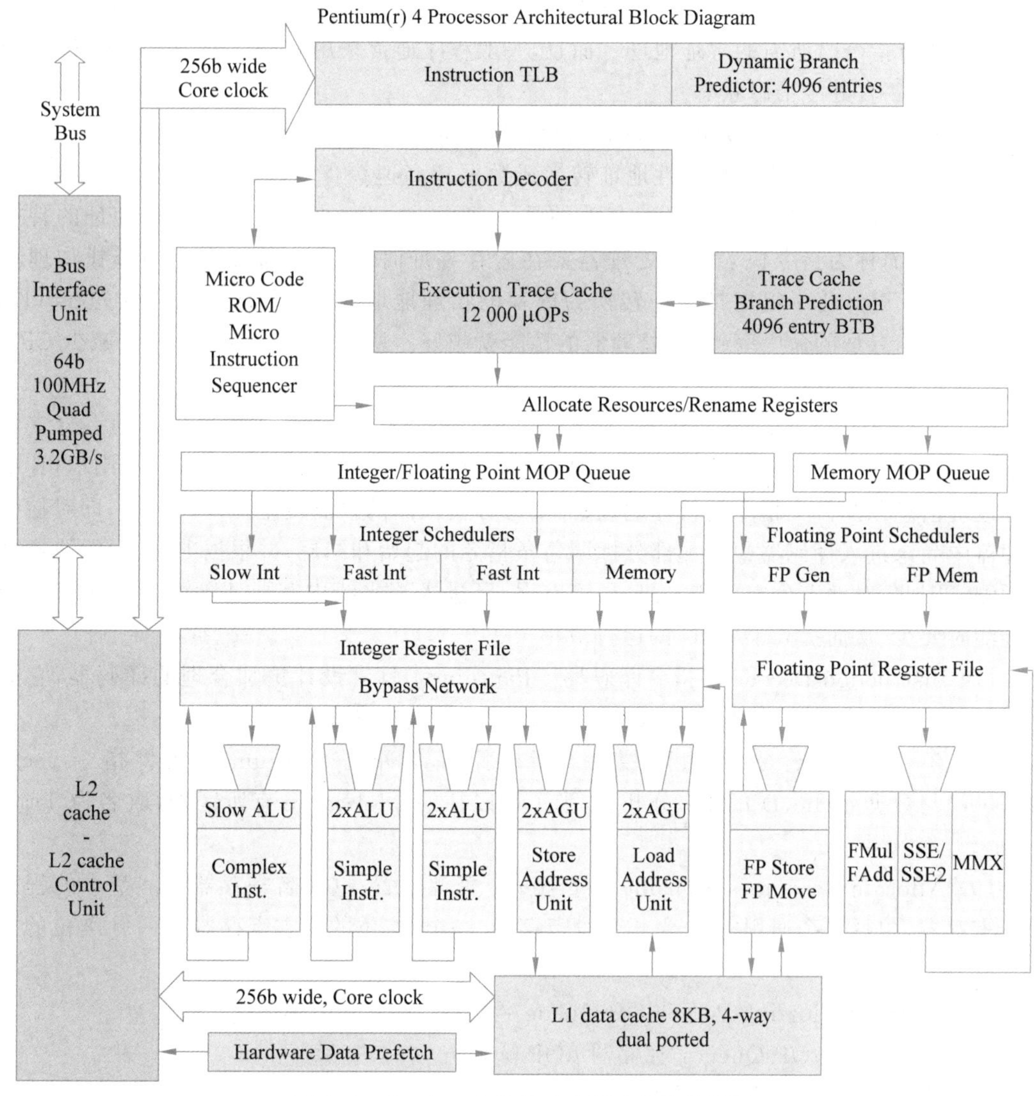

图 8.30　Pentium 4 CPU 的内部功能结构框图

且处理器可以快速执行的指令集。通常汇编语言中的一条指令可分解为一系列的微指令，它与 80x86 的变长指令集不同，其长度是固定的，因此很容易在执行流水线中进行处理。在现代多数超标量微处理器中，都会发现内建微码存储器(Micro Code ROM)的机制。微指令存放在内部的一个微码存储器(Micro Code ROM)中。平均来说，多数的 80x86 指令会被微码定序器编译成两个左右的运算码。一些很简单的指令如 AND、OR、OR 或 ADD 仅会产生一个运算码，而 DIV 或 MUL 以及间接寻址运算则会产生较多运算码。其他极为复杂的指令如三角函数等能轻易产生上百个运算码，出自微指令定序器(Micro Instruction Sequencer)。

(3) ALU：运算逻辑单元，即整数运算单元。一般数学运算(如加、减、乘、除)以及逻辑运算(如 AND、OR、ASL、ROL 等)指令都在逻辑运算单元中执行。而这些指令在一般软件中占了程序代码的绝大多数，所以 ALU 的运算性能对整个系统的性能影响很大。

(4) AGU：地址生成单元(Address Generation Unit)。该单元与ALU一样重要，它负责生成在执行指令时所需的寻址地址。而且，一般程序通常采用间接寻址，并由AGU来产生，所以它会一直处于忙碌状态。

(5) Instruction TLB：为指令旁路转换缓冲(Translation Lookaside Buffer)，也称为转换后援缓冲器(TLB)。用于把线性地址转换成数据超高速缓存所用的物理地址。实际上，它可以被理解成页表缓冲，在它里面存放的是一些页表文件(虚拟地址到物理地址的转换表)，因此，它简称为指令快表。当处理器要在内存寻址时，不是直接在内存中查找物理地址，而是通过TLB将一组虚拟地址转换为内存的物理地址，CPU寻址时就会优先在TLB中进行寻址。寻址的命中率越高，处理器的性能就越好。所以，引入TLB是为了减少CPU访问物理内存的次数。

(6) Dynamic Branch Predictor：为含有4096个入口的动态分支预取器。动态分支预测是对静态分支预测而言的。静态分支预测在指令取入译码器后进行译码时，利用BTB中目标地址信息预测分支指令的目标地址；而动态分支预测的预测发生在译码之前，即对指令缓冲器中尚未进入译码器中的那部分标明每条指令的起始和结尾，并根据BTB中的信息进行预测。因此，对动态分支预测，一旦预测有误，已进入流水线中需要清除的指令比静态分支预测时要少，从而提高了CPU的运行效率。

(7) Instruction Decoder：指令译码器。Pentium 4具有设计更加合理的译码器，它能加快指令译码速度，提高指令流水效率，从而能有效提高处理器性能。

(8) Trace Cache：指令跟踪缓冲。指令跟踪缓冲是Pentium 4在将指令cache(I-cache)与数据cache(D-cache)分开后，为了与以往的L1 I-cache有所区别，取名为Trace Cache。

(9) Allocate Resources/Rename Registers：资源配置/重命名寄存器组。基本的程序执行寄存器，包括8个通用寄存器、6个段寄存器、一个32位的标志寄存器和一个32位的指令寄存器。

(10) Integer/Floating Point μOP Queue：整型/浮点μOP队列。

(11) Memory μOP Queue：存储器μOP队列。

(12) Integer Schedulers：整型运算调度。

(13) Floating Point Schedules：浮点运算调度。

(14) Integer Register File/ Bypass Network：整型运算寄存器组/旁通网络。

(15) Floating Point Register File：浮点运算寄存器组。包括8个80位的浮点数据寄存器以及控制寄存器、状态寄存器、FPU指令指针与操作数指针寄存器等。

(16) Slow ALU/Complex Inst.：慢速ALU/复杂指令。

(17) 2×ALU/Simple Inst.：2×ALU/简单指令。

(18) 2×AGU/Store Address Unit：2×AGU/存入地址单元。

(19) 2×AGU/Store Address Unit：2×AGU/读出地址单元。

(20) FP Store/FP Move：浮点存/浮点传送。增强的128位浮点装载、存储与传送操作。

(21) Fmul/Fadd：浮点乘加。增强的128位浮点乘加运算操作。

(22) SSE/SSE2：SSE和SSE2寄存器。8个XMM寄存器和1个MSCSR寄存器支持

128 位紧缩的单精度浮点数、双精度浮点数以及 128 位紧缩的字节、字、双字、四字整型数的 SIMD 操作。

(23) MMX：MMX 寄存器。8 个 MMX 寄存器用于执行单指令多数据(SIMD)操作。

此外，Pentium 4 还继承了 IA-32 结构中的系统寄存器和数据结构，其存储器管理与 80386 基本相同，也采用了分段与分页两级管理。

3. Pentium 4 的主要技术特点

Pentium 4 作为 Intel 第 7 代处理器，其主要技术特点如下：

(1) 流水线深度由 Pentium 的 14 级提高到 20 级，使指令的运算速度成倍增长，并为设计更高主频和更好性能的微处理器提供了技术准备。Pentium 4 的最高主频设计可高达 10GHz。

(2) 采用高级动态执行引擎，为执行单元动态地提供执行指令，即在执行单元有可能空闲下来等待数据时，及时调整不需要等待数据的指令提前执行，防止了执行单元的停顿，提高了执行单元的效率。

(3) 采用执行跟踪技术跟踪指令的执行，减少了由于分支预测失效而带来的指令恢复时间，提高了指令执行速度。

(4) 增强的浮点/多媒体引擎，128 位浮点装载、存储、执行单元，大大提升了浮点运算和多媒体信息处理能力。

(5) 超高速的系统总线。第 1 代采用 willamette 核心的产品采用 400MHz 的系统总线，比采用 133MHz 系统总线的 Pentium Ⅲ的传输率提高 3 倍，使其在音频、视频和3D 等多媒体应用方面获得更好的表现。

此外，Pentium 4 还引入了其他一些相关技术。例如，快速执行引擎及双倍算术逻辑单元架构，它是在 Pentium 4 CPU 的核心结构中设计了两组可独立运行的 ALU，以加倍提高 CPU 执行算术逻辑运算的整体速度，使其执行常用指令时的速度是运行其他指令速度的 2 倍；4 倍爆发式总线，它是指 Pentium 4 在一个时钟频率的周期内，可以同时传送 4 股 64 位不同的数据，以提高内存的带宽；SSE2 指令集，它是在 SSE(简称为单指令多数据扩展)技术基础上进一步增强浮点运算能力而推出的新的扩展指令集；指令跟踪缓存，它是 Pentium 4 在结构性能方面的一个最大的改进技术，即将指令 cache(I-cache)与数据 cache(D-cache)分开，以加快内部数据的执行速度。

8.5.4 现代 CPU 的性能指标

在 Pentium 4 CPU 系列中，关注的主要性能指标如下。

1. 主频、外频、倍频

主频即 CPU 的时钟频率，简单地说，就是 CPU 的工作频率。例如，Pentium 4 1.8GHz，其时钟频率 1.8GHz 即主频。一般一个时钟周期完成的指令数是固定的，所以主频越高，CPU 的速度也就越快。不过，由于各种 CPU 的内部结构不尽相同，所以并不能完全用主频来概括 CPU 的性能。至于外频就是系统总线的工作频率，即 CPU 的外部时钟频率；而倍频则是指 CPU 外频与主频相差的倍数。也就是说，主频＝外频×倍频。

2. 前端总线

前端总线(Front Side Bus,FSB)是将 CPU 连接到北桥芯片的总线。前端总线负责将 CPU 连接到主内存,前端总线频率直接影响 CPU 与内存数据交换速度。数据传输最大带宽取决于同时传输的数据的宽度和传输频率,即数据带宽=(总线频率×数据带宽)/8。前端总线频率越高,表示 CPU 与内存之间的数据传输量越大,更能充分发挥出 CPU 的功能。

外频与前端总线频率的区别:前端总线的速度指的是数据传输的实际速度,外频是 CPU 与主板之间同步运行的速度。也就是说,100MHz 外频特指数字脉冲信号在每秒钟振荡一亿次;而 100MHz 前端总线频率指的是每秒钟 CPU 可接受的数据传输量,即 100MHz×64b÷8B/b=800MB/s。

3. 缓存

缓存(cache memory)是指可以进行高速数据交换的存储器,它先于内存与 CPU 交换数据。因其存取速度极快,又被称为高速缓存。

1) 一级缓存

一级缓存又称一级高速缓存(L1 cache),它可分为一级指令缓存(instruction cache,I-cache)和一级数据缓存(data cache,D-cache)。一级指令缓存用于暂时存储并向 CPU 递送各类运算指令;一级数据缓存用于暂时存储并向 CPU 递送运算所需数据。

缓存的容量和结构对 CPU 的性能影响较大,是整个 CPU 缓存架构中最为重要的部分。高速缓冲存储器均由静态 RAM 组成,结构较复杂,由于它集成在 CPU 内核中,受到 CPU 内部结构的限制,因此不会做得太大。

2) 二级缓存

二级缓存又称二级高速缓存(L2 cache),其作用是协调 CPU 的运行速度与内存存取速度之间的差异。二级缓存是 CPU 性能表现的关键之一。在 CPU 核心不变的情况下,增加二级缓存容量,能使性能大幅度提高。

CPU 缓存除了有一级缓存与二级缓存外,部分高端 CPU 还具有三级缓存。例如,Intel 32nm 酷睿 i5 2320 盒装 CPU(LGA1155/3.0GHz/四核/6M)即含有三级缓存。

4. 制造工艺

制造工艺的微米是指 IC 内电路与电路之间的距离。制造工艺的趋势是向密集度愈高的方向发展。密度愈高的 IC 电路设计,意味着在同样大小面积的 IC 中,可以拥有密度更高、功能更复杂的电路设计。制造工艺有 180nm、130nm、90nm、65nm、45nm、22nm 等。

5. 多媒体指令集

为了提高计算机在多媒体、3D 图形方面的应用能力,许多 CPU 指令集应运而生,例如 Intel 的 MMX、SSE/SSE2/SSE3/SSE4 和 AMD 的 3D NOW! 指令集。这些指令对图像处理、浮点运算、3D 运算、视频处理、音频处理等多种多媒体应用起到全面强化的作用。

6. 超流水线与超标量

众所周知,多级流水线是 Intel 在 80386 /80486 芯片中新开始使用的。在后来的 Pentium CPU 中,又进一步发展了流水线技术,具有 U、V 双流水线。

Pentium CPU 的每条整数流水线都分为 4 级流水,即指令预取、译码、执行、写回结果,浮点流水又分为8级流水。

超标量是通过内置多条流水线来同时执行多个处理器，其实质是以空间换取时间；而超流水线是通过细化流水、提高主频，使得在一个机器周期内完成一个甚至多个操作，其实质是以时间换取空间。例如，Pentium 4的流水线就长达20级。将流水线设计的步(级)越长，其完成一条指令的速度更快，因此才能适应工作主频更高的CPU。

7. CPU的封装技术

CPU的封装技术对于芯片来说是至关重要的。采用不同封装技术的CPU，在性能上存在较大差距。只有高品质的封装技术才能生产出完美的CPU产品。封装不仅起着安放、固定、密封、保护芯片和增强导热性能的作用，而且还是沟通芯片内部世界与外部电路的桥梁——芯片上的接点用导线连接到封装外壳的引脚上，这些引脚又通过印刷电路板上的导线与其他器件建立连接。如OOI封装，用于Pentium 4处理器(有423个针脚)；mPGA(微型PGA)封装，用于AMD公司的Athlon 64和Intel公司的Xeon(至强)系列CPU等。

以上指标只是Pentium 4 CPU性能的一部分，还有其他因素如核心数量、处理器架构(采用了NetBurst架构)超线程技术、各种指令扩展集(包括64位体系架构的CPU指令集)等，也会对性能产生影响。

8.6 微机新技术及应用

8.6.1 云计算与大数据技术及其应用

云计算和大数据技术是两个独立但相互关联的技术领域。云计算是指通过网络提供计算资源和服务，用户可以根据需求随时获取和使用这些资源和服务，而无须投资和维护自己的计算设备和基础设施。大数据技术则是指通过对大规模数据的收集、存储、处理和分析，揭示潜在的价值和洞察。

云计算为大数据提供了庞大的计算和存储能力。云计算提供的弹性计算资源和可扩展的存储系统，使得大数据的处理和分析更加高效和方便。同时，云计算的分布式架构和资源共享特性也满足了大数据处理中的并行计算需求。大数据技术又为云计算提供了丰富的数据源和应用需求，使得云计算可以更好地支持大数据的存储和分析。

在实际应用中，云计算和大数据技术被广泛地应用于各个行业和领域。以下是几个典型应用领域的示例。

(1) 企业数据分析与决策支持：通过云计算平台和大数据技术，企业可以对海量的数据进行挖掘和分析，从中获取洞察和预测，帮助企业做出更准确的决策和规划。

(2) 社交媒体分析与个性化推荐：通过对用户社交媒体数据的收集和分析，云计算和大数据技术可以帮助提供个性化的服务和推荐，使得用户获得更好的体验和满意度。

(3) 金融风控与反欺诈：借助云计算平台和大数据技术，金融机构可以对大量的交易数据进行实时分析和风险评估，及时发现和防止欺诈行为。

(4) 智能城市与交通管理：通过云计算和大数据分析技术对城市交通数据进行收集和分析，可以实现交通流优化和智能化交通管理，提高城市的交通效率和环境质量。

(5) 医疗健康管理与预防：利用云计算平台和大数据技术对医疗数据进行分析，可以提供个性化的健康管理和预防措施，帮助人们维持健康和预防疾病。

除了以上几个领域，云计算和大数据技术还在物流管理、智能制造、环境监测等领域得到应用，并在不断扩展和创新中为更多的领域带来了更多的机遇和挑战。

8.6.2 物联网技术与应用

物联网(Internet of Things,IoT)是指通过互联网将各种物理设备连接起来，并通过这些设备之间的通信和数据交互实现信息的互联和共享。物联网技术涵盖了传感器技术、通信技术、云计算技术和大数据技术等多个领域，能够连接和控制各种日常设备、工业设备、交通设施和智能家居等物品。

物联网技术的核心是传感器和通信技术。传感器可以采集各种环境数据，如温度、湿度、光照等，并将这些数据转化为电信号进行传输。通信技术则负责将传感器采集到的数据传输到云平台或其他设备上进行处理和分析。

物联网应用的范围非常广泛。以下是几个典型的物联网应用领域。

(1) 智能家居：通过连接家庭中的各种家电、安防设备、照明系统等，实现对家居环境的远程监控和控制。用户可以通过手机或其他终端设备，随时随地掌握家居的状态并进行调整。

(2) 工业自动化：利用物联网技术，实现对生产线、设备和产品的远程监控和控制。可以通过监测设备状态和运行数据，做出实时的决策，提高生产效率和质量。

(3) 智能交通：通过将交通设施(如红绿灯、摄像头、路面传感器)连接到互联网，实现对交通流量、路况和交通信号的实时监测和调控。智能交通可以提高交通效率和安全性，减少交通拥堵和事故发生。

(4) 农业智能化：利用物联网技术，对农田和农业设施进行实时监测和控制。例如，土壤湿度、温度、光照等环境参数的监测和自动控制，可以提高农作物的产量和品质，减少能源和水资源的浪费。

(5) 城市管理：物联网技术可以应用于城市的各种设施和服务。例如，垃圾桶传感器实时监测垃圾量，智能路灯调光控制以节约能源，智能停车系统提供实时停车位信息。城市管理可以提高城市的管理效率和居民的生活质量。

除了以上几个领域，物联网技术还可以应用于环境监测、健康医疗、能源管理等领域。物联网技术的应用不断扩展和创新，为社会带来了更多的便利和效益，同时也面临着数据安全和隐私保护等方面的挑战。

8.6.3 人工智能与机器学习及其应用

人工智能是一门研究如何使计算机能够模拟人类智能的学科。人工智能包含了一系列的技术和方法，旨在使计算机具备感知、理解、学习、推理和决策等人类智能的能力。

机器学习(Machine Learning)是人工智能的一个重要分支，它通过让计算机自动分析和学习数据，以提取出隐藏在数据背后的模式和规律。机器学习主要通过训练模型来实现，这些模型可以基于输入的数据进行预测、分类、聚类等任务。

人工智能与机器学习的应用非常广泛，几乎涵盖了各个行业和领域。以下是一些典型的应用场景。

(1) 自然语言处理(Natural Language Processing，NLP)：利用人工智能和机器学习技术，实现自动翻译、语音识别、文本生成等自然语言相关的任务。

(2) 计算机视觉(Computer Vision)：利用人工智能和机器学习技术，实现图像识别、物体检测、人脸识别等计算机视觉任务。

(3) 垃圾邮件过滤：利用机器学习算法对电子邮件进行分类，自动过滤垃圾邮件。

(4) 推荐系统：通过分析用户的历史行为，利用机器学习算法预测用户的兴趣，为其推荐个性化的产品或内容。

(5) 金融欺诈检测：通过分析用户的交易数据，利用机器学习算法检测和预测潜在的金融欺诈行为。

(6) 智能客服和聊天机器人：利用机器学习和自然语言处理技术，开发智能客服系统和聊天机器人，能够与用户进行自然的对话。

(7) 自动驾驶技术：利用人工智能和机器学习技术，使汽车能够自主感知和决策，实现自动驾驶功能。

(8) 医疗诊断和辅助：利用机器学习算法对医疗数据进行分析，辅助医生进行疾病诊断和治疗。

随着人工智能和机器学习的不断发展，其应用领域还会不断扩展和深化。然而，同时也需要考虑和解决一些挑战，如数据隐私和安全、算法偏差和公平性等问题。

8.6.4 虚拟现实与增强现实技术及其应用

虚拟现实(Virtual Reality，VR)和增强现实(Augmented Reality，AR)是两种与现实世界交互的技术。虚拟现实通过创建一个完全虚拟的环境，使用户身临其境地感受到虚拟的场景和体验。增强现实则是将虚拟元素与现实世界相结合，给用户提供虚实结合的交互体验。

在虚拟现实中，用户戴上 VR 头显，通过显示器和感知器件提供的图像和声音，体验一个虚拟的环境。用户可以身临其境地参与到虚拟的场景中，例如游戏、模拟训练、虚拟旅游等。

在增强现实中，虚拟元素通过 AR 设备(如智能手机、AR 眼镜)叠加到用户的真实视觉环境中。用户可以通过 AR 设备观看现实世界并与虚拟元素进行交互，例如扫描二维码获取信息、虚拟物体叠加到真实环境中等。

虚拟现实和增强现实的应用非常广泛，涵盖了以下多个领域。

(1) 游戏和娱乐：虚拟现实可以为游戏提供一种沉浸式的体验，使玩家可以身临其境地参与其中。增强现实则可以将虚拟元素与真实环境相结合，创造出全新的游戏玩法。

(2) 教育和培训：虚拟现实可以为学生提供实践和体验的机会，例如虚拟实验室、历史场景重现等。增强现实可以为学习者提供更直观和丰富的信息展示，例如 AR 教科书、实时指导等。

(3) 建筑和设计：虚拟现实可以帮助建筑师和设计师在项目开始之前进行虚拟建模和可视化。增强现实可以将虚拟建筑元素叠加到真实环境中，帮助用户进行设计和规划。

(4) 医疗和健康：虚拟现实可以用于医疗模拟和手术培训。增强现实可以辅助医生进行诊断和手术等操作。

(5) 智能家居和购物：增强现实可以为用户提供虚拟的家居设计展示、试穿服装等体验。

(6) 旅游和文化：虚拟现实可以帮助用户远程体验不同地点的旅游景点。增强现实可以提供导航和信息展示，帮助用户游览不同地方。

虚拟现实和增强现实技术目前仍在不断发展和演进，新的应用场景和领域不断涌现。

习　题　8

8.1　80286 CPU 内部分为哪几个功能部件？简述各功能部件的主要功能。

8.2　80286 与 8086 相比，从功能上分析，80286 主要有哪些改进？

8.3　80286 虚拟存储管理功能的基本概念是什么？为什么要进行对虚拟地址的映射？80286 的实存空间和虚拟空间大小各为多少？

8.4　80386 与 80286 相比，它的内部结构有哪些改进？80386 靠什么功能部件实现对虚拟地址的映射？其虚拟地址空间是多少？

8.5　80386 的分页部件可将每一页面划分为多少地址空间？实际上是怎样划分的？为什么？

8.6　80386 的段寄存器和 8086 的段寄存器在组成上、内容上和使用上有何不同？为什么 80386 在保护方式下设计了选择子这一新的数据结构？它有什么作用？

8.7　80386 的分段技术相比 8086 的分段技术有什么改进和变化？80386 在实方式与保护方式下的分段空间大小有什么区别？

8.8　80386 的 6 个段描述符高速缓存器有什么作用？描述符有哪些属性？

8.9　80386 的 GDTR 与 LDTR 各有什么作用？它们的主要区别是什么？为什么会有这种区别？

8.10　若 80386 CR_0 控制寄存器中 PG、PE 均为 1，试问 CPU 当前所处的工作方式如何？

8.11　简述 80386 通过分段管理和分页管理实现地址转换的全过程。

8.12　为什么 80386 要设置分页管理？它可以带来哪些优越性？

8.13　简述 80386 描述符表的组成及操作原理。

8.14　简述 80386 页目录表的组成及操作原理。

8.15　在 V86 方式下，为何页表项共计有 272 个？

8.16　80486 的主要结构特点如何？

8.17　在 80486 中 cache 的结构如何？

8.18　Pentium 的体系结构相比 80486 有哪些主要的突破？

8.19　Pentium Ⅱ 的主要性能如何？

8.20　Pentium Ⅲ 相比 Pentium Ⅱ 在主要性能方面有哪些提高？它的主要应用领域有哪些？

8.21　Pentium 4 是多少位的 CPU？它有哪些相关技术？

附录A 8086/8088的指令格式

8086/8088 指令编码的几种基本格式如下。

1. 无操作数指令

无操作数指令一般属于控制类指令，指令中只包含 1 字节的操作码 OP，故又称为单字节指令。例如，暂停指令 HLT 的编码格式为：

7							0	
OP								
1	1	1	1	0	1	0	0	F4H

2. 单操作数指令

单操作数指令只有 1 个操作数（字节或字），也只给出 1 个操作数地址。该操作数可以在寄存器或在存储器中，也可以是指令中直接给出的立即数。其具体格式各不相同。

1）单操作数在寄存器中

一类是单字节指令，有以下两种基本格式：

	7～3	2～0
格式①	OP	REG

	7～5	4～3	2～0
格式②	OP	SEG	OP

格式①指令位 7～位 3 为操作码，位 2～位 0 的 REG 字段（寄存器编码）有 8 种编码，对应 8 个 16 位通用寄存器：000——AX，001——CX，010——DX，011——BX，100——SP，101——BP，110——SI，111——DI。例如，DEC BX 指令编码为：

0 1 0 0 1	0 1 1	4BH

格式②指令的 SEG 字段（段寄存器编码）有 4 种编码，对应 4 个段寄存器，即 00——ES，01——CS，10——SS，11——DS。例如，PUSH CS 指令编码为：

0 0 0	0 1	1 1 0	0EH

另一类是双字节指令，有以下两种编码格式：

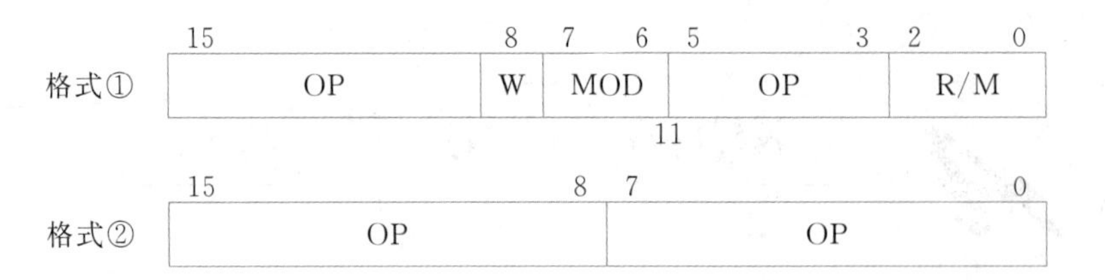

格式①的指令中，W 字段(1 位，字或字节编码)用来表示操作数是字节还是字，W=1 表示是字，W=0 表示是字节；MOD 字段(寻址方式编码)在此必须为 11，表示操作数在寄存器中；R/M 字段(寄存器/存储器选择编码)在此对应 8 位或 16 位的寄存器：000——AL/AX，001——CL/CX，010——DL/DX，011——BL/BX，100——AH/SP，101——CH/BP，110——DH/SI，111——BH/DI。

格式②的指令中，两个字节均为操作码，而单操作数总是被固定存放在 AX 或 AL 中，它是一种隐含寻址的单操作数指令。

2) 单操作数在存储器中

这是一类 2～4 字节的指令，有下列 3 种编码格式：

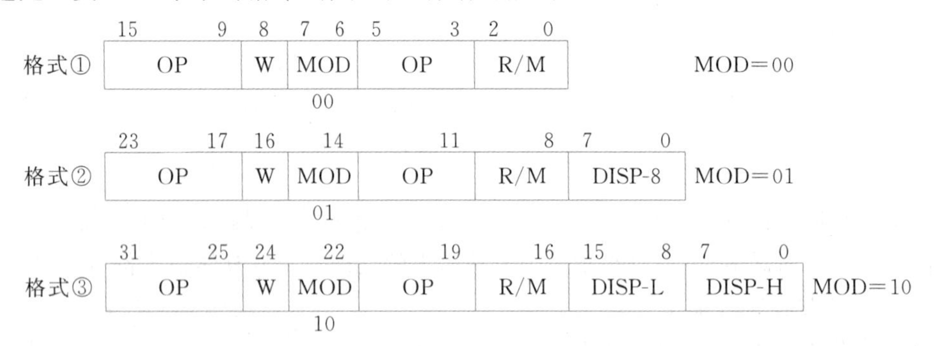

3 种格式中，MOD≠11，表示单操作数是在存储器中，由 R/M 字段和 MOD 字段的不同取值可确定单操作数在存储器中的有效地址。关于 R/M 和 MOD 字段编码的定义详见下列双操作数指令。DISP 为 8 位或 16 位的地址位移量。

3. 双操作数指令

双操作数指令常常是有一个操作数在寄存器中，由指令中的 REG 字段和 W 字段给定所在的寄存器；而另一个操作数可以在寄存器中，也可以在存储器中，或者是指令中给出的立即数，但不允许两个操作数均在存储器中。

(1) 两个操作数均在寄存器中，其指令格式如下：

15	9	8	7 6	5 3	2 0
OP	D	W	MOD	REG	R/M
			11		

这种格式中增设了 1 位的 D 字段(寄存器操作数传送方向编码)，它用来指定目标或源操作数。若 D=1，则表示由 REG 字段指定的寄存器为目标操作数，而由 MOD(=11)与 R/M 字段指定的寄存器为源操作数；若 D=0，则两个寄存器的源/目标方向相反。该格式中的 MOD 字段必须为 11，表示由 R/M 字段指定的是寄存器而不是存储单元。

(2) 两个操作数中有一个在寄存器中，另一个在存储器中。由 REG 和 W 字段给定一个操作数所在的寄存器；由 MOD 和 R/M 字段给定另一操作数在存储器中的有效地址，但 MOD≠11。

（3）两个操作数中有一个在寄存器中，另一个是指令中给出的立即数，有以下两种基本格式：

	23	19	18　16	15　8	7　0
格式①	OP	W	REG	DATA-L	DATA-H

	31	24	23　22	21　19	18　16	15　8	7　0
格式②	OP	W	MOD	OP	R/M	DATA-L	DATA-H
			11				

在格式①中，一个操作数所在的寄存器由 REG 和 W 字段确定；在格式②中，寄存器则由 W、MOD（=11）和 R/M 字段确定。这两种格式中的立即数可为 8 位或 16 位。

（4）两个操作数中，一个在存储器中，其有效地址由 MOD（≠11）和 R/M 字段给定，另一个操作数是指令中给出的立即数。有以下两种基本格式：

	31　25	24	23　22	21　19	18　16	15　8	7　0
格式①	OP	W	MOD	OP	R/M	DATA-L	DATA-H

	47　41	40	39　38	37　35	34　32	31　24	23　16	15　8	7　0
格式②	OP	W	MOD	OP	R/M	DISP-L	DISP-H	DATA-L	DATA-H

格式①中，一个操作数在存储器中，其有效地址由 BX、BP、SI、DI 等寄存器的内容确定，指令中不带地址位移量；另一个操作数是立即数，可以是 16 位或 8 位。

格式②是 6 字节指令。其第 1、2 字节同格式①，第 3～6 字节分别为 16 位地址位移量 DISP 和 16 位立即数 DATA。本格式中，MOD 只能为 01 或 10。

综上所述，双操作数指令中各字段的定义如图 A.1 所示。

图中，B_1、B_2 为基本字节，由 B_1 给出操作码，B_2 给出寻址方式；B_3～B_6 将根据不同指令对地址位移量和/或立即数的设置进行相应的安排。

B_1 字节各字段定义如下：

- OP——指令操作码。
- D——表示来自/到寄存器的方向。D=1，表示由指令 REG 字段所确定的某寄存器为目标；D=0，则表示该寄存器为源。
- W——表示操作数为字或字节处理方式。W=1，表示为字；W=0，则为字节。

B_2 字节各字段定义如下：

- MOD——给定指令的寻址方式，即规定是存储器或寄存器的寻址类型，并确定在存储器寻址类型时是否有位移量。

当 MOD≠11 时，为存储器寻址方式，即有一个操作数位于存储器中；并且根据 MOD 的不同取值，还可以决定位移量的具体设置，即：MOD=00，表示没有位移量；MOD=01，表示只有低 8 位位移量，需将符号扩展 8 位，形成 16 位位移量；MOD=10，表示有 16 位位移量。

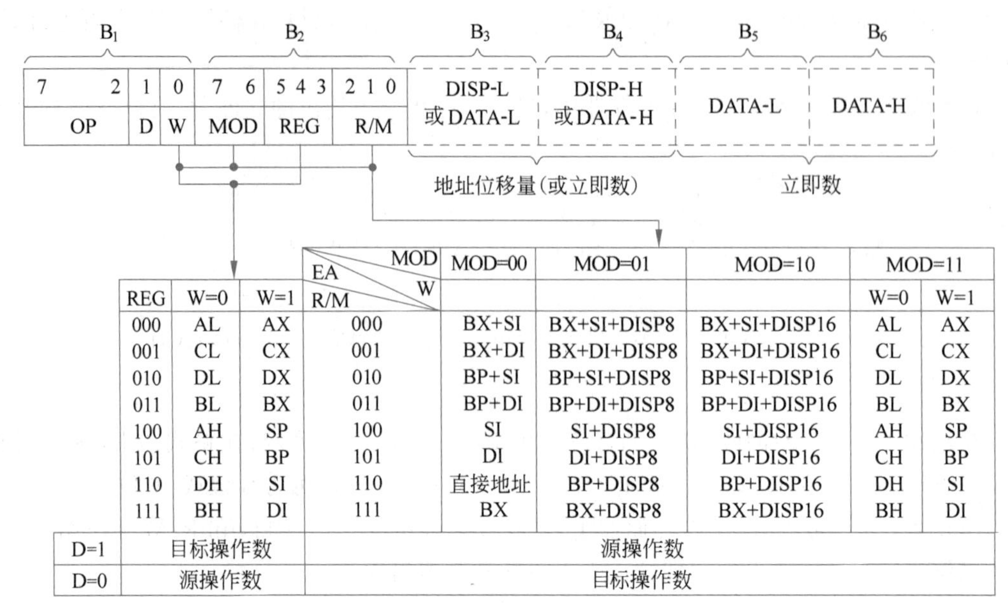

REG	W=0	W=1	EA R/M	MOD=00	MOD=01	MOD=10	MOD=11 W=0	MOD=11 W=1
000	AL	AX	000	BX+SI	BX+SI+DISP8	BX+SI+DISP16	AL	AX
001	CL	CX	001	BX+DI	BX+DI+DISP8	BX+DI+DISP16	CL	CX
010	DL	DX	010	BP+SI	BP+SI+DISP8	BP+SI+DISP16	DL	DX
011	BL	BX	011	BP+DI	BP+DI+DISP8	BP+DI+DISP16	BL	BX
100	AH	SP	100	SI	SI+DISP8	SI+DISP16	AH	SP
101	CH	BP	101	DI	DI+DISP8	DI+DISP16	CH	BP
110	DH	SI	110	直接地址	BP+DISP8	BP+DISP16	DH	SI
111	BH	DI	111	BX	BX+DISP8	BX+DISP16	BH	DI

D	REG	R/M
D=1	目标操作数	源操作数
D=0	源操作数	目标操作数

图 A.1 双操作数指令中各字段定义

注意：在 8086/8088 执行指令时，要将所有 8 位的位移量扩展成 16 位的位移量。对正的 8 位位移量 00H～7FH，在加到偏移地址之前要扩展成 0000H～007FH；对负的 8 位位移量 80H～FFH，则要扩展成 FF80H～FFFFH。

当 MOD=11 时，为寄存器方式，即两个操作数均在寄存器中，一个寄存器由 REG 字段确定，另一个寄存器由 R/M 字段确定。

- REG——不论有无 MOD 字段，它都用来确定某一个操作数所在的寄存器编码。
- R/M——R/M 受 MOD 的制约。当 MOD=11 时，由此字段给出某个操作数所在的寄存器编码；当 MOD≠11 时，此字段用来给出某个操作数所在存储器单元的有效地址(EA)。由 MOD 和 R/M 字段确定的 EA 的计算方法如图 A.1 所示，共有 24 种。

注意：具体使用具有操作数的指令时，并不需要真正填入 D、W、MOD、REG、R/M 等字段，它们由汇编程序自动生成。

B_3～B_6 字节：这 4 个字节一般是给出存储器操作数地址的位移量和/或立即数。位移量可为 8 位，也可为 16 位，这由 MOD(=01 或 10)来定义。16 位位移量的低字节 DISP-L 放于低地址单元，其高位字节 DISP-H 放于高地址单元。

若指令中只有 8 位位移量，则 CPU 在计算 EA 时，自动用符号将其扩展为一个 16 位的双字节数，以保证有效地址的计算不产生错误。指令中的立即数位于位移量的后面。若 B_3、B_4 字节有位移量，则立即数就位于 B_5、B_6 字节。若无位移量，立即数就位于 B_3、B_4 字节。

附录B 调试软件DEBUG及调试方法

DEBUG 调试软件是分析、调试、排错的基本软件工具。

1. 调试软件 DEBUG

在操作系统环境下,启动 DEBUG 后便进入 DEBUG 的命令状态,在此状态下,便可以使用 DEBUG 的任何命令。每个命令均以回车结尾。

在 DEBUG 状态下,所有地址、数据均以无后缀的十六进制表示,例如 234D、FABC。

启动 DEBUG:

```
C> DEBUG  [d:][path][filename[.exe]][parm1][parm2]回车
```

(1) d:表示盘符。

(2) path 是 filename 的目录路径。

(3) filename 是要分析或调试的二进制程序文件名。

(4) .exe 是程序文件的扩展名。

(5) parm1 被调试程序约定的第 1 参数文件名。

(6) parm2 被调试程序约定的第 2 参数文件名。

屏幕的提示符"-",表示当前正在 DEBUG 的命令状态。

在 DEBUG 命令中经常用到"地址"和"范围"等参数。这些参数表示方式如下:

地址表示形式——段寄存器名:相对地址

【例 B-1】

```
DS:100
```

或

```
段值: 相对地址
```

【例 B-2】

```
234D: 1200
```

或

```
相对地址
```

【例 B-3】

```
12AF
地址范围表示——起始地址: 结尾地址
```

或

```
起始地址 L字节数
```

DEBUG命令的格式及其功能说明如表B.1所示。

表 B.1 DEBUG命令的格式及其功能说明

命令名称	格　　式	功能说明
显示存储单元内容	1:D[起始地址] 2:D[地址范围]	格式1命令从起始地址开始按十六进制显示80个单元的内容,每行16个单元。每行右侧还显示该16个单元的ASCII码字符,对于无字符对应的ASCII码则显示"."。 格式2命令显示指定范围存储单元中的内容,每行16个单元。每行右侧还显示该16个单元的ASCII码字符,无字符对应的ASCII则显示"."。 如果不给出起始地址或地址范围,则从当前地址开始按格式1操作
修改存储单元内容	1:E起始地址 [列表] 2:E地址	格式1按列表内容修改从起始地址开始的多个存储单元内容。例如,E12DFFFD ABC 41即从12DF单元开始修改5个单元的内容,分别是十六进制FD、A、B、C三个字母的ASCII码,以及十六进制数41。 格式2修改指定地址单元内容
显示、修改寄存器内容	R[寄存器名]	如果指定了寄存器名,则显示寄存器的内容,并允许修改。如果不指出寄存器名,则按一定格式显示通用寄存器、段寄存器、标志寄存器的内容
运行命令	G[=起始地址][第1断点地址[第2断点地址…]]	CPU从指定起始地址开始执行,依次在第1、第2等断点处中断。若不给起始地址,则从当前CS:IP指示地址开始执行
跟踪命令	T[=起始地址][正整数]	从指定地址开始执行"正整数"条指令。如果不给出"正整数",则按1处理;如果不给起始地址,则从当前CS:IP指示地址开始执行
汇编命令	A[起始地址]	从指定地址开始接受汇编指令。如果不给出起始地址,则从当前地址开始接受,或从当前代码段的十六进制100表示的相对地址处接受汇编指令。如果输入汇编指令过程中,在某行不进行任何输入而直接回车,则结束A命令,回到接受命令状态"-"处
反汇编命令	1:U[起始地址] 2:U地址范围	格式1从指定起始地址处开始对32个字节内容转换成汇编指令形式,如果不给出起始地址,则从当前地址开始。 格式2将指定范围内的存储内容转换成汇编指令
指定文件名命令	N文件名及扩展名	指出即将调入内存或从内存中存盘的文件名。这条命令要配合L或W命令一起使用
装入命令	1:L起始地址 驱动器号 起始扇区 扇区数 2:L[起始地址]	格式1根据指定驱动器号(0表示A驱,1表示B驱,2表示C驱),指定起始逻辑扇区号和扇区数,并将相应扇区内容装入指定起始地址的存储区中。 格式2将N命令指出的文件装入到指定起始地址的存储区中,若没有指定起始地址,则装入CS:100处或按原来文件定位约定装入相应位置

续表

命令名称	格　式	功能说明
写磁盘命令	1:W 起始地址 驱动器号 起始扇区 扇区数 2:W[起始地址]	格式 1 的功能与 L 命令格式 1 的功能正好相反。 格式 2 将起始地址开始的 BX * 10000H+CX 个字节内容存放到由 N 命令指定的文件中 执行这条命令前注意给 BX、CX 中置上恰当的值
退出命令	Q	退出 DEBUG,返回到操作系统
比较命令	C 源地址范围 目标起始地址	
填充命令	F 地址范围 要填入的字节或字符串	
计算十六进制的和与差	H 数 1,数 2	
从指定端口输入并显示	端口地址	
移动存储器内容	M 源地址范围　目标起始地址	
向指定端口输出字节	O 端口地址	
搜索字符或字符串	S 地址范围　要搜索的字节或字节串	

2. 软件调试基本方法

利用调试软件 DEBUG 装入二进制执行程序,通过连续运行、分段运行、单步运行,可以实现对软件剖析、查错或修改。将.com 文件装入后,指令指针 IP 放置成十六进制的 100,即为程序入口的相对地址。首先从此处开始连续运行,考察程序的功能是否达到。如果出错,则可用分段运行方式,缩小错误所在程序段的范围,然后,再用单步方式找出错误确切所在处。

设有程序 EXAMP.com,调试方法如下:

```
C> DEBUG  EXAMP.com 回车
-G 回车
```

先连续执行,如果出现问题,例如死机,则再启动 DOS。接着用分段方式运行,即

```
-T=100,5 回车
```

也就是从相对地址为十六进制的 100 处开始执行 EXAMP.com,连续执行 5 条指令。可以恰当地选择这一常数,确定分段大小。在此期间如果出现问题,就说明这 5 条指令中有错误。这时,可用单步逐条执行,例如:

```
-T=100 回车
```

这时,执行一条指令后,会显示通用寄存器、段寄存器、标志寄存器的内容。由此可分析出该指令的执行结果是否正确。如果正确,则执行下一条指令;如果出错,则进行必要的修改。

对 EXE 类型文件的调试与上相似,但不能直接用 DEBUG 存盘命令存盘。掌握 DEBUG 的各种命令功能,并深入了解 DOS 各种参数表及其参数含义,不仅对分析调试软件很有帮助,而且对软件进行加密/解密及系统硬件配置分析也有很大帮助。

参考文献

[1] Intel corp.. The 8086 Family User's Manual.1979.

[2] IBM. Technical Reference for the IBM Personal Computer. 1983.

[3] MURRAY W H, PAPPAS C H. 80386/80286 ASSEMPLY LANGUAGE PROG RAMMING[M]. Mcgraw-Hill Inc.,1986.

[4] 刘玉成,吉布森 G A. 8086/8088 微型计算机系统体系结构和软硬件设计[M].北京：科学出版社,1987.

[5] 李继灿.新编 8/16/32 位微型计算机原理及应用[M].北京：清华大学出版社,1994.

[6] (美)TRIEBEL W A. 80x86/Pentium 处理器硬件、软件及接口技术教程[M].王克义,等译.北京：清华大学出版社,1998.

[7] BTEY B B. Intel 微处理器全系列：结构、编程与接口[M]. 5 版. 北京：电子工业出版社，2001.

[8] 李继灿.新编 16/32 位微型计算机原理及应用[M]. 5 版.北京：清华大学出版社,2013.

[9] 李继灿.微型计算机系统与接口[M]. 3 版.北京：清华大学出版社,2015.

[10] 李继灿.微机原理与接口技术[M].北京：清华大学出版社,2011.

[11] 李继灿.计算机硬件技术基础[M]. 3 版.北京：清华大学出版社,2015.